高阶Python
代码精进之路

[美] Brian Overland　John Bennett◎著

李辉　韩慧昌◎译

Supercharged Python:
Take Your Code to the Next Level

电子工业出版社·
Publishing House of Electronics Industry
北京·BEIJING

内 容 简 介

本书详细地介绍了 Python 语言的一些高级功能以及常见数据类型的高级用法，非常适合有一定基础的读者深入学习 Python 编程。

本书的主要内容包括常见内置类型（数值、字符串和集合等）的高级用法和潜在的陷阱，用于文本处理的格式化方法和正则表达式，用于数值计算和大规模数据处理的 math 包和 numpy 包等。此外，文件存储、随机数生成和图表绘制也是本书的重要内容。本书还开发了一个"RPN 脚本解释器"项目，该项目贯穿本书的各个章节，通过对该项目的学习，你也可以开发出自己的"语言"。

图书在版编目（CIP）数据

高阶Python：代码精进之路 /（美）布赖恩·欧弗兰（Brian Overland），（美）约翰·班纳特（John Bennett）著；李辉，韩慧昌译. —北京：电子工业出版社，2022.4
书名原文：Supercharged Python: Take Your Code to the Next Level
ISBN 978-7-121-43089-3

Ⅰ.①高… Ⅱ.①布… ②约… ③李… ④韩… Ⅲ.①软件工具—程序设计 Ⅳ.①TP311.561

中国版本图书馆CIP数据核字（2022）第041131号

责任编辑：张春雨
印　　刷：北京天宇星印刷厂
装　　订：北京天宇星印刷厂
出版发行：电子工业出版社
　　　　　北京市海淀区万寿路173信箱　　邮编：100036
开　　本：787×980　1/16　　印张：36.25　　字数：812千字
版　　次：2022年4月第1版
印　　次：2023年8月第4次印刷
定　　价：168.00元

凡所购买电子工业出版社图书有缺损问题，请向购买书店调换。若书店售缺，请与本社发行部联系，联系及邮购电话：（010）88254888，88258888。

质量投诉请发邮件至 zlts@phei.com.cn，盗版侵权举报请发邮件至 dbqq@phei.com.cn。

本书咨询联系方式：（010）51260888-819，faq@phei.com.cn。

译者序

Python 是一门解释型的脚本语言，被广泛应用于传统的软件开发、统计分析和人工智能等领域。Python 在最新的 TIOBE 开发语言排行榜中位列第三，是名副其实的热门语言。市面上关于 Python 的图书有许多，但大多是入门书或者只是简单介绍 Python 语法后便转向其他内容，针对 Python 语言高级开发的图书却很少。这也是我决定翻译本书的最重要原因。

Python 语言的语法简洁且易于上手，但想要精通这门语言却并不容易。本书通过对 Python 的高级功能、重要模块和编程技巧的讲解，帮助你精通 Python 这门强大的语言。书中重点介绍了如字符串、列表等基础数据类型的高级用法，大部分入门书不会介绍诸如装饰器、魔术方法和二进制文件处理等内容，以及一些重要内置软件包和第三方软件包的内容。这些内容在 Python 高级开发中都很重要，却很容易被初学者忽略。为了帮助读者理解，本书还包含了大量的例子。如果你已经在使用 Python 或对这门语言有一定的了解，那么阅读本书一定能让你受益良多。

本书的翻译在语言风格上尽量与原著接近，在能描述清楚的情况下尽可能地直译作者的原意。对于一些在中文中没有统一规范的技术名词，我们会在括号中保留英文原词来帮助读者理解内容。

本书的翻译工作从 2019 年 12 月开始，我和搭档韩慧昌经历近 5 个月的努力最终完成。前言和第 1 ~ 8 章、附录部分由我翻译，第 9 ~ 15 章由韩慧昌翻译，翻译完成后由我统一修改定稿。为了保证翻译质量，整个翻译过程包含大意粗翻、内容精翻和译者互校等环节，本书译稿的每章都经过至少五遍阅读和修订。希望最终的翻译内容能够使读者满意。

　　本书内容丰富，涉及的知识点广泛，在翻译期间，它几乎占据了我全部的业余时间。这里我要感谢我的家人，也是本书的另一名译者对我的支持，他在生活上和本书的翻译上给我提供了非常重要的帮助。此外我还要特别感谢博文视点的编辑张春雨，他在翻译过程中为我提供了宝贵意见。

　　在本书翻译期间，正值新冠肺炎疫情在全球肆虐，这可能是自我出生以来人类经历的最大危机。在大家的共同努力下，疫情在中国已经得到了有效的控制，但一些海外地区的情况依然严峻。希望在本书出版时，我们已经携手战胜了新冠病毒，恢复了正常的生活秩序。

李辉　2020 年 4 月于北京科技大学

读者服务

微信扫码回复：43089

▶　加入 Python 读者群，与更多同道中人互动

▶　获取【百场业界大咖直播合集】（持续更新），仅需 1 元

前言

如今，面向初学者的 Python 图书很多。越来越多的人希望掌握 Python 这门语言并使用它做开发。

这里特别推荐一本书 *Python Without Fear*。这本书会手把手一步步带你走进 Python 的世界。当你掌握了语言基础但还没有达到"专家"级别时，又该做些什么呢？如何才能学到足够的编程知识呢？

这就是本书编写的目的：作为你入门 Python 后的学习用书。

Python 的特别之处是什么

许多人被 Python 吸引，是因为它看起来比 C++ 容易。也许是这样（至少入门时是），但是在所谓的"简单语言"背后，Python 提供了很多功能强大的工具——被称作"包"（packages）的软件库。在多数情况下，这些工具可以帮助你完成大部分工作。利用这些包，你可以轻松地创建非常棒的软件，输出精美的图形，处理大量数据。

对于大多数人来说，掌握 Python 的编程技巧和高级功能可能要花费数年的时间。本书是为那些想立即掌握这些知识，更快地成为 Python 专家的人而写的。

学习路线：如何开始

本书为不同人群提供了不同的学习路线。

▶ **初学者：** 如果你曾经接触过 Python 但又有些生疏，你可以从第 1 章"基础知识复习"开始。否则，可以跳过第 1 章，或者简要浏览该部分内容。

▶ **有一定基础的进阶学习者:** 你可以先阅读第 2 章和第 3 章,这两章概述了字符串和列表的功能,还着重介绍了在初次学习中容易错过的一些数据结构的高级功能。

▶ **对 Python 有深入的了解,但还有所欠缺的资深学习者:** 从第 4 章开始,本章列出了 22 种 Python 独有的编程技巧,大多数人需要很长时间才能掌握这些技巧。

▶ **想要掌握特殊的功能:** 你可以从一个特殊领域开始,例如,第 5、6 和 7 章介绍了文本格式和正则表达式。讲述正则表达式语法的两章(分别是第 6 章和第 7 章)从基础知识入手,然后逐步深入,最后讨论了模式匹配技术的关键点。其他章节涉及其他领域,例如,第 8 章介绍了如何用不同的方法处理文本和二进制文件。

▶ **想学习高级数学和绘图软件:** 如果要进行绘图或财务、科学计算,请从第 12 章 numpy(Numeric Python)软件包开始学习。该包为第 13 ~ 15 章中涉及的高级功能提供了基础。

无处不在的代码和示例

本书更多地使用简洁的示例来阐述高级的技术。推荐采用交互式方法(使用 IDLE 环境)学习,鼓励你输入程序并查看运行结果。粗体文本代表输入的内容、添加或更改的行。

```
>>> print('Hello', 'my', 'world!')
Hello my world!
```

本书中的一些应用程序是比较复杂的,包括 Deck 对象、功能齐全的 RPN 语言解释器及为用户提供多种选择的多功能股市程序等。对于这些复杂的应用程序,我们会从简单知识开始,最终覆盖到全部的知识。这种方法与许多其他书不同,一般的图书会无序地介绍很多种零散的知识,而没有体系和结构。在本书中,知识内容会按程序结构由浅入深地呈现出来。

可以从以下链接下载程序示例:brianoverland.com/books。

辅助学习工具

为了便于读者学习,本书使用了大量的表格和配图。我们的经验是,虽然构思不佳的配图会分散注意力,但好的配图会很有价值。一张图片胜过千言万语。

我们也相信，在讨论绘图和图形软件时，没有东西可以替代屏幕截图。

本书采用了一种特别的排版方式。文中会常出现三种特殊图标。

注释 ▶ 书中会使用该图标指出本节你最终需要知道的事实结论。你可以在初次阅读该节时跳过该结论，读完整节后回头再阅读。

◀ Note

 在该图标下介绍了常规语法。在实际使用时，应使用实际对象替代用斜体显示的元素（称为"占位符"）。语法（尤其是关键字和标点符号）以粗体显示，方括号（不加粗）表示可选参数。例如：

set([iterable]**)**

iterable 表示用户提供的可迭代对象（如列表或生成器对象），而且是可选的。

加粗方括号内是需要输入的数据。例如：

list_name = **[***obj1, obj2, obj3,* … **]**

省略号（…）表示可以重复任意多次的元素。

性能提示 ▶ 该图标表示的内容与本章的其余部分关联性较弱。这里的内容是有关如何提高软件性能的。如果你对性能感兴趣，则需要特别注意这部分内容。

◀ Performance Tip

你将学到什么

本书涉及很多未在 *Python Without Fear* 或其他"入门"书中介绍的知识，下面列出了部分内容：

▶ 列表、集合和字典。

▶ 如何在文本分析中使用正则表达式和高级文本格式化技巧。

▶ Python 中的高级数值计算包及绘图工具包的使用方法，以及一些特殊数据类型，例如，**Decimal**（小数）和 **Fraction**（分数）的用法。

▶ 在 Python 中操作二进制文件和文本文件的各种方式。

▶ 在 Python 中如何使用多个模块，同时避开"陷阱"。

▶ 面向对象编程的优点，如何使用魔术方法和其中的技巧。

快乐的学习

当你掌握了本书的部分或全部内容后，你会发现，Python 通常使你能够用较少的代码来做大量的工作。这就是它越来越受欢迎的原因。Python 不仅是一种省时的工具，而且使用 Python 进行开发也是一件愉快的事情，看到几行代码就可以做很多事情也会让你很开心。

祝你在快乐中收获满满！

致谢

来自 Brain

我要感谢我的合著者 John Bennett。本书是我们两个人经过半年密切合作的结果，John 参与了从构思、内容策划到代码示例的每一步。我还要感谢本书的编辑 Greg Doench，他助力了本书的构思、目标设定和市场营销。

本书还拥有一支出色的辅助编辑团队，成员有 Rachel Paul 和 Julie Nahil。我要特别感谢本书的文本编辑 Betsy Hardinger，他在本书出版过程中表现出了卓越的能力以及合作和专业精神。

来自 Jhon

我要感谢我的合著者 Brian Overland，他邀请我加入本书的编写工作，让我有机会分享很多我花费了大量时间整理的文档以及通过大量试验才得到的结论。希望本书可以节省读者处理类似问题的时间。

目录

第 1 章　基础知识复习 1

    1.1　Python 快速入门 1

    1.2　变量和命名 3

    1.3　复合赋值运算符 4

    1.4　Python 算术运算符简介 5

    1.5　基本数据类型：整数和浮点 5

    1.6　基本输入与输出 7

    1.7　函数定义 8

    1.8　Python 中的 if 语句 11

    1.9　Python 中的 while 语句 12

    1.10　几个很棒的小应用程序 13

    1.11　Python 布尔运算符总结 15

    1.12　函数的参数和返回值 16

    1.13　前向引用问题 18

    1.14　Python 的字符串 19

    1.15　Python 列表（和一个很棒的排序应用程序） 21

    1.16　for 语句和 range 函数 22

    1.17　Python 元组 24

    1.18　字典 25

    1.19　集合 27

    1.20　全局和局部变量 28

    总结 30

    习题 30

    推荐项目 31

第2章　字符串高级功能 32

    2.1　不可变的字符串 32

    2.2　数据类型转换 33

    2.3　字符串运算符（+、=、*、>等） 35

    2.4　索引和切片 37

    2.5　单字符函数 40

    2.6　用 join 函数构建字符串 42

    2.7　重要的字符串函数 44

    2.8　二进制、八进制和十六进制转换函数 45

    2.9　字符串的布尔方法 46

    2.10　大小写转换方法 47

    2.11　字符串的搜索和替换 48

    2.12　使用 split 方法拆分字符串 50

    2.13　从字符串中剥离字符 52

    2.14　字符串对齐 52

    总结 54

    习题 54

    推荐项目 55

第3章　高级列表功能 56

    3.1　创建和使用 Python 列表 56

    3.2　复制列表与复制列表变量 58

    3.3　列表索引 58

        3.3.1　正索引 59

        3.3.2　负索引 59

        3.3.3　使用 enumerate 生成索引号 60

    3.4　从列表切片中获取数据 61

    3.5　列表切片赋值 63

    3.6　列表运算符 64

    3.7　浅拷贝与深拷贝 65

    3.8　列表函数 67

    3.9　列表方法：修改列表 69

    3.10　列表方法：获取列表信息 71

    3.11　列表方法：重新排序 71

    3.12　堆栈列表：RPN 应用 74

3.13　reduce 函数 77

3.14　lambda 表达式（匿名函数） 79

3.15　列表推导式 80

3.16　字典和集合推导式 82

3.17　通过列表传递参数 84

3.18　多维列表 85

　　3.18.1　不平衡矩阵 86

　　3.18.2　创建任意大的矩阵 86

总结 88

习题 88

推荐项目 89

第 4 章　编程技巧、命令行和程序包 90

4.1　概述 90

4.2　22 个编程技巧 90

　　4.2.1　根据需要使 Python 命令跨越多行 91

　　4.2.2　合理使用 for 循环 92

　　4.2.3　使用组合运算符（+= 等） 93

　　4.2.4　进行多重赋值 95

　　4.2.5　使用元组赋值 96

　　4.2.6　使用高级元组赋值 97

　　4.2.7　使用列表和字符串"乘法" 98

　　4.2.8　返回多个值 99

　　4.2.9　使用循环和 else 关键字 101

　　4.2.10　使用布尔值和 not 运算符 101

　　4.2.11　将字符串视为字符列表 102

　　4.2.12　使用 replace 方法消除字符 102

　　4.2.13　不写不必要的循环 103

　　4.2.14　使用链式比较（n < x < m） 103

　　4.2.15　用函数列表模拟 switch 语句 104

　　4.2.16　正确使用 is 运算符 105

　　4.2.17　使用单行 for 循环 106

　　4.2.18　将多条语句压缩到一行 106

　　4.2.19　编写单行 if/then/else 语句 106

　　4.2.20　用 range 函数创建枚举值 107

4.2.21　在 IDLE 中减少效率低下的 print 函数的使用 108

4.2.22　用下画线分隔大数字 109

4.3　从命令行运行 Python 109

4.3.1　在 Windows 系统上运行 110

4.3.2　在 Macintosh 系统上运行 110

4.3.3　使用 pip 或 pip3 下载软件包 111

4.4　编写和使用文档字符串 111

4.5　导入软件包 113

4.6　Python 软件包简介 115

4.7　Python 函数作为一类对象 116

4.8　可变长度参数列表 118

4.8.1　*args 列表参数 118

4.8.2　**kwargs 列表参数 120

4.9　装饰器和函数分析器 121

4.10　生成器 125

4.10.1　什么是迭代器 125

4.10.2　关于生成器 126

4.11　访问命令行参数 130

总结 133

习题 134

推荐项目 135

第 5 章　精确格式化文本 136

5.1　使用字符串格式说明符（%）进行格式化 136

5.2　% 格式说明符 137

5.3　使用 % 创建可变宽度输出字段 141

5.4　全局函数 format 143

5.5　format 方法介绍 146

5.6　根据 position（名称或索引）引用参数 148

5.7　repr 转换与 str 转换 150

5.8　format 函数 / 方法的 spec 字段 152

5.8.1　输出字段的宽度 152

5.8.2　文本对齐：fill 和 align 字符 153

5.8.3　符号字符 sign 156

5.8.4　前导“0”字符 156

　　　　5.8.5　千位分隔符 157
　　　　5.8.6　精度符号 precision 159
　　　　5.8.7　将 precision 用于字符串格式化 161
　　　　5.8.8　类型说明符 type 162
　　　　5.8.9　以二进制显示 163
　　　　5.8.10　以八进制和十六进制显示 163
　　　　5.8.11　显示百分数 164
　　　　5.8.12　二进制表示的例子 164
　　5.9　可变长字段 165
　　总结 166
　　习题 167
　　推荐项目 167

第 6 章　正则表达式 第 1 部分 169
　　6.1　正则表达式简介 169
　　6.2　实用案例：电话号码 171
　　6.3　改进匹配模式 172
　　6.4　正则表达式是如何工作的：编译与运行 175
　　6.5　忽略大小写和其他功能标志 178
　　6.6　正则表达式：基本语法摘要 180
　　　　6.6.1　元字符 180
　　　　6.6.2　字符集 181
　　　　6.6.3　模式量词 183
　　　　6.6.4　回溯、贪婪和非贪婪 185
　　6.7　一个实用的正则表达式案例 186
　　6.8　使用 match 对象 188
　　6.9　在字符串中搜索模式 190
　　6.10　迭代搜索 findall 191
　　6.11　findall 函数和分组问题 193
　　6.12　搜索重复模式 195
　　6.13　文本替换 196
　　总结 198
　　习题 198
　　推荐项目 199

第 7 章　正则表达式，第 2 部分..200

　　7.1　正则表达式高级语法摘要..200

　　7.2　非标记组..202

　　　　7.2.1　匹配规范数字示例..202

　　　　7.2.2　解决标记问题..203

　　7.3　贪婪匹配与非贪婪匹配..204

　　7.4　先行断言..208

　　7.5　使用先行断言检查多个模式..211

　　7.6　负向先行断言..212

　　7.7　命名组..215

　　7.8　re.split 函数..218

　　7.9　Scanner 类和 RPN 项目..219

　　7.10　RPN：使用扫描器做更多的事情..222

　　总结..226

　　习题..226

　　推荐项目..227

第 8 章　文本和二进制文件..228

　　8.1　两种文件格式：文本文件和二进制文件..228

　　　　8.1.1　文本文件..229

　　　　8.1.2　二进制文件..229

　　8.2　二进制文件读写方法摘要..230

　　8.3　文件 / 目录系统..231

　　8.4　处理文件打开异常..232

　　8.5　使用 with 关键字..234

　　8.6　读 / 写操作总结..235

　　8.7　文本文件操作详解..237

　　8.8　使用文件指针（seek）..239

　　8.9　将文本读入 RPN 项目..240

　　　　8.9.1　更新 RPN 解释器代码..240

　　　　8.9.2　从文本文件读取 RPN..242

　　　　8.9.3　向 RPN 中添加赋值运算符..244

　　8.10　直接读 / 写二进制文件..249

　　8.11　将数据转换为定长字段（struct）..251

　　　　8.11.1　一次读 / 写一个数字..253

8.11.2 一次读 / 写多个数字..254

8.11.3 读 / 写固定长度的字符串..............................254

8.11.4 读 / 写可变长度的字符串..............................255

8.11.5 读 / 写字符串和数字的组合..........................256

8.11.6 底层细节——高位优先和低位优先..............257

8.12 使用 pickle 软件包..259

8.13 使用 shelve 软件包..261

总结..263

习题..263

推荐项目..264

第 9 章 类和魔术方法 **265**

9.1 类和对象的基础语法..265

9.2 Python 中的实例变量..267

9.3 __init__ 和 __new__ 方法...268

9.4 类和前向引用问题..269

9.5 Python 中的方法..270

9.6 公有和私有变量与方法..271

9.7 继承..272

9.8 多重继承..274

9.9 魔术方法总结..275

9.10 魔术方法详解..276

9.10.1 Python 类的字符串表示..................................277

9.10.2 对象表示方法..278

9.10.3 比较方法..279

9.10.4 算术运算符方法..283

9.10.5 一元算术方法..286

9.10.6 反向方法..288

9.10.7 就地运算符..290

9.10.8 转换方法..292

9.10.9 集合类方法..293

9.10.10 实现 __iter__ 和 __next__ 方法..................296

9.11 支持多种参数类型..297

9.12 动态设置和获取属性..299

总结..300

习题..301

推荐项目..301

第 10 章　Decimal、Money 和其他类型..**302**

10.1　数值类型概述..302

10.2　浮点类型的局限性..303

10.3　Decimal 类..304

10.4　Decimal 对象的特殊操作..307

10.5　Decimal 类的应用..309

10.6　设计 Money 类...310

10.7　构建基础的 Money 类（"包含"方式）..311

10.8　显示 Money 对象（__ str__ 、__repr__）......................................312

10.9　其他有关 Money 类的操作..313

10.10　程序 Demo：Money 计算器...316

10.11　设置默认货币...318

10.12　Money 类与继承...320

10.13　Fraction 类..322

10.14　complex 类...326

总结..329

习题..330

建议项目...330

第 11 章　random 包和 math 包...**332**

11.1　random 包概述...332

11.2　随机函数总览...333

11.3　测试 random 包的行为..333

11.4　猜数字游戏..336

11.5　创建 Deck 对象..337

11.6　在牌库中添加图形..341

11.7　绘制正态分布图...342

11.8　编写自己的随机数生成器..345

11.8.1　生成随机数的原理...346

11.8.2　简单的生成器...346

11.9　math 包概述..347

11.10　math 包函数概览..348

11.11　使用特殊值（pi）..348

11.12　三角函数：计算树的高度..350

11.13　对数：再来一局猜数字..352

　　11.13.1　对数如何工作..352

　　11.13.2　将对数应用于实际问题..353

总结..355

习题..356

推荐项目..356

第 12 章　Python 科学计算包——numpy..357

12.1　array、numpy 和 matplotlib 软件包概述..357

　　12.1.1　array 软件包..357

　　12.1.2　numpy 软件包..357

　　12.1.3　numpy.random 软件包..358

　　12.1.4　matplotlib 软件包..358

12.2　使用 array 软件包..358

12.3　下载并导入 numpy 包..360

12.4　numpy 包简介：求 1 ~ 1 000 000 的和..360

12.5　创建 numpy 数组..362

　　12.5.1　array 函数..364

　　12.5.2　arange 函数..365

　　12.5.3　linspace 函数..365

　　12.5.4　empty 函数..367

　　12.5.5　eye 函数..368

　　12.5.6　ones 函数..369

　　12.5.7　zeros 函数..369

　　12.5.8　full 函数..370

　　12.5.9　copy 函数..371

　　12.5.10　fromfunction 函数..372

12.6　案例：创建一个乘法表..374

12.7　对 numpy 数组进行批处理操作..375

12.8　numpy 数组的切片..378

12.9　多维切片..381

12.10　布尔数组：用作 numpy 数组的掩码..383

12.11　numpy 和埃拉托色尼算法..385

12.12　获取 numpy 数组的统计信息（标准差）...........................387

12.13　从 numpy 数组中获取行和列 391

总结 395

习题 396

推荐项目 397

第 13 章　numpy 的高级应用　398

13.1　基于 numpy 的高级数学运算 398

13.2　下载 matplotlib 包 401

13.3　使用 numpy 和 matplotlib 绘图 401

13.4　绘制多条线 407

13.5　绘制复利曲线 410

13.6　使用 matplotlib 创建直方图 412

13.7　圆和长宽比 418

13.8　绘制饼图 420

13.9　使用 numpy 进行线性代数运算 422

13.9.1　点积 422

13.9.2　外积函数 425

13.9.3　其他线性代数函数 427

13.10　三维绘图 428

13.11　numpy 软件包在金融领域的应用 429

13.12　使用 xticks 和 yticks 函数调整数轴 432

13.13　numpy 混合数据记录 433

13.14　读取和写入 numpy 数据文件 436

总结 439

习题 439

推荐项目 440

第 14 章　多模块和 RPN 示例　441

14.1　Python 中的模块概述 441

14.2　一个简单的双模块的示例 442

14.3　import 语句的多种形式 446

14.4　使用 __all__ 符号 448

14.5　公有变量和模块私有变量 450

14.6　主模块和 __main__ 函数 451

14.7　陷阱：相互导入问题 453

14.8　RPN 示例：分解为两个模块 455

14.9　RPN 示例：添加更多 I/O 指令 458

14.10　RPN 示例的进一步修改 462

14.10.1　添加行号跟踪功能 462

14.10.2　添加非零跳转功能 464

14.10.3　大于（>）和获取随机数（!）...............................466

14.11　RPN 案例总结 470

总结 475

习题 476

推荐项目 476

第 15 章　从互联网获取财务数据 478

15.1　本章计划 478

15.2　pandas 程序包介绍 478

15.3　stock_load：一个简单的数据读取器 479

15.4　创建简单的股价图表 482

15.5　添加标题和图例 484

15.6　编写 makeplot 函数（重构）...485

15.7　绘制两支股票的价格走势图 486

15.8　绘制其他图形 490

15.9　限制时间范围 492

15.10　拆分图表：对交易量进行子图绘制 495

15.11　添加移动平均线 496

15.12　让用户选择 499

总结 502

习题 503

推荐项目 503

附录 A　Python 运算符优先级表 505

附录 B　Python 中的内置函数 507

附录 C　集合（Set）方法 534

附录 D　字典（Dictionary）方法 539

附录 E　其他语法说明 543

基础知识复习

这里可能是你和 Python 友谊的开始。你可能听说过 Python 是一种易于使用、可以快速上手的语言，这是真的。在这里你还会发现它很有趣。你可以不进行复杂的设置或声明就开始编程。

尽管本书主要是为已经对 Python 有所了解的人编写的，但本章可以作为你踏上令人兴奋的新旅程的起点。要下载 Python，请访问 python.org。

如果你熟悉 Python 中的所有基本概念，则可以跳过本章。如果你和许多人一样不太熟悉 **global** 关键字，则可以看本章结尾对它的介绍。

1.1　Python 快速入门

启动 Python 交互式开发环境（IDLE）。在提示符下，输入要执行的语句和表达式，Python 会进行计算并输出结果。

可以依照下面的示例体验一下，以粗体显示的为输入内容，非粗体表示输出结果。

```
>>> a = 10
>>> b = 20
>>> c = 30
>>> a + b + c
60
```

在上面的程序中，将值 10、20 和 30 放入三个变量中，然后将它们相加，之后输出结果。

在初学时，为了方便理解，可以将变量看作放置值的存储位置，虽然实际上 Python 并没有这么做。

1

Python 真正做的是将数值 10、20 和 30 通过符号表与变量 a、b 和 c 一一对应。这些名称可以在符号表中查找到，但它们不对应于内存中的存放数据的固定位置！到目前为止这两种理解方式并没有区别。后面我们会介绍函数和全局变量，那时你就会明白它们之间的区别。这些创建变量 a、b 和 c 的语句称为赋值语句。

创建了变量后，就可以为其分配新值。所以在下面的示例中，看起来像是将存储在某个位置的变量加上一个值（但实际上并不是这样）。

```
>>> n = 5
>>> n = n + 1
>>> n = n + 1
>>> n
7
```

在上面的示例中，实际执行的是不断将 n 重新关联到一个新的值。每次旧的关联都被破坏，将 n 指向一个新的值。

赋值语句会创建变量，不能使用尚未创建的变量。如果尝试以下操作，则 IDLE 会报错：

```
>>> a = 5
>>> b = a + x              # 错误！
```

因为还没为 x 赋值，所以 Python 不能正确执行。解决方法是在使用变量 x 前对它进行赋值。在下面的示例中，引用 x 不再引起错误，因为在第二行为其进行了赋值。

```
>>> a = 5
>>> x = 2.5
>>> b = a + x
>>> b
7.5
```

Python 中没有数据声明语句，再重复一遍：没有数据声明语句。Python 通过赋值语句创建变量。还有其他创建变量的方法（函数参数和 **for** 循环），但是在大多数情况下，变量必须先出现在赋值语句的左侧，然后才能出现在右侧。

可以将 Python 程序作为脚本运行。在 IDLE 中，执行以下操作：

▶ 从 Files 菜单中选择 New File 命令。

▶ 输入程序文本。在本例中输入以下内容：

```
side1 = 5
side2 = 12
```

```
hyp = (side1 * side1 + side2 * side2) ** 0.5
print(hyp)
```

从 Run 菜单中选择 Run Module 命令。当提示保存文件时，请单击 OK 按钮，并设置程序名称为 hyp.py。然后，程序在 IDLE 主窗口（shell 窗口）中输出结果。

或者，可以将程序直接输入 IDLE 环境中，一次只输入一条语句。在这种情况下，显示如下：

```
>>> side1 = 5
>>> side2 = 12
>>> hyp = (side1 * side1 + side2 * side2) ** 0.5
>>> hyp
13.0
```

我们一步一步地分析一下上述代码。首先，将 5 和 12 赋值给变量 side1 和 side2。然后，用勾股定理计算直角三角形的斜边，即对两个值取平方，再将平方值加在一起，并计算结果的平方根（代码中用 ** 0.5 的形式求平方根，0.5 次幂即为开平方）。

上述程序输出的答案应为 13.0。如果编写一个计算斜边的程序可能会更好，该程序使用用户输入的两个直角边长计算斜边边长。学习了 **input** 函数后就可以这么做了。

在继续学习之前，应该先了解一下 Python 中的注释。注释是 Python 执行器会忽略的文本，但是可以使用它来输入对自己或其他程序维护人员有用的信息。

从井号（#）开始到行尾的所有文本均为注释。这些内容被 Python 执行器忽略，但有助于人类阅读程序。例如：

```
side1 = 5                  # 一条边的初始值
side2 = 12                 # 另一条边的初始值
hyp = (side1 * side1 + side2 * side2) ** 0.5
print(hyp)                 # 输出结果
```

1.2　变量和命名

Python 允许我们自由选择变量名，但是仍有一些限制：

▸ 变量名的首字符必须是字母或下画线（_），其余字符可以是下画线、字母和数字的任意组合。

▶ 以下画线前导的名称是类的私有变量的名称，以双下画线开头的名称可能具有特殊含义，如 **__init__** 或 **__add__**，因此请避免使用以双下画线开头的名称。

▶ 避免使用任何关键字作为变量名称，例如 **if**、**else**、**elif**、**and**、**or**、**not**、**break**、**continue**、**yield**、**import** 和 **def**。

▶ 此外，尽管可以根据需要在变量名称中使用大写字母（名称区分大小写），但通常将首字母大写的名称预留给特殊类型的变量，例如类名。根据 Python 约定，大多数变量名称都使用小写字母。

在以上规则的限制下，可以任意选择变量名称。例如，可以使用更有意义的 i、thou 和 jug_of_wine，而不是使用无聊的名称（例如 a、b 和 c）。

```
i = 10
thou = 20
a_jug_of_wine = 30
loaf_of_bread = 40
inspiration = i + thou + a_jug_of_wine + loaf_of_bread
print(inspiration, 'percent good')
```

程序的输出为：

```
100 percent good
```

1.3　复合赋值运算符

通过上一节的学习，我们知道以下语句是有效的。

```
n = 10          # n 是 10 的变量名称
n = n + 1       # n 是 11 的变量名称
n = n + 1       # n 是 12 的变量名称
```

诸如 n = n + 1 之类的语句非常普遍，Python 提供了类似 C 和 C++ 的简写形式。Python 为很多赋值相关的运算组合提供了简写形式。

```
n = 0           # 在改变 n 值前其必须已经存在
n += 1          # 等价于 n = n + 1
n += 10         # 等价于 n = n + 10
n *= 2          # 等价于 n = n * 2
n -= 1          # 等价于 n = n - 1
n /= 3          # 等价于 n = n / 3
```

以上代码的意思是，为 n 赋初始值 0，然后将 n 加 1，再将 n 加 10，再将 n 乘以 2，得到结果 22，然后将 n 减去 1，最后将 n 的值除以 3，最终 n = 7.0。

1.4　Python 算术运算符简介

表 1.1 总结了 Python 中的算术运算符以及相应的简写形式（组合运算操作），按优先级排序。

表 1.1　算术运算符总结

语法	描述	操作符	优先级
a ** b	幂运算	**=	1
a * b	乘法	*=	2
a / b	除法	/=	2
a // b	除法向下取整	//=	2
a % b	除法取余数	%=	2
a + b	加法	+=	3
a - b	减法	-=	3

表 1.1 显示，幂运算的优先级高于乘法、除法和余数运算，而优先级为 2 的运算高于加法和减法。

所以，在下面的语句中需要使用括号才能得到所需的结果：

```
hypot = (a * a + b * b) ** 0.5
```

上述代码将 a 的平方和 b 的平方相加后，再取和的平方根。

1.5　基本数据类型：整数和浮点

由于在 Python 中无须声明变量，因此变量的类型可以是任何它关联的对象的类型。

例如，以下代码创建变量 x，并赋值为 5，则该变量是 int 类型。这是整数类型（指的是没有小数点的数字）。

```
x = 5          # x 代表一个整数
```

下面的代码对 x 重新赋值，因为 7.3 为浮点数，所以其变量类型变为浮点型。

```
x = 7.3   # x 代表一个浮点数.
```

与其他语言一样，将小数点放在整数后会得到浮点类型的数。

```
x = 5.0
```

Python 中的整数是"无限整数"，因为 Python 支持任意大的整数，仅受物理系统的限制。例如，你可以存储 10 的 100 次幂，Python 可以处理这样的数字：

```
googel = 10 ** 100           # 赋值为 10 的 100 次幂
```

与浮点类型不同，整型数存储的是精确值，没有舍入误差。

但是会受系统容量的限制。googelplex 的数据量是 10 的 googel 次幂，即使对于 Python 这也太大了[1]。如果将每个 0 都涂在边长为 1 厘米的立方体上，那么最终这个数字的长度将远超物理宇宙的大小。

（不要轻易尝试创建 googelplex 变量，否则必须按 Ctrl + C 组合键才能停止 Python 的运行。）

Python 解释整数和浮点数的除法（/）的方式取决于所使用的 Python 版本。

在 Python 3.0 中，除法规则如下：

▶ 任何两个数（整数和 / 或浮点数）做除法的结果始终为浮点数。例如：

```
4 / 2      # 结果为 2.0
7 / 4      # 结果为 1.75
```

▶ 将一个整数除以另一个整数，如果想得到整数结果，可以使用除法取整运算（//）。这也适用于浮点数。

```
4 // 2       # 结果为 2
7 // 4       # 结果为 1
23 // 5      # 结果为 4
8.0 // 2.5   # 结果为 3.0
```

▶ 可以使用除法取余（或模运算）运算得到余数。

```
23 % 5       # 结果为 3
```

注意，在余数除法中，首先做除法，然后将商丢弃。该运算是做除法后余下被除数，所以 5 被 23 整除了 4 次，余数为 3。

1　译者注：这里 googel 和 googelplex 都是数值单位，原文的拼写有误。

在 Python 2.0 中，除法规则如下：

▶ 两个整数之间的除法自动进行除法取整，将余数部分丢弃：

```
7 / 2          # 结果为 3（在 Python 2.0 中）
```

▶ 若要得到浮点数结果，则需将操作数之一转换为浮点数格式。

```
7 / 2.0        # 结果为 3.5
7 / float(2)   # 同上
```

▶ 可以使用模除法（%）来获得余数。

Python 还支持 divmod 函数，该函数以元组（即有序组）形式返回商和余数。例如：

```
quot, rem = divmod(23, 10)
```

如上面例子所示，在返回的结果中，商和余数分别为 2 和 3。这意味着 10 被 23 整除两次，余下 3。

1.6   基本输入与输出

在 1.1 节中，我们介绍过，可以通过输入来进行公式计算。下面，我们来看如何实现。

Python 的输入函数（**input**）为我们提供了一种方便的输入机制，其还包含可选提示。用户键入的文本以字符串返回。

在 Python 2.0 中，**input** 函数的工作方式有所不同：它会像处理 Python 声明一样对输入的字符串进行求值。要获得与 Python 3.0 中 input 函数相同的结果，在 Python 2.0 中需使用 **raw_input** 函数。

input 函数会显示提示字符串（如果已指定），然后返回用户输入的字符串。用户按下 Enter 键后，它立即返回输入字符串，但返回值不包括换行符。

```
input(prompt_string)
```

要将返回的字符串存储为数字，需要将字符串转换为整数（**int**）或浮点数（**float**）格式。例如，要得到一个整数，使用以下代码：

```
n = int(input('Enter integer here: '))
```

要得到一个浮点数，方法如下：

```
x = float(input('Enter floating pt value here: '))
```

输出提示中没有空格，因此需要自己添加空格。

为什么需要进行数据类型转换？请记住，当你想要获取数字时，必须进行强制转换。使用 **input** 函数获得的任何输入都是一个字符串，例如"5"。这样的字符串在许多地方都可以使用，但是如果不先执行转换就不能对其进行算术运算。

Python 3.0 还支持输出函数（**print**），该函数以最简单的形式按给定的顺序输出所有参数，并在每个参数之间加一个空格。

```
print(arguments)
```

Python 2.0 的 **print** 语句执行相同的功能，但其不使用括号。

print 函数具有一些可以使用名称输入的特殊参数。

▶ **sep**= 字符串　使用分隔字符串来替代默认的空格分隔符。例如，**sep** =' ' 指定空字符串为分隔符。

▶ **end**= 字符串　指定在输出最后一个参数之后要输出的内容（如果有的话）。默认为换行符。如果不想输出换行符，则可将此参数设置为空字符串或其他值，如 **end** =' '。

有了这些基本函数（输入和输出），我们就可以创建一个完整的 Python 脚本。例如，可以在文本文件中输入以下语句，然后将其作为脚本运行：

```
side1 = float(input('Enter length of a side: '))
side2 = float(input('Enter another length: '))
hyp = ((side1 * side1) + (side2 * side2)) ** 0.5
print('Length of hypotenuse is:', hyp)
```

1.7　函数定义

在 Python 交互式开发环境中，如果首先定义函数（例如 **main** 函数），然后调用该函数，可以让编程变得轻松。Python 提供了用于定义函数的 **def** 关键字。

```
def main():
    side1 = float(input('Enter length of a side: '))
```

```
        side2 = float(input('Enter another length: '))
        hyp = (side1 * side1 + side2 * side2) ** 0.5
        print('Length of hypotenuse is: ', hyp)
```

需要注意的是，必须按照下面的例子输入第一行。**def** 关键字、括号和冒号是必需的。

```
    def main():
```

如果在 IDLE 中正确输入了以上内容，则下一行会自动缩进，并保持此缩进。如果将此函数作为脚本的一部分，则必须选择一个缩进方案，并且在脚本中保持一致。建议选择缩进四个空格。

注释 ▶ 制表符（tab）与空格混合使用，即使看起来可能并没有什么问题，但这可能会导致编译错误。所以要小心使用制表符！

◀ Note

Python 代码块没有"开始"和"结束"语法，而是依靠缩进来表明语句块的开始和结束位置。规则如下：

✱ 在任何给定的代码块内，所有语句（相同的嵌套级别）的缩进必须相同。

例如，下面的代码块是无效的，需要修改：

```
    def main():
          side1 = float(input('Enter length of a side: '))
         side2 = float(input('Enter another length: '))
        hyp = (side1 * side1 + side2 * side2) ** 0.5
        print('Length of hypotenuse is: ', hyp)
```

如果嵌套块内部还有嵌套块，则每个块的缩进方式必须一致。举例如下：

```
    def main():
        age = int(input('Enter your age: '))
        name = input('Enter your name: ')
        if age < 30:
            print('Hello', name)
            print('I see you are less than 30.')
            print('You are so young.')
```

此函数定义的前三个语句都处于同一嵌套级别。最后三个语句同为下一级嵌套。

即使这里还没有介绍 **if** 语句（后面会介绍），我们也可以看出下面例程的控制流程与上一个例子不同：

```python
def main():
    age = int(input('Enter your age: '))
    name = input('Enter your name: ')
    if age < 30:
        print('Hello', name)
    print('I see you are less than 30.')
    print('You are so young.')
```

你应该注意到了其中的区别：在此版本的函数中，最后两行不在"年龄小于30 岁"的条件之下。这是因为 Python 使用缩进来控制流程。

由于只有当年龄小于 30 岁时，最后两个语句才有意义，因此可以判断该版本代码存在错误。纠正方法是缩进最后两个语句，使它们与第一个 **print** 语句对齐。

定义了函数后，就可以调用这个函数了。可以通过使用函数名和括号来执行函数（如果不包含括号，将无法成功执行该函数）。

```python
main()
```

让我们回顾一下。要定义一个函数，即创建一个自己的小程序，需使用 **def** 语句，并在函数中不断输入内容，直到结束定义。然后输入空白行。之后通过键入函数名和括号来运行该函数。定义函数后，可以根据需要多次执行该函数。

下面的示例会话显示了在 IDLE 环境中定义函数并调用两次该函数的过程。为了清楚起见，用户输入以粗体显示。

```python
>>> def main():
        side1 = float(input('Enter length of a side: '))
        side2 = float(input('Enter another length: '))
        hyp = (side1 * side1 + side2 * side2) ** 0.5
        print('Length of hypotenuse is: ', hyp)

>>> main()
Enter length of a side: 3
Enter another length: 4
Length of hypotenuse is: 5.0
>>> main()
Enter length of a side: 30
Enter another length: 40
Length of hypotenuse is: 50.0
```

如你所见，定义函数后，可以随意调用它（执行函数）多次。

　　Python 的逻辑是：既然无论如何都要进行缩进，那为什么不依靠缩进来节省输入花括号的额外工作呢？这就是为什么 Python 没有任何代码块的"开始"或"结束"语法，而是依靠缩进的原因。

1.8　Python 中的 if 语句

　　与 Python 中其他的控制结构一样，在 **if** 语句中，缩进和首行末尾的冒号都非常重要。

```python
if a > b:
    print('a is greater than b')
    c = 10
```

if 语句有一个变体，该变体包括了一个可选的 else 从句。

```python
if a > b:
    print('a is greater than b')
    c = 10
else:
    print('a is not greater than b')
    c = -10
```

　　一个 if 语句可以拥有任意数量的 elif 从句。下面的例子中每个语句块中只有一行语句，但其实我们可以添加更多行：

```python
age = int(input('Enter age: '))
if age < 13:
    print('You are a preteen.')
elif age < 20:
    print('You are a teenager.')
elif age <= 30:
    print('You are still young.')
else:
    print('You are one of the oldies.')
```

　　语句块中的内容不能为空，若在一个语句块中不做任何操作，可以使用 **pass** 关键字。

下面是 **if** 语句的语法总结，方括号表示可选项，省略号表示可以多次重复该项。

```
if condition:
    indented_statements
[ elif condition:
    indented_statements ]...
[ else:
    indented_statements ]
```

1.9 Python 中的 while 语句

Python 中的 **while** 语句是一种基本结构（Python 中没有 "do-while" 结构，但可以使用 **else** 从句，第 4 章中会提到这种用法）。

这个限制有助于保持语法简单。使用 **while** 关键字创建一个循环，是否进入循环的条件判断同 **if** 语句一样。当缩进的程序块执行完成后，程序控制返回到循环的首行，并再次进行条件判断。

```
while condition:
    indented_statements
```

这里有一个简单的例子，使用 while 结构输出 1~10 的所有数字：

```
n = 10      # 可以设为任何正整数
i = 1
while i <= n:
    print(i, end=' ')
    i += 1
```

下面我们尝试在函数中加入这些语句。这个函数需要一个参数 n。每次执行时，n 的值可以不同。

```
>>> def print_nums(n):
        i = 1
        while i <= n:
            print(i, end=' ')
            i += 1

>>> print_nums(3)
```

```
1 2 3
>>> print_nums(7)
1 2 3 4 5 6 7
>>> print_nums(8)
1 2 3 4 5 6 7 8
```

我们来看一下该函数的工作原理。变量 i 从 1 开始，每执行一次循环其都会增加 1。只要 i 小于等于 n，就执行循环。当 i 超过 n 时，循环停止，并且不再输出任何值。

可以使用 **break** 语句退出最近的循环；使用 **continue** 语句立即执行循环的下一次迭代（即从循环的顶部开始执行），但不会像 **break** 语句那样退出循环。

break

例如，可以使用 **break** 语句退出无限循环。和 Python 中的所有关键字一样，**True** 是大小写敏感的关键字，注意首字母要大写。

```
n = 10          # 设置 n 为任何正整数
i = 1
while True:     # 保持一直执行
    print(i)
    if i >= n:
        break
    i += 1
```

注意 i += 1 的用法，它与以下代码表示相同的含义：

```
i = i + 1 # 把当前值加 1 并赋值给 i
```

1.10　几个很棒的小应用程序

现在你可能在想，所有这些语法有什么用？如果你从头读到了这里，那么你现在已经可以做一些事情了。本节展示了两个很棒的小应用程序，它们会完成一些了不起的事情。

下面是一个可输出斐波那契数列任意值的函数：

```
def pr_fibo(n):
    a, b = 1, 0
    while a < n:
```

```
print(a, sep=' ')
a, b = a + b, a
```

可以在 IDLE 中调用该函数或使用模块级代码来调用它：

```
n = int(input('Input n: '))
pr_fibo(n)
```

顺便说一下，以上函数的赋值语句中包含一种新的语法：

```
a, b = 1, 0
a, b = a + b, a
```

这两个语句是元组赋值语句，我们将在后面的章节中详细学习该语句。从本质上说，这种方法可以输入多个值，输出可以是多个变量，多个赋值语句之间不会相互干扰。该赋值过程也可以写成：

```
a = 1
b = 0
...
temp = a
a = a + b
b = temp
```

简单来说，就是将 a 和 b 分别初始化为 1 和 0。然后，将 a 设置为 a + b 的和，同时将 b 设置为 a 的旧值。

第二个应用程序是一个计算机游戏，你可以自己试一下该游戏。该程序会在背后选择一个 1~50 之间的随机数，然后要求你（玩家）通过反复猜测来找到这个数。

这个程序从导入 **random** 包开始，我们将在第 11 章中学习更多该包的相关知识。现在，请输入下面代码的前两行，我们将在本书的后面章节解释该程序。

```
from random import randint
n = randint(1, 50)
while True:
    ans = int(input('Enter a guess: '))
    if ans > n:
        print('Too high! Guess again. ')
    elif ans < n:
        print('Too low! Guess again. ')
    else:
        print('Congrats! You got it!')
        break
```

要运行程序，请在 Python 脚本中输入所有内容（从 File 菜单中选择 New 命令），然后从 Run 菜单中选择 Run Module 命令。

1.11 Python 布尔运算符总结

布尔运算符返回 **True** 或 **False**。值得注意的是，逻辑运算符 **and** 和 **or** 使用短路逻辑。表 1.2 汇总了这些运算符。

表 1.2 Python 中的布尔运算符和比较运算符

运算符	含义	结果
==	测试相等性	True 或 False
!=	测试不相等性	True 或 False
>	大于	True 或 False
<	小于	True 或 False
>=	大于等于	True 或 False
<=	小于等于	True 或 False
and	逻辑与	第一个或第二个操作数的值
or	逻辑或	第一个或第二个操作数的值
not	逻辑非	True 或 False, 返回与操作数相反的值

表 1.2 中的所有运算符都是二元的（它们需要两个操作数），**not** 运算符除外，它只需要单个操作数，然后将其逻辑值反转。下面是一个例子：

```
if not (age > 12 and age < 20):
    print('You are not a teenager.')
```

顺便说一句，可以使用 Python 简写形式（小技巧）完成以上功能，下面是示例代码：

```
if not (12 < age < 20):
    print('You are not a teenager.')
```

这是一个 Python 独有的编码技巧。在 Python 3.0 中，不仅可以使用以上示例，而且在 **if** 和 **not** 关键字之后也不需要加括号，因为逻辑运算符 **not** 的优先级较低。

1.12　函数的参数和返回值

Python 的函数语法很灵活，支持多个参数和多个返回值。

```
def function_name(arguments):
        indented_statements
```

arguments 是参数名称列表，如果有多个，则用逗号分隔。下面是 **return** 语句的语法：

```
return value
```

也可以返回多个值：

```
return value, value ...
```

也可以省略返回值。此时等价于语句 **return None**。

```
return   # 等价于 return None
```

return 语句的执行会导致函数立即退出并返回到函数的调用者。函数运行到末尾会导致隐式返回——默认情况下返回 **None**。因此，**return** 语句不是必需的。

相比于"值传递"，Python 中的参数传递更接近于"引用传递"，但也不完全是这样。将数据传递给 Python 函数时，函数参数接收到的是数据引用。然而，当在函数中为参数变量重新赋值时，会断开参数与传入数据的连接。

所以，下面的函数不会更改传递给它的变量的值。

```
def double_it(n):
    n = n * 2


x = 10
double_it(x)
print(x)          # x 的值依然为 10!
```

在刚开始学习 Python 时，这似乎是一个限制，因为有时程序员需要创建多个"输出"参数。但是，在 Python 中可以直接返回多个值，可以在函数的调用语句中将输出值分配给多个变量。

```
def set_values():
    return 10, 20, 30
a, b, c = set_values()
```

变量 a、b 和 c 被分别赋值为 10、20 和 30。

　　由于 Python 中没有数据声明的概念，因此 Python 中的参数列表只是一系列用逗号分隔的变量名。可以为每个参数指定默认值。下面的例子展示的是有两个参数但没有给它们指定默认值的函数定义：

```
def calc_hyp(a, b):
    hyp = (a * a + b * b) ** 0.5
    return hyp
```

　　在没有声明数据类型的情况下列出这些参数。Python 函数也不对它们进行数据类型检查，你需要自己进行类型检查！（可以使用 **type** 或 **isinstance** 函数来检查变量的数据类型。）

　　尽管没有指定函数参数的类型，但可以在函数中为它们指定默认值。

　　这允许我们创建一个不需要在每次调用时都指定所有参数的函数。为参数指定默认值的语法如下：

argument_name = default_value

　　例如，下面的函数可以多次输出 n 值，默认输出次数为 1。

```
def print_nums(n, rep=1):
    i = 1
    while i <= rep:
        print(n)
        i += 1
```

　　这里 rep 的默认值为 1，因此，如果没有为该参数指定值，则 rep 的值为 1。下面的例子调用此函数，输出一次数字 5：

```
print_nums(5)
```

　　输出为：

```
5
```

注释 ▶　　在以上例子中，函数使用 n 作为参数名称，因此我们会很自然地假设 n 为数字。但是，由于 Python 中没有变量和参数声明，因此没有任何强制要求。可以将 n 作为字符串传递到函数中。

　　但是，在 Python 中数据类型是有影响的。如果将非数字变量传递给第二个参数 rep，则会出现问题。在此处传入的值将与一个数字进行比较，因此，如果要给定该参数，则必须为数字。否则，将引发运行时错误（runtime error）。

◀ Note

如果函数定义中有包含默认值的参数，则这些参数的声明必须位于所有其他参数之后。

Python 的另一个特点是，在函数调用时可以使用命名参数。命名参数是一个独立的概念，请不要与参数默认值混淆。默认参数值在函数定义中指定，而命名参数是在函数调用时指定的。

根据之前的一些例子我们知道，通常情况下，按给定的顺序将参数值分配给各个参数。例如，假设一个函数中有三个参数：

```python
def a_func(a, b, c):
    return (a + b) * c
```

但是下面的函数调用直接指定了参数 c 和 b 的值，并且根据位置第一个参数应该为 a。

```python
print(a_func(4, c = 3, b = 2))
```

运行的结果是输出值 18。值 3、4 和 2 的分配顺序根据指定的变量名进行调整，参数 a、b 和 c 分别得到值 4、2 和 3。

如果使用命名参数，则命名参数必须位于参数列表的末尾。

1.13 前向引用问题

在大多数计算机语言中，程序员都必须解决一个烦人的问题：前向引用。即我应该按什么顺序定义函数？

一般的规则是在调用函数之前声明这个函数。这与变量规则是类似的，即在使用变量之前，变量必须先有初值。

那么，如何在调用函数之前确保函数已经存在（即已定义）？如果有两个需要互相调用的函数，又该怎么办？遵循以下两个原则，就可以轻松解决这个问题：

▶ 在调用任何函数之前，先定义该函数。

▶ 然后，在源文件的最后，放入第一个模块级函数调用（模块级代码是任何函数之外的代码）。

此方案之所以有效，是因为 def 语句在创建一个可调用函数时，并不执行该函数。因此，如果在 funcA 中调用 funcB，可以先定义 funcA，只需要确保执行 funcA 时，已经定义了 funcB 即可。

1.14　Python 的字符串

Python 具有文本字符串类 **str**，它能够使用可打印的文本字符。这个类具有许多内置功能。可以在 IDLE 中键入以下命令查看其功能：

```
>>> help(str)
```

可以使用不同的引号指定 Python 字符串。唯一的要求是引号必须成对出现。在 Python 中，引号不作为字符串的一部分。那么表示一个字符串最简单的方法是什么呢？

```
s1 = 'This is a string.'

s2 = "This is also a string."

s3 = '''This is a special literal
    quotation string.'''
```

最后一种形式（使用三个连续的单引号来指定字符串，简称三引号）创建特殊的字符串。也可以使用三个双引号以达到相同的效果，例如：

```
s3 = """This is a special literal
    quotation string."""
```

如果一个字符串由单引号指定，则在字符串中可以嵌入双引号。

```
s1 = 'Shakespeare wrote "To be or not to be."'
```

同样，如果字符串由双引号指定，则在字符串中可以嵌入单引号。

```
s2 = "It's not true, it just ain't!"
```

打印这两个字符串。

```
print(s1)
print(s2)
```

输出如下结果：

```
Shakespeare wrote "To be or not to be."
It's not true, it just ain't!
```

三引号语法的好处在于，它使我们可以在字符串中嵌入两种引号，也可以嵌入换行符。

```
'''You can't get it at "Alice's Restaurant."'''
```

或者，可以通过以下方式将引号放在字符串中，即使用反斜杠（\）作为转义字符。

```
s2 = 'It\'s not true, it just ain\'t!'
```

在第 2 章中，会更详细地介绍字符串的功能和使用方法。

像在 Basic 或 C 语言中一样，可以在 Python 中使用 0~*N*–1 的索引号来获取字符串中的字符，其中 *N* 是字符串的长度。如下例：

```
s = 'Hello'
s[0]
```

输出结果为：

```
'H'
```

但是，不能为现有字符串中的字符分配新值，因为 Python 中的字符串是不可变的。

那么，如何构造新的字符串呢？可以使用字符串连接和赋值操作。这是一个例子：

```
s1 = 'Abe'
s2 = 'Lincoln'
s1 = s1 + ' ' + s2
```

在这个例子中，开始时字符串 s1 的值为 'Abe'，但最终变成 'Abe Lincoln'。这样的操作是合法的，因为变量仅仅是一个名称，它可以被重新赋值。

因此，可以通过字符串串联达到"修改"字符串的目的，而不违背字符串不变的原则。因为每次字符串赋值都会在变量和数据之间创建新的关联。下面是一个例子：

```
my_str = 'a'
my_str += 'b'
my_str += 'c'
```

这几个语句创建了字符串 'abc'，并将其赋值（重新赋值）给变量 my_str。事实上字符串的值并没有被修改。在这个例子中实际发生的是，变量名 my_str 被重复使用，分配给它的字符串越来越大。

可以这样想：每个语句创建一个新的（更长的）字符串，然后再次赋值给变量 my_str。

在处理 Python 字符串时，还有另一个重要规则需要记住：在 Python 中借助索引能够取得字符串中的单个字符。在 Python 中，单个字符不是一种单独的数据类型（不同于 C 或 C++），其只是长度为 1 的字符串。选择使用单双引号对此没有影响。

1.15　Python 列表（和一个很棒的排序应用程序）

在 Python 中最常用的集合类是列表集合，列表的使用很灵活且它的功能非常强大。

[*items*]

列表使用方括号进行标识，*items* 代表由零个或多个元素组成的列表，多个元素之间用逗号分隔。下面的例子表示某夏季周末出现的一系列华氏温度：

[78, 81, 81]

列表元素可以是任何类型的对象（包括其他列表）。与 C 或 C++ 语言不同，Python 允许元素类型不一致。例如，可以定义字符串列表如下：

['John', 'Paul', 'George', 'Ringo']

也可以定义具有混合类型元素的列表，如下：

['John', 9, 'Paul', 64]

但是，在 Python 3.0 中具有混合类型元素的列表无法自动排序。排序是列表的一项重要功能。

与 Python 中一些其他集合类（例如 dictionary 和 set）不同，列表的元素是有序的，且列表中允许出现重复值。在第 3 章中我们会详细介绍列表的内置函数，本节我们使用到列表的两个函数：**append**（追加元素，它能动态地向列表中添加元素）和 **sort**（排序）。

下面是一个小程序，展示了 Python 列表的排序功能。在 Python 脚本中键入以下内容并运行。

```
a_list = []

while True:
    s = input('Enter name: ')
    if not s:
        break
    a_list.append(s)
```

```
a_list.sort()
print(a_list)
```

这段只有几行的短代码运行起来是什么样呢？下面是一个示例会话：

```
Enter name: John
Enter name: Paul
Enter name: George
Enter name: Ringo
Enter name: Brian
Enter name:
['Brian', 'George', 'John', 'Paul', 'Ringo']
```

我们看到，Brian 被添加到列表中，并且将列表中全部名字按字母顺序打印出来。

这个小程序会提示用户一次输入一个名字。输入名字后，小程序通过 append 方法将名字添加到已有列表中。当输入为一个空字符串时，循环中断。最后，排序列表并打印列表元素。

1.16 for 语句和 range 函数

上一节我们写的小程序打印出了列表的所有内容，下面介绍一种更加简洁的方式来完成同样的功能。在 Python 中，**for** 语句的作用之一就是对列表等集合进行迭代并在它们内部的每个元素上执行相同的操作。

for 语句的一个用途是打印元素。将上一节中小程序的最后一行替换为以下内容，从而控制如何进行打印输出。

```
for name in a_list:
    print(name)
```

程序的输出为：

```
Brian
George
John
Paul
Ringo
```

for 语句迭代的对象通常是一个集合（如列表），也可以是一个 **range** 函数。

range 函数是一个生成器，用于生成值的序列（第 4 章中包含了有关生成器的详细信息）。

```
for var in iterable:
    indented_statements
```

注意语法中的缩进以及冒号（:）。

在每次迭代时，将值以类似于函数参数的方式传递到 **for** 循环。将值分配给循环中的变量不会改变原始数据。

```
my_lst = [10, 15, 25]
for thing in my_lst:
    thing *= 2
```

该程序想要将 my_lst 的每个元素加倍，但实际上没有。用迭代的方式处理列表，并更改列表元素的值，必须使用元素索引赋值，如下例：

```
my_lst = [10, 15, 25]
for i in [0, 1, 2]:
    my_lst[i] *= 2
```

该程序达到了预期效果：将 my_lst 中的每个元素加倍，所以处理后的列表为 [20、30、50]。

要以这种方式索引列表，需要创建以下形式的索引序列。

```
0, 1, 2, ... N-1
```

其中，N 是列表的长度。可以使用 **range** 函数自动生成索引序列。例如，要加倍长度为 5 的数组中的每个元素，可以使用此代码：

```
my_lst = [100, 102, 50, 25, 72]
for i in range(5):
    my_lst[i] *= 2
```

这段代码不是最佳的，因为它将列表的长度（该长度为 5）硬编码到代码中。下面是编写此循环的更好方法：

```
my_lst = [100, 102, 50, 25, 72]
for i in range(len(my_lst)):
    my_lst[i] *= 2
```

执行代码后，my_lst 中的元素为 [200, 204, 100, 50, 144]。

range 函数能够生成一个整数序列，具体形式取决于传入函数中的参数个数

（可以是一个、两个或三个），如表 1.3 所示。

表 1.3 Range 函数的作用

语法	效果
range(*end*)	生成一个从 0 开始，直到但不包括 *end* 的序列
range(*beg, end*)	生成一个从 *beg* 开始，直到但不包括 *end* 的序列
range(*beg, end, step*)	生成一个从 *beg* 开始，直到但不包括 *end*，相邻元素增加 *step* 的序列；如果 *step* 为负，则结果从大到小排列

range 函数的另一个用途是创建一系列整数序列。例如，下面的示例计算阶乘的值。

```python
n = int(input('Enter a positive integer: '))
prod = 1
for i in range(1, n + 1):
    prod *= i
print(prod)
```

range(1，n + 1) 生成以 1 开始但不包括 n+1 的整数序列。所以，以上循环的作用是计算下式：

```python
1 * 2 * 3 * ... * n
```

1.17　Python 元组

Python 中元组的概念与列表很相似，但元组的概念更为基础。例如以下代码返回一个整数的列表：

```python
def my_func():
    return [10, 20, 5]
```

这个函数的返回值是一个列表。

```python
my_lst = my_func()
```

但下面的代码，返回一个值的序列，也就是我们本节要介绍的元组。

```python
def a_func():
    return 10, 20, 5
```

可以这样调用它：

```python
a, b, c = a_func()
```

为了清楚起见，可以用圆括号将元组括起来。

```
return (10, 20, 5)   # 在这里括号没有任何功能
```

元组和列表的基本属性几乎相同：都是有序集合，元组内也允许任意数量的重复元素。

与列表不同的是，元组内的元素是不可变的，不能就地更改。元组不支持列表的所有方法或函数，尤其不支持任何修改元组元素的方法。

1.18　字典

Python 中的字典是一种以键值对为元素的集合。与列表不同，字典用大括号指定。

```
{ key1: value1, key2: value2, ...}
```

通俗地说，字典就像数据库中一个扁平的两列表格。虽然它只是一张表格，不支持数据库中的高级功能，但它是 Python 程序中重要的数据存储对象。

字典的键是一系列唯一的值，同一个字典中的键不能重复。每个键都对应一个数据对象，叫作值。例如，可以创建一个字典来对学生进行评分，如下所示：

```
grade_dict = { 'Bob':3.9, 'Sue':3.9, 'Dick':2.5 }
```

上面的语句创建了一个包含三个条目的字典。键分别为字符串 'Bob'、'Sue' 和 'Dick'，分别对应于值 3.9、3.9 和 2.5。注意，值 3.9 出现了两次，这是允许的，因为它不是键。

像往常一样，grade_dict 是一个变量名称，可以将字典命名为任何名称（只要符合命名规则即可）。这里使用了名称 grade_dict，因为它暗示了这个对象的类型。

创建字典后，可以用以下语句向字典中添加值：

```
grade_dict['Bill G'] = 4.0
```

该语句创建一个键 'Bill G'，其值为 4.0。这条数据被添加到名为 grade_dict 的字典中。如果键 'Bill G' 已经存在，则该语句也仍然有效，它将替换与 'Bill G' 相关联的值，而不是将 'Bill G' 添加为新条目。

可以使用以下语句打印或引用字典中的值。使用字符串（'Bill G'）作为键来查找与该键关联的值。

```
print(grade_dict['Bill G'])    # 打印值4.0
```

也可以新建一个空的字典，然后向其中添加数据。

```
grade_dict = { }
```

在字典中还要遵守以下的规则：

▶ 在 Python 3.0 中，所有键必须是相同类型，或者至少是可以比较的兼容类型，例如整数和浮点数。

▶ 键的类型应该是不可变的。例如，字符串和元组是不可变的，但列表不是。

▶ 诸如 [1，2] 之类的列表不能作为键，但是诸如 (1，2) 之类的元组则可以。

▶ 值可以是任何类型，使用相同类型的对象作为值通常是个好的选择。

需要注意的是，如果尝试获取特定键的值并且该键不存在，Python 会抛出异常。为避免这种情况，使用 **get** 方法确保指定的键存在。

*dictionary.**get**(key [,default_value])*

此语法中的方括号表示可选项目。 如果键存在，则返回其在字典中的对应值。否则，返回 *default_value*（如果已指定），或返回 **None**（如果未指定）。使用第二个参数可以编写高效的直方图代码。例如下面的代码，它计算单词的出现频率。

```
s = (input('Enter a string: ')).split()
wrd_counter = {}
for wrd in s:
    wrd_counter[wrd] = wrd_counter.get(wrd, 0) + 1
```

本示例执行的操作如下：当找到一个新单词时，将该单词以值 0 + 1（等于1）的形式输入字典中。如果找到已有单词，则 **get** 返回该单词的出现频率，然后将其加 1。 因此，如果找到了一个单词，则它的频率计数将增加 1。如果没有找到该单词，它将被添加到字典中，值为 1。这就是我们想要的。

在这个示例中，字符串类的 **split** 方法用于将字符串分成单个单词列表。有关 **split** 方法的更多信息，请参见 2.12 节。

1.19 集合

Python 中的集合（为避免混淆，下面称为 set）与字典类似，但是其没有对应的关联值。实际上，set 是唯一键的集合，set 不同于列表，它具有以下特征：

▶ 所有 set 成员必须唯一。将 set 中已有的值再次添加到 set 的操作将被忽略。

▶ 所有 set 成员都应该是不可变的，就像字典的键一样。

▶ set 是无序的。

下面有两个 set 定义：

```
b_set1 = { 'John', 'Paul', 'George', 'Pete' }
b_set2 = { 'John', 'George', 'Pete', 'Paul' }
```

这两个 set 是完全相等的，以下两个 set 也是如此：

```
set1 = {1, 2, 3, 4, 5}
set2 = {5, 4, 3, 2, 1}
```

创建 set 后，可以使用 **add** 和 **remove** 方法操作其中的元素。例如：

```
b_set1.remove('Pete')
b_set1.add('Ringo')
```

在创建新 set 时，不能使用一对空的花括号，因为该语法被用于创建空的字典。使用以下语法来创建空 set：

```
my_set = set()
```

set 支持 **union**（并集）和 **intersection**（交集）方法，和以下运算符的使用：

```
setA = {1, 2, 3, 4}
setB = {3, 4, 5}
setUnion = setA | setB          # 并集操作得到 {1, 2, 3, 4, 5}
setIntersect = setA & setB      # 交集操作得到 {3, 4}
setXOR = setA ^ setB            # 异或操作得到 {1, 2, 5}
setSub = setA - setB            # 减操作得到 {1, 2}
```

在以上示例中，setUnion 和 setIntersect 分别是并集和交集操作的结果。setXOR 是异或运算的结果，它包含所有出现在 A 集合或 B 集合中，但不同时出现在两个集合中的元素。setSub 是集合相减的结果，它包含在第一个集合（setA）而不在第二个集合（setB）中的元素。

附录 C 列出了 **set** 集合类支持的所有方法，以及大多数方法的示例。

1.20 全局和局部变量

像其他语言一样，Python 中的变量可以是全局的或局部的。 一些程序员不鼓励使用全局变量，不过当你真正需要它们时，也可以使用。

什么是全局变量？全局变量是一个可以在多个函数调用之间保留其值，并且对所有函数均可见的变量。因此，在一个函数中更改变量 `my_global_var` 的值会在另一个函数调用 `my_global_var` 时反映出来。

如果存在局部变量 x，那么当在函数定义中引用变量 x 时会引用局部变量。否则，将使用变量的全局版本（如果存在）。

与全局作用域相反，局部作用域意味着修改变量的值对在函数定义之外的同名变量没有影响。局部变量是私有的。 但是全局变量对所有函数都是可见的。

举例说明，以下语句创建两种类型的 count 变量：局部变量和全局变量。默认情况下，函数使用自己的变量（局部变量）。

```
count = 10
def funcA():
        count = 20
        print(count)    # 打印 20, 局部变量


def funcB():
        print(count)    # 打印 10, 全局变量
```

该示例中的第一个函数使用了局部变量 count，因为这个变量是在函数中创建的。

第二个函数 funcB 中没有局部变量，因此，它使用的是在第一行中创建的全局变量（count= 10）。

当引用全局变量并使用赋值语句修改它的值时，就会出现问题。 Python 没有数据声明的概念，因此赋值语句有创建新变量的功能。 这里的问题是，当在函数中使用赋值语句创建变量时，创建的变量是一个局部变量。

下面的示例在函数 funcB 中更改 count 的值。这样做的结果是创建了局部变量 count，其值为 100。如果你期望改变全局变量 count 的值，那么函数 funcB 不能满足要求。

```
def funcB():
```

```
count = 100      # count 现在是局部变量,
                 # 对全局变量 counti 没有影响
print(count)     # 打印出局部变量的值 100
```

要实现对全局变量的修改需要使用 **global** 关键字。该关键字告诉 Python 不要使用局部变量。使用此变量名称时必须引用全局变量(如果存在)。

```
count = 10            # 创建全局变量

def my_func():
    global count
    count += 1

my_func()        # 调用 my_func 函数
print(count)     # 打印出 11
```

如上例所示,调用 **my_func** 函数会修改 count 的值,这会影响函数之外的其他程序代码。如果 **my_func** 修改的是局部变量 count,那它对函数外部的全局变量 count 就没有影响。

global 语句本身不会创建任何东西。在上一个示例中,在函数定义之前的语句创建了全局变量 count。

模块级代码由除函数定义和类定义之外的所有语句组成,可以在这里创建全局变量。下面的示例代码在执行后也会创建全局变量 foo(如果之前未定义)。

```
def my_func():
    global foo
    foo = 5          # 创建全局变量 foo
                     # (如果之前还未定义)
    print(foo)
```

假设之前未定义 foo 变量,则此函数的作用是创建全局变量 foo 并将其值设置为 5。由于存在语句 **global foo**,变量 foo 被创建为全局变量。虽然该赋值语句不是模块级代码。

Python 中有一个关于全局变量和局部变量的黄金法则:

✱ 如果需要在函数中为全局变量赋值,请使用 **global** 语句,以免该变量被视为局部变量。

总结

第1章介绍了 Python 的基础知识，其中不包括类的定义、集合的高级操作以及一些专有操作（例如文件操作）。但本章的内容足够让你编写许多 Python 程序。

如果你了解了本章讲述的所有内容，那么你就有了一个很好的开始。接下来的几章将详细介绍列表和字符串，两个重要的集合。

第3章将介绍 Python 中的"列表推导式"（list comprehension），并解释如何将列表推导式应用于列表（list）和集合（set），以及字典（dict）和一些其他集合。同时还会介绍如何使用匿名函数（lambda function）。

习题

1　Python 中没有变量声明，从理论上来说，是否能够有未初始化的数据？

2　如何理解 Python 中的整数是"无限长的"，为什么它们又不是无限的呢？

3　从理论上讲，是否存在能表示无限范围的类？

4　与大多数其他编程语言相比，Python 对缩进的要求较严格？

5　在整个 Python 项目中最好使用完全一致的代码缩进方案，但必须要求这样吗？在程序中哪些缩进必须一致？哪里可以有所不同？请举例说明。

6　准确说明为什么制表符会导致 Python 程序中的缩进出现问题（从而引入语法错误）？

7　Python 严格依赖代码缩进的好处是什么？

8　Python 函数可以同时返回多少个不同的值？

9　描述本章提出的针对函数的前向引用问题的解决方案。为什么会出现这类问题？

10　在编写 Python 文本字符串时，应该根据哪些条件来选择引号（单引号、双引号或三引号）？

11　至少指出一个 Python 列表与其他语言（例如 C）数组（一般是连续存储的单个类型的集合）的不同点。

推荐项目

1　编写一个程序，询问用户的姓名、年龄和地址，然后打印出刚刚输入的所有信息。将程序代码放在一个名为 `test_func` 的函数中，然后调用函数来运行它。

2　编写一个程序，获取球体的半径，计算它的体积，然后打印出答案。如有必要，可以在网上查找体积计算公式。

字符串高级功能

计算机如何与人交流信息？挥手，发出烟雾信号，还是用（像 1950 年代的科幻电影中那样）闪烁的红灯？

都不是。即使是音频或语音识别的程序（超出了本书的范围）也是基于字符串与人进行交互的。每个程序员都需要掌握字符串处理技术来实现提示、搜索和打印这些功能。幸运的是，Python 在这项任务上表现出色。

即使你以前使用过 Python 字符串，也有必要仔细阅读本章以确保你了解 Python 字符串的所有功能。

2.1 不可变的字符串

Python 中的数据类型分为可变的或不可变的两种。

可变类型的优点很明显，数据可以"就地"被更改。这意味着你不必在每次进行更改时都重新创建对象。可变类型包括列表、字典和集合。

不可变类型的优点虽不明显，但很重要。不可变类型可以用作字典的键（通常是字符串）。例如，有一个评分字典用来列出一组评论者的平均评分。

```
movie_dict = { 'Star Bores': 5.0,
               'The Oddfather': 4.5,
               'Piranha: The Revenge': 2.0 }
```

不可变类型的另一个优点是有助于进行内部优化，从而提高运行效率。例如，使用元组比使用列表的效率更高。

不可变类型的局限性在于无法"就地"更改。例如，以下语句是无效的。

```
my_str = 'hello, Dave, this is Hal.'
my_str[0] = 'H'      # 错误！
```

第二条语句是无效的，因为它尝试获取在第一条语句中创建的字符串并修改它。结果 Python 抛出了 **TypeError** 异常。

以下语句是有效的。

```
my_str = 'hello'
my_str = 'Hello'
```

因为每条语句都会创建一个新的字符串，并将其分配给 my_str 变量。

在 Python 中，变量只不过是一个名称，可以反复使用它。这就是为什么上面第二条语句看起来似乎违反了字符串的不可变性，而实际上却没有。该示例其实并没有更改字符串，而是创建了两个不同的字符串，并重用了变量名 my_str。

这种写法基于 Python 的赋值方法和 Python 不需要变量声明的特性。可以根据需要多次重复使用变量名。

2.2　数据类型转换

只要变量支持某种转换，那么使用该类型名称就会引起类型转换，其语法如下：

```
type(data_object)
```

如果存在适当的转换，则该操作会将 *data_object* 转换为指定的类型的对象。如果转换不存在，Python 会抛出 **ValueError** 异常。

这里是一些例子：

```
s = '45'
n = int(s)
x = float(s)
```

打印 n 和 x，会得到如下结果：

```
45
45.0
```

与大多数转换不同，**int** 转换接受可选的第二个参数。此参数使你可以将字符串按不同进制转换为数字（如二进制）。下面是一个例子：

```
n = int('10001', 2) # 按二进制将字符串转换成数字
```

打印 n，你会发现它的值为 17（十进制值）。

同样，在进行 **int** 转换时还可以使用其他值。以下代码使用八进制（8）和十六进制（16）值：

```
n1 = int('775', 8)
n2 = int('1E', 16)
print('775 octal and 16 hex:', n1, n2)
```

以上语句打印出下面结果：

```
775 octal and 1E hex: 509 30
```

可以将 **int** 转换打包为一个具有可选的第二个参数的方法，该参数的默认值为 10，表示十进制。

$$int(data\_object, radix=10)$$

当从键盘上获得输入（通常使用 **input** 方法）或从文本文件获得输入，并且需要将数字字符转换为数值时，必须进行 **int** 或 **float** 转换。

str 转换的方向相反。它将数字转换为字符串。实际上，它适用于任何定义了字符串表示形式的数据类型。

可以通过将数字转换为字符串来实现一些操作，如计算可打印数字的位数或计算特定数字出现的次数。以下语句打印数字 1007 的字符个数：

```
n = 1007
s = str(n) # 转换为 '1007'
print('The length of', n, 'is', len(s), 'digits.')
```

输出如下：

```
The length of 1007 is 4 digits.
```

还有其他的方法能实现这个功能。例如，可以使用以 10 为底的对数运算。本例展示了将数字转换为字符串可以做些什么事情。

注释 ▶ 　将数字转换为字符串与将数字转换为 ASCII 或 Unicode 码不同。要转换成字符编码必须逐字符进行 **ord** 操作。

◀ Note

2.3 字符串运算符（+、=、*、>等）

字符串类型 **str** 支持一些数字类型的运算符，但它们的实际作用有所不同。例如，加号（+）应用于字符串时作用是连接字符串。

下面是一些有效的字符串运算符，包括赋值和相等性测试：

```
dog1_str = 'Rover'          # 赋值
dog2_str = dog1_str         # 创建别名

dog1_str == dog2_str        # 结果为真
dog1_str == 'Rover'         # 结果为真
```

在本例中，第二条语句为 dog1_str 引用的数据创建了一个别名（但是如果之后将 dog1_str 分配给新数据，dog2_str 仍引用 'Rover'）。因为 dog1_str 和 dog2_str 引用相同的数据，所以第一个相等性测试的结果为 **True**。

第二个相等性测试也返回 **True**。因为只要两个字符串的内容相同，就视为它们相等，它们不一定指向内存中相同的数据。

所有使用运算符对 Python 字符串进行的比较均区分大小写。可以将两个操作数都转换为大写或小写（通过使用 **upper** 或 **lower** 方法），这种方法只对包含 ASCII 字符的字符串有效。

如果字符串使用的是 Unicode 字符集，则使用专门为此设计的 **casefold** 方法进行不区分大小写的比较较为安全。

```
def compare_no_case(str1, str2):
    return str1.casefold() == str2.casefold()

print(compare_no_case('cat', 'CAT')) # 返回真
```

表 2.1 列出了 **str** 类型支持的运算符。

表 2.1　str 类型支持的运算符

运算符语法	说明
name = str	将字符串赋值给指定变量
str1 == *str2*	当 *str1* 和 *str2* 有相同的内容时返回 **True**，大小写敏感
str1 != *str2*	当 *str1* 和 *str2* 有不同内容时返回 **True**
str1 < *str2*	当 *str1* 按字母表顺序出现在 *str2* 前时返回 **True**，如 'abc'<'def' 返回 **True**，'abc'<'aaa' 返回 False（查看下面关于顺序的说明）
str1 > *str2*	当 *str1* 按字母表顺序出现在 *str2* 后时返回 True，如 'def'>'abc' 返回 **True**，'def'>'xyz' 返回 **False**
str1 <= *str2*	当 *str1* 按字母表顺序出现在 *str2* 前或两者内容相同时返回 **True**

运算符语法	说明
str1 >= *str2*	当 *str1* 按字母表顺序出现在 *str2* 后或两者内容相同时返回 **True**
str1 + *str2*	连接两个字符串，就是将 *str2* 的内容粘贴到 *str1* 末尾。例如，'Big'+'Deal' 结果为 'BigDeal'
str1 * *n*	将该字符串连接到自身 n 次，其中 n 是一个整数，例如，'Goo' * 3 的结果为 'GooGooGoo'
n * str1	与 *str1* * *n* 相同
str1 in *str2*	如果字符串 *str1* 整体包含在 *str2* 中，则返回 **True**
str1 not in *str2*	如果字符串 *str1* 不包含在 *str2* 中，则返回 **True**
str is obj	如果 *str* 和 *obj* 指向内存中的同一对象，则返回 **True**。该运算符在将字符串与 **None** 或未知类型对象进行比较时很有用
str is not obj	如果 *str* 和 *obj* 指向内存中的不同对象，则返回 **True**

注释▶ Python 使用一种字母顺序比较字符串。具体地说，它使用字符编码顺序，即字符的 ASCII 或 Unicode 编码。按照这种方式，所有大写字母在所有小写字母之前，除此之外，按字母表顺序比较字母。也可以进行数字比较，如 '1' 小于 '2'。

◀Note

　　大家可能对字符串连接运算符（+）比较熟悉，因为在许多具有字符串类型的语言中都支持这种操作。

　　连接不会自动在两个字符串之间添加空格。如果需要，必须手动添加。但是所有字符串，包括 ' ' 之类的字符串都具有相同的数据类型，因此 Python 可以执行以下操作：

```
first = 'Will'
last = 'Shakespeare'
full_name = first + ' ' + last
print(full_name)
```

上面代码会打印出：

```
Will Shakespeare
```

在制作字符图形并想要初始化长字符串（如分隔线）时，字符串乘法运算符（*）很有用。

```
divider_str = '_' * 30
print(divider_str)
```

以上语句会打印出：

`'_'* 30` 的返回值是由 30 个下画线组成的字符串。

性能提示 ▶　　　还可以使用其他方法创建包含 30 个连续下画线的字符串，但是到目前为止，使用乘法运算符（*）是最高效的。

◀ Performance Tip

　　　注意，不要滥用 `is` 和 `is not` 运算符。这两个运算符测试两个值在内存中是否是相同的对象。可以有两个字符串变量都包含值 `'cat'`。在这种情况下，对它们进行相等性（`==`）测试将始终返回 `True`，但 `obj1 is obj2` 可能返回 `False`。

　　　什么时候应该使用 `is` 或 `is not`？在比较不同类型的对象时，应首先使用它们，因为这种情况下可能未定义适当的相等性测试（`==`）。其中一个例子是测试某个值是否等于特殊值 `None`，`None` 是唯一的，因此适合使用 `is` 进行测试。

2.4　索引和切片

　　　从字符串中提取数据有两种方法：索引和切片。

▶ 索引根据其在字符串中的位置，使用数字来引用单个字符。

▶ 切片是 Python 特有的功能。它使你可以使用紧凑语法来引用子字符串。

　　　列表支持类似的功能，第 3 章包含此类内容。但是，它们之间存在一些差异，其中最大的差异是：

＊ 不能使用索引、切片或任何其他操作"就地"更改字符串的值，因为字符串是不可变的。

　　　可以组合使用正（非负）索引和负索引。图 2.1 说明了正索引如何从 0 移动到 N-1，其中 N 是字符串的长度。

　　　除了不可变性之外，字符串和列表之间还有另一个区别。索引字符串（索引有效的情况下）可产生单个字符的字符串。单字符字符串具有 `str` 类型，与其他字符串一样。

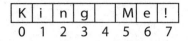

图 2.1 Python 的字符串索引

假设索引了 'Hello' 的第一个字符, 则结果为字符串 'H'。虽然它的长度是1, 但它仍然是字符串类型。

```
s = 'Hello'
ch = s[0]
print(type(ch))
```

执行代码将打印出以下结果（这证明变量 ch 虽然仅包含一个字符，但仍是 str 类型）：

```
<class 'str'>
```

在 Python 中没有单独的 character（字符）类型。

切片是 Python 字符串、列表和元组共享的一种特殊功能。表 2.2 总结了字符串切片支持的语法，这些语法可产生子字符串。请记住，无法给字符串的切片赋值。

表 2.2 Python 字符串的切片语法

语法	得到的字符串
string[*beg*: *end*]	从 *beg* 开始到 *end*（不包含）的字符串
string[:*end*]	从头一直到 *end*（不包含）的字符串
string[*beg*:]	从 *beg* 一直到结尾的字符串
string[:]	整个字符串，该操作会复制原字符串
string[*beg*: *end*: *step*]	从 *beg* 到 *end*（不包含）的字符串, 字符之间的索引间隔为 *step*

假设要删除字符串开头和最后一个字符，则需要结合使用正索引和负索引。假设我们要处理一个包含双引号的字符串。

```
king_str = '"Henry VIII"'
```

打印该字符串会得到下面结果：

```
"Henry VIII"
```

如果我们希望只打印英文字母，不打印双引号，就可以通过执行下面代码来实现：

```
new_str = king_str[1:-1]
print(new_str)
```

现在输出变成:

```
Henry VIII
```

图2.2 说明了切片是如何工作的。它从第1个参数开始切片,到第2个参数(不包含)结束。

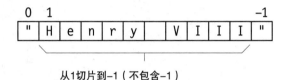

图 2.2　字符串切片示例 1

图 2.3 是另一个示例。假设我们想从短语 "The bad dog" 中提取第 2 个词 "bad"。如图 2.3 所示,应该从索引 4 切片到索引 7(不包含)。因此,该字符串可以通过字符串切片 string[4:7] 提取。

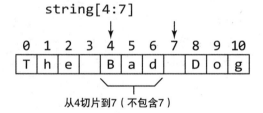

图 2.3　字符串切片示例 2

由切片的规则,我们得出下面这些有趣的结论:

- 如果 *beg* 和 *end* 均为正索引,则 *end-beg* 给出切片的最大长度。

- 要获取包含原字符串前 *N* 个字符的字符串,使用 *string[:N]*。

- 要获取包含原字符串最后 *N* 个字符的字符串,使用 string[-N:]。

- 要创建字符串的完整副本,使用 *string[:]*。

切片允许我们提供一个可选的 *step* 参数(第三个参数)。当其为正时,该参数指定每次向前移动的字符数。*step* 参数为2表示"每隔一个字符取一个字符"。*step* 参数为 3 表示"每隔两个字符取一个字符"。例如,以下语句从 'RoboCop'

的第二个字符开始，每隔一个字符取一个字符。

```
a_str = 'RoboCop'
b_str = a_str[1::2]     # 每隔两个字符取一个字符
print(b_str)
```

上例的输出为：

```
ooo
```

下面是另一个示例。step 值为 3 表示"每三个字符取一个"。这一次切片是从第一个位置开始。

```
a_str = 'AbcDefGhiJklNop'
b_str = a_str[::3]      # 每三个字符取一个
print(b_str)
```

上面代码的输出为：

```
ADGJN
```

甚至可以使用负的 step 值，这时会在字符串中反向（从后向前）执行切片操作。例如，以下函数以反序返回输入字符串。

```
def reverse_str(s):
    return s[::-1]

print(reverse_str('Wow Bob wow!'))
print(reverse_str('Racecar'))
```

上面代码的输出为：

```
!wow boB woW
racecar
```

在切片时，Python 不会因为索引越界抛出异常。它只是尽可能多地获取输入。在某些情况下，这可能导致切片返回空字符串。

```
a_str = 'cat'
b_str = a_str[10:20]  # b_str 被赋值为空字符串
```

2.5　单字符函数

Python 中有两个函数是为长度为 1 的字符串设计的。这两个函数是单字符函数，虽然它们操作的对象也是字符串类型。

```
ord(str)    # 返回字符的数字编码
chr(n)      # 将 ASCII/Unicode 编码转换成一个字符
```

ord 函数接受一个字符串参数，但是如果字符串长度大于 1，则会引发 **TypeError** 异常。可以使用此函数返回对应字符的 ASCII 或 Unicode 编码。例如，下面的示例显示字母 A 的 ASCII 码为十进制 65。

```
print(ord('A'))    # 输出为 65
```

chr 函数是 **ord** 函数的逆函数。它接受一个字符编码，返回编码对应的 ASCII 或 Unicode 字符。以 65 为参数调用 **chr** 函数应该会输出一个字母 A。

```
print(chr(65))     # 输出为 'A'
```

尽管 **in** 和 **not in** 运算符支持使用长度大于 1 的字符串，但它们经常用于单字符判断。例如，以下语句测试字符串的第一个字符是否为元音：

```
s = 'elephant'
if s[0] in 'aeiou':
    print('First char. is a vowel.')
```

同样，也可以编写一个辅音检测算法：

```
s = 'Helephant'
if s[0] not in 'aeiou':
    print('First char. is a consonant.')
```

上面算法的一个明显缺点是无法正确处理大写字母。解决此问题的一种方法如下：

```
if s[0] in 'aeiouAEIOU':
    print('First char. is a vowel.')
```

也可以在测试字符之前将其转换为大写。这样也具有不区分大小写的效果。

```
s = 'elephant'
if s[0].upper() in 'AEIOU':
    print('First char. is a vowel.')
```

还可以使用 **in** 和 **not in** 运算符测试包含多个字符的子字符串。在这种情况下，只有找到整个子字符串才返回 **True**。

```
'bad' in 'a bad dog'    # 返回 True
```

在字符串 "a bad dog" 中存在子字符串 "bad" 吗？是的。

请注意，**in** 运算符总是会假设所有字符串都包含空字符串 ' '，这与列表的工作方式不同。当检查列表是否包含空列表时，Python 不会返回 **True**。

```
print('' in 'cat')        # 输出 True
print([] in [1, 2, 3])    # 输出 False
```

单字符运算在 **for** 循环和迭代中也很重要。如果遍历列表，则其可以访问每个列表元素。如果遍历字符串，则其会依次访问每个字符。同样，这些字符都是长度为 1 的字符串，而不是单独的"字符"类型的对象。

```
s = 'Cat'
for ch in s:
    print(ch, ',  type:', type(ch))
```

这段代码的输出如下：

```
C,  type: <class 'str'>
a,  type: <class 'str'>
t,  type: <class 'str'>
```

因为这些字符都是长度为 1 的字符串，所以可以输出相应的 ASCII 码：

```
s = 'Cat'
for ch in s:
    print(ord(ch), end=' ')
```

输出结果为：

```
67 97 116
```

2.6 用 join 函数构建字符串

对于字符串是不可变的这一特性，你可能会有如下疑问：如何构造或构建新的字符串？这可以通过 Python 赋值的特殊性质得以解决。例如，以下语句构建字符串"Big Bad John"：

```
a_str = 'Big '
a_str = a_str + 'Bad '
a_str = a_str + 'John'
```

这些都是有效的声明。它们都使用了变量名 a_str，并为它分配一个新字符串。最终结果是创建了以下字符串：

```
Big Bad John
```

以下语句也是有效的，它们似乎违反了不变性，但实际上并非如此。

```
a_str = 'Big '
a_str += 'Bad '
a_str += 'John'
```

这种使用 =、+ 和 += 来构建字符串的方法对于涉及少量对象的情况是没问题的。例如，可以使用2.5节中介绍的 **ord** 和 **chr** 函数来构建包含所有字母的字符串。

```
n = ord('A')
s = ''
for i in range(n, n + 26):
    s += chr(i)
```

这个例子看起来很简洁，但其会使 Python 一次又一次地在内存中创建全新的字符串。

一种更好的选择是使用 **join** 方法。

separator_string.**join**(*list*)

此方法将列表中的所有字符串连接在一起组成一个大字符串。 如果此列表包含多个元素，则将字符串 *separator_string* 放置在每对连续的字符串之间。空字符串是有效的分隔符字符串。当使用空字符串分隔时列表中的所有字符串都直接连接在一起。

在运行时，**join** 函数通常比字符串连接操作更高效，但除非列表中有很多元素，否则执行时间相差不大。

```
n = ord('A')
a_lst = [ ]
for i in range(n, n + 26):
    a_lst.append(chr(i))
s = ''.join(a_lst)
```

上面代码中，**join** 方法将字符串列表 a_lst 中的所有字符串连接为一个大字符串，分隔符字符串为空。

性能提示 ▶ 在涉及数千个操作的情况下，能明显看出 **join** 函数相对于简单字符串连接的优势。这种情况下，连接的缺点是 Python 必须创建成千上万个长度递增的字符串，这些字符串只被使用一次，然后通过"垃圾回收"将它们丢弃。但是，在运行垃圾回收时会消耗资源，如果垃圾回收执行得过于频繁，则会影响程序的执行效率。

◀ Performance Tip

下面这种情况使用 **join** 方法更合适：假设你需要编写一个函数，该函数需要操作一个名称的列表，一次输出一个名称并用逗号分隔。 不使用 **join** 方法，可以如下这样编写代码：

```python
def print_nice(a_lst):
    s = ''
    for item in a_lst:
        s += item + ', '
    if len(s) > 0:         # Get rid of trailing
                           # comma+space
        s = s[:-2]
    print(s)
```

可以在一个字符串列表上调用这个函数：

```python
print_nice(['John', 'Paul', 'George', 'Ringo'])
```

输出如下：

```
John, Paul, George, Ringo
```

使用 **join** 函数的代码如下：

```python
def print_nice(a_lst):
    print(', '.join(a_lst))
```

代码少了很多。

2.7　重要的字符串函数

本章中描述的许多函数（*function*）实际上是方法（*method*）：使用"."运算符调用的类的成员函数。

但除了方法，Python 中还有一些重要的内置函数，这些函数可以与 Python 的基本类型一起使用。这里列出的函数能很好地应用于字符串类型。

```
input(prompt_str)      # 提示用户输入字符串
len(str)               # 返回字符串中字符个数
```

```
max(str)         # 返回字符串中编码最大的字符
min(str)         # 返回字符串中编码最小的字符
reversed(str)    # 返回一个字符串逆序的迭代器
sorted(str)      # 返回一个按字符编码排序的字符数组
```

len 是一个很重要的函数，其可以与任何标准集合类一起使用来确定元素的数量。对于字符串，此函数返回字符数。如下例：

```
dog1 = 'Jaxx'
dog2 = 'Cutie Pie'
print(dog1, 'has', len(dog1), 'letters.')
print(dog2, 'has', len(dog2), 'letters.')
```

这段代码输出下面字符串。注意，字符串长度包含空格，所以"Cutie Pie"包含 9 个字符

```
Jaxx has 4 letters.
Cutie Pie has 9 letters.
```

reversed 和 **sorted** 函数分别生成一个迭代器和一个列表，而不是字符串。不过可以使用 **join** 方法将这些数据对象转换回字符串。如下例：

```
a_str = ''.join(reversed('Wow,Bob,wow!'))
print(a_str)
b_str = ''.join(sorted('Wow,Bob,wow!'))
print(b_str)
```

这段代码的输出如下：

```
!wow,boB,woW
!,,BWbooowww
```

2.8 二进制、八进制和十六进制转换函数

除了 str 转换函数外，Python 还有三个将数值转换为字符串的函数，这些函数接受数字输入并产生字符串结果。这些函数中的每一个函数都会以适当的基数（二进制、十六进制和八进制）生成一个数字字符串。

键语法

```
bin(n)    # 返回 n 的二进制形式字符串：
          #   例如 bin(15) -> '0b1111'
hex(n)    # 返回 n 的十六进制形式字符串：
          #   例如，hex(15) -> '0xf'
```

```
oct(n)     # 返回 n 的八进制形式字符串：
           #   例如，oct(15) -> '0o17'
```

下面这个例子将 10（十进制）分别以二进制、八进制和十六进制的形式打印出来。

```
print(bin(10), oct(10), hex(10))
```

代码输出如下：

```
0b1010 0o12 0xa
```

如你所见，这三个函数自动给输出加入了前缀"0b"、"0o"和"0x"

2.9　字符串的布尔方法

这些方法（名称中都以"is"开头）全部返回布尔值。它们通常作用于单字符字符串，但也可以作用于更长的字符串。在作用于长字符串时，当且仅当字符串中的每个字符都通过测试时，才返回 **True**。表2.3 显示了字符串的布尔方法。

表2.3　字符串的布尔方法

方法名	返回 True 的条件
str.isalnum()	所有的字符都是字母或数字，并且至少包含一个字符
str.isalpha()	所有字符都是字母，并且至少有一个字符
str.isdecimal()	所有的字符都是十进制数，并且至少有一个字符。该方法和 **isdigit** 类似，但是一般作用于 unicode 编码字符
str.isdigit()	所有的字符都是十进制数，并且至少有一个字符
str.isidentifier()	该字符串包含有效的 Python 标识符。第一个字符必须是字母或下画线；其他字符必须是字母、数字或下画线
str.islower()	字符串中的所有字母均为小写，并且至少有一个字母（但是可能包含非字母字符）
str.isprintable()	字符串中的所有字符（如果有）都是可打印字符。不包括特殊字符，如 \n 和 \t
str.isspace()	字符串中的所有字符均为"空白"字符，并且至少有一个字符
str.istitle()	字符串中的每个词都是有效的标题，并且至少有一个字符。这就要求每个单词必须首字母大写，并且其他字母小写。单词之间可能会有空白和标点符号
str.isupper()	字符串中的所有字母均为大写，并且至少有一个字母（但是可能包含非字母字符）

这些函数适合用在单字符字符串及长字符串上。下面是一些方法用法的示例：

```
h_str = 'Hello'
if h_str[0].isupper():
    print('First letter is uppercase.')
if h_str.isupper():
    print('All chars are uppercase.')
else:
    print('Not all chars are uppercase.')
```

输出如下：

```
First letter is uppercase.
Not all chars are uppercase.
```

字符串（"Hello"）需通过标题测试，因为第一个字母是大写，其余字母不是大写。

```
if h_str.istitle():
    print('Qualifies as a title.')
```

2.10　大小写转换方法

上述的方法可以测试大写字母和小写字母。本节中的方法可以执行转换以生成新的字符串。

```
str.lower()      # 生成一个全小写字符串
str.upper()      # 生成一个全大写字符串
str.title()      # 'foo foo'.title() => 'Foo Foo'
str.swapcase()   # 将大写转换成小写，小写转换成大写
```

lower 和 **upper** 方法的作用一目了然。**lower** 将字符串中的每个大写字母转换为小写字母；而 **upper** 相反，它将字符串中的每个小写字母转换为大写字母。非字母字符不会被更改，而是按原样保留在字符串中。

转换后，返回新字符串。原字符串数据是不变的。以下语句可以返回你想要的结果。

```
my_str = "I'm Henry VIII, I am!"
new_str = my_str.upper()
my_str = new_str
```

上例中后两句可以合并为：

```
my_str = my_str.upper()
```

输出 my_str，会得到下面结果：

```
I'M HENRY VIII, I AM!
```

很少用到 **swapcase** 方法。它将源字符串中字符的大小写互换。例如：

```
my_str = my_str.swapcase()
print(my_str)
```

输出结果为：

```
i'M hENRY viii, i AM!
```

2.11　字符串的搜索和替换

搜索和替换是字符串类方法中最有用的方法。本节我们首先介绍 **startwith** 和 **endwith** 方法，然后介绍搜索和替换方法。

```
str.startswith(substr)     # 如果匹配到前缀则返回 True
str.endswith(substr)       # 如果匹配到后缀则返回 True
```

笔者的另一本书 *Python Without Fear*（AddisonWesley，2018 年）中介绍了一个将罗马数字转换为十进制数的程序。该程序必须检查输入字符串是否以任意数量的罗马数字"M"开头。

```
while romstr.startswith('M'):
    amt += 1000             # 总数增加 1000
    romstr = romstr[1:]     # 删掉第一个字符
```

与 **startwith** 相反，**endswith** 方法检查字符串是否以目标字符串结束。例如：

```
me_str = 'John Bennett, PhD'
is_doc = me_str.endswith('PhD')
```

startwith 和 **endswith** 方法可以在空字符串上使用而不会引发错误。 如果子字符串为空，则返回值始终为 **True**。

下面，我们看 Python 中的字符串搜索和替换方法。

```
str.count(substr [, beg [, end]])
str.find(substr [, beg [, end]])
str.index()   # 和 find 类似，但是会抛出异常
```

```
str.rfind()    # 和 find 类似，但是从后向前检索
str.replace(old, new [, count])    # count 为可选参数，用来限制
                                   # 替换数量
```

方括号中为可选参数。

count 方法返回目标子字符串在原字符串中出现的次数。示例如下：

```
frank_str = 'doo be doo be doo...'


n = frank_str.count('doo')
print(n)                            # 输出为 3
```

在使用 **count** 方法时可以使用可选的 *start* 和 *end* 参数，例如：

```
print(frank_str.count('doo', 1))        # 输出为 2
print(frank_str.count('doo', 1, 10))    # 输出为 1
```

start 参数为 1 指定从第二个字符开始计数。如果同时使用 *start* 和 *end* 参数，则会对目标字符串进行计数，从开始位置一直计到结束位置（但不包括结束位置）。需要注意，这些参数都使用基于 0 的索引。

如果 *start* 和 *end* 中的一个或两个参数均超出范围，则 **count** 方法不会抛出异常，而会处理尽可能多的字符。

类似的规则也适用于 **find** 方法。调用该方法可以找到子字符串参数的第一个匹配项，并返回它的非负索引。如果未找到子字符串，则返回 –1。

```
frank_str = 'doo be doo be doo...'


print(frank_str.find('doo'))    # 输出 0
print(frank_str.find('doob'))   # 输出 -1
```

如果要获取所有子字符串在原字符串中出现的位置，则可以在循环中调用 **find** 方法，如下例所示。

```
frank_str = 'doo be doo be doo...'
n = -1
while True:
    n = frank_str.find('doo', n + 1)
    if n == -1:
        break
    print(n, end=' ')
```

本例可以找到 'doo' 出现的每个位置。

```
0 7 14
```

本例使用了 *start* 可选参数。在每次成功调用 **find** 方法之后,都将搜索起始位置 *n* 设置为上一个成功索引位置加 1。这保证了下一次调用 **find** 方法能够寻找一个新的实例。

如果找不到任何内容,则返回 −1。

index 和 **rfind** 方法与 **find** 方法几乎相同,但有一些区别。当找不到子字符串时,**index** 函数不会返回 −1,而是引发 **ValueError** 异常。

rfind 方法从后向前搜索子字符串,但这并不意味着它寻找的是逆序子字符串。它还是搜索正常顺序的子字符串,并返回其最后一次出现的起始索引,即起始位置。

```
frank_str = 'doo be doo be doo...'
print(frank_str.rfind('doo'))    # 输出 14
```

该示例输出结果为 14,因为最右边的 **'doo'** 出现在位置 14。

最后,**replace** 方法用新的子字符串替换每次出现的旧子字符串。此方法会生成新的结果字符串,因为它无法更改原始字符串。

例如,假设我们有一组书名,但想将单词 "Grey" 的拼写更改为 "Gray"。如下例:

```
title = '25 Hues of Grey'
new_title = title.replace('Grey', 'Gray')
```

结果为:

```
25 Hues of Gray
```

下面示例说明了该方法如何处理同一个子字符串多次出现的情况。

```
title = 'Greyer Into Grey'
new_title = title.replace('Grey', 'Gray')
```

结果为:

```
Grayer Into Gray
```

2.12 使用 split 方法拆分字符串

在处理字符输入时最常见的任务就是分词,即将整行字符串拆分为单词、短语和数字。在 Python 中可使用 **split** 方法执行此任务。

input_str.**split(***delim_string=None***)**

该方法返回从 *input_string* 中获取的子字符串列表。*delim_string* 指定一个用作界符的字符串，以将一个子串与另一个子串分开。

如果省略 *delim_string* 或将它设置为 **None**，则 **split** 会使用一个或多个空白字符（空格、制表符和换行符）的任意组合来分隔字符串。

split 方法（使用默认的分隔符）可用于拆分包含多个名称的字符串。

stooge_list = 'Moe Larry Curly Shemp'.split()

结果如下：

['Moe', 'Larry', 'Curly', 'Shemp']

当使用 **None** 或默认参数调用 **split** 方法时，使用任意数量的空白符作为分隔符。例如：

stooge_list = 'Moe   Larry Curly   Shemp'.split()

如果指定了分隔符字符串，则要精确匹配它以便正确切分。

stooge_list = 'Moe   Larry Curly   Shemp'.split(' ')

在上例中，只要有多余的空格，**split** 方法就会识别为一个额外的字符串（尽管它是空字符串），而这可能并不是我们想要的行为。上例中 stooge_list 的结果如下：

['Moe', '', '', '', 'Larry', 'Curly', '', 'Shemp']

另一个常见的分隔符是逗号，或者是空格和逗号的组合。在第二种情况下，必须完全匹配分隔符字符串。例如：

stooge_list ='Moe, Larry, Curly, Shemp'.split(', ')

以下示例使用一个简单的逗号作为定界符。结果中包含多余的空格。

stooge_list ='Moe, Larry, Curly, Shemp'.split(',')

在这种情况下，结果的后三个字符串的开头包括一个前导空格：

['Moe', ' Larry', ' Curly', ' Shemp']

如果你不需要这些空格，一个简单的解决方案是使用 strip 等方法去掉，下一节详细介绍。

2.13 从字符串中剥离字符

从用户或文本文件中获得输入后，你可能希望删除前方和后方空格。可能还希望删除开头和结尾的 "0" 或其他字符。str 类提供了几个执行此任务的方法。

```
str.strip(extra_chars=' ')    # 剥离开头和结尾的字符
str.lstrip(extra_chars=' ')   # 剥离开头的字符
str.rstrip(extra_chars=' ')   # 剥离结尾的字符
```

这些方法都会产生一个新的字符串，新字符串中去除了开头或结尾（或者两者都有）的特定字符。

lstrip 方法仅剥离开头的字符，而 **rstrip** 方法仅剥离尾部字符，除此之外，三种方法执行相同的工作。**strip** 方法会剥离开头和结尾的字符。

对于每个方法，如果指定了 *extra_chars* 参数，则方法将剥离 *extra_chars* 字符串中的每个字符。例如，如果字符串中包含 **+0**，则该方法将去除所有开头或结尾的星号（＊）以及所有前导或结尾的 "0" 和加号（＋）。

位于字符串中间的待剥离字符不会被处理。例如，以下语句去除开头和结尾空格，但不去除中间的空格。

```
name_str = '   Will Shakes   '
new_str = name_str.strip()
```

图 2.4 说明了此方法的工作方式。

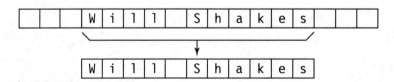

图 2.4 Python 的剥离操作

2.14 字符串对齐

当需要进行复杂的文本格式化时，通常应使用第 5 章介绍的格式化方法。不过 **str** 类中也包含基础的、用于文本对齐的方法：左对齐、右对齐或居中对齐方法。

```
str.ljust(width [, fillchar])    # 左对齐
str.rjust(width [, fillchar])    # 右对齐
```

```
str.center(width [, fillchar])      # 中间对齐
digit_str.zfill(width)              # 用 "0" 填充
```

其中，方括号表示的是可选参数。这些方法返回的字符串格式如下：

▶ *str* 的文本放置在宽度为 *width* 的打印区域中。

▶ 如果字符串文本短于指定的宽度，则视情况将该文本左对齐、右对齐或居中对齐。如果不能完全居中，则会稍微偏左对齐。

▶ 结果的其余部分用填充字符填充。如果未指定填充字符，则默认为空白字符。

这是一个例子：

```
new_str = 'Help!'.center(10, '#')
print(new_str)
```

该例的输出为：

```
##Help!###
```

除了空格符，另一个常见的填充字符是数字 "0"。数字字符串通常是右对齐而不是左对齐。下面是一个例子：

```
new_str = '750'.rjust(6, '0')
print(new_str)
```

此例的输出为：

```
000750
```

zfill 方法提供了一种更短、更紧凑的填充方式：

```
s = '12'
print(s.zfill(7))
```

但是 zfill 方法不仅仅是 rjust 方法的快捷方式，使用 zfill 方法时，填充的 "0" 将成为数字字符串本身的一部分，因此将 "0" 填充在数字和符号之间：

```
>>> '-3'.zfill(5)
'-0003'
>>> '-3'.rjust(5, '0')
'000-3'
```

总结

Python 字符串类型（**str**）是一个非常强大的数据类型，包括分词（拆分）、删除开头和结尾空格（剥离）、将字符串转换为各种数字以及以不同基数打印数字的各种字符串方法。

内置的方法包括用于计数和查找子字符串（**count**、**find** 和 **index**）的方法以及进行文本替换的方法。

使用字符串可以做很多事情。第 5 章探讨了如何使用格式化字符串以及格式化方法来处理复杂的文本输出。

第 6 章进一步探讨了匹配、搜索和替换文本的方法，可以通过指定任意复杂的模式来进行灵活的搜索。

习题

1 给字符串的索引字符赋值是否违反 Python 字符串的不变性？

2 使用 += 运算符进行的字符串连接是否违反了 Python 字符串的不变性？为什么？

3 Python 中有几种方法可以索引指定字符？

4 准确说明索引和切片的关系？

5 索引字符的数据类型是什么？切片产生的子字符串的数据类型是什么？

6 在 Python 中，字符串和字符"类型"之间是什么关系？

7 说出两个运算符和一种方法，使用它们可以从一个或多个较小的字符串构建较大的字符串。

8 如果要使用 **index** 方法查找子字符串，那么先使用 **in** 或 **not in** 来测试目标字符串的好处是什么？

9 哪些内置的字符串方法和哪些运算符会产生布尔值（真 / 假）？

推荐项目

1 编写一个程序，提示输入字符串并计算元音和辅音的数量，然后输出结果。（提示：使用 `in` 和 `not in` 运算符可以减少代码量。）

2 编写一个函数，该函数可删除字符串的前两个字符和后两个字符。空字符串应该是一个可接受的返回值。使用一组不同的输入来测试此功能。

2

高级列表功能

"I've got a little list ..."

—Gilbert and Sullivan, *The Mikado*

套用 *The Mikado* 中的一句话，"we've got a little list"。事实上在 Python 中我们会用到很多 list。一门强大的编程语言都会包含数组或列表的概念。数组或列表是一种可以包含大量其他对象的对象，这些对象被全部存放在一个集合中。

Python 最基本的集合类是列表，它可以完成其他语言中数组所能完成的所有工作，而且它的功能更强大。本章我们将学习 Python 列表的基础、进阶和高级功能。

3.1 创建和使用 Python 列表

Python 中没有变量声明，那如何创建诸如列表的集合呢？在 Python 中，创建列表的方式与创建其他数据变量的方式相同。

▶ 等号右边是列表中将要承载的数据，在这里创建列表。

▶ 与其他赋值语句一样，等号左侧是一个变量名，以便引用列表变量。

变量的类型除了通过赋值指定，没有其他的方法。从理论上讲，同一变量可以先指向一个整数，然后再指向一个列表。

```
x = 5
x = [1, 2, 3]
```

但是一个变量名最好总是表示一种数据类型。此外还建议使用提示性变量名，例如，列表集合名称可以使用"list"作为后缀。

```
my_int_list = [5, -20, 5, -69]
```

下面的语句创建一个字符串列表，并将其命名为 beat_list：

```
beat_list = [ 'John', 'Paul', 'George', 'Ringo' ]
```

甚至可以创建同时包含数字和字符串的列表：

```
mixed_list = [10, 'John', 5, 'Paul' ]
```

但通常应该避免在列表中混用数据类型。在 Python 3.0 中，包含混合数据类型的列表不能使用 sort 方法。但是，整数和浮点数可以自由混合且不受限制。

```
num_list = [3, 2, 17, 2.5]
num_list.sort()   # 排序为 [2, 2.5, 3, 17]
```

也可以通过 append 方法将元素一次一个地添加到列表中来创建列表。

```
my_list = []              # 在 append 前必须先做这一步
my_list.append(1)
my_list.append(2)
my_list.append(3)
```

这些语句与一次性初始化列表（代码如下）具有相同的效果：

```
my_list = [1, 2, 3]
```

也可以移除列表元素：

```
my_list.remove(1)      # 列表现在是 [2, 3]
```

该语句会删除列表中第一个等于1的元素实例。如果列表中没有要删除的值，Python 会报 ValueError 异常。

列表中的元素顺序是有意义的，重复元素也是有意义的。例如，要存储一系列裁判的评分，可以使用以下的语句，该语句表明三位不同的裁判都给出了 1.0 的分数，而第三位裁判给出的分数为 9.8。

```
the_scores = [1.0, 1.0, 9.8, 1.0]
```

下面的语句仅删除值为 1.0 的第一个元素实例。

```
the_scores.remove(1.0) # 列表内的值现在为 [1.0, 9.8, 1.0]
```

3.2 复制列表与复制列表变量

在 Python 中，变量更像 C++ 中的引用，而不是"值"变量。所以，这意味着将其从一个集合复制到另一个集合需要做一些额外的工作。

你觉得下面的代码会有什么样的效果？

```
a_list = [2, 5, 10]
b_list = a_list
```

第一条语句创建了一个列表数据，但第二条语句不创建任何数据。它只是执行了以下操作：

让 "b_list" 成为 "a_list" 所指数据的别名。

因此，b_list 成为变量 a_list 所指向的对象的别名。所以，如果使用其中任一变量名称对变量进行更改，则更改对两个变量名都有效。

```
b_list.append(100)
a_list.append(200)
b_list.append(1)
print(a_list)      # 输出 [2, 5, 10, 100, 200, 1]
```

如果想要创建列表中所有元素的独立副本，则需要对每个元素逐个复制。最简单的方法是使用列表切片。

```
my_list = [1, 10, 5]
yr_list = my_list[:]    # 执行逐个元素的复制
```

现在，由于 my_list 和 yr_list 分别引用了独立的数据副本，因此我们可以更改其中一个列表，而另一个列表的值不会受到影响。

3.3 列表索引

Python 支持非负数和负数索引。

非负索引从零开始，在以下示例中，list_name[0] 引用了列表的第一个元素（3.3.2 节介绍了负数索引）。

```
my_list = [100, 500, 1000]
print(my_list[0])          # 输出 100
```

由于列表是可变的，因此列表元素可以在"原位"被替换，而不需要创建全新的列表。因此，可以通过修改其中一个元素的指向对象来更改这个元素，而在字符串中是不可以这样操作的。

```
my_list[1] = 55          # 设置第二个元素值为 55
```

3.3.1 正索引

正（非负）索引类似于其他语言（例如 C++）中的索引号。索引 0 表示列表中的第一个元素，索引 1 表示列表中的第二个元素，依此类推。这些索引从 $0 \sim N–1$，其中 N 是列表中的元素个数。

例如，执行下面的语句，创建一个列表：

```
a_list = [100, 200, 300, 400, 500, 600]
```

列表中的这些元素由数字 0~5 索引，如图 3.1 所示。

0	1	2	3	4	5
100	200	300	400	500	600

图 3.1 非负索引

下面的示例使用非负索引访问列表的单个元素。

```
print(a_list[0])    # 输出 100
print(a_list[1])    # 输出 200
print(a_list[2])    # 输出 300
```

尽管列表可以无限制地增长，但是使用的索引号必须在列表范围内。否则，会引发 IndexError 异常。

性能提示　与在其他程序中一样，我们对每个元素单独调用了 **print** 方法，因为这样便于进行代码说明。但是请记住，重复调用 **print** 方法会使程序变慢（至少在 IDLE 内是这样）。输出这些值的一种更快的方法是仅调用一次 **print** 方法，示例如下：

```
print(a_list[0], a_list[1], a_list[2], sep='\n')
```

◀ Performance Tip

3.3.2 负索引

也可以使用负索引来引用列表中的元素，负索引通过元素与列表末尾元素的距离来指定元素。

索引值 –1 表示列表中的最后一个元素，–2 表示倒数第二个元素，依此类推。值 –N 表示列表中的第一个元素。负索引从 –1 ~ –N，其中 N 是列表的长度。

将上一节中的列表用负索引表示，如图 3.2 所示。

```
 -6    -5    -4    -3    -2    -1
┌─────┬─────┬─────┬─────┬─────┬─────┐
│ 100 │ 200 │ 300 │ 400 │ 500 │ 600 │
└─────┴─────┴─────┴─────┴─────┴─────┘
```

图 3.2　负索引

下面的示例使用负索引访问列表的单个元素：

```
a_list = [100, 200, 300, 400, 500, 600]
print(a_list[-1])      # 输出 600
print(a_list[-3])      # 输出 400
```

超出范围的负索引与非负索引一样，会引发 **IndexError** 异常。

3.3.3　使用 enumerate 生成索引号

在 Python 中，避免在不需要的地方使用 **range** 函数。下面的例子提供了一种可循环输出列表元素的正确方法：

```
a_list = ['Tom', 'Dick', 'Jane']

for s in a_list:
    print(s)
```

输出如下：

```
Tom
Dick
Jane
```

这种方法比使用列表索引的方法更有效。

```
for i in range(len(a_list)):
    print(a_list[i])
```

但是，如果要在列出的元素旁边加上数字序号该怎么办？可以使用索引号（如果希望序号从 1 开始，则对索引加 1），但是更好的方法是使用 **enumerate** 函数。

关键语法

```
enumerate(iter, start=0)
```

这里参数 *start* 是可选的，它的默认值为 0。

enumerate 函数使用一个可迭代的对象（例如一个列表）作为参数，并生成另一个可迭代的对象，即一系列元组，每个元组都具有以下形式

```
(num, item)
```

其中，*num* 是从参数 *start* 开始的序列中的整数。例如，使用上一个示例中的列表 a_list 生成从 1 开始带序列的列表：

```
list(enumerate(a_list, 1))
```

程序执行结果是：

```
[(1, 'Tom'), (2, 'Dick'), (3, 'Jane')]
```

可以将其与 for 循环一起使用：

```
for item_num, name_str in enumerate(a_list, 1):
    print(item_num, '. ', name_str, sep='')
```

此循环先调用 **enumerate** 函数生成形式为（*num*，**item**）的元组列表。每迭代一次打印新列表的一条内容。

```
1. Tom
2. Dick
3. Jane
```

3.4　从列表切片中获取数据

列表索引一次只能引用列表的一个元素，而列表切片则可以在指定范围内生成一个子列表。根据切片使用的参数，从原列表中取出一定数量的元素形成新列表（新列表也可能是空列表或原列表的副本）。

表 3.1 显示了使用切片的各种方式。

表 3.1　Python 中的列表切片

语法	生成新列表
list[*beg:end*]	取出所有索引在 *beg* 和 *end*（不包含）之间的列表元素
list[*:end*]	取出所有索引在 *end*（不包含）之前的列表元素
list[*beg:*]	取出所有索引从 *beg* 开始到列表结尾的列表元素

续表

语法	生成新列表
list[:]	取出所有的列表元素，该操作将整个列表的元素逐个复制
list[*beg: end: step*]	在 *beg* 和 *end*（不包含）之间的范围内，按照步长 *step* 取出列表元素。使用此语法时，可以忽略三个参数中的任何一个或全部，参数被忽略时使用默认值; *step* 的默认值为 1

以下是列表切片的一些示例:

```
a_list = [1, 2, 5, 10, 20, 30]

b_list = a_list[1:3]        # 生成 [2, 5]
c_list = a_list[4:]         # 生成 [20, 30]
```

这里使用正索引，索引的合理范围是 0 ~ *N*–1。也可以使用负索引来指定切片。参考下面的例子:

```
d_list = a_list[-4:-1]      # 生成 [5, 10, 20]
e_list = a_list[-1:]        # 生成 [30]
```

使用正、负索引都遵守一个重要原则，即切片的结尾一直到（但不包括）*end* 参数指定的索引。此外，正索引和负索引可以混合在一起使用。

注释 ▶ 当 Python 执行切片操作时，方括号中至少包含一个冒号（:)，索引不需要在列表范围内。Python 会复制尽可能多的元素。如果给出的切片区间没有任何元素，那么结果就是一个空列表。

◀Note

图 3.3 显示了切片的工作方式。Python 将选择 *beg* 和 *end*（不包括）之间的所有元素。因此，切片 **a_list**[2:5] 得到的子列表为 [300、400、500]。

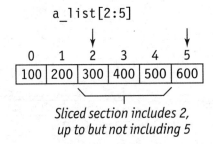

Sliced section includes 2, up to but not including 5

图 3.3 切片示例: 切片范围从 2（包括）到 5（不包括）

　　最后，传入参数 *step* 的值影响生成的数据。例如，*step* 的值为 2 会使 Python 从 [2:5] 范围中每两个元素中取出一个元素，见下例：

```
a_list = [100, 200, 300, 400, 500, 600]
b_list = a_list[2:5:2]        # 生成 [300, 500]
```

　　若 *step* 的值为负数，则会反转访问列表元素的方向。因此，*step* 的值为 –1 时函数返回选定范围内元素的倒序排列的新列表。*step* 的值为 –2 时在选定范围内每两个元素中取出一个元素并倒序生成新列表。

　　下面的例子从最后一个元素开始，向前复制。所以最终返回的是原列表中所有元素都反向排列的新列表。

```
rev_list = a_list[::-1]
```

　　这里还有一个例子：

```
a_list = [100, 200, 300]
rev_list = a_list[::-1]
print(rev_list)               # 输出 [300, 200, 100]
```

　　step 参数可以是正数或负数，但不能为 0。如果 *step* 为负数，则其他参数的默认值将发生如下变化：

▶ *beg* 的默认值为列表中的最后一个元素（索引为 –1）。

▶ *end* 的默认值为列表的开头元素。

　　因此，切片表达式 [::-1] 会反转原始列表。

3.5　列表切片赋值

　　列表是可变的，可以用新元素替换列表中原有位置的元素，这个操作也可以用列表切片来完成。下面是一个例子：

```
my_list = [10, 20, 30, 40, 50, 60]
my_list[1:4] = [707, 777]
```

　　此示例的作用是删除范围 [1:4] 内的元素 [20、30、40]，并在该位置插入列表 [707，777]。所以得到的结果列表是：

```
[10, 707, 777, 50, 60]
```

　　甚至可以指定在 0 位置插入，效果是在该位置插入新列表而不删除任何内容。

如下例所示：

```
my_list = [1, 2, 3, 4]
my_list[0:0] = [-50, -40]
print(my_list)      # 输出 [-50, -40, 1, 2, 3, 4]
```

在进行列表切片赋值时需注意以下两点：

▶ 当为列表切片赋值时，用来赋值的对象必须是另一个列表或集合（即使其中没有元素或只有一个元素）。

▶ 如果赋值时使用的切片中包含 *step* 参数，则两个集合的大小（取出元素的切片和提供数据的序列）必须匹配。如果未指定 *step*，则不需要匹配大小。

3.6　列表运算符

表 3.2 总结了应用于列表的内置运算符。

表 3.2　Python 中的列表运算符

运算符 / 语法	描述
list1 + *list2*	执行列表串联，生成包含 *list1* 和 *list2* 元素的新列表
list1*n 或 n*list1	生成一个包含 *list1* 元素的新列表，元素重复 *n* 次。例如，[0] * 3 产生 [0, 0, 0]
list[*n*]	列表索引，详见 3.3 节
list[*beg:end:step*]	列表切片，详见 3.4 节
list1 = *list2*	使 *list1* 成为 *list2* 引用对象的别名，即它们指向同一个列表
list1 = *list2*[:]	将 *list2* 逐成员复制后，再将得到的新列表分配给 *list1*（请参阅 3.4 节）
list1 == *list2*	逐成员比较之后，如果 *list1* 和 *list2* 具有完全相同的内容，则返回 **True**
list1 != *list2*	如果 *list1* 和 *list2* 具有相同的内容，则返回 **False**；否则返回 **True**
elem in *list*	如果 *elem* 是 *list* 的元素，则返回 **True**
elem not in *list*	如果 *elem* 不是 *list* 的元素，则返回 **True**
list1 < *list2*	逐元素进行"小于"比较
list1 <= *list2*	逐元素进行"小于等于"比较
list1 > *list2*	逐元素进行"大于"比较
list1 >= *list2*	逐元素进行"大于等于"比较
*list	用一系列独立的"未打包"值替换列表。在 4.8 节中会说明此运算符与 ***args** 配合使用的方法

其中前两个运算符（＋和＊）涉及复制列表项，但都是浅拷贝（3.7 节有更详细的讨论）。到目前为止，浅拷贝运行良好，但是当遇到我们在 3.18 节中讨论的多维数组时，问题将显现出来。

考虑下面的语句：

```
a_list = [1, 3, 5, 0, 2]
b_list = a_list       # 设置别名
c_list = a_list[:]    # 逐元素复制
```

在创建 b_list 之后，变量名称 b_list 成为变量 a_list 的别名。但是第三条语句通过逐个复制元素创建了原列表的新副本并将其分配给 c_list，这样，如果以后修改 a_list，则 c_list 不受影响。

在处理大型列表时，乘法运算符（＊）特别有用。 如何创建大小为 1000 的数组并将所有元素初始化为零？下例是最方便的方法：

```
big_array = [0] * 1000
```

相等运算符（==）和不相等运算符（=）适用于任何列表。该运算符会比较两个列表的元素内容，若所有成员完全相等，返回 True。但是不等运算符（<、>等）要求兼容的数据类型，以支持大于和小于比较。如 9.10.3 节中所述，只有在 a < b 和 b < a 都有定义的情况下，才可以对元素进行排序。

对空列表或值 **None** 应用 **in** 运算符，不一定会返回 **True**。

```
a = [1, 2, 3]
None in a             # 返回 False
[] in a               # 返回 False
b = [1, 2, 3, [], None]
None in b             # 返回 True
[] in b               # 返回 True
```

我们讲过，' ' in 'Fred'（其中 "Fred" 可以是你想要的任何字符串）返回 **True**，可这里的结果又令人费解。事实上在处理 in 操作时，Python 在列表和字符串上的表现有所不同。

3.7　浅拷贝与深拷贝

浅拷贝和深拷贝之间的区别是 Python 中的一个重要议题。首先，我们看一下浅拷贝。给定以下列表赋值语句，我们希望 a_list 与 b_list 是两个单独的副本，即如果对 b_list 进行了更改，a_list 不受影响。

```
a_list = [1, 2, [5, 10]]
b_list = a_list[:]                # 逐个元素复制
```

现在，我们通过列表索引修改 b_list，将其每个元素都设置为 0：

```
b_list[0] = 0
b_list[1] = 0
b_list[2][0] = 0
b_list[2][1] = 0
```

我们希望这些修改不会影响 a_list，因为它与 b_list 是独立的集合。但是，如果你输出 a_list，会得到以下结果：

```
>>> print(a_list)
[1, 2, [0, 0]]
```

这似乎是不可能的，因为 a_list 的最后一个元素为 [5，10]。而且对 b_list 的更改不应该对 a_list 产生任何影响，但是现在后者的最后一个元素为 [0，0]！发生了什么呢？

之前进行的逐元素复制，复制了值 1 和 2，然后复制了对列表中的列表的引用（第三个元素）。因此，对 b_list 所做的更改如果涉及二级列表，则会影响 a_list。

图 3.4 说明了一个概念，浅拷贝仅对顶层数据生成新副本。

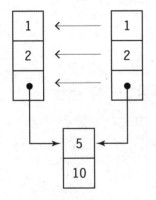

图 3.4　浅拷贝

由上我们看到了问题所在。虽然进行了逐元素复制，但列表中的第三个元素是指向其他列表的，因此复制前和复制后的两个列表最终都在相应位置引用了相同的数据。

解决方法很简单，需要进行深拷贝以获得预期的结果。要执行深拷贝，即复制嵌入列表中的元素，需要在程序开头导入 **copy** 包并使用 **copy.deepcopy** 语法，见下例：

```
import copy

a_list = [1, 2, [5, 10]]
b_list = copy.deepcopy(a_list)  # 深拷贝创建 b_list
```

执行完这些语句后，b_list 变成一个完全不连接到 a_list 的新列表。结果如图 3.5 所示，其中每个列表元素都有自己的单独副本（包括列表中的列表）。

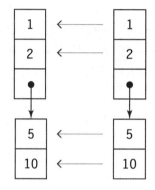

图 3.5 深拷贝

进行深拷贝时，复制的深度会扩展到各个层级。可以在集合中放入任何复杂的元素。

如果在复制 a_list 到 b_list 之后，对 b_list 进行了元素更改，这些更改不会对 a_list 产生影响。由于是深拷贝，a_list 的最后一个元素可以保持为 [5,10]。

3.8 列表函数

在操作列表时，你会发现一些 Python 函数很有用，如 **len**、**max** 和 **min**，以及 **sorted**、**reversed** 和 **sum**。

这些是函数，而非方法。函数和方法的主要区别在于两点：1. 调用方法时需使用点（.）语法，而函数可以直接调用；2. 方法是类的内置功能，而函数通常用来实现通用集合功能。

```
len(collection)      # 返回集合的长度
max(collection)      # 返回集合中的最大元素
```

```
min(collection)          # 返回集合中的最小元素
reversed(collection)     # 反转集合
sorted(collection)       # 对集合排序
sum(collection)          # 对集合所有元素求和，元素必须是数字
```

len 函数返回集合中元素的数量。该函数可以作用于列表、字符串以及其他的 Python 集合类型。对于字典，它会返回字典中键的数量。

在处理列表时，经常使用到 **len** 函数。例如，以下循环将列表中的每个元素值加倍。有必要使用 **len** 函数使代码更有通用性。

```
for i in range(len(a_list)):
    a_list[i] *= 2
```

max 和 **min** 函数分别返回最大和最小元素。这两个函数仅适用于具有兼容类型元素的列表，例如所有元素为数字或字符串。对于字符串，这两个函数可以按照字母表顺序（或代码点顺序）对元素进行比较。

这里有一个例子：

```
a_list = [100, -3, -5, 120]
print('Length of the list is', len(a_list))
print('Max and min are', max(a_list), min(a_list))
```

输出结果如下：

```
Length of the list is 4
Max and min are 120 -5
```

sorted 和 **reversed** 函数类似于 3.11 节中介绍的 **sort** 和 **reverse** 方法。不同的是，方法直接修改原列表，而函数会生成新的列表。

这两个函数可以作用于元组、字符串以及列表，但是 **sorted** 函数总会生成一个列表。下面是一个例子：

```
a_tup = (30, 55, 15, 45)
print(sorted(a_tup))     # 输出列表 [15, 30, 45, 55]
```

reversed 函数有些不同，它生成一个可迭代对象而不是集合。简单来说，需要使用一个 **for** 循环来输出结果，或者手动将结果转换为列表或元组。如下面的例子：

```
a_tup = (1, 3, 5, 0)
for i in reversed(a_tup):
    print(i, end=' ')
```

输出结果为

```
0 5 3 1
```

也可以使用以下代码:

```
print(tuple(reversed(a_tup)))
```

输出结果为

```
(0, 5, 3, 1)
```

sum 函数用于求和。你也可以自己编写一个循环来完成求和，但没有必要这样做。**sum** 函数能够作用于仅由数字类型（例如 **int** 和 **float**）组成的数组。

sum 函数的一种用途是计算出列表中元素（元素均为数字）的平均值。示例代码如下:

```
>>> num_list = [2.45, 1, -10, 55.5, 100.03, 40, -3]
>>> print('The average is ', sum(num_list) / len(num_list))
```

列表元素的平均值为 26.56857142857143。

3.9　列表方法：修改列表

大部分列表方法用于修改列表（而不是创建新列表）。

```
list.append(value)          # 追加一个值
list.clear()                # 删除所有内容
list.extend(iterable)       # 追加一系列值
list.insert(index, value)   # 在索引处插入值
list.remove(value)          # 移除某值的第一个实例
```

append 方法和 **extend** 方法的作用类似，即将数据添加到列表的末尾。它们的区别在于，**append** 方法将单个元素添加到列表的末尾，而 **extend** 方法将集合或可迭代对象中的所有元素添加到列表的末尾。

```
a_list = [1, 2, 3]

a_list.append(4)
a_list.extend([4])          # 与上句具有相同的效果

a_list.extend([4, 5, 6])    # 在列表末尾添加 3 个元素
```

insert 方法的作用类似于 **append** 方法。不同的是，**insert** 方法在参数 *index* 指示的位置插入一个值。该方法将新值放在 *index* 参数原来指向的元素之前。

当索引太大而超出范围时，该方法将新值放在列表的末尾；当索引太小超出范围时，则将新值插入列表的开头。下面是一个例子：

```
a_list = [10, 20, 40]   # 缺少值 30
a_list.insert(2, 30 )   # 在索引 2（即第 3 个元素）处，插入值 30
print(a_list)           # 输出 [10, 20, 30, 40]
a_list.insert(100, 33)
print(a_list)           # 输出 [10, 20, 30, 40, 33]
a_list.insert(-100, 44)
print(a_list)           # 输出 [44, 10, 20, 30, 40, 33]
```

remove 方法从列表中删除使用参数指定的第一个元素。被删除的元素必须至少出现一次，否则 Python 会抛出 **ValueError** 异常。

```
my_list = [15, 25, 15, 25]
my_list.remove(25)
print(my_list)          # 输出 [15, 15, 25]
```

可以使用 **in**、**not in** 或 **count** 方法来验证元素是否在列表中，然后再尝试将其删除。

下面是使用以上方法的案例。

在竞技体操中，获胜者由评审团决定，评审团中的每位评委均会打出分数。去掉一个最高分，去掉一个最低分，然后取其余分数的平均值作为选手的实际得分。可以使用以下函数完成分数计算：

```
def eval_scores(a_list):
    a_list.remove(max(a_list))
    a_list.remove(min(a_list))
    return sum(a_list) / len(a_list)
```

下面是一个示例。假设 the_scores 包含所有评委的评分。

```
the_scores = [8.5, 6.0, 8.5, 8.7, 9.9, 9.0]
```

使用 eval_scores 函数去掉最低分和最高分（6.0 和 9.9），然后计算剩余分数的平均值，结果为 8.675。

```
print(eval_scores(the_scores))
```

3.10 列表方法：获取列表信息

还有一组列表方法用于返回有关列表的信息。其中，**count** 和 **index** 方法不会更改列表内容，也可以在元组对象上使用这两个方法。

```
list.count(value)              # 获取实例的数量
list.index(value[, beg [, end]])  # 获取元素的索引
list.pop([index])              # 返回并删除索引的元素；默认情
                               # 况下返回最后一个元素
```

这里的中括号用来表示可选参数。

count 方法返回指定元素出现的次数。该方法仅匹配顶层的元素。请看下面的例子：

```
yr_list = [1, 2, 1, 1,[3, 4]]
print(yr_list.count(1))        # 输出 3
print(yr_list.count(2))        # 输出 1
print(yr_list.count(3))        # 输出 0
print(yr_list.count([3, 4]))   # 输出 1
```

index 方法返回指定值第一次出现的索引位置（索引值从零开始）。可以通过指定参数 *beg* 和 *end* 来限定只在某个子区间（从 *beg* 开始，一直到但不包括 *end*）内进行搜索。如果找不到指定值，则会引发异常。

例如，以下 **index** 方法返回 3，表示第 4 个元素为所找的元素。

```
beat_list = ['John', 'Paul', 'George', 'Ringo']
print(beat_list.index('Ringo'))   # 输出 3
```

如果列表的定义如下，仍然会输出 3：

```
beat_list = ['John', 'Paul', 'George', 'Ringo', 'Ringo']
```

3.11 列表方法：重新排序

本节介绍的两个列表方法用于对列表中的元素进行排序。

```
list.sort([key=None] [, reverse=False])
list.reverse()            # 反转原有顺序
```

以上两个方法都可以更改列表中元素的顺序。在 Python 3.0 中，列表的所有元素（无论使用哪种方法）都必须具有兼容的数据类型，例如所有元素为字符

串或所有元素为数字。默认情况下，**sort** 方法将所有元素按从小到大的顺序重新排列；如果设定参数 *reverse* 为 **True**，则按从大到小的顺序排列。如果列表元素是字符串，则按字母表顺序排序。

下面的示例程序提示用户输入一系列字符串，直到用户输入空字符串（直接输入 Enter）后结束输入。最后程序按字母表顺序输出字符串。

```
def main():
    my_list = []        # 创建一个空白列表用于存储字符串
    while True:
        s = input('Enter next name: ')
        if len(s) == 0:
            break
        my_list.append(s)
    my_list.sort()      # 对所有元素进行排序
    print('Here is the sorted list:')
    for a_word in my_list:
        print(a_word, end=' ')
main()
```

下面是该程序的一个示例会话，以粗体显示用户输入。

```
Enter next name: John
Enter next name: Paul
Enter next name: George
Enter next name: Ringo
Enter next name: Brian
Enter next name:
排序后的列表如下：
Brian George John Paul Ringo
```

sort 方法有一些可选参数。第一个是参数 key，默认情况下设置为 **None**。此参数是一个可执行函数，该函数在每个元素上运行以获取排序用的键值。然后对每个元素的键值进行比较以确定新的顺序。如果一个三元素列表产生的键值分别为 15、1、7，则原来元素在新列表中的顺序为：中间、最后、第一。

假设你想对一个字符串列表进行不区分大小写的排序。一种简单的方法是编写一个返回全大写或全小写字符的函数来对列表进行预处理。使用 **casefold** 方法也可以完成相同的工作（全部转换为小写字母），如下例所示：

```
def ignore_case(s):
```

```
        return s.casefold()

    a_list = [ 'john', 'paul', 'George', 'brian', 'Ringo' ]
    b_list = a_list[:]
    a_list.sort()
    b_list.sort(key=ignore_case)
```

如果现在在一个IDLE会话中输出 a_list 和 b_list，则会得到以下结果（用户输入以粗体显示）：

```
>>> a_list
['George', 'Ringo', 'brian', 'john', 'paul']
>>> b_list
['brian', 'George', 'john', 'paul', 'Ringo']
```

可以看出，对含有相同内容的列表 a_list 和 b_list 进行排序后得到了不同的结果。第一种排序为区分大小写的普通排序，所有大写字母均"小于"小写字母（即排在更靠前的位置）。第二种排序是不区分大小写的比较排序，以 r 为首字母的"Ringo"就被排到了最后。

sort 方法的第二个参数是 *reverse*，其默认值为 **False**。如果此参数为 **True**，则元素将按从大到小的顺序排序。

reverse 方法可以更改列表的排序方式（反向排列）。下面是一个例子：

```
    my_list = ['Brian', 'John', 'Paul', 'George', 'Ringo']
    my_list.reverse()     # 反向排列原列表
    for a_word in my_list:
        print(a_word, end=' ')
```

reverse 方法将列表反向排序：最后一个元素变为第一个，第一个元素变为最后一个。所以"Ringo"现在是列表的第一个元素。

```
Ringo Paul John George Brian
```

注释 ▶ *key* 参数提供了一种使用匿名函数的很好的方法，3.14 节中会具体介绍。

3.12　堆栈列表：RPN 应用

append 和 pop 方法有一个特殊用途。可以在列表上使用这些方法，把列表当作一个堆栈使用。堆栈是一种支持后进先出（LIFO）的数据结构。

图 3.6 示意了堆栈的操作。注意它的后进先出机制。

Push(20)
Push(10)
Pop ->20
Pop ->10
20
20
10
10
10
10
0
0
0
0
0

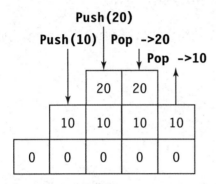

图 3.6　模拟堆栈的操作

传统堆栈的 push 和 pop 函数在 Python 中为列表的 append 和 pop 方法。

列表和堆栈的主要区别是，列表的新对象被添加到列表的最后，而堆栈的新元素被添加到堆栈的最顶端。

这种列表操作方式在功能上等效于堆栈。图 3.7 显示了一个例子，这里将列表用作堆栈，并将元素 10 和 20 压入列表，然后再弹出。元素以与压入相反的顺序被弹出。

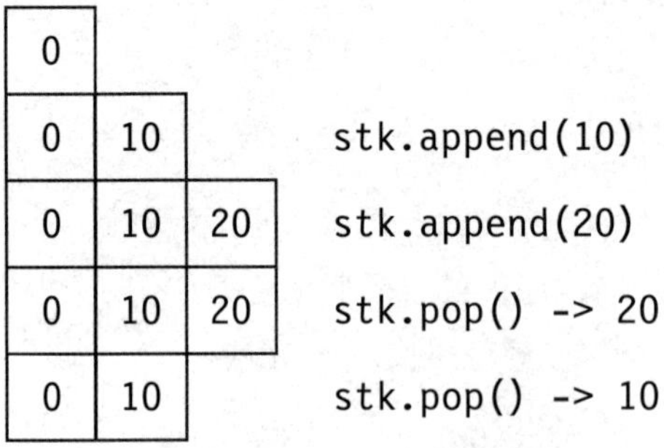

0
0 10
0 10 20
0 10 20
0 10
stk.append(10)
stk.append(20)
stk.pop() -> 20
stk.pop() -> 10

图 3.7　使用 Python 列表进行堆栈操作

堆栈最有用的应用之一是做逆波兰表示法（RPN）的解释器。在本书的最后，我们将开发一个复杂的语言解释器，但是现在我们先来看一个简单的示例。

RPN 语言使用后缀表达式，即将运算符写在操作数之后。大多数语言使用中缀表达式。在后缀表达式中，在两个操作数之后写运算符。例如，要表示 7 加 3，先写数字 7 和 3，然后写运算符加号（＋），如下所示：

    7 3 +

表示将 7 加 3，得出结果为 10。或者，要表示 10 乘以 5，得出 50，则使用以下表达式：

    10 5 *

使用 RPN 的一个好处是，可以用明确的方式将这两个操作数和运算符放在一起，而不需要使用括号：

    10 5 * 7 3 + /

这个表达式等价于下面的常用表示法（中缀表达式），结果为 5.0：

    (10 * 5) / (7 + 3)

这有另外一个例子：

    1 2 / 3 4 / +

这个例子等价于 (1/2) + (3/4)，结果为 1.25。再看另外一个例子：

    2 4 2 3 7 + + + *

该表达式等价于

    2 * (4 + (2 + (3 + 7)))

结果为 32。RPN 表达式的优点在于不需要复杂的括号。而堆栈解释器在执行 RPN 表达式的时候只需要遵循一些简单的规则：

▶ 如果下一项是数字，则将其压入堆栈。

▶ 如果下一项是运算符，则从堆栈中弹出顶部的两项，使用运算符进行计算后，将结果推入堆栈。

下面是 RPN 解释器的伪代码：

    获取输入字符串
    将其拆分并存储在列表中
    对于列表中的每个项目
        如果 item 是运算符
            弹出一个元素存储到 op2 中
            弹出另一个元素存储到 op1 中
            进行 op1 与 op2 的运算并将结果压入堆栈

否则

将 item 作为浮点值压入堆栈

从堆栈弹出值并输出

下面是实现此程序逻辑的 Python 代码：

```python
the_stack = []

def push(v):
    the_stack.append(v)

def pop():
    return the_stack.pop()

def main():
    s = input('Enter RPN string: ')
    a_list = s.split()
    for item in a_list:
        if item in '+-*/':
            op2 = pop()
            op1 = pop()
            if item == '+':
                push(op1 + op2)
            elif item == '-':
                push(op1 - op2)
            elif item == '*':
                push(op1 * op2)
            else:
                push(op1 / op2)
        else:
            push(float(item))
    print(pop())

main()
```

这个程序也可以写得更紧凑。我们为全局变量 the_stack 添加了专用的 pop 和 push 函数，但直接使用列表方法 the_stack 可以节省代码。

```python
op1 = the_stack.pop()
...
```

```
the_stack.append(op1 + op2)  # 将 op1 + op2 的结果存储到列表
```

直接使用列表方法实现上面的计算，这作为本章的一个练习。值得注意的是，当前的程序没有进行错误检查，例如在执行计算之前确保堆栈至少包含两个元素。这里将错误检查部分的代码作为本节的另外一个练习。

性能提示 ▶ 下面的技巧可以节省 7 行代码。不必分别测试每个运算符，可以使用 **eval** 函数获取 Python 命令字符串并执行代码。这样，只需要一个函数调用即可执行不同的算术运算。

```
push(eval(str(op1) + item + str(op2)))
```

请小心，**eval** 函数很容易被误用。在此应用程序中，仅当 item 是 4 个运算符（+、*、–或 /）之一时才调用它。

◀ Performance Tip

3.13 reduce 函数

Python 列表的一个有用特性是，我们可以使用自定义函数来处理列表中的元素，其中包括 **map** 和 **filter** 方法。**map** 方法通过对原列表中的所有元素进行变换来生成新列表。**filter** 方法根据指定条件（例如仅选择正数）生成一个新列表，该列表是原列表的子列表。

不过，列表表达式（将在 3.15 节中详细讨论）通常可以更好地完成 **map** 和 **filter** 方法的工作。

functools 软件包提供了一个有用的列表处理函数。要使用 **functools** 软件包，请先将其导入：

```
import functools
```

可以使用 **functools.reduce** 函数来指定函数操作列表中的所有元素。

```
functools.reduce(function, list)
```

reduce 的作用是指定函数来操作列表中每个相邻元素对，并累加结果，且将结果向后传递，最终返回总的结果。函数本身接受两个参数并产生一个结果。假设列表（或其他序列）中至少有 4 个元素，则效果如下：

◗ 将前两个元素作为函数的参数传入函数，并记下结果。

◗ 将步骤 1 的结果和第三个元素作为函数的参数传入函数，并记下结果。

◗ 将步骤 2 的结果和第四个元素作为函数的参数传入函数。

◗ 持续这样的操作直到列表的末尾。

加法和乘法的操作很容易理解，如下：

```
import functools

def add_func(a, b):
    return a + b

def mul_func(a, b):
    return a * b


n = 5
a_list = list(range(1, n + 1))

triangle_num = functools.reduce(add_func, a_list)
fact_num     = functools.reduce(mul_func, a_list)
```

我们回忆一下 **range** 函数的功能，这里将 n 设置为 5，于是我们得到以下 a_list：

```
1, 2, 3, 4, 5
```

该示例分别计算了 n 的三角数（triangle number），其为序列中所有数字的总和；n 的阶乘数，它是序列中所有数字的乘积。

```
triangle_num = 1 + 2 + 3 + 4 + 5
fact_num     = 1 * 2 * 3 * 4 * 5
```

注释 ◗ 如 3.8 节中所讲的，通过 **sum** 函数可以更轻松地得到累加结果。

◀ Note

在此示例中，应用减法函数是很奇怪的做法，但也是合法的。它将产生以下结果。

```
(((1 - 2) - 3) - 4) - 5
```

同样，应用除法函数将产生以下结果：

```
(((1 / 2) / 3) / 4) / 5
```

3.14 lambda 表达式（匿名函数）

当我们对列表进行操作时，很希望使用更简单的方法来定义只使用一次的函数。

lambda 表达式（动态创建的函数，通常只使用一次）就是为此而准备的。lambda 表达式是没有名字的函数，除非将它赋值给变量。

> **lambda** *arguments*: *return_value*

在 **lambda** 表达式中，参数可以有零个或多个，如果有多个，则用逗号分隔。

lambda 表达式的结果是可调用的，但它不会被保存，也不能直接在接受函数调用的表达式中使用。下面的示例通过给匿名函数命名来保存它：

```
my_f = lambda x, y: x + y
```

上面的代码命名匿名函数为 `my_f`，该名称现在可以直接使用。如下是一个例子：

```
sum1 = my_f(3, 7)
print(sum1)          # 输出 10
sum2 = my_f(10, 15)
print(sum2)          # 输出 25
```

但是一般不这样使用匿名函数。匿名函数经常和 **reduce** 函数配合使用。例如，以下是计算 5 的三角数的代码：

```
t5 = functools.reduce(lambda x, y: x + y, [1,2,3,4,5])
```

以下是计算 5 阶乘的代码：

```
f5 = functools.reduce(lambda x, y: x * y, [1,2,3,4,5])
```

程序在运行时动态创建数据对象，并为数据对象分配名称（如果要再次引用它们的话）。函数会经历同样的过程；在运行时被创建，或被分配了名称（如果你想再次引用它们的话）或被匿名使用，如以上两个示例所示。

3.15 列表推导式

Python 2.0 版本引入的最重要的特性之一就是列表推导式。它提供了一种从列表中生成一系列值的紧凑语法。也可以使用它操作字典、集合（set）和其他类型的集合。

列表推导式最简单的应用是逐个地复制元素。

以下语句使用切片来创建副本：

```
b_list = a_list[:]
```

以下是获取副本的另一种方法：

```
b_list = []
for i in a_list:
    b_list.append(i)
```

这样的代码非常常见，以至于 Python 2.0 引入了一种紧凑的方式来完成相同的事情。（下面使用了多个空格以使它更易于理解。）

```
b_list = [i    for i in a_list]
```

该示例清楚地显示了列表推导式的两个部分，理解了它们之后，就可以去掉多余的空格。去掉多余空格后代码如下所示：

```
b_list = [i for i in a_list]
```

假设要创建一个包含 a_list 中每个元素的平方的新列表，一种可能的实现方式如下：

```
b_list = [ ]
for i in a_list:
    b_list.append(i * i)
```

如果 a_list 包含元素 [1，2，3]，则以上语句会创建一个包含 [1，4，9] 的新列表，并将此列表分配给变量 b_list。在这种情况下，相应的列表推导式如下所示：

```
b_list = [i * i    for i in a_list]
```

现在你大概明白这个模式了吧。在第二个示例中，方括号内的元素可以按如下方式分解：

▶ 值表达式 i * i 要生成并放置在新列表中的值，i * i 指定将每个元素的平方作为元素放在新列表中。

▶ for 语句 for i in a_list 提供要进行操作的一系列值。因此，值的来源是 a_list。

图 3.8 说明了列表推导式的语法。

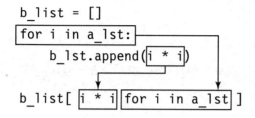

图 3.8 列表推导式

从语法上讲，列表推导式是一种使用值表达式创建列表的方法。紧随其后的是提供数据序列的 **for** 语句头。但是，请注意，这里的 **for** 关键字是在列表推导式中使用的，末尾没有终止符冒号（:）。

[*value for_statement_header*]

可以将 *for_statement_header* 进行多层嵌套。下面是一个包含两层循环的示例：

```
mult_list = [ ]
    for i in range(3):
        for j in range(3):
            mult_list.append(i * j)
```

此嵌套循环产生列表 [0, 0, 0, 0, 1, 2, 2, 0, 2, 4]。此循环等效于以下列表推导式：

```
mult_list = [i * j  for i in range(3) for j in range(3)]
```

在这个例子中，i * j 是值表达式，即循环每次迭代产生的值，后面是待执行的嵌套循环。

列表推导式还有一个可选参数。从语法上讲，它放在表达式的末尾。

[*value for_statement_header if_expression*]

例如，假设只想选择列表中的正数元素，则可以这样写：

```
my_list = [10, -10, -1, 12, -500, 13, 15, -3]

new_list = []
```

```
for i in my_list:
    if i > 0:
        new_list.append(i)
```

上述代码会将值 [10、12、13、15] 放置在 new_list 中。以下语句使用列表推导式完成相同的功能：

```
new_list = [i   for i in my_list   if i > 0 ]
```

在这个示例中，等号右侧方括号内的语句可分为三部分：

▶ 值表达式 i 直接从列表中获取一个值。

▶ **for** 语句头 for i in my_list 提供要操作的值的序列。

▶ 条件 if i> 0 选择符合条件的项。

我们了解了它的工作原理，就可以去掉其中的多余空格了。

```
new_list = [i for i in my_list if i > 0 ]
```

相反，下面的示例创建一个仅包含负值的列表。

```
my_list = [1, 2, -10, -500, 33, 21, -1]
neg_list = [i for i in my_list if i < 0 ]
```

产生的新列表 neg_list 的值如下：

```
[-10, -500, -1]
```

3.16 字典和集合推导式

列表推导式的原理可以扩展到集合（这里指 Python 中的 set 数据类型，为避免混淆下面称为 set）和字典。set 的推导式很容易理解，因为 set 是一组简单的值集合，只是其中不包含重复项并且元素顺序不重要。

假设我们只想从列表 a_list 中获取正值，然后将它们放在一个新的 set 中。可以使用普通循环编写代码：

```
a_list = [5, 5, 5, -20, 2, -1, 2]
my_set = set( )
for i in a_list:
    if i > 0:
        my_set.add(i)
```

也可以使用列表推导式来完成同样的功能，这里使用集合的花括号代替列表的方括号。

```
my_set = {i for i in a_list if i > 0}
```

无论哪种情况，结果都是创建 set{5，2} 并将其分配给变量 my_set，并且 set 中没有重复的值。创建 set 时会自动消除重复项。

请注意，这里使用了 set 推导式创建了一个 set，因为使用了花括号（set 的括号）代替了列表的方括号。

或者，假设要生成另外一个 set，但要使其包含 a_list 中正值元素的平方，即生成 {25，4}。在这种情况下，可以使用以下语句：

```
my_set = {i * i  for i in a_list if i > 0}
```

字典推导式稍微复杂一些，需要先使用以下语法创建一个循环来生成键值对：

```
key : value
```

假设我们有一个要作为数据字典基础的元组列表。

```
vals_list = [ ('pi', 3.14), ('phi', 1.618) ]
```

则可以用下面的代码生成字典：

```
my_dict = { i[0]: i[1] for i in vals_list }
```

注意在键值表达式（i[0]：i[1]）中冒号（:）的使用。可以通过引用或输出以下表达式的值来验证字典是否已成功生成，该表达式应返回数字 3.14：

```
my_dict['pi']   # 生成 3.14.
```

下面是另一个示例，该示例将两个列表中的数据组合成字典。假定这两个列表的长度相同。

```
keys = ['Bob', 'Carol', 'Ted', 'Alice' ]
vals = [4.0, 4.0, 3.75, 3.9]
grade_dict = { keys[i]: vals[i] for i in range(len(keys)) }
```

该示例生成的字典如下所示：

```
grade_dict = { 'Bob':4.0, 'Carol':4.0, 'Ted':3.75,
    'Alice':3.9 }
```

性能提示 可以使用内置的 **zip** 函数合并列表来提高以上示例的代码性能。代码如下：

```
grade_dict = { key: val for key, val in zip(keys, vals)}
```

Performance Tip

总之，以下语法会产生一个集合（set）：

```
{ value  for_statement_header  optional_if_cond }
```

以下语法产生一个字典：

```
{ key : value   for_statement_header optional_if_cond }
```

字典推导式一种非常重要的用途就是反转字典。例如，你有一本电话簿，可以通过姓名查找号码，将其反转之后，则可以通过号码查找姓名。

```
idict = {v : k for k, v in phone_dict.items() }
```

字典的 **items** 方法会产生一个（k，v）键值对的列表，其中 k 是键，v 是值。对于每个这样的对，值表达式 v:k 会在生成新字典 idict 时反转键值关系。

3.17 通过列表传递参数

Python 中的参数传递不能单纯说是引用传递或值传递。Python 中的参数是作为数据字典条目传递的，在进行函数调用时参数名称与传入的值相关联。

这意味着不能简单地将变量名称传入函数并改变这个变量的值。

```
double_it(n)
```

假设 double_it 执行时，传递给 n 的值为 10。该函数接受键值对 n:10 作为参数。但是这里对 n 的赋值对函数外部的 n 值没有影响（这里会将 n 作为函数内的一个局部变量），这样的赋值会破坏 n 与原数据之间的联系。

但是，可以将列表传递给函数，然后在函数中修改该列表中的某些或所有元素的值。这是可以的，因为列表是可变的（与字符串和元组相反）。下面是一个例子：

```
def set_list_vals(list_arg):
    list_arg[0] = 100
    list_arg[1] = 200
    list_arg[2] = 150
```

```
a_list = [0, 0, 0]
set_list_vals(a_list)
print(a_list)          # 输出 [100, 200, 150]
```

此方法之所以有效，是因为列表的值已被就地更改，而无须创建新列表，也不需要对变量重新赋值。但是下面的示例无法更改传递给它的列表。

```
def set_list_vals(list_arg):
    list_arg = [100, 200, 150]

a_list = [0, 0, 0]
set_list_vals(a_list)
print(a_list)              # 输出 [0, 0, 0]
```

执行函数后，列表 a_list 的值不会改变。为什么呢?

这是因为，列表参数 list_arg 被重新指定引用一个全新的列表。变量 list_arg 与原始数据 [0, 0, 0] 之间的关联断开了。

但是，切片和索引是不同的。为索引项目或列表的切片赋值不会改变变量名称所指的对象，它仍然引用相同的列表，但是该列表的元素被修改了。

```
my_list[0] = new_data   # 该语句会改变列表数据
```

3.18　多维列表

列表元素本身可以是列表。因此，可以编写如下代码:

```
weird_list = [ [1, 2, 3], 'John', 'George' ]
```

但是更常见的是真正的多维列表或矩阵。下面的代码创建了一个 3 × 3 列表并将其赋值给变量 mat:

```
mat = [[10, 11, 21], [20, 21, 22], [25, 15, 15]]
```

等号右侧创建了一个三行三列的矩阵:

```
[10, 11, 12],
[20, 21, 22],
[25, 15, 15]
```

可以使用下面代码索引二维列表中的单个元素:

```
list_name[row_index][column_index]
```

像往常一样，Python 中的索引也是从 0 到 *N*-1，其中 *N* 是列表的维度。也可以使用负数索引。mat[1][2]（第二行，第三列）产生值 22。

注释 ▶　本章会介绍如何使用 Python 语言创建多维列表。第 12 章将介绍 **numpy** 程序包的用法，该程序包允许使用高度优化的代码来处理多维数组，尤其是数字数组（或矩阵）。

◀ Note

3.18.1　不平衡矩阵

你可能经常创建规则的矩阵，但其实也可以使用 Python 创建不平衡矩阵。下面是一个例子：

```
weird_mat = [[1, 2, 3, 4], [0, 5], [9, 8, 3]]
```

该程序代码可以确定 Python 矩阵的确切大小和形状。通过获取一个列表（矩阵）的长度，可以得出顶级元素的数量。示例如下：

```
len(weird_mat)    # 等于 3
```

这个结果告诉我们列表有三行。然后，我们可以用下面代码来获取矩阵每行的长度：

```
len(weird_mat[0])  # 等于 4
len(weird_mat[1])  # 等于 2
len(weird_mat[2])  # 等于 3
```

这个过程可以一直重复下去。

3.18.2　创建任意大的矩阵

在 Python 中创建任意大的多维列表是一个挑战。幸运的是，本节提供了最简单的解决方案（不使用第 12 章中介绍的 **numpy** 软件包）。

Python 中没有数据声明的概念。因此，Python 中的矩阵无须声明，使用前直接创建即可。

列表乘法似乎可以解决创建大矩阵的问题。对于一维列表来说，确实可以这样做。

```
big_list = [0] * 100    # 创建一个 100 个元素的列表
                        # 每个元素被初始化为 0
```

这个方法很好用，还可以将其推广到二维列表。

```
mat = [[0] * 100] * 200
```

尽管以上语句是合法的，但并不能满足我们的要求。内部表达式 `[0] *` `100` 创建了一个包含 100 个元素的列表。代码 `* 200` 将列表数据重复了 200 次，但不是创建了 200 个单独的行，而是创建了 200 个对同一行的引用。

上述代码创建了并不相互独立的 200 行。这是一个浅拷贝，得到的是对同一行的 200 个引用。解决该问题的方法是逐行添加，可以在 `for` 循环中执行此操作：

```
mat = [ ]
for i in range(200):
    mat.append([0] * 100)
```

在此示例中，`mat` 像其他列表一样开始是一个空列表。

每次循环时，都会向列表中添加一个包含 100 个零元素的行。执行此循环后，`mat` 将指向一个由 20 000 个完全独立的单元格组成的二维矩阵，矩阵的最后一个元素索引为 `mat[199][99]`。下面例子使用索引获取列表中的元素：

```
mat[150][87] = 3.141592
```

与将数据追加到列表的 `for` 循环一样，上面的示例也可以使用列表推导式来精简。

```
mat = [ [0] * 100  for i in range(200) ]
```

表达式 `[0]` `*` `100` 是此列表推导式的值表达式部分，它指定了一个由 100 个元素组成的一维列表（或"行"），其中每个元素都被设置为 0。注意不要添加额外的方括号，否则将会创建不必要的索引级别。

表达式 `for i in range(200)` 令 Python 重复上面的操作 200 次。

matrix_name = [[*init*] * *ncols* **for** *var* **in** range(*nrows*)]

在此语法中，*init* 是要为每个元素分配的初始值，*ncols* 和 *nrows* 分别是矩阵的列数和行数。

由于上述表达式中 *var* 并不重要，不会被再次使用，因此可以将其替换为"_"（下画线），表示其是一个占位符。例如，要声明一个 30×25 的矩阵，可以使用以下语句：

```
mat2 = [ [0] * 25 for _ in range(30) ]
```

可以使用此语法结构来构建更高维度的矩阵。下面构建了一个 30×20×25

的三维列表：

```
mat2 = [[ [0] * 25 for _ in range(20) ]
                   for _ in range(30) ]
```

下面构建了一个 $10 \times 10 \times 10 \times 10$ 的四维列表：

```
mat2 = [[[ [0] * 10 for _ in range(10) ]
                    for _ in range(10) ]
                    for _ in range(10) ]
```

还可以构建更大尺寸的矩阵，但是请记住，随着尺寸的增加，矩阵对象会快速变大！

总结

本章介绍了 Python 列表的强大功能。这些功能中的很多功能是通过诸如 **len**、**count** 和 **index** 之类的函数实现的，这些函数也可以作用于其他集合类，包括字符串和元组。

但是，由于列表是可变的，因此还有一些列表功能不被其他集合类支持，例如 **sort** 和 **reverse**，它们可以就地修改列表中的元素。

本章还介绍了其他一些技巧，例如 **functools** 软件包和 **lambda** 表达式的使用。还讲解了创建多维列表的方法，在第 12 章中会提供一种更好、更高效的替代方法。尽管如此，了解如何使用 Python 语法创建多维列表还是很有必要的。

习题

1 你能够编写同时使用正数索引和负数索引的程序或函数吗？这样做有弊端吗？

2 创建包含 1000 个元素的 Python 列表的最有效方法是什么？假设每个元素都被初始化为相同的值。

3 如何使用切片来从列表中每隔 1 个元素获取 1 个元素？（例如创建一个包含第 1、3、5、7 个等元素的新列表。）

4 描述索引和切片之间的区别。

5 当切片表达式中使用的索引超出范围时会发生什么？

6 如果将列表传递给函数，并且希望函数能够更改列表的值（即函数返回的列表有所不同），应避免怎样的操作？

7 什么是不平衡矩阵？

8 为什么创建任意大矩阵需要使用列表推导式或循环？

推荐项目

1 使用 reduce 列表处理函数来获取列表中数字的平均值。要求使用一两行代码。然后，计算每个元素与平均值（也叫均值）的差的平方，返回结果列表。

2 编写一个程序，记录用户输入的数字（个数由用户决定），并存储在列表中。然后找到列表中数字元素的中位数（不是均值）。将中位数与列表中的其余元素相比，并且要求列表中比中位数大的元素与比它小的元素个数相等。如果将整个列表从小到大排序，并且元素数量为偶数个，则中位数是中间两个值的平均值。

4 编程技巧、命令行和程序包

专家需要的东西有很多，但最需要的是专业的工具。本章将会介绍一些工具，即使你是经验丰富的 Python 程序员，可能对它们也缺乏了解。使用这些工具能更快、更高效地进行编程。

让我们准备学习一些新的技巧和窍门吧。

4.1 概述

在 Python 中有很多编程技巧和省时的编程方法。本章首先讨论其中的 22 种。

我们可以利用 Python 中丰富的软件包加快程序的开发进度。其中一些包，如 re（正则表达式）、system、random、math，随标准的 Python 包一起提供，我们要做的就是导入软件包。有些软件包可以通过工具轻松下载。

4.2 22 个编程技巧

本节介绍了很多精简和增强 Python 代码的常用技巧，其中大多数是首次介绍，还有一部分是前面提到过的，但在此进行更深入介绍。

▶ 根据需要使 Python 命令跨越多行。

▶ 合理使用 for 循环。

▶ 使用组合运算符（+= 等）。

▶ 进行多重赋值。

▶ 使用元组赋值。

▶ 使用高级元组赋值。

▶ 使用列表和字符串"乘法"。

▶ 返回多个值。

▶ 使用循环和 **else** 关键字。

▶ 使用布尔值和 **not** 运算符。

▶ 将字符串视为字符列表。

▶ 使用 **replace** 来消除字符。

▶ 不写不必要的循环。

▶ 使用链式比较。

▶ 使用函数列表模拟 **switch** 语句。

▶ 正确使用 **is** 运算符。

▶ 使用单行 **for** 循环。

▶ 将多条语句压缩到一行。

▶ 编写单行 **if/then/else** 语句。

▶ 使用 **range** 函数创建枚举值。

▶ 在 IDLE 中减少效率低下的 **print** 函数的使用。

▶ 使用下画线分隔大数字。

下面我们详细看看这些技巧。

4.2.1　根据需要使 Python 命令跨越多行

在 Python 中，常用的语句终止符是物理行结尾（注意 3.18 节中的例外）。这使编程更加容易，因为你可以自然地认为每行是一个语句。

但是，如果需要写一条多于一个物理行的语句怎么办？这可以通过多种方式解决。例如，要打印的字符串不能写在一行，可以使用引号来办到，但在这种情况下，换行符会被转换为新行，而这可能不是你想要的。要解决这个问题，首先我们需要知道相邻的字符串会被自动连接在一起。

```
>>> my_str = 'I am Hen-er-y the Eighth,' ' I am!'
>>> print(my_str)
I am Hen-er-y the Eighth, I am!
```

如果这些子字符串太长而无法放在单个物理行上，我们有两种选择：一种是使用换行符，即反斜杠（\）。

```
my_str = 'I am Hen-er-y the Eighth,' \
' I am!'
```

另一种方法是基于如下事实：任何未闭合的括号（包括圆括号、方括号和花括号）都会将语句自动延续到下一个物理行。用这种方法，可以输入所需长度的语句，也可以输入所需长度的字符串而不插入换行符。

```
my_str = ('I am Hen-er-y the Eighth, '
'I am! I am not just any Henry VIII, '
'I really am!')
```

该语句将所有文本放在一个字符串中。也可以在其他类型的语句中使用该方法。

```
length_of_hypotenuse = ( (side1 * side1 + side2 * side2)
                         ** 0.5 )
```

直到所有开括号“(”都闭合后，语句才被认为是完整的。花括号和方括号也是如此。这样就可以将语句自动延续到下一行。

4.2.2　合理使用 for 循环

如果你熟悉 C/C++ 语言，你可能会过度使用范围函数 **range** 来输出列表的元素。下面是一个以 C 语言的方式使用 **range** 函数和索引来编写 **for** 循环的示例。

```
beat_list = ['John', 'Paul', 'George', 'Ringo']
for i in range(len(beat_list)):
    print(beat_list[i])
```

如果你编写过这样的代码，应尽快改掉这个习惯。直接输出列表或迭代器的内容是一种更好的方式。

```
beat_list = ['John', 'Paul', 'George', 'Ringo']
for guy in beat_list:
    print(guy)
```

即使需要循环序号，也最好使用 **enumerate** 函数生成这些数字。下面是一个例子：

```
beat_list = ['John', 'Paul', 'George', 'Ringo']
for i, name in enumerate(beat_list, 1):
    print(i, '. ', name, sep='')
```

输出为：

```
1. John
2. Paul
3. George
4. Ringo
```

当然，在某些情况下，使用索引是必要的。当我们尝试在适当位置更改列表内容时，通常需要使用索引。

4.2.3　使用组合运算符（+= 等）

在第 1 章中已经介绍了组合赋值运算符，因此这里仅简要回忆一下。请记住，赋值符号（=）可以与以下任何运算符组合：**+**、**-**、**/**、**//**、**%**、******、**&**、**^**、**|**、**<<**、**>>**。

运算符 **&**、**|** 和 **^** 分别进行按位"与"、"或"和"异或"。运算符 **<<** 和 **>>** 进行按位左移和按位右移。

本节涵盖了一些组合赋值运算符的用法。首先，任何赋值运算符的优先级都较低，通常在最后执行。

其次，赋值运算符是否能就地修改，取决于被操作对象的类型是否可变。就地修改是指对内存中现有数据进行操作而不是创建全新对象。这样的操作更快、更有效。

整数、浮点数和字符串是不可变的。赋值运算符与这些类型对象一起使用时不能就地修改，必须产生一个全新的对象，然后将其重新赋值给变量。下面是一个例子：

```
s1 = s2 = 'A string.'
s1 += '...with more stuff!'
print('s1:', s1)
print('s2:', s2)
```

在这种情况下，程序将产生以下输出：

```
s1: A string...with more stuff!
s2: A string.
```

当给 s1 赋一个新值时，它并没有改变原字符串的数据。它为 s1 分配了一个新的字符串。但是 s2 是指向原字符串数据的名称。这就是 s1 和 s2 现在指向不同字符串的原因。

但是列表是可变的，因此可以对列表进行就地赋值。

```
a_list = b_list = [10, 20]
a_list += [30, 40]
print('a_list:', a_list)
print('b_list:', b_list)
```

这段代码会输出以下内容：

```
a_list: [10, 20, 30, 40]
b_list: [10, 20, 30, 40]
```

这里对列表进行了就地更改，因此无须创建新列表并将列表重新分配给变量。a_list 还是指向原来的列表，所以 b_list（引用内存中相同数据的变量）也显示更改后的结果。

就地赋值操作通常更高效。对列表而言，当在内存中创建列表时，Python 保留了一些额外的空间以备列表增长，所以 Python 允许 **append** 以及 += 操作高效地增长列表。但是，列表有时会超出保留空间，此时必须删除超出部分。这样的内存管理动作是难以察觉的，且对程序行为几乎没有影响。

非就地操作效率较低，因为必须创建一个新对象。这也就是建议使用 **join** 方法来创建大字符串而不是使用 += 运算符的原因，这一点在关注性能时尤其重要。下面是一个使用 **join** 方法创建列表并将 26 个字符连接在一起的示例：

```
str_list = []
n = ord('a')
for i in range(n, n + 26):
    str_list += chr(i)
alphabet_str = ''.join(str_list)
```

图 4.1 和图 4.2 说明了就地操作和非就地操作之间的区别。在图 4.1 中，新字符串数据看起来像是附加到了原有字符串上，但是该操作真正做的是创建了一个新的字符串，然后将其赋给原变量，所以结果是该变量现在指向内存中的另一个位置。

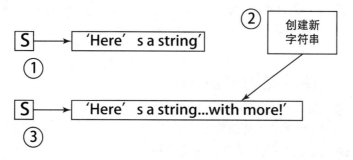

图 4.1　附加到字符串（非就地赋值）

　　但是在图 4.2 中，列表数据被追加到现有列表上，无须创建新列表并重新对变量赋值。

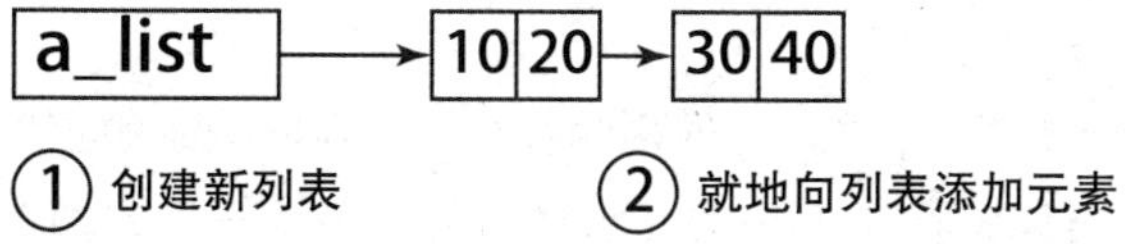

图 4.2　附加到列表（就地赋值）

　　关于组合运算符，总结如下：

▶　如果对象是可变的（例如列表），则组合赋值运算符（例如 += ）会对数据就地修改；否则，会创建一个新对象并赋给左侧的变量。

▶　就地运算速度更快，并且可以更有效地利用内存空间，因为它们不会强制创建新对象。对于列表，Python 通常会分配额外的空间，以便在程序运行时更高效地增长列表。

4.2.4　进行多重赋值

　　多重赋值是 Python 中最常用的编码捷径之一。例如，可以一次创建 5 个不同的变量，并为它们赋相同的值，在本例中为 0：

```
a = b = c = d = e = 0
```

因此，以下代码返回 `True`：

```
a is b
```

　　如果稍后将这些变量中的任何一个重新分配给另一个对象，则该语句将不再返回 `True`。

　　这种特性看起来像是从 C 和 C++ 借鉴来的，但这不代表 Python 语法在大多数方面都与 C 语言相同。在 Python 中是使用语句（statement）来赋值的，而不是表达式（expression），这一点和 C 语言一样。

4.2.5　使用元组赋值

当我们想为一组变量赋相同的初始值时，多重赋值很有用。

但是，如果要为不同的变量赋不同的值怎么办？例如，假设将 1 赋给 a，将 0 赋给 b。最显而易见的方法是使用以下语句：

```
a = 1
b = 0
```

但是，通过元组赋值，可以将它们合并为一个语句。

```
a, b = 1, 0
```

在这种赋值形式中，等号（=）的两侧各有一系列值，两侧的值数量必须相等，但有一个例外：可以将任意大小的元组赋值给单个变量（此操作使变量本身表示一个元组）。

```
a = 4, 8, 12    # a 现在是一个包含 3 个值的元组
```

使用元组赋值可以使代码更紧凑。下面编写的斐波那契生成函数非常紧凑。

```
def fibo(n):
    a, b = 1, 0
    while a <= n:
        print(a, end=' ')
        a, b = a + b, a
```

在最后一条语句中，变量 a 获得一个新值：a + b；变量 b 获得一个新值，即 a 的旧值。

大多数编程语言都无法用以上方式同时为 a 和 b 赋值。为 a 赋值会更改 b 的值，反之亦然。因此，通常需要一个临时变量，这种赋值方式在 Python 中如下实现：

```
temp = a      # 保留 a 的旧值
a = a + b     # 设置 a 的新值
b = temp      # 将 a 的旧值赋值给 b
```

但是，通过元组赋值，则不需要临时变量。

```
a, b = a + b, a
```

这里有一个更简单的元组赋值示例。元组赋值在交换两个值时很有用。

```
x, y = 1, 25
print(x, y)    # 输出 1 25
x, y = y, x
print(x, y)    # 输出 25 1
```

这个例子的重点是执行交换的语句:

```
x, y = y, x
```

在其他语言中,这样的操作需要三个单独的语句来实现。但是在 Python 中可以一次完成交换,如上例所示。下面是在其他语言中需要执行的操作:

```
temp = x
x = y
y = temp
```

4.2.6 使用高级元组赋值

元组赋值是一个很好的特性。例如,可以解包一个元组以分配给多个变量,示例如下:

```
tup = 10, 20, 30
a, b, c = tup
print(a, b, c)    # 输出 10, 20, 30
```

左侧的输入变量的数量必须与右侧的元组的大小匹配,这很重要。以下语句将产生运行时错误:

```
tup = 10, 20, 30
a, b = tup    # 错误: 解包的值数量过多
```

另一种偶尔会用到的技巧是创建具有一个元素的元组。要创建一个元素的列表很容易。

```
my_list = [3]
```

my_list 是一个只有一个元素 3 的列表。但是相同的方法不适用于元组。

```
my_tup = (3)
print(type(my_tup))
```

print 语句显示,my_tup 是一个简单的整数。

```
<class 'int'>
```

这不是我们想要的。任何数量的闭合括号（括号对）都被视为no-op（空指令）。但是下面的语句生成一个包含一个元素的元组，尽管仅包含一个元素的元组并不常用。

```
my_tup = (3,)        # 创建只有一个元素（3）的元组
```

星号（*）为元组赋值提供了灵活性。可以使用它拆分出一个元组的一部分，并使用一个变量表示剩余元组元素，然后将这些元素放入列表中。下面的例子较好地说明了这种用法：

```
a, *b = 2, 4, 6, 8
```

在此示例中，a 获得值 2，b 被分配给列表：

```
2
[4, 6, 8]
```

可以将星号放在任何变量的左侧，但只能有一个这样的变量。用星号修饰的变量将被赋予一个由剩余元素组成的列表。下面是一个例子：

```
a, *b, c = 10, 20, 30, 40, 50
```

执行此语句后，a 和 c 分别指向 10 和 50，b 被分配给列表 [20, 30, 40]。当然，可以在末尾的变量旁放置星号。

```
big, bigger, *many = 100, 200, 300, 400, 500, 600
```

以上语句会输出以下结果：

```
>>> print(big, bigger, many, sep='\n')
100
200
[300, 400, 500, 600]
```

4.2.7　使用列表和字符串"乘法"

有时我们需要处理大型数据集，例如，将一组 10 000 个整数的集合元素都初始化为 0。在诸如 C 和 Java 之类的语言中，执行此操作的方法是首先声明一个大数组。

因为 Python 中没有数据声明，所以创建一个大列表的唯一方法就是在赋值符号的右侧构造它。但是，手工构造一个超长列表是不切实际的。如使用以下方式构造一个超长列表：

```
my_list = [0, 0, 0, 0, 0, 0, 0, 0...]
```

可以想象，在程序代码中输入 10 000 个 0 所耗的时间！

而乘法运算符提供了一种可用的解决方案：

```
my_list = [0] * 10000
```

该示例创建一个包含 10 000 个整数元素的列表，所有整数均初始化为 0。
Python 对此类操作进行了很好的优化，因此即使在交互式开发环境（IDLE）中，也可以快速处理。

```
>>> my_list = [0] * 10000
>>> len(my_list)
10000
```

注意，对于上面的表达式，整数可以在运算符的左边或右边。

```
>>> my_list = 1999 * [12]
>>> len(my_list)
1999
```

也可以"乘"更长的列表。例如，以下列表的长度为 300 个元素。它由数字 1、2、3 重复组成。

```
>>> trip_list = [1, 2, 3] * 100
>>> len(trip_list)
300
```

乘号（*）不适用于字典和集合，因为它们的元素具有唯一性。但是它适用于字符串类（**str**），例如，可以创建一个由 40 个下画线组成的字符串：

```
divider_str = '_' * 40
```

输出此字符串将得到以下结果：

4.2.8　返回多个值

不能将简单的变量传递给 Python 函数，并在函数内更改它的值，然后让原始变量反映出所做的更改。下面是一个例子：

```
def double_me(n):
    n *= 2
```

```
a = 10
double_me(a)
print(a)                # a 的值没有加倍!
```

当为 n 赋一个新值时，该变量与传递的值之间的关联就会断开。实际上，这里的 n 是函数中的局部变量，现在指向内存中的其他数据。传递给函数的变量不受影响。

但是，可以通过使用 return 关键字返回该值：

```
def double_me(n):
    return n * 2


a = 10
a = double_me(a)
print(a)
```

所以要得到一个输出变量，只需使用 return 返回该值即可。但是，如果需要多个输出变量，该怎么办？

在 Python 中，可以返回任意多个值。例如，以下求解一元二次方程的函数返回两个值：

```
def quad(a, b, c):
    determin = (b * b - 4 * a * c) ** .5
    x1 = (-b + determin) / (2 * a)
    x2 = (-b - determin) / (2 * a)
    return x1, x2
```

该函数具有 3 个输入参数和 2 个输出变量。在调用函数时，它必须同时接受两个输出值：

```
x1, x2 = quad(1, -1, -1)
```

如果在这种情况下将多个值返回给单个变量，则该变量会将这些值存储为一个元组。以下是一个例子：

```
>>> x = quad(1, -1, -1)
>>> x
(1.618033988749895, -0.6180339887498949)
```

注意，这（返回多个值）实际上是 Python 中元组的一个应用。

4.2.9　使用循环和 else 关键字

else 关键字最常与 **if** 关键字在一起使用。但是在 Python 中，它也可以与 **try-except** 语法和循环一起使用。

在一个循环中，如果循环没有提前退出（例如 **break**），则执行 **else** 从句。此功能对 **while** 循环和 **for** 循环都适用。

下面的示例尝试找到 n 不大于 **max** 的除数。如果找不到这样的除数，则输出"No divisor found"。

```python
def find_divisor(n, max):
    for i in range(2, max + 1):
        if n % i == 0:
            print(i, 'divides evenly into', n)
            break
    else:
        print('No divisor found')
```

下面是运行示例：

```
>>> find_divisor(49, 6)
No divisor found
>>> find_divisor(49, 7)
7 divides evenly into 49
```

4.2.10　使用布尔值和 not 运算符

Python 中的每个对象都可以作为布尔值使用，即可以为 **True** 或 **False**。例如，如果作为一个布尔值使用，则每个空集合都为 **False**；特殊值 **None** 也是 **False**。下面是一个测试字符串长度是否为零的方法：

```python
if len(my_str) == 0:
    break
```

也可以通过以下方式测试输入字符串：

```python
if not s:
    break
```

下面是布尔转换的一般准则：

▶ 非空集合和非空字符串的布尔值为 **True**，非零数值也是如此。

▶ 零长度集合和零长度字符串的布尔值为 **False**，等于 0 的任何数字以及特殊值 **None** 也是如此。

4.2.11   将字符串视为字符列表

如果需要对单个字符进行复杂的操作来构建一个字符串，此时构建一个字符列表（其中每个元素为长度为 1 的字符串）并使用列表推导式和 **join** 方法将它们组合在一起则会更有效。

例如，要测试字符串是否是回文（palindrome），这时可以省略所有标点和空格字符，并将其余字符转换为全大写或全小写。列表推导式可以很容易地做到这一点。

```
test_str = input('Enter test string: ')
a_list = [c.upper() for c in test_str if c.isalnum()]
print(a_list == a_list[::-1])
```

该示例的第二行使用了列表推导式，3.15 节讲解过这个技术。

第三行使用切片来获取列表的逆序。现在，我们可以通过将 test_str 与逆序比较来测试 test_str 是否是回文。这三行代码可能是用于测试字符串是否为回文的最短程序。程序运行结果如下：

```
Enter test string: A man, a plan, a canal, Panama!
True
```

4.2.12   使用 replace 方法消除字符

要从字符串中快速删除特定字符，可以使用 **replace** 方法，并且该方法指定空字符串作为占位符。

例如，第 10 章中的一个示例要求用户输入代表分数的字符串，如"1/2"。但如果用户在"1/2"中放入了多余的空格，则可能会引发程序问题。下面这段代码会将输入字符串 s 中所有的空格全部去掉：

```
s = s.replace(' ', '')
```

使用这样的代码，可以快速删除所有令人讨厌的字符或子字符串，但一次只能删除一个字符。如果你想一次性删除字符串中的所有元音，则使用列表推导式会更好。

```
a_list = [c for c in s if c not in 'aeiou']
s = ''.join(a_list)
```

4.2.13 不写不必要的循环

在编写程序时要想到 Python 中的内置函数，尤其是在操作列表和字符串时。对于大多数计算机语言，要计算列表中所有数字的和可能都需要编写一个循环才能实现，但是 Python 可以直接执行求和。例如，以下函数计算 $1 + 2 + 3 + \cdots + N$ 的值：

```python
def calc_triangle_num(n):
    return sum(range(n+1))
```

求和（`sum`）函数的另一种用法是快速获取数字列表的平均值。

```python
def get_avg(a_list):
    return sum(a_list) / len(a_list)
```

4.2.14 使用链式比较 (n < x < m)

链式比较是一个可以节省工作量的巧妙语法，它也使代码更具可读性。

`if` 条件语句通常会写成如下形式：

```python
if 0 < x and x < 100:
    print('x is in range.')
```

使用以下写法可以节省一些工作：

```python
if 0 < x < 100:          # 使用链式比较
    print('x is in range.')
```

甚至可以将任意数量的链式比较接在一起，并且在其中使用任何标准比较运算符，包括 ==、<、<=、> 和 >=。比较箭头甚至不必指向同一方向，也没有任何顺序要求！ 因此，可以执行以下操作：

```python
a, b, c = 5, 10, 15
if 0 < a <= c > b > 1:
    print('All these comparisons are true!')
    print('c is equal or greater than all the rest!')
```

可以使用此语法来测试一系列变量是否相等。

下面是一个例子：

```python
a = b = c = d = e = 100
if a == b == c == d == e:
    print('All the variables are equal to each other.')
```

对于较大的数据集，还有一些更有效的比较方法。

无论列表多大，都可以通过下面这种方式测试所有元素是否相等：

```
if min(a_list) == max(a_list):
    print('All the elements are equal to each other.')
```

当你只想测试几个变量是否相等或在一行代码上执行多个比较时，链式比较是一个很好的方法。

4.2.15 用函数列表模拟 switch 语句

下面介绍的这个技巧很实用，因为使用它可以节省很多行代码。

本书 15.12 节中的程序提供了一个用户选择菜单，它提示用户输入一个整数，然后使用该整数来确定要调用哪个函数。实现此逻辑一个明显的方法是使用一系列 **if/elif** 语句，因为 Python 中没有 switch 语句。

```
if n == 1:
    do_plot(stockdf)
elif n == 2:
    do_highlow_plot(stockdf)
elif n == 3:
    do_volume_subplot(stockdf)
elif n == 4:
    do_movingavg_plot(stockdf)
```

这样的代码是冗长的。它可以实现我们需要的功能，但是代码过长。Python 函数是对象，可以像其他任何类型的对象一样将它们放置在列表中。然后可以引用其中一个函数并调用它。

```
fn = [do_plot, do_highlow_plot, do_volume_subplot,
    do_movingavg_plot][n-1]
fn(stockdf)                    # 调用函数
```

可以对 **n-1** 进行求值，如果该值为 0（即 n 等于 1），则执行列出的第一个函数 **do_plot**。

此代码根据 n 的值调用不同的函数以此来实现类似 C++ 中 switch 语句的功能。

可以结合使用字典和函数来创建更灵活的控制结构。例如，假设"加载"（load）、"保存"（save）、"更新"（update）和"退出"（exit）都是菜单功能，我们可以这样实现类似 switch 语句的功能：

```
menu_dict = {'load':load_fn, 'save':save_fn,
             'exit':exit_fn, 'update':update_fn}
(menu_dict[selector])()        # 调用函数
```

现在代码可以根据选择器中包含的字符串来调用适当的函数，该字符串可能是 'load'、'save'、'update' 或 'exit'。

4.2.16　正确使用 is 运算符

Python 支持相等测试运算符（==）和 **is** 运算符。这些运算符有时会返回相同的结果，有时不会。如果两个字符串具有相同的值，则相等测试时始终会返回 **True**。

```
a = 'cat'
b = 'cat'
a == b     # 返回 True
```

但是 **is** 运算符在比较相同的两个字符串时不保证会返回 **True**。如果使用 **is** 运算符而不是 == 运算符比较你构造的字符串与其他同样的字符串，则不能保证返回 **True**。例如：

```
>>> s1 = 'I am what I am and that is all that I am.'
>>> s2 = 'I am what I am' + ' and that is all that I am.'
>>> s1 == s2
True
>>> s1 is s2
False
```

该示例显示，虽然两个字符串具有相同的内容，但并不意味着它们对应于内存中的同一对象，因此 **is** 运算符返回 **False**。

在这种情况下 **is** 运算符不可靠，那么为什么还需要有这个运算符呢？答案是 Python 中有一些独特的对象，例如 **None**、**True** 和 **False**。如果确定要将值与内存中唯一的对象进行比较，则 **is** 运算符可以正常工作，而且效率更高。

```
a_value = my_function()
if a_value is None:
    # 如果返回 None，则执行这些代码
```

4.2.17　使用单行 for 循环

如果 **for** 循环比较短，并且循环内只有一条语句，则可以将整个 **for** 循环压缩到一行中。

> **for** *var* **in** *sequence: statement*

并非所有的程序员都喜欢这种编程风格。但是，这可以使程序更紧凑。例如，以下单行语句输出 0 ~ 9 的所有数字：

```
>>> for i in range(10): print(i, end=' ')

0 1 2 3 4 5 6 7 8 9
```

请注意，当使用 IDLE 时，此 **for** 循环与其他任何循环一样，需要输入额外的空行来终止它。

4.2.18　将多条语句压缩到一行

如果要将多行语句压缩到一行，可以这样做。

该技巧借助于分号（；）将物理行上的一条语句与另一条语句分开。下面是一个例子：

```
>>> for i in range(5): n=i*2; m = 5; print(n+m, end=' ')

5 7 9 11 13
```

可以通过这种方式将其他类型的循环压缩到一行。也可以将任何语句放在一行来适应程序的排版，如：

```
>>> a = 1; b = 2; c = a + b; print(c)
3
```

讲到这里，有人可能会提出反对："有了这些分号，代码看起来就像 C 语言的代码！"

确实是这样的，但这样可以节省空间。请记住，像在 Pascal 语言中一样，分号是语句分隔符，不是终止符。

4.2.19　编写单行 if/then/else 语句

这个技巧也叫作单行 **if** 语句，我们首先来看常见的 **if/else** 语句：

```
turn = 0
```

```
...
if turn % 2:
    cell = 'X'
else:
    cell = 'O'
```

Python Without Fear 一书使用此程序逻辑来完成井字棋游戏。在每个回合中，在单元格中添加"X"或"O"。在两个玩家之间来回切换，每切换一次计数器 turn 都会增加 1。

以下使用更紧凑的代码书写上面的 if/else 代码块：

```
cell = 'X' if turn % 2 else 'O'
true_expr if conditional else false_expr
```

如果判定 {*conditional*} 为 True，则执行 *true_expr* 并返回；否则，执行 *false_expr* 并返回。

4.2.20 用 range 函数创建枚举值

许多程序员喜欢使用枚举（或 enum）类型来表示所谓的魔法数字（magic numbers）。例如，有一个 color_indicator 变量，其中值 1 ~ 5 代表红色、绿色、蓝色、黑色和白色，如果使用颜色名称而不是数字作为变量值，则代码的可读性会更好。

可以通过为每个变量名赋一个数字来实现。

```
red   = 0
blue = 1
green = 2
black = 3
white = 4
```

上面的代码可以正常工作，但是如果能自动实现此代码会更好。Python 中有一个技巧可以帮助我们简化代码，那就是可以结合 **range** 函数来进行多重赋值：

```
red, blue, green, black, white = range(5)
```

这里 **range** 函数生成的数字是 0 ~ 4。如果从 1 而不是 0 开始编号，则可以使用以下代码：

```
red, blue, green, black, white = range(1, 6)
```

注释 ▶ 要更加灵活地创建和使用枚举类型，可以导入和使用 **enum** 软件包。

```
import enum
help(enum)
```

也可以在以下网址中找到有关此功能的信息
https://docs.python.org/3/library/enum.html。

◀ Note

4.2.21　在 IDLE 中减少效率低下的 print 函数的使用

在 IDLE 中，调用 **print** 函数非常慢。如果在 IDLE 中运行程序，则可以通过减少 **print** 函数的调用来提高性能。

假设要输出一个 40×20 的星号（*）方阵。到目前为止，最慢的方法是单独输出每个字符。在 IDLE 中执行这段代码非常缓慢。

```
for i in range(20):
    for j in range(40):
        print('*', end='')
    print()
```

一次输出整行星号，则可以提高性能。

```
row_of_asterisks = '*' * 40
for i in range(20):
    print(row_of_asterisks)
```

但是，提高性能最好的方法还是修改代码，可先组装一个大的多行输出字符串，然后调用 **print** 函数来输出。

```
row_of_asterisks = '*' * 40
s = ''
for i in range(20):
    s += row_of_asterisks + '\n'
print(s)
```

使用字符串类的 **join** 方法，可以进一步改进此示例。该方法使用列表的就地赋值方式而不是将字符追加到字符串末尾，后者每次都必须创建一个新字符串。

```
row_of_asterisks = '*' * 40
list_of_str = []
```

```
for i in range(20):
    list_of_str.append(row_of_asterisks)
print('\n'.join(list_of_str))
```

甚至可以使用代码的单行版本来实现!

```
print('\n'.join(['*' * 40] * 20))
```

4.2.22 用下画线分隔大数字

在编程中，有时需要处理较大的数字。这是一个例子:

```
CEO_salary = 1500000
```

这样的数字很难阅读。你可能会使用逗号作为分隔符来增加可读性，但是在 Python 中逗号被用于其他目的，例如创建列表。幸运的是，Python 提供了另一个技巧: 可以在数字中使用下画线（_）来分隔。

```
CEO_salary = 1_500_000
```

基于以下规则，下画线可以放在数字内的任何位置，Python 在读取数字时就像下画线不存在一样。具体的规则如下:

▶ 不能连续使用两个下画线。

▶ 下画线不能放在数字的开头或结尾。如果使用前导下画线（如 _1），则该数字将被视为变量名。

▶ 可以在小数点的任一侧使用下画线。

这个技巧仅影响数字在代码中的显示方式，而不影响输出结果。要输出带有千位分隔符的数字，可使用第 5 章中介绍的格式化函数或方法。

4.3 从命令行运行 Python

如果你一直在 IDLE 内运行 Python 程序（无论是一次输入一个命令还是以脚本形式运行），那么你可以尝试从命令行运行程序来提高运行速度。从命令行运行能够极大地缩短执行 **print** 函数所用的时间。

从命令行运行的具体方法取决于所使用的操作系统。本节介绍在两个最常见的操作系统上运行的方法: Windows 和 Macintosh。

4.3.1　在 Windows 系统上运行

Windows 系统不同于 Macintosh 系统，通常不会预装 Python 2.0 版本，我们可以自己安装 Python 3.0 版本，这样可以省去很多麻烦。

要从命令行使用 Python，首先要启动 DOS 应用程序，该应用程序在所有 Windows 系统上均存在。此时 Python 应该是可用的，因为它应该被放在 PATH 目录中。在 Windows 上运行 DOS 时，可以很容易检查此设置。

在 Windows 中，还可以通过打开"控制面板"，选择"系统"，然后选择"高级"选项卡，再单击"环境变量"选项来检查 PATH 设置。

只要 Python 在 PATH 中，就应该可以直接运行它。要从命令行运行程序，可输入 **python** + 源文件（主模块）的名称，包括 **.py** 扩展名，例如：

```
python test.py
```

4.3.2　在 Macintosh 系统上运行

Macintosh 系统通常自带 Python。但不幸的是，在最近的系统中，安装的 Python 版本是 2.0，而不是 3.0。

为了确定计算机预装的是哪个版本的 Python，可首先在 Macintosh 系统上打开"终端"（Terminal）应用程序（可能需要先单击 Launchpad 图标）。

可以使用以下命令查看当前的 Python 版本：

```
python -V
```

如果 Python 的版本为 2.x，则会显示类似下面的信息：

```
python 2.7.10
```

但是，如果你下载了 Python 3.0，该版本的 Python 应该也已经被加载。但是，必须使用命令 **python3** 来运行。

如果确实加载了 Python 3.0，则可以从命令行来验证其确切版本，如下所示：

```
python3 -V
python 3.7.0
```

如果文件 **test.py** 在当前目录中，并且你希望其以 Python 3.0 运行，则使用以下命令：

```
python3 test.py
```

Python 命令（无论是 **python** 还是 **python3**）都有包含一些参数。如果使用 -h

参数("帮助"标志),则会显示可以在该命令下使用的标志位和相关的环境变量。

```
python3 -h
```

4.3.3 使用 pip 或 pip3 下载软件包

在本书中使用的某些软件包需要从 Internet 下载并安装。第一个需要下载的软件包是第 12 章会介绍的 **numpy**。

本书中提到的所有软件包都是完全免费的(就像大多数 Python 软件包一样)。而且使用 Python 3 中自带的 **pip** 工具可以找到我们需要的软件包,我们需要做的就是连接互联网!

在基于 Windows 的系统上,使用以下命令下载并安装所需的软件包:

```
pip install package_name
```

顺便说一句,软件包名称不包含文件扩展名:

```
pip install numpy
```

在 Macintosh 系统上,可能还需要使用 **pip3** 工具,该工具是随 Python 3 一起下载和安装的。(你的系统可能还包含一个内置的 **pip**,但它可能已过时且无法使用。)

```
pip3 install package_name
```

4.4 编写和使用文档字符串

Python 文档字符串可以根据用户编写的注释自动生成在线帮助文档。在运行 IDLE 或者使用命令行时,使用 **pydoc** 工具可以获得关于它的帮助。

可以为函数和类编写文档字符串。尽管我们尚未介绍如何编写类,但是原理是相同的。下面是一个带有文档字符串的函数示例:

```
def quad(a, b, c):
    '''Quadratic Formula function.

    This function applies the Quadratic Formula
    to determine the roots of x in a quadratic
    equation of the form ax^2 + bx + c = 0.
    '''
    determin = (b * b - 4 * a * c) ** .5
```

```
        x1 = (-b + determin) / (2 * a)
        x2 = (-b - determin) / (2 * a)
        return x1, x2
```

在函数定义中输入文档字符串后，可以从 IDLE 中获得关于它的帮助：

```
>>> help(quad)
Help on function quad in module __main__:

quad(a, b, c)
    Quadratic Formula function.

    This function applies the Quadratic Formula
    to determine the roots of x in a quadratic
    equation of the form ax^2 + bx + c = 0.
```

编写文档字符串需要遵循以下规则：

▶ 文档字符串必须紧随在函数定义之后。

▶ 文档字符串必须是使用三引号括起来的字符串。（实际上可以使用任何样式的引号，但是如果文档要跨越多行，则需要使用三引号）。

▶ 文档字符串必须与函数名称下的一级缩进对齐，例如，如果紧随函数名称下的语句缩进了四个空格，则文档字符串的开头也必须缩进四个空格。

▶ 文档字符串首行的后续行可以随意缩进，因为该字符串属于文本字符串。可以将随后的行左对齐，也可以继续使用文档字符串开始时的缩进。无论如何，Python 在显示联机帮助时都会将文本对齐。

所以，上一个示例中的文档字符串也可以这样编写：

```
def quad(a, b, c):
    '''Quadratic Formula function.

This function applies the Quadratic Formula
to determine the roots of x in a quadratic
equation of the form ax^2 + bx + c = 0.
'''
    determin = (b * b - 4 * a * c) ** .5
    x1 = (-b + determin) / (2 * a)
    x2 = (-b - determin) / (2 * a)
    return x1, x2
```

可以按需要将文档字符串输出为对齐的帮助文本。但也可以在其中多加一些空格，以便使帮助文本与程序代码对齐。

出于格式的考虑，鼓励程序员以下面这种方式编写文档字符串。在该字符串中，引号中的后续行与引号字符串的开头对齐，而不是与第 1 行左对齐：

```
def quad(a, b, c):
    '''Quadratic Formula function.

    This function applies the Quadratic Formula
    to determine the roots of x in a quadratic
    equation of the form ax^2 + bx + c = 0.
    '''
```

在撰写文档字符串时，建议先对函数功能进行简短的概述，留一个空白行，然后再进行更详细的描述。

从命令行运行 Python 时，可以使用 **pydoc** 工具获得相同的在线帮助。例如，可以获得关于 Queens.py 模块的帮助。**pydoc** 工具会显示每个函数的帮助摘要。请注意，不要将"py"作为模块名称的一部分进行输入。

```
python -m pydoc queens
```

4.5　导入软件包

本章的后续部分以及本书的后续章节将利用软件包来扩展 Python 语言的功能。

软件包本质上是执行特定功能的对象和函数的库。软件包分为以下两种：

▶ 随 Python 一起下载的软件包，其中包括 **math**、**random**、**sys**、**os**、**time**、**datetime** 和 **os.path**。这些软件包使用起来特别方便，不需要额外下载。

▶ 可以从 Internet 下载的软件包。

下面是导入软件包的推荐方法。该语法有一些变体，稍后我们介绍。

```
import package_name
```

例如：

```
import math
```

导入软件包后，可以在 IDLE 中获得关于它的帮助：

```
>>> import math
>>> help(math)
```

如果在 IDLE 中输入以上命令，你会发现 **math** 软件包支持许多功能。

如果使用这种方法导入，则每个函数都需要使用点（.）语法进行调用。例如，**sqrt**（求平方根）是 **math** 软件包的一个函数，它需要整数或浮点数输入。

```
>>> math.sqrt(2)
1.4142135623730951
```

可以使用 math 软件包来计算 **pi** 的值。**math** 软件包也直接提供该值。

```
>>> math.atan(1) * 4
3.141592653589793
>>> math.pi
3.141592653589793
```

下面是 **import** 语句的一种变体。

import *package_name* [**as** *new_name*]

在此语法中，方括号中的 **as** *new_name* 子句是可选的。可以选择使用这个子句为软件包提供在文件中使用的别名。

如果完整的软件包名称很长，则可以用这个功能提供一个短名称。例如，第 13 章引入了 **matplotlib.pyplot** 软件包。

```
import matplotlib.pyplot as plt
```

现在，就可以在要引用的函数前用 **plt** 前缀代替 **matplotlib.pyplot** 前缀了，是不是方便了很多？

Python 支持其他语法形式的 **import** 语句。如果使用下面这两种导入方法，则在调用函数时不需要使用软件包名称和点语法。

from *package_name* **import** *symbol_name*
from *package_name* **import** *

第一种语法，仅导入了 *symbol_name*，而不导入包的其余部分。所以随后可以不加限定地直接引用指定的符号（例如下例中的 **pi**）。

```
>>> from math import pi
>>> print(pi)
3.141592653589793
```

使用这种形式仅导入一个符号（或用逗号分隔的一系列符号），但是这样一来可以更直接地使用符号名称。要导入整个程序包，同时还需要直接导入其所有对象和函数，请使用最后一种语法形式，该语法中使用了星号（*）。

```
>>> from math import *
>>> print(pi)
3.141592653589793
>>> print(sqrt(2))
1.4142135623730951
```

这种导入方法的缺点是，对于庞大和复杂的程序，很难跟踪正在使用的所有名称，并且在导入软件包时如果没有使用软件包名称限定，可能会引起命名冲突。

因此，除非你知道自己在做什么或正在导入很小的程序包，否则建议导入特定符号而不是使用"*"号导入包的所有内容。

4.6 Python 软件包简介

如果你访问python.org，可以找到成千上万个软件包，并且都是免费的。表4.1中列出了 Python 中最常用的一些软件包，我们来仔细看一下。

`re`、`math`、`random`、`array`、`decimal` 和 `fractions` 软件包都包含在标准的 Python 3 下载包中，因此不需单独下载它们。

`numpy`、`matplotlib` 和 `pandas` 软件包需要使用 `pip` 或 `pip3` 工具单独安装。从第 12 章开始会深入介绍这些软件包。

表4.1　常用的 Python 软件包

软件包名称	描述
`re`	正则表达式软件包。使用该软件包可以创建匹配许多不同单词、短语或句子的文本模式。这种模式规范语言可以高效地执行复杂的搜索。该软件包非常重要，因此在第 6 章和第 7 章中都会介绍
`math`	数学软件包。包含有用的标准数学函数，包括三角函数、双曲函数、指数函数和对数函数，以及常数 e 和 pi。该软件包在第 11 章中介绍
`random`	包含一组用于生成伪随机值的函数。伪随机数表现为随机的,这意味着用户实际上无法预测它们。 随机数生成软件包具有生成指定范围内的随机整数以及浮点数和正态分布的功能。"正态分布"是围绕平均值聚集形成的频率的"钟形曲线"。该软件包在第 11 章中介绍

软件包名称	描述
decimal	该软件包支持 **Decimal** 数据类型，使用该类型（与 **float** 类型不同）可以精确地表示金融数字，没有任何舍入误差。通常在会计和财务应用中使用。 第 10 章将探讨此软件包
fractions	此软件包支持 **Fraction** 数据类型，该数据类型以绝对精度存储任何分数，只要可以将它表示为两个整数的比即可。因此，此数据类型可以表示分数 1/3，而 **float** 和 **Decimal** 类型有时不能做到没有舍入误差。在第 10 章中将探讨此软件包
array	数组软件包支持 **array** 类，**array** 类与列表不同，它将原始数据保存在连续内存中。这样做虽然不一定更快，但在与其他进程进行交互时有时需要将数据打包到连续的内存中。 在第 12 章中会简要介绍该软件包
numpy	该软件包提供了比 **array** 包更全面的功能。该软件包支持 **numpy**（numeric Python）类，它支持对一维、二维和高维数组的高速批处理操作。不仅可以直接用该类来处理大量数据，而且它还可以作为其他类的基础。在第 12 章和第 13 章中将探讨此软件包。**numpy** 软件包需要用 **pip** 或 **pip3** 工具安装
numpy.random	与 **random** 软件包类似，但是它是针对 **numpy** 设计的，非常适合用在需要快速生成大量随机数的情况。在随机数组生成测试中，**numpy.random** 软件包的速度要比标准 **random** 软件包快几倍。此软件包也将在第 12 章中介绍
matplotlib.pyplot	该软件包提供复杂的绘图功能。使用这些功能，可以创建美观的图表，甚至是三维图表。该软件包在第 13 章中介绍。它需要用 **pip** 或 **pip3** 工具安装
pandas	该软件包支持 **DataFrame** 类（这些表可以容纳各种信息）以及用于从 Internet 获取信息并加载的程序。可以结合使用 **numpy** 软件包和绘图程序，再使用下载的数据，创建外观精美的图形。 该软件包在第 15 章中介绍。它也需要单独下载

4.7　Python 函数作为一类对象

在 Python 中，将函数作为第一类对象（也叫作一等公民）使用。该特性在调试、性能分析等相关任务中很有用。这意味着可以在运行时获取函数的信息。例如，假设你定义了一个名称为 avg 的函数。

```
def avg(a_list):
    '''This function finds the average val in a list.'''
    x = (sum(a_list) / len(a_list))
    print('The average is:', x)
    return x
```

avg 是表示函数的名称符号，它是可调用的。可以使用 avg 函数做很多事情，例如验证变量类型（即函数），如下例：

```
>>> type(avg)
<class 'function'>
```

我们知道 avg 是函数的名称，所以可以将这个函数对象分配给其他的名称。也可以为 avg 分配其他的函数。

```
def new_func(a_list):
    return (sum(a_list) / len(a_list))

old_avg = avg
avg = new_func
```

现在，符号名称 old_avg 指的是我们之前定义的较旧、较长的函数，符号名称 avg 指的是刚刚定义的新函数。

名称 old_avg 指的是我们的第一个平均函数，可以像之前调用 avg 函数一样调用它。

```
>>> old_avg([4, 6])
The average is 5.0
5.0
```

下面的示例函数（我们可以将其称为"元函数"）输出了一个传递给它的函数的信息：

```
def func_info(func):
    print('Function name:', func.__name__)
    print('Function documentation:')
    help(func)
```

如果在 old_avg（已将其分配给了第一个平均函数）函数中运行此函数，会得到以下结果：

```
Function name: avg
Function documentation:
```

```
Help on function avg in module __main__:

avg(a_list)
    This function finds the average val in a list.
```

当前，我们使用名称 old_avg 来引用本节中定义的第一个函数。请注意，当我们读取函数名时，得到的是函数最初被定义时使用的名称。

在 4.9 节讲解装饰器时，以上这些操作会变得很重要。

4.8   可变长度参数列表

Python 的一大特性就是能够访问可变长度参数的列表。借助此特性，我们自定义的函数可以处理任意数量的参数，就像内置的 **print** 函数一样。

可变长度参数列表的特性也可以扩展到命名参数。

4.8.1   *args 列表参数

*args 语法可用于访问任意长度的参数列表。

> **def** *func_name*(**[***ordinary_args,***]** **args***):**
>   *statements*

这里的括号表示 ***args** 前面可以有任意数量的普通参数，在此为 *ordinary_args*。这些参数始终是可选的。

在这个语法中，可以将变量名称 **args** 替换为任何你想要的符号名称。按照惯例，Python 程序通常使用名称 **args**。

args 同 Python 的其他列表一样，可以通过索引或使用 **for** 循环来展开它。也可以根据需要获取它的长度。下面是一个示例：

```
def my_var_func(*args):
    print('The number of args is', len(args))
    for item in args:
        print(items)
```

函数 my_var_func 可接受任意长度的参数列表。

```
>>> my_var_func(10, 20, 30, 40)
The number of args is 4
10
```

```
20
30
40
```

更有用的函数是可以接受任意数量的数字参数并返回它们的平均值。它的实现代码非常简单：

```
def avg(*args):
    return sum(args)/len(args)
```

可以每次使用不同数量的参数调用该函数：

```
>>> avg(11, 22, 33)
22.0
>>> avg(1, 2)
1.5
```

以这种方式编写函数的好处是，调用函数时不需要括号。参数被解释为列表的元素，但是传递参数时不用遵循列表的语法。

前面提到的普通参数，即未包含在列表 ***args** 中的其他参数，必须在列表参数 ***args** 之前或者是关键字参数。

我们回顾一下 avg 的示例。假设我们需要使用一个单独的参数来指定使用的单位（units），因为 units 不是关键字参数，所以它必须出现在 ***args** 的前面。

```
def avg(units, *args):
    print (sum(args)/len(args), units)
```

下面是一个示例用法：

```
>>> avg('inches', 11, 22, 33)
22.0 inches
```

该函数是有效的，因为普通参数 units 在参数列表 ***args** 之前。

注释 ▶   星号（*）在 Python 中有许多用途。在这里，它被称为 *splat* 或位置展开运算符（*positional expansion*）。它的用途是表示一个"展开的列表"。更具体地说，它将列表替换为一系列独立元素。

*args 的局限性是我们不能对它做太多事情。其中我们可以做的事（将在 4.9 节中讲解）是将其传递给函数。下面是一个例子：

```
>>> ls = [1, 2, 3]    # 一个列表
>>> print(*ls)        # 输出列表的展开形式
1 2 3
```

```
>>> print(ls)          # 输出列表的未展开形式（即普通列表）
[1, 2, 3]
```

还可以对 ***args** 或 ***ls** 做的另一件事是将其打包（或更确切地说，将其重新打包）成为标准 Python 列表。可以通过去除星号来实现该操作，之后就可以进行所有标准列表处理操作了。

◁ Note

4.8.2 ****kwargs 列表参数

完整的函数调用语法支持关键字参数，关键字参数是在函数调用期间的命名参数。例如，在以下对 **print** 函数的调用中，**end** 和 **sep** 参数是命名参数。

```
print(10, 20, 30, end='.', sep=',')
```

完整的函数语法可以识别未命名和命名参数。

```
def func_name([ordinary_args,] *args, **kwargs):
    statements
```

与符号名称 **args** 一样，符号名称 **kwargs** 实际上可以是任何名称，但是按照惯例，Python 程序员使用 **kwargs**。

在函数定义中，**kwargs** 指的是一个字典，其中每个键值对都是一个包含参数名称（键）和参数值（值）的字符串。

假设你定义了一个函数，如下所示：

```
def pr_named_vals(**kwargs):
    for k in kwargs:
        print(k, ':', kwargs[k])
```

该函数遍历了 **kwargs** 表示的字典参数，输出传入参数的键（对应于参数名称）和对应的值。

例如：

```
>>> pr_named_vals(a=10, b=20, c=30)
a : 10
b : 20
c : 30
```

在函数定义中，可以用 **kwargs** 指代任意数量的命名参数，用 **args** 指代任意数量的未命名参数，并将它们进行组合。下面的示例定义了一个函数，然后调用它。

```
def pr_vals_2(*args, **kwargs):
```

```
        for i in args:
            print(i)
        for k in kwargs:
            print(k, ':', kwargs[k])

    pr_vals_2(1, 2, 3, -4, a=100, b=200)
```

当作为脚本运行时，此程序将输出以下内容：

```
1
2
3
-4
a : 100
b : 200
```

注释▶　尽管 **args** 和 **kwargs** 分别被扩展为列表和字典，但也可以将这些符号传递给另一个函数，如下一节所述。

◀Note

4.9　装饰器和函数分析器

当优化 Python 程序时，最重要的事情就是确定各个函数的运行速度。你可能想知道生成一千个随机数的函数需要执行多久。

因为函数是第一类对象，所以用装饰器装饰后的函数可以分析代码的速度，并提供其他信息。装饰器的核心是一个包装函数，它可以执行原始函数的所有操作，还可以在其中添加其他要执行的语句。

如图 4.3 所示是一个示例。装饰器将函数 F1 作为输入，并返回另一个函数 F2 作为输出。第二个函数 F2 包括对 F1 的调用和添加的其他语句。F2 是一个包装函数。

下面是一个装饰器函数的示例，该函数将一个函数作为输入参数，并通过调用 **time.time** 函数来对其进行包装。请注意，**time** 是一个软件包，必须在调用函数 **time.time** 之前将其导入。

```
import time

def make_timer(func):
    def wrapper():
```

```
              t1 = time.time()
              ret_val = func()
              t2 = time.time()
              print('Time elapsed was', t2 - t1)
              return ret_val
         return wrapper
```

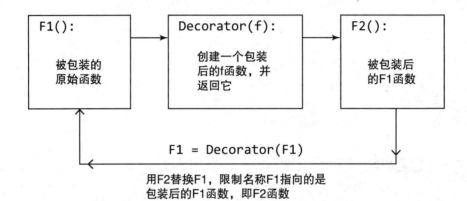

图 4.3 装饰器如何工作（高级视图）

这个简单的示例涉及几个函数，让我们回顾一下。

▶ 作为输入参数的函数。我们将它称为原始函数（在上例中为 F1）。我们希望能够输入想要装饰的任何函数，并对其进行装饰（即添加一些其他语句）。

▶ 将附加语句添加到原始函数后产生的结果为 *wrapper* 函数。在上例中，这些添加的语句计算了原始函数执行所需花费的时间。

▶ 装饰器是创建 *wrapper* 函数并返回装饰后函数的函数。装饰器能够执行此操作，是因为它在函数内部使用 **def** 关键字定义了一个新函数。

▶ 最终，如你所见，包装后的函数会替换原始函数。这是通过重新给函数命名来完成的。

查看此装饰器函数你会发现，它有一个重要的遗漏：原始函数 *func* 的参数被忽略了。导致的结果是，如果包含参数，包装函数将无法正确调用 *func* 函数。

解决方法涉及上一节中介绍的 ***args** 和 ****kwargs** 参数列表。下面是完整的装饰器代码：

```
import time
```

```python
def make_timer(func):
    def wrapper(*args, **kwargs):
        t1 = time.time()
        ret_val = func(*args, **kwargs)
        t2 = time.time()
        print('Time elapsed was', t2 - t1)
        return ret_val
    return wrapper
```

新函数是 wrapper（被临时命名为 wrapper），最终将代替 func 被调用。因此，该 wrapper 函数必须能够接受任意数量的参数，包括任意数量的关键字参数。正确的操作是将所有这些参数传递给原始函数 func。就是这样：

```python
ret_val = func(*args, **kwargs)
```

返回值也可以在这里处理，wrapper 的返回值与 func 相同。如果 func 没有返回值怎么办？没问题，因为 Python 的函数默认会返回 **None**。因此，不必测试函数是否存在返回值，直接返回即可！

定义了装饰器 make_timer 之后，我们可以使用任何函数生成它的装饰器版本。然后把装饰后的函数重新分配给原函数名。

```python
def count_nums(n):
    for i in range(n):
        for j in range(1000):
            pass


count_nums = make_timer(count_nums)
```

make_timer 包装器生成的函数的定义如下（重新分配标识符 func，稍后会介绍）。

```python
def wrapper(*args, **kwargs):
    t1 = time.time()
    ret_val = func(*args, **kwargs)
    t2 = time.time()
    print('Time elapsed was', t2 - t1)
    return ret_val
```

现在，我们重新给名称 count_nums 赋值，使它指向函数 wrapper，该函数既调用原始的 count_nums 函数，也会执行一些其他操作。

还是有些困惑？这确实是令人抓狂。过程中发生的全部事情是：（1）在运行时创建了原始函数的一个更精巧的版本；（2）对于新版本的函数还使用名称 count_nums 调用。Python 符号可以指向任何对象，包括函数（可调用对象）。因此，我们可以重新分配函数名称。代码如下：

```
count_nums = wrapper
```

或者，更具体的代码应该是，

```
count_nums = make_timer(count_nums)
```

所以现在，当运行 count_nums（现在指的是该函数的包装版本）时，将得到类似下面的输出（以秒为单位报告程序执行用的时间）：

```
>>> count_nums(33000)
Time elapsed was 1.063697338104248
```

count_nums 的原始版本除了进行计数外什么也没做。包装后的版本除了调用 count_nums 的原始版本，还报告了程序运行的时间。

最后，Python 提供了简便的语法来自动重新分配函数名称。

```
@decorator
def func(args):
    statements
```

该语法被翻译为以下内容：

```
def func(args):
    statements
func = decorator(func)
```

无论以上哪种情况，都假定 *decorator* 函数是已经定义好的函数。装饰器函数需要一个函数作为其输入参数，并返回该函数的包装后版本。假设所有前面步骤都正确完成，下面给出一个使用 @ 符号的完整示例：

```
@make_timer
def count_nums(n):
    for i in range(n):
        for j in range(1000):
            pass
```

在 Python 中进行以上定义后，当函数 count_num 被调用时，它将按函数定义执行，并添加一条输出语句（是装饰器的功劳）说明程序执行需要的时间。

请记住，这里的技巧（@ 运算符）是通过装饰器函数将新语句添加到原有函数中，并将其赋给原函数名 count_nums。

4.10　生成器

Python 中的生成器是最难理解的部分，但理解它的原理后使用起来并不困难。本节将带大家学习生成器。

生成器是做什么的？它使你可以一次处理序列中的一个元素。

假设你需要处理一系列元素，如果将所有元素同时存储在内存中，则要花费很长时间。例如，要查看斐波那契数列中第 10 ~ 50 项的所有值。计算整个序列将花费大量时间和空间。或者，想处理一个无限序列，其中包含所有偶数。

生成器的优点在于，它使我们可以一次处理序列中的一个元素，它创建了一种"虚拟序列"。

4.10.1　什么是迭代器

迭代器是 Python 中的核心概念之一（有时把它与可迭代对象弄混淆）。迭代器是一个对象，它可以 (逐个) 生成一系列的值。

所有列表都可以迭代，但并非所有迭代器都是列表。有许多函数（例如 **reversed**）会产生非列表的迭代器。迭代器是无法以现有方式（至少不能直接）进行索引或输出的对象。这是一个例子：

```
>>> iter1 = reversed([1, 2, 3, 4])
>>> print(iter1)
<list_reverseiterator object at 0x1111d7f28>
```

然而，可以将迭代器转换为列表，然后再输出、索引或切片：

```
>>> print(list(iter1))
[4, 3, 2, 1]
```

Python 中的迭代器经常与 **for** 语句一起使用。例如，**iter1** 是一个迭代器，因此以下几行代码运行良好：

```
>>> iter1 = reversed([1, 2, 3, 4])
>>> for i in iter1:
        print(i, end=' ')

4 3 2 1
```

迭代器具有状态信息。到达序列末尾时，迭代器将耗尽。如果我们再次使用 **iter1** 而不重置，它将不再产生任何值。

4.10.2　关于生成器

生成器是生成迭代器的最简单方法之一。但是生成器函数本身并不是迭代器。下面是基本的生成步骤。

▶ 编写一个生成器函数。可以在定义中的任何位置使用 **yield** 语句来创建生成器。

▶ 调用在第一步中定义的函数以获取迭代器对象。

▶ 在第二步中创建的迭代器能产生值以响应 **next** 函数调用。该对象包含状态信息，可以根据需要重置它们。

图 4.4 说明了这个过程。

生成器函数是一个生成器的工厂方法！

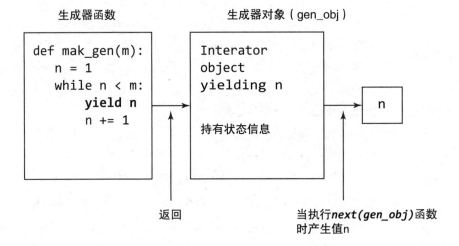

图 4.4　从函数返回生成器

几乎每个人在理解这个过程时都会犯错：看起来似乎是生成器函数中的 **yield** 语句（图 4.4 左侧的内容）在执行生成任务。这看起来是"正确的"，但事实并非如此。

生成器函数定义了迭代器的行为。但是迭代器对象（图 4.4 右侧的内容）是实际上执行任务的对象。

当在一个函数中包含一个或多个 **yield** 语句时，该函数就不再是一个普通的 Python 函数。**yield** 描述了一种行为，即这样的函数不返回值，而是将值发送给 **next** 函数的调用者。状态信息会被保存，所以当再次调用 **next** 函数时，迭代器将前进到序列中的下一个值，而不是重新开始。这部分内容似乎每个人都明白，但让人感到困惑的是，尽管生成逻辑是在生成器里定义的，但执行这些生成动作的不是生成器函数。幸运的是，你不需要了解它的原理，只需要学会使用它即可。下面我们来看一个输出 2 ~ 10 区间内偶数的函数：

```
def print_evens():
    for n in range(2, 11, 2):
        print(n)
```

现在，用语句 yield n 替换 print(n)。这样做改变了原函数的性质。我们将函数名称更改为 make_evens_gen 以便更准确地描述函数的功能。

```
def make_evens_gen():
    for n in range(2, 11, 2):
        yield n
```

你可能会注意到，这个函数不再返回任何内容，而是产生值 n，并暂停执行且保存当前函数内部的状态。

但是这个修改后的函数，即 make_evens_gen，确实具有返回值！如图 4.4 所示，返回值不是 n，而是一个迭代器对象，也可以叫作生成器对象。那么如果调用 make_evens_gen 函数会发生什么呢？

```
>>> make_evens_gen()
<generator object make_evens_gen at 0x1068bd410>
```

这个函数做了什么？产生 n 的值吗？不，它返回了一个迭代器对象，这个对象产生一个值。我们可以保存这个迭代器对象，并将其传递给 next 函数。

```
>>> my_gen = make_evens_gen()
>>> next(my_gen)
2
>>> next(my_gen)
4
>>> next(my_gen)
6
```

最终，调用 **next** 函数将生成的序列耗尽，并引发 **StopIteration** 异常。但是，如果想将序列的值重置为开始时的值该怎么办？操作很简单，可以通过再次调用 make_evens_gen 函数并生成迭代器的新实例来实现。这具有重新启用的效果。

```
>>> my_gen = make_evens_gen()     # 重新启用迭代器
>>> next(my_gen)
```

```
2
>>> next(my_gen)
4
>>> next(my_gen)
6
>>> my_gen = make_evens_gen()    # 重新启用迭代器
>>> next(my_gen)
2
>>> next(my_gen)
4
>>> next(my_gen)
6
```

如果每次都调用 make_evens_gen 函数会发生什么？在这种情况下，会不断地重新启用迭代器，每次都创建一个新的生成器对象。这当然不是我们想要的。

```
>>> next(make_evens_gen())
2
>>> next(make_evens_gen())
2
>>> next(make_evens_gen())
2
```

生成器可以在 **for** 语句中使用，这是最常见的用法。例如，我们可以这样调用 make_evens_gen 函数：

```
for i in make_evens_gen():
    print(i, end=' ')
```

上面代码产生的结果如下：

```
2  4  6  8  10
```

我们来看一下实际的过程。**for** 语句块调用 make_ evens_gen 函数一次，调用的结果是得到一个生成器对象。然后，该对象在 **for** 循环中提供值。使用以下代码，可以达到相同的效果，该代码将函数调用写在单独的一行。

```
>>> my_gen = make_evens_gen()
>>> for i in my_gen:
    print(i, end=' ')
```

my_gen 是一个迭代器对象。如果改为直接引用 make_evens_gen 函数，则 Python 将引发异常。

```
for i in make_evens_gen:          # 错误！对象不可迭代！
    print(i, end=' ')
```

因为生成器函数返回的对象是生成器对象（也称为迭代器），所以可以在迭代器或可迭代对象的任何地方调用它。例如，可以将生成器对象转换为列表，如下所示：

```
>>> my_gen = make_evens_gen()
>>> a_list = list(my_gen)
>>> a_list
[2, 4, 6, 8, 10]

>>> a_list = list(my_gen)          # ( ⊙ o ⊙ )…! 还未重置！
>>> a_list
[]
```

上例中最后几条语句的问题在于，在每次使用生成器对象对序列进行迭代时，元素会被耗尽，若再次使用则需要重置。

```
>>> my_gen = make_evens_gen()   # 重置！
>>> a_list = list(my_gen)
>>> a_list
[2, 4, 6, 8, 10]
```

可以将函数调用和列表转换结合在一起。列表本身是稳定的（不同于生成器对象），并且列表值不会被迭代耗尽。

```
>>> a_list = list(make_evens_gen())
>>> a_list
[2, 4, 6, 8, 10]
```

迭代器最常见的用途之一是配合 **in** 和 **not in** 关键字使用。例如，可以生成一个迭代器，该迭代器生成一直到 N 的斐波那契数列（包括 N）。

```
def make_fibo_gen(n):
    a, b = 1, 1
    while a <= n:
        yield a
        a, b = a + b, a
```

yield 语句将该函数从普通函数变为生成器函数，因此它返回一个生成器对象（迭代器）。我们可以进行以下测试来确定一个数字是否在斐波那契数列中：

```
n = int(input('Enter number: '))
if n in make_fibo_gen(n):
    print('number is a Fibonacci. ')
else:
    print('number is not a Fibonacci. ')
```

这个例子可以实现我们想要的功能，因为迭代器不会产生无限序列（生成无限序列的迭代器在这里会产生问题）。迭代器将生成到 n 的斐波那契数列，然后再判断 n 是否在数列中。

我们前面说过，通过将 **yield** 语句放入函数 make_fibo_gen 中，将函数变为生成器函数，并且该函数返回我们需要的生成器对象。可以将前面的示例编写成如下形式，在单独的语句中进行函数调用，效果是一样的：

```
n = int(input('Enter number: '))
my_fibo_gen = make_fibo_gen(n)
if n in my_fibo_gen:
    print('number is a Fibonacci. ')
else:
    print('number is not a Fibonacci. ')
```

需要注意的是，生成器函数（包含 **yield** 语句的函数）不是一个生成器对象，而是一个生成器的工厂。这有些令人困惑，但是你只需要习惯这一点即可。图 4.4 显示了实际发生的情况，我们应该经常参考该图来了解实际情况。

4.11 访问命令行参数

通过命令运行程序，我们可以拥有一些灵活性。可以让用户来指定命令行参数，这些参数是可选参数，可在程序启动时直接给它提供信息。或者也可以让程序提示用户输入所需的信息。但是，使用命令行参数通常更为高效。

命令行参数始终以字符串的形式存储。因此，就像输入函数返回的数据一样，可能需要将此字符串数据转换为数字格式。

要从 Python 程序中访问命令行参数，首先要导入 **sys** 软件包。

```
import sys
```

然后，可以通过引用名为 **argv** 的列表来获取完整的命令行参数集（包括函数名本身）。

```
argv         # 如果使用 'import sys.argv' 导入软件包
sys.argv     # 如果使用 'import sys' 导入软件包
```

在以上两种情况下，**argv** 均指命令行参数列表，其以字符串形式存储。列表中的第一个元素始终是程序本身的名称，该元素使用 **argv[0]** 索引，因为 Python 使用从零开始的索引号。

例如，假设你正在运行 quad（二次方程式求值程序），可输入以下命令行：

```
python quad.py -1 -1 1
```

在这种情况下，**argv** 是包含 4 个字符串的列表。

图 4.5 说明了这些字符串的存储方式，并强调了第一个元素 **argv[0]** 指向代表程序名称的字符串。

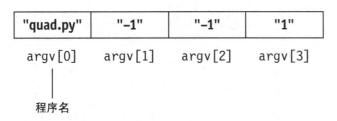

图 4.5　命令行参数 argv

在大多数情况下，你可能会忽略程序名称，而将注意力放在其他参数上。例如，有一个名为 **silly.py** 的程序，该程序仅输出输入的所有参数（包括程序名称）。

```
import sys
for thing in sys.argv:
    print(thing, end=' ')
```

假设输入以下命令行：

```
python  silly.py  arg1  arg2  arg3
```

终端程序（在 Mac 中）或 DOS 窗口会输出以下内容：

```
silly.py  arg1  arg2  arg3
```

下面的示例提供了一种使用这些字符串的更复杂的方法，它将参数转换为浮点格式并将其传递给 quad 函数。

```
import sys
```

```python
def quad(a, b, c):
    ''' 二次方程求解函数 '''

    determin = (b * b - 4 * a * c) ** .5
    x1 = (-b + determin) / (2 * a)
    x2 = (-b - determin) / (2 * a)
    return x1, x2

def main():
    ''' 获取参数，转换，求值 '''

    s1, s2, s3 = sys.argv[1], sys.argv[2], sys.argv[3]
    a, b, c = float(s1), float(s2), float(s3)
    x1, x2 = quad(a, b, c)
    print('x values: {}, {}.'.format(x1, x2))

main()
```

比较有意思的一行代码是：

```python
s1, s2, s3 = sys.argv[1], sys.argv[2], sys.argv[3]
```

同样，**sys.argv** 列表与其他 Python 列表一样都是从零开始索引的，在程序代码中通常不使用 **sys.arg[0]**，即程序名称。在大多数情况下我们已经知道程序的名称是什么，因此无须使用它。

当然，在程序内部，我们不能确保从命令行输入了指定的参数值。如果参数未指定，则可能需要提供其他指定方法，例如提示用户输入这些参数值。

请记住，参数列表的长度始终为 $N+1$，其中 N 是命令行参数的数量——1用于程序名称。

因此，可以将前面的示例修改如下：

```python
import sys

def quad(a, b, c):
    ''' 二次方程求解函数 '''

    determin = (b * b - 4 * a * c) ** .5
    x1 = (-b + determin) / (2 * a)
    x2 = (-b - determin) / (2 * a)
```

4

```
        return x1, x2

    def main():
        ''' 获取参数, 转换, 求值 '''

        if len(sys.argv) > 3:
            s1, s2, s3 = sys.argv[1], sys.argv[2], sys.argv[3]
        else:
            s1 = input('Enter a: ')
            s2 = input('Enter b: ')
            s3 = input('Enter c: ')
        a, b, c = float(s1), float(s2), float(s3)
        x1, x2 = quad(a, b, c)
        print('x values: {}, {}.'.format(x1, x2))

    main()
```

此版本的关键行在以下 **if** 语句中：

```
    if len(sys.argv) > 3:
        s1, s2, s3 = sys.argv[1], sys.argv[2], sys.argv[3]
    else:
        s1 = input('Enter a: ')
        s2 = input('Enter b: ')
        s3 = input('Enter c: ')
    a, b, c = float(s1), float(s2), float(s3)
```

如果 sys.argv 中至少有 4 个元素（即除程序名称之外还有 3 个命令行参数），
则程序会使用这些字符串。否则，程序提示用户输入这些值。

可以从命令行运行以下命令：

```
python quad.py 1 -9 20
```

程序将输出以下结果：

```
x values: 4.0 5.0
```

总结

本章重点介绍了一些编程技巧，利用好它们可以编写更好、更高效的 Python
代码，从而提高程序运行效率。除此之外，在 IDLE 中要尽量少调用 **print** 函数，这样可以使 Python 程序运行得更快，或者也可以从命令行运行程序。

有助于提高代码运行效率的一项技术是，在给定不同算法的情况下，使用 `time` 和 `datetime` 软件包来分析代码的运行速度。装饰器对此很有帮助，可以使用它们来分析函数性能。

在很多情况下，使用 Python 提供的众多免费软件包是一种很好的提高程序运行效率的方法。其中一些软件包是内置的，有些则需要下载，例如 **numpy** 软件包。

习题

1 像 += 这样的赋值运算符仅是一种简便写法吗？它是否可以提高程序的运行性能？

2 在大多数计算机语言中，编写 Python 语句 a, b = a + b, a，需要的最少语句数是多少？

3 在 Python 中，将包含 100 个整数的列表的元素全部初始化为 0 的最有效方法是什么？

4 用 1, 2, 3, 1, 2, 3, 1, 2, 3... 初始化包含 99 个整数的列表的最有效方法是什么？如果可能的话，请写出代码。

5 如果从 IDLE 中运行 Python 程序，如何最有效地输出多维列表。

6 可以对字符串使用列表推导式吗？怎样做？

7 如何从命令行获取用户编写的 Python 程序的帮助？从 IDLE 中又如何获取呢？

8 在 Python 中，函数被称为"第一类对象"，但在大多数其他语言（例如 C++ 或 Java）中则不是。Python 函数（可调用对象）可以做哪些在 C 或 C++ 中无法做到的事情？

9 包装器（wrapper）、被包装的函数（wrapped function）和装饰器（decorator）有什么区别？

10 生成器函数返回值是什么（如果有返回值的话）？

11 从 Python 语言的角度来看，将普通函数转换为生成器函数需要进行的一项更改是什么？

12 至少说出生成器的一项优势。

推荐项目

1 输出 20 × 20 的星号（ * ）矩阵。在 IDLE 中，演示执行此任务的最慢的方法和最快的方法。（提示：最快的方法是否可以利用 **join** 方法进行字符串连接？）然后使用装饰器来分析两种程序运行所耗费的时间，并进行比较。

2 编写一个生成器函数来输出某数值范围内所有整数的平方，然后编写一个函数来确定某整数参数是否属于这个平方值序列。也就是说，如果 n 是整数参数，则 insquare_iter(n) 应当返回 **True** 或 **False**。

精确格式化文本

为商业和专业用途编程时，你可能需要格式化文本以创建外观漂亮的表格和演示文稿。在这方面，Python 提供了丰富的支持。Python 中有几种修改和增强文本信息的方法。

本章介绍三种格式化文本的方法。首先从字符串格式说明符 **%s** 说起，该说明符通常是最快、最简单的解决方案。然后为了更精确的控制，需要使用支持许多选项的格式化函数或格式化方法 **format**，它甚至可以使用千位分隔符（,）输出大数字。

5.1 使用字符串格式说明符 (%) 进行格式化

这里有一个格式化输出的简单问题。假设你想要以以下形式输出一个句子，其中 a、b 和 c 分别等于 25、75 和 100（它们也可以是其他值）。我们想通过引用变量的方式获得以下输出：

    25 plus 75 equals 100.

这应该很容易实现。但是，如果使用 **print** 函数，它会在数字 100 和点之间放置一个空格，所以会获得以下输出：

    25 plus 75 equals 100 .

那么如何处理不需要的空格？可以使用 **print** 函数，通过将 **sep** 参数设置为空白以取消默认的空格。但是在这种情况下，必须自己放置所有空格。

    print(a, ' plus ', b, ' equals ', c, '.', sep='')

这行得通，但是代码很难看。

更好的方法是使用 **str** 类的格式说明符（**%**）来格式化输出，并使用类似 C

语言的 printf 函数所使用的格式说明符。修改以上示例的方法如下：

```
print('%d plus %d equals %d.' % (a, b, c))
```

代码看起来好看一些。表达式 **(a, b, c)** 实际上是一个包含 3 个参数的元组，每个参数对应于格式字符串中的一个 **%d**。**(a, b, c)** 中的括号是必需的，但如果只有一个参数，则不需要括号。

```
>>> 'Here is a number: %d.' % 100
'Here is a number: 100.'
```

可以通过编程将代码中的元素分解。这是一个例子：

```
n = 25 + 75
fmt_str = 'The sum is %d.'
print(fmt_str % n)
```

本示例输出以下内容：

```
The sum is 100.
```

字符串格式说明符%可以出现在以下两种形式中。

```
format_str % value          # 单独值
format_str % (values)       # 一个或多个值
```

如果 *value* 参数包含多个值，则必须将与输出字段（由类型字符和%组成）相对应的参数放置在元组中。以下两个语句均有效：

```
print('n is %d' % n)
print('n is %d and m is %d' % (n, m))
```

下面的示例也是正确的，因为它将 3 个数字组织到一个元组中。

```
tup = 10, 20, 30
print('Answers are %d, %d, and %d.' % tup)
```

该示例输出以下内容：

```
Answers are 10, 20, and 30.
```

5.2 % 格式说明符

%d 格式说明符用于表示十进制整数。这是一种常见格式，但格式说明符（%）可与其他格式一起使用，如表 5.1 所示。

表 5.1 % 格式说明符

说明符	含义	输出示例
%d	十进制整数	199
%i	整数,与 **%d** 同样含义	199
%s	返回传入对象的 **__str__** 方法的标准字符串。可用于输出任何数据对象的标准字符串。所以如果你愿意,也可以使用它输出整数	Thomas
%r	返回传入对象的 **__repr__** 方法的标准字符串。其所表示的格式通常与% s 表示的相同,是对象在 Python 代码中的规范表示形式(更多信息,请参见 5.7 节)	'Bob'
%x	十六进制整数	ff09a
%X	十六进制整数,与 %x 含义相同,但是其中字母数字 A ~ F 为大写	FF09A
%o	八进制整数	177
%u	无符号整数,但是它并不能像你期望的那样将有符号整数转换为无符号整数	257
%f	以固定位数输出浮点数	3.1400
%F	与 %f 含义相同	33.1400
%e	用指数符号(e)输出浮点数	3.140000e+00
%E	与 %e 含义相同,使用大写的指数符号(E)	3.140000E+00
%g	输出以最短规范表示的浮点数	7e-06
%G	与 %g 含义相同,但使用大写的符号(G)	7E-06
%%	文字百分号(%)	%

这是一个使用 **int** 转换将两个数字 e9 和 10 相加,然后输出一个十六进制数的示例:

```
h1 = int('e9', 16)
h2 = int('10', 16)
print('The result is %x.' % (h1 + h2))
```

该示例的输出为:

```
The result is f9.
```

因此,将十六进制数 e9 和十六进制数 10 相加所得结果为十六进制数 f9,这是正确的。

在此示例中,**h1+h2** 两边的括号是必需的。否则,会使用 **h1** 的值创建格式化的文本,然后尝试将该字符串与数字 **h2** 连接起来,从而引发错误。

```
print('The result is %x.' % h1 + h2)    # 错误!
```

当输出十六进制数或八进制数时，格式说明符（**%**）不会在数字前加前缀。如果要输出带前缀的十六进制数，则需要自己指定。

```
print('The result is 0x%x.' % (h1 + h2))
```

该语句输出以下内容：

```
The result is 0xf9.
```

从大字符串中输出子字符串是格式说明符（**%s**）的另一种常见用法。下面是一个例子：

```
s = 'We is %s, %s, & %s.' % ('Moe', 'Curly', 'Larry')
print(s)
```

将输出：

```
We is Moe, Curly, & Larry.
```

这些格式说明符的行为可以通过使用宽度和精度数字来更改。输出字段的格式符合如下示例，其中 **c** 代表表 5.1 中不同类型的格式说明符。

```
%[-][width][.precision]c
```

在此语法中，方括号表示可选项目。减号（-）表示输出字段左对齐。此语法默认将所有类型的数据右对齐。

下面的示例使用减号（-）来指定数据左对齐，而不是采用默认格式。

```
>>> 'This is a number: %-6d.' % 255
'This is a number: 255   .'
```

对于其他的部分，可以采用以下任何格式说明：

```
%c
%widthc
%width.precisionc
%.precisionc
```

对于字符串值来说，如果指定 *width* 参数，则文本将被放入大小为 *width* 的输出字段中。子字符串在默认情况下为右对齐，不足的空间用空格填充。如果输出字段的宽度小于子字符串的长度，则忽略 *width* 参数。如果指定 *precision* 参数，则子字符串显示的最大长度为 *precision*，如果子字符串的长度大于 *precision*，则它会被截断（剩余字母不显示）。

下面是一个 *width* 为 10 的输出字段的示例。

```
print('My name is %10s.' % 'John')
```

以上语句会输出以下内容，子字符串前有 6 个空格。

```
My name is         John.
```

对于整数值来说，*width* 参数的含义相同。但是，如果 *precision* 参数指定了一个较小的字段，则在该字段中，该数字为右对齐并且左边用零填充。这是一个例子：

```
print('Amount is %10d.' % 25)
print('Amount is %.5d.' % 25)
print('Amount is %10.5d.' % 25)
```

这些语句输出：

```
Amount is         25.
Amount is 00025.
Amount is      00025.
```

最后，对于浮点数值来说，*width* 和 *precision* 参数控制输出字段的宽度和精度。*precision* 指定小数点右边的位数，如有必要，数字末尾使用零填充。

这是一个示例：

```
print('result:%12.5f' % 3.14)
print('result:%12.5f' % 333.14)
```

这些语句输出：

```
result:     3.14000
result:   333.14000
```

在这种情况下，在数字 3.14 的末尾以零填充，因为指定的精度为 5 位。当 *precision* 参数小于要输出的值的精度时，该数字会被以一定的方式舍入。

```
print('%.4f' % 3.141592)
```

此函数将输出以下内容，这里保留了 4 位小数：

```
3.1416
```

使用 **%s** 和 **%r** 格式说明符可以处理任何类型的数据。这些说明符会指定调用字符串类的内置方法，如第 9 章中所述。

在许多情况下，**%s** 和 **%r** 的输出格式没有区别。例如，与 **int** 或 **float** 对象一起使用，都会将数字转换为你期望的字符串表示形式。

你可以在下面的 IDLE 会话中看到这种效果，其中用户输入以粗体显示：

```
>>> 'The number is %s.' % 10
The number is 10.
>>> 'The number is %r.' % 10
The number is 10.
```

从这些示例中，可以看到 **%s** 和 **%r** 都输出整数的标准字符串形式。

在某些情况下，**%s** 和 **%r** 输出的字符串格式有所不同。后者会获取对象的 Python 规范表示形式并以字符串输出。

两种表示形式之间的主要区别是，**%r** 的输出中包括字符串两侧的引号，而 **%s** 则不包括。

```
>>> print('My name is %r.' % 'Sam')
My name is 'Sam'.
>>> print('My name is %s.' % 'Sam')
My name is Sam.
```

5.3　使用 % 创建可变宽度输出字段

使用格式说明符（%）可以创建可变宽度的输出字段。例如，我们要输出表格中的元素，且需要将元素的最大宽度设置为固定的宽度（例如，$N = 6$，其中 N 是最大宽度），然后将每个输出字段指定为相同的宽度。

要创建宽度可变的字段，通常是在固定宽度的整数的位置放置星号（*）。这是一个例子：

```
>>> 'Here is a number: %*d' % (3, 6)
'Here is a number:   6'
```

此时需要额外提供一个参数，这个参数要放在数据对象之前。因此，元组中两个参数的顺序为：（1）输出字段宽度；（2）要输出的数据。

也可以输出其他类型的数据，例如字符串：

```
>>> 'Here is a number: %*s' % (3, 'VI')
'Here is a number:  VI'
```

同样，第一个参数是输出字段的宽度，在本例中为 3。第二个参数是要输出的数据，在本例中为字符串 **'VI'**。

可以在一个格式字符串中多次使用宽度可变的输出字段。对于格式字符串中出现的每个星号，必须附加一个参数。因此，如果想要一次格式化两个这样的数据对象，则需要有 4 个参数。这是一个例子：

```
>>> 'Item 1: %*s, Item 2: %*s' % (8, 'Bob', 8, 'Suzanne')
'Item 1:      Bob, Item 2:  Suzanne'
```

在该例中，元组中的参数为 8、'Bob'、8 和 'Suzanne'（元组必须带括号）。这 4 个参数的含义如下：

- ▶ 第一个输出字段的宽度为 8。

- ▶ 第一个要输出的数据对象是 'Bob'（即按原样输出字符串）。

- ▶ 第二个输出字段的宽度也为 8。

- ▶ 第二个要输出的数据对象是 'Suzanne'。

如前所述，替换星号的数字也可以是一个变量，其值在运行时确定。下面是一个例子：

```
>>> n = 8
>>> 'Item 1: %*s, Item 2: %*s' % (n, 'Bob', n, 'Suzanne')
'Item 1:      Bob, Item 2:  Suzanne'
```

所有参数（包括字段宽度参数，在此示例中为 n）都放在 % 之后的元组中。

可变宽度输出字段也可以和其他格式说明符一起使用，例如，可以和 **%r** 格式说明符一起使用，这对输出的内容没有影响，但是会在要输出的字符串两边加上引号。

```
>>> n = 9
>>> 'Item 1: %*r, Item 2: %*r' % (n, 'Bob', n, 'Suzanne')
"Item 1:      'Bob', Item 2: 'Suzanne'"
```

也可以创建宽度可变的精度指示器。使用格式说明符（%）的一般规则是这样的：

✳ 通常在格式代码中指示整数的地方，可以改用星号（*）；对于每个这样的星号，必须在参数列表中放置与之对应的整数。

例如，以下语句将数字格式化为 **'%8.3f'**：

```
>>> '%*.*f' % (8, 3, 3.141592)
'   3.142'
```

5.4 全局函数 format

Python 中的 **format** 函数可以用来更好地控制显示格式。可以使用 **format** 函数来指定一个输出字段的格式。例如，指定用逗号作为数字的千位分隔符：

```
>>> big_n = 10 ** 12    # big_n 是 10 的 12 次幂
>>> format(big_n, ',')
'1,000,000,000,000'
```

这只是 format 函数的一个应用示例。本节仅介绍此函数的功能。5.8 节描述此函数支持的格式（*spec*）和其他语法。

format 函数与字符串类（**str**）的 **format** 方法密切相关。

format 方法在处理字符串时，会分析格式说明符以及用作输入的数据对象。它针对每个字段调用全局 format 函数来执行分析。

format 函数将调用数据对象所属类的 **__format__** 方法，如第 9 章中所述。此过程的优点是让每个类（包括用户编写的新类）都可以与格式说明符交互（每个类可以自行决定使用或忽略格式说明符）。

图 5.1 显示了各种函数和方法之间的控制流程：字符串类的 **format** 方法、全局 **format** 函数，以及每个类的 **__format__** 方法。

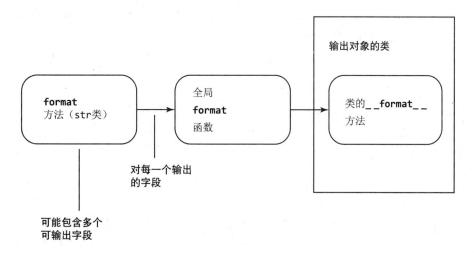

图 5.1 格式化函数和方法之间的控制流程

类可能会选择直接处理此方法，也可能不会。在默认情况下，如果未定义 **__format__** 方法，则会调用该类的 **__str__** 方法。

关键语法

format(*data*, *spec*)

此函数首先分析 data 的字符串表示形式，然后根据规范字符串（*spec*）进行格式化。第二个参数 *spec* 是一个包含输出规范的字符串。

下面的语法简要描述了 *spec* 规范格式。这里省略了一些功能，如填充和对齐字符，以及将数字右对齐和填充 0。*spec* 的完整语法参见 5.8 节。

关键语法

[*width*][,][.*precision*][*type_char*]

在此语法中，中括号用来表示可选项目。此语法各部分的含义如下。

该函数尝试将 data 的字符串表示形式放置在宽度为 *width* 的输出字段中，并在必要时以空格填充来使文本对齐。在默认情况下，数值数据为右对齐，字符串数据为左对齐。

逗号，表示插入逗号作为千位分隔符。这仅适用于数字数据；否则，将引发异常。

precision 表示输出浮点数的总位数，或者如果数据不是数字，则表示输出字符串数据的最大长度。该参数不支持与整数一起使用。如果 *type_char* 为 **f**，则 *precision* 表示在小数点右边要输出的小数位数。

type_char 有时是基数指示符，例如 **b** 或 **x**（表示二进制或十六进制）。但在多数情况下它是一个浮点数说明符，例如 **f** 指示浮点数的格式，也可以是 **e** 或者 **g**，如表 5.2 所述。

表 5.2 给出了使用此规范的一些示例。你可以通过学习这些示例来了解语法。

表 5.2 格式规范及示例

格式规范	含义
','	在数字中显示千位分隔符，例如，将 1000000 显示为 1,000,000
'5'	指定输出字段最小宽度为 5 个字符。如果要输出的信息宽度小于 5 个字符，则通过填充补齐。默认情况下，数字为右对齐，字符串为左对齐
'10'	指定输出字段最小宽度为 10 个字符。如果要输出对象的宽度小于 10 个字符，则填充到 10 个字符宽度
'10,'	指定输出字段最小宽度为 10 个字符，并显示千位分隔符
'10.5'	指定输出字段最小宽度为 10 个字符。如果数据是字符串，则最大的输出字段宽度为 5，任何大于 5 个字符的字符串都会被截断。如果数据是浮点数，则在小数点的左侧和右侧最多显示 5 位数字。但是如果宽度仍超出允许的空间，则进行舍入，并且数字以指数格式显示，例如 3 + 010e。精度字段宽度（这里为 5）对于整数无效

续表

格式规范	含义
'8.4'	与上例相同，但宽度是 8，精度是 4
'10,.7'	指定输出字段最小宽度为 10 个字符，精度为 7（小数点左右两侧的总位数为 7），并显示千位分隔符
'10.3f'	以定点数形式显示。指定输出字段最小宽度为 10 个字符，并精确显示小数点右边的 3 位数字。根据需要执行舍入，如精度不足则在末尾以零补全
'10.5f'	指定输出字段最小宽度为 10 个字符，并精确显示小数点后的 5 位数字
'.3f'	显示小数点后 3 位数字。不指定输出字段最小宽度
'b'	使用二进制
'6b'	使用二进制，输出字段最小宽度为 6 个字符，右对齐
'x'	使用十六进制
'5x'	使用十六进制，输出字段最小宽度为 5 个字符，右对齐
'o'	使用八进制
'5o'	使用八进制，输出字段最小宽度为 5 个字符，右对齐

下面我们详细讨论这些内容，如宽度 width 和精度 precision 字段。

千位分隔符很容易理解，它仅适用于数字数据。如果用于非数字数据，会引发异常。

可以使用它来格式化较大的数字，例如 1.5 亿。

```
>>> n = 150000000
>>> print(format(n, ','))
150,000,000
```

width 字段适用于各种数据，用于指定最小输出字段宽度。在默认情况下，字符串数据为左对齐，宽度不足时以空格填充；而数字数据为右对齐。填充字符和对齐方式都可以更改，如 5.8.2 节所述。

下面是一些对齐方式和输出字段的示例。单引号指示了输出字段的宽度。请记住，默认情况下数字数据（150 和 99）是右对齐的，而其他数据为左对齐。

```
>>> format('Bob', '10')
'Bob       '
>>> format('Suzie', '7')
'Suzie  '
>>> format(150, '8')
'     150'
>>> format(99, '5')
'   99'
```

width 始终指示输出字段宽度的最小值，而不是最大值。width 字段不会引发截断。

precision 的工作方式会根据所应用的数据类型而有所不同。对于字符串数据，precision 指示输出字段宽度的最大值，并且可能引发截断。对于浮点型数据，precision 指定小数点左右最大的字符数（不包括小数点本身），以便据此进行舍入。下面是一个例子：

```
>>> format('Bobby K.', '6.3')
'Bob   '
>>> format(3.141592, '6.3')
'  3.14'
```

但是，如果使用 f 类型说明符，则 precision 指定定点数的显示格式，这会更改浮点型数据的显示方式。对于定点数，precision 指定小数点右边的位数。

format 函数根据需要舍入或在末尾填充 0，以使小数点右边的位数固定。下面是一个例子：

```
>>> format(3.141592, '9.3f')
'    3.142'
>>> format(100.7, '9.3f')
'  100.700'
```

如你所见，若想将数字放置在按小数点对齐的列中，则可以使用定点数格式。

之前提到过，5.8 节将讨论 *spec* 的完整语法，该语法可以在全局 **format** 函数和 **format** 方法中使用。

5.5 format 方法介绍

要想进行全面的格式控制，可以使用 **format** 方法。该方法具有全局 **format** 函数的所有功能。由于它能够处理多个输出字段，因此更加灵活。

我们回到本章开始时提到的例子。假设有三个整数变量（a、b 和 c），并且希望将其输出为如下所示的句子：

```
25 plus 75 equals 100.
```

format 方法使用一种自然、易读的方式来生成此输出字符串。

```
print('{} plus {} equals {}.'.format(25, 75, 100))
```

格式字符串中的每个大花括号 {}，都需要用对应参数的字符串进行填充。

format_specifying_str.**format**(*args*)

下面我们对上面的语法进行分解。在该表达式中，*format_specifying_str*（或叫"格式字符串"）中的所有输出字段之外的文本会被直接略过，而输出字段（用"{}"表示）使用 *args* 参数的值依次填充。

如果你要输出数据对象，而不关心格式的问题，则只需在每个参数两边使用一对大括号（{}）即可。字符串、整数以及其他数据类型都可以正常输出。下面是一个例子：

```
fss = '{} said, I want {} slices of {}.'

name = 'Pythagoras'
pi = 3.141592
print(fss.format(name, 2, pi))
```

以上语句会输出：

```
Pythagoras said, I want 2 slices of 3.141592.
```

args 的值可以是常数，也可以由变量提供（例如上面的 name 和 pi）。

这里的花括号是特殊字符。要输出花括号，请使用 {{ 和 }}。请看下面例子：

```
print('Set = {{{}, {}}}'.format(1, 2))
```

其输出为：

```
Set = {1, 2}
```

这个例子有点不好理解，下面的例子可能会更好理解一些。请记住，使用双开大括号 **{{** 和双闭大括号 **}}** 会输出大花括号 { 和 }。

```
fss = 'Set = {{ {}, {}, {} }}'
print(fss.format(15, 35, 25))
```

其输出为：

```
Set = { 15, 35, 25 }
```

当然，只要行内空间足够，也可以将所有内容放在一起：

```
print('Set = {{ {}, {}, {} }}'.format(15, 35, 25))
```

以上两个例子的输出相同。请记住，每对大花括号定义一个输出字段，在输出时会用一个参数对其进行填充，但是 **{{** 和 **}}** 配合使用会输出大花括号本身。

5.6 　根据 position（名称或索引）引用参数

> { [*position*][!**r**|**s**|**a**][: *spec*] }

以上是 **format** 方法格式化字符串中输出字段的语法，方括号表示可选项目。第二项表示感叹号后只能跟 **r**、**s**、**a** 三个字符中的一个。后面会讨论该语法。

spec 是一系列比较复杂的格式化参数。本章从 5.8 节开始重点介绍 *spec* 中可能用到的字段。

上面语法最简单的使用方法是只使用一个单独的 *position* 指示符。

> { *position* }

position 字段使用数字或名称来指示所引用的参数。使用 *position* 字段可以不按顺序引用参数。

position 字段的内容可以是数字索引或参数名称：

> *pos_index* | *pos_name*

下面我们来看看它们的使用方法。当 *position* 字段使用数字索引时，输出字段将使用 **format** 方法参数列表中与索引相同的参数来填充（索引从零开始）。当 *position* 字段使用名称时，将使用参数列表中与参数名称匹配的参数填充。我们首先看使用数字索引的情况，这种方法比较容易理解。

关于 **format** 方法参数的一般规则是：

✱ 当调用 **format** 方法时，提供的参数数量至少要与格式化字符串中的输出字段一样多，除非部分参数被重复使用（如本节末尾所示）。如果提供的参数多于输出字段的数量，则多余的参数将被忽略。

考虑以下输出语句：

```
print('{}; {}; {}!'.format(10, 20, 30))
```

它会输出：

```
10; 20; 30!
```

可以在 *position* 字段中使用常数来输出反向的参数。由于它们是从 0 开始的索引，所以每个参数的索引分别为 0、1、2。

```
print('The items are {2}, {1}, {0}.'.format(10, 20, 30))
```

该语句会输出：

```
The items are 30, 20, 10.
```

还可以使用从零开始的索引来引用多余的参数。在该例中，提供的参数比输出字段多。具体看这个例子：

```
fss = 'The items are {3}, {1}, {0}.'
print(fss.format(10, 20, 30, 40))
```

该语句输出：

```
The items are 40, 20, 10.
```

需要注意的是，引用超出索引范围的参数会引发错误。在此示例中，有 4 个参数，因此它们的索引分别为 0、1、2 和 3。这里引用的索引没有超出范围。

也可以根据参数名称将输出字段与参数匹配。下面是一个例子：

```
fss = 'a equals {a}, b equals{b}, c equals {c}.'
print(fss.format(a=10, c=100, b=50))
```

这个例子输出：

```
a equals 10, b equals 50, c equals 100.
```

还可以使用 *position* 字段重复输出参数值。下面是一个例子：

```
print('{0}, {0}, {1}, {1}'.format(100, 200))
```

这个例子会输出：

```
100, 100, 200, 200
```

position 字段有一个高级特性，该特性有时对于某些应用程序很有用，即通过更改格式字符串本身，可以更改要包含在输出字符串中的参数的某些部分。

例如，{0[0]:}表示"选择第一个参数的第一个元素"，{0[1]:}表示"选择第一个参数的第二个元素"，等等。

下面是一个更完整的示例。请记住，索引从 0 开始。

```
>>> a_list = [100, 200, 300]
>>> '{0[1]:}, {0[2]:}'.format(a_list)
'200, 300'
```

该用法也适用于用名称做 *position* 索引的情况。

```
>>> '{a[1]:}, {a[2]:}'.format(a=a_list)
'200, 300'
```

那么，使用 *position* 控制输出参数的意义是什么呢？许多应用程序可能永远用不到这个技术，但是它使你能够根据需要使用格式字符串对参数进行重新排序。例如，在翻译的时候可以根据语言的语法对关键信息进行重新排序。

举一个日语的例子，如下所示：

```
if current_lang == 'JPN':
    fss = '{0}はいつ{2}の{1}と会うのだろうか？'
else:
    fss = "When will {0} meet {1} at {2}'s?"
print(fss.format('Fred', 'Sam', 'Joe'))
```

根据 current_lang 的值，以上语句可能会输出以下内容：

```
When will Fred meet Sam at Joe's?
```

或者输出以下内容。为了符合日语的语法，以下几个名字的位置有所变化。

```
Fredはいつ Joe の Sam と会うのだろうか？
```

5.7 repr 转换与 str 转换

在 Python 中，每个类型最多可以具有两个不同的字符串表示形式。这似乎有些多，但这偶尔还是有用的。因为 Python 是一门解释性语言。

本节讨论 **str** 转换和 **repr** 转换之间的区别。但是，这里讨论的知识同样适用于 **str** 和 **repr** 的其他用法，例如 **%s** 和 **%r** 格式说明符。

应用 **str** 转换，会返回与 **print** 函数输出结果等效的字符串。

```
print(10)          # 输出 10
print(str(10))     # 也输出 10
```

但是对于某些类型的数据，存在单独的 **repr** 转换，其与 **str** 转换不同。**repr** 转换将数据对象转换为源代码中的规范表示形式，即 Python 程序代码的形式。

这里有一个例子：

```
print(repr(10))    # 也输出 10
```

本例输出的内容没有不同。但是应用到字符串上的两个函数会存在差异。字符串在内存中存储时不带引号，引号这样的标记是分隔符，通常只出现在源代码中。此外，转义序列（例如 \n 换行符）在存储时会被转换为特殊字符；同样，\n 是源代码中的表示形式，而不是实际存储中的表示形式。

使用下面的这个字符串（test_str）：

```
test_str = 'Here is a \n newline! '
```

直接输出此字符串会看到以下内容：

```
Here is a
 newline!
```

但是将 **repr** 函数应用于字符串，会产生不同的结果。这种操作的本质是"以规范的源代码表示形式显示"。

输出的结果将包括引号，即使它们不是字符串的一部分。**repr** 函数的转换结果中包含引号，是因为它们在 Python 源代码中属于字符串内容的一部分。

```
print(repr(test_str))
```

该语句会输出

```
'Here is a \n newline.'
```

使用 **%s** 和 **%r** 格式说明符和 **format** 方法，可以控制使用哪种形式来输出字符串。不使用 **repr** 函数输出的字符串与直接输出的结果相同。这是一个例子：

```
>>> print('{}'.format(test_str))
Here is a
 newline!
```

使用 **!r** 修饰符会调用 **repr** 函数，即会使用 **repr** 函数来进行数据格式化。

```
>>> print('{!r}'.format(test_str))
'Here is a \n newline! '
```

!r 修饰符与 **position** 字段可以组合使用，它们之间不会相互影响。你能看出下面的示例做些什么吗？

```
>>> print('{1!r} loves {0!r}'.format('Joanie', 'ChaCha'))
'ChaCha' loves 'Joanie'
```

在这种情况下，花括号内的格式字符串会做两件事。首先，它们使用 *position* 字段来反转引用参数"Joanie"和"ChaCha"；然后使用 **!r** 修饰符输出两个名字的 Python 代码标准格式（带字符串引号）。

注释 ▶ 通常可以使用 !s 和 !r 的地方，也可以使用 !a 修饰符。使用它的效果与 !s 类似，但仅返回 ASCII 字符串。

◀ Note

5.8 format 函数 / 方法的 spec 字段

本节讨论的所有内容都适用于全局 **format** 函数和 **format** 方法，但本章中的大多数示例都假定使用 **format** 方法。

spec 字段的语法是 **format** 函数 / 方法中最复杂的部分。语法中的每个部分都是可选的，但如果使用它们，则必须遵守以下的顺序（方括号表示这些项目都是可选的）。

$$[[fill]align][sign][\#][0][width][,][.prec][type]$$

这些选项大部分都是彼此独立的。Python 根据位置和上下文来解析每一项内容。例如，如果要使用 *prec*（精度），则一定要将其放在小数点（.）之后。

从示例可以看出，只有将 *spec* 与 **format** 方法一起使用时，才使用花括号和冒号。只使用 **format** 函数时，不需要使用花括号和冒号。下面是一个例子：

```
s = format(32.3, '<+08.3f')
```

5.8.1 输出字段的宽度

spec 中最常用的选项之一是输出字段的宽度 *width*，它是一个整数，意思是输出文本显示在此宽度的字段中。如果文本的宽度小于此宽度，则默认情况下会用空格进行填充，以达到指定宽度。

放置位置： 从前面所示的语法可以看到，*width* 应位于 *spec* 语法的中间。当将其与 **format** 方法一起使用时，*width* 始终放在冒号（:）后面，其他 *spec* 语法也是如此。

下面的示例显示 *width* 如何影响两个数字（777 和 999）的输出格式。该示例使用星号（*）来帮助说明输出字段的开始和结束位置，这些星号只用于指示输出字段在输入字符串中的位置。

```
n1, n2 = 777, 999
```

```
print('**{:10}**{:2}**'.format(n1, n2))
```

会输出：

```
**       777**999**
```

数字 777 在 *width* 为 10 的输出字段中为右对齐。因为在默认情况下数字数据遵循右对齐规则，而字符串数据采用左对齐规则。

数字 999 的长度超过了为之设定的输出字段的宽度（2），因此直接按原样输出，不执行截断。

width 选项通常用于设置表格格式。例如，假设你要输出一个整数的表格，并希望将表格中的内容按如下方式对齐：

```
  10
2001
   2
  55
 144
2525
1984
```

输出一个这样的表格很容易。只需在 **format** 方法中指定比最大数字更大的输出字段即可。由于表格数据为数字类型，因此默认情况下它们遵循右对齐的规则。

```
'{:5}'.format(n)
```

输出字段宽度 *width* 可以与大多数其他选项一起使用。例如，可以将上一节中的"ChaCha loves Joanie"示例修改为：

```
fss = '{1!r:10} loves {0!r:10}!!'
print(fss.format('Joanie', 'ChaCha'))
```

这样将会输出：

```
'ChaCha'   loves 'Joanie'  !!
```

这里的输出与先前的输出相似，但是这里将两个输出字段的宽度均设置为10。请记住，*width* 选项必须出现在冒号的右边；否则它将被看作 position 编号。

5.8.2 文本对齐：fill 和 align 字符

fill 和 *align* 字符也是可选的，但是只有在 *align* 字符出现时才可使用 *fill* 字符。

关键语法

```
[[fill]align]
```

放置位置：这两项（如果它们在输出字段规范中出现）应该放在语法中所有其他部分之前，包括 *width*。下面是一个包含 *fill*、*align* 和 *width* 字符的示例：

```
{:->24}
```

下面这个例子在代码中使用此规范：

```
print('{:->24}'.format('Hey Bill G, pick me!'))
```

这样会输出：

```
----Hey Bill G, pick me!
```

我们来看一下输出字段规范 `{:->24}` 中的各个部分。下面是此规范的分解说明。

▶ 当使用 **format** 方法（而不是全局 **format** 函数）时，冒号（:）是输出字段规范中的第一项。

▶ 在冒号之后，跟随一个 *fill* 和一个 *align* 字符。在这里，减号（-）是 *fill* 字符，*align* 字符 ">" 表示右对齐。

▶ 指定填充和对齐方式后，将输出字段宽度 *width* 设置为 24。

由于要输出的自变量（'Hey Bill G, pick me!'）的宽度为 20 个字符，但输出字段的宽度为 24 个字符，所以使用了 4 个填充字符（这里是减号 - ）来填充。

fill 字符可以是大括号以外的任何字符。请注意，如果要用 0 填充数字，也可以使用 5.8.4 节中介绍的 `'0'` 说明符。

align 字符必须是表 5.3 中列出的 4 个之一。

表 5.3　格式中使用的 align 字符

align 字符	含义
<	左对齐。这是字符串数据的默认设置
>	右对齐。这是数字数据的默认设置
^	将文本放在输出字段的居中位置（当文本不能完美居中时，稍微偏左对齐）
=	将所有填充字符放在符号字符（+ 或 –）和要输出的数字中间。该字符仅对数字数据有效

只有在 *fill* 字符之后有 *align* 字符（<、>、^ 或 =）时，*fill* 字符（或称

为填充字符）才可以被识别。

```
print('{:>7}'.format('Tom'))    # 输出 '    Tom'
print('{:@>7}'.format('Lady'))  # 输出 '@@@Lady'
print('{:*>7}'.format('Bill'))  # 输出 '***Bill'
```

在上面的第一个示例中，未指定 *fill* 字符，因此使用默认值空格填充输出字段。在第二个和第三个示例中使用连字号（**@**）和星号（*****）来填充输出字段。

如果改为使用 **<** 来指定左对齐，则会在右侧放置填充字符（注意，左对齐是字符串的默认对齐方式）。将前面的示例进行如下修改：

```
print('{:<7}'.format('Tom'))    # 输出 'Tom    '
print('{:@<7}'.format('Lady'))  # 输出 'Lady@@@'
print('{:*<7}'.format('Bill'))  # 输出 'Bill***'
```

接下来的几个示例演示了如何使用 **^** 来使数据居中对齐。填充字符会出现在输出文本的两边。

```
fss = '{:^10}Jones'
print(fss.format('Tom'))    # 输出 '   Tom    Jones'
fss = '{:@^10}'
print(fss.format('Lady'))   # 输出 '@@@Lady@@@'
fss = '{:*^10}'
print(fss.format('Bill'))   # 输出 '***Bill***'
```

下面的示例使用 **=** 来指定符号字符（**+** 或 **-**）和数字数据之间的填充。第二个例子使用 **0** 作为填充字符。

```
print('{:=8}'.format(-1250))   # 输出 '-   1250'
print('{:0=8}'.format(-1250))  # 输出 '-0001250'
```

注释 ▶ 请记住，这里 *spec* 语法的所有示例也适用于全局 **format** 函数。但是，与 **format** 方法相反，**format** 函数不使用花括号来创建多个输出字段，它每次只能对一个输出字段进行格式化。

这里有一个示例：

```
print(format('Lady', '@<7'))    # 输出 'Lady@@@'
```

5.8.3 符号字符 sign

符号字符 *sign*（通常是加号 +）用于确定在输出数字字段时是否输出加号或减号。

放置位置：*sign* 符号字符跟在 *fill* 和 *align* 字符之后，但在 *spec* 的其他选项之前。需要注意，它放在 *width* 之前。表 5.4 列出了 *sign* 符号的可能取值。

表 5.4　format 方法的 sign 字符

字符	含义
+	在非负数前输出加号（+）；在负数前输出减号（−）
-	仅输出负数的负号。该符号为默认值
（空格）	对于非负数，在符号位输出一个空格；对于负数，照常输出负号。这可以使数字在表格中排列整齐

下面这个简单的示例说明了 *sign* 符号字符的用法。

```
print('results>{: },{:+},{:-}'.format(25, 25, 25))
```

该示例输出：

```
results> 25,+25,25
```

请注意，尽管 25 是非负数，但在输出的第一个 25 前面还有一个额外的空格。然而，如果为输出字段指定了确定的宽度（这里没有指定宽度），则该字符不会产生任何效果。

下面示例将三种格式应用于三个负值（−25）。

```
print('results>{: },{:+},{:-}'.format(-25, -25, -25))
```

本例输出以下内容，这说明输出负数时始终要输出负号。

```
results>-25,-25,-25
```

5.8.4　前导 "0" 字符

该选项可以为数字对象指定填充字符，它指定使用数字字符 "0" 代替空格。尽管可以通过指定 *align* 和 *fill* 字符来达到类似的效果，但使用前导 "0" 字符可以使代码更简洁。

放置位置：如果使用此字符，则应放在 *width* 选项之前。这相当于在 *width* 选项中添加了前导 "0"。

例如，以下语句的作用是，当输出的文本宽度小于输出字段宽度时输出前导 "0"。

```
i, j = 125, 25156
print('{:07}  {:010}.'.format(i, j))
```

输出为：

```
0000125  0000025156.
```

下面是另外一个示例：

```
print('{:08}'.format(375))  # 输出 00000375
```

通过使用 *fill* 和 *align* 字符可以达到相同的结果，但是由于不能在未指定 *align* 的情况下指定 *fill*，因此使用前导 "0" 方法会稍微方便一些。

```
fss = '{:0>7}  {:0>10}'
```

尽管这两种方法（指定 0 为 *fill* 字符和使用前导 "0" 字符）通常在效果上是相同的，但是在某些情况下，这两种方法会产生不同的结果。*fill* 字符不作为数字对象本身的一部分，因此不受逗号的影响，下一节中会介绍这个特点。

同时使用前导 "0" 和 *sign* 字符（加号 / 减号），它们会相互影响。如果你尝试以下操作，则会发现加号（+）的输出位置有所不同。

```
print('{:0>+10} {:+010}'.format(25, 25))
```

输出为：

```
0000000+25 +000000025
```

5.8.5 千位分隔符

format 方法一个最有用的功能就是可以在输出数字时使用千位分隔符。你会经常看到下面的输出吗？

```
The US owes 21035786433031 dollars.
```

这到底是多少？我们很难直接看出数字是多少的。

如果按照以下方式输出此数字可读性会更高：虽然数字还是很大，但是如果你对数字有一点了解，就会知道这不是 21 百万（million）或 21 十亿（billion），而且是 21 万亿。

```
The US owes 21,035,786,433,031 dollars.
```

放置位置：千位分隔符，放置在 *width* 选项之后，*precision* 选项之前（如果有）。千位分隔符是除 *precision* 和 *type* 之外的最后一项。

可以参考 5.8.1 节开头给出的语法。

以下示例使用 {:,} 输出字段。这是一个在输出字段冒号的右边只使用一个千位分隔符的简单规范。

```
fss1 = 'The USA owes {:,} dollars.'
print(fss1.format(21000000000))
fss2 = 'The sun is {:,} miles away.'
print(fss2.format(93000000))
```

输出为：

```
The USA owes 21,000,000,000,000 dollars.
The sun is 93,000,000 miles away.
```

下面的示例将千位分隔符分别与 *fill* 字符 * 和 *align* 字符 > 结合使用。*width* 为 12。请注意，逗号（,）出现在 *width* 之后，是大括号里的最后一项。

```
n = 4500000
print('The amount on the check was ${:*>12,}'.format(n))
```

输出为：

```
The amount on the check was $***4,500,000
```

输出字段宽度为 12，该宽度包括输出的数字和千位分隔符（共 9 个字符）。因此，此示例使用了三个填充字符将宽度为 12 的输出字段填满，这里的填充字符为星号（*）。美元符号（$）不占用该字段，因为它是文字字符。

如果存在 5.8.4 节中所述的前导"0"字符（与 0 填充字符相对应），则"0"也要用逗号分隔。如以下例子所示：

```
print('The amount is {:011,}'.format(13000))
```

该示例会输出：

```
The amount is 000,013,000
```

在这种情况下，填充的前导"0"也被千位分隔符分组，因为所有的"0"均被视为数字本身的一部分。

将输出字段宽度设置为 12（或 4 的任何倍数）会与千位分隔符产生冲突，因为数字首位的逗号不能作为有效数字的一部分。因此，在这种特殊情况下，Python 在首位逗号前自动添加了一个额外的"0"。

```
n = 13000
print('The amount is {:012,}'.format(n))
```

输出为：

```
The amount is 0,000,013,000
```

但是，如果将"0"指定为 *fill* 字符而不是前导"0"，则"0"不会被视为数字的一部分，也不会参与逗号分组。请注意，此处"0"相对于右对齐（＞）符号的位置，其在 *align* 字符的左侧。

```
print('The amount is {:0>11,}'.format(n))
```

输出为：

```
The amount is 0000013,000
```

5.8.6 精度符号 precision

precision 精度符号主要用于浮点值，不过它也可以用于字符串。它会引起被格式化对象的舍入和截断。精度控制了浮点数小数点右边和左边要输出的最大位数。

在定点数格式（由 *f* 类型说明符指定）下也可以使用 *precision* 精度符号，从而确保始终在小数点右边输出指定的数字位数，让小数点在表格中对齐。

放置位置：精度符号始终放在小数点（.）的右边。它是 *spec* 字段中的倒数第二项，下一节中介绍最后一项类型说明符。

> .precision

下面是一些简单的示例，其中使用 *precision* 精度符号限制输出数字的总位数。

```
pi = 3.14159265
phi = 1.618
fss = '{:.2} + {:.2} = {:.2}'
print(fss.format(pi, phi, pi + phi))
```

以上语句会输出以下结果。请注意，每个数字有两位数字：

```
3.1 + 1.6 = 4.8
```

由于存在舍入误差，结果看起来不精确。输出三位数结果会更精确一些。

```
pi = 3.14159265
phi = 1.618

fss = '{:.3} + {:.3} = {:.3}'
print(fss.format(pi, phi, pi + phi))
```

输出为：

```
3.14 + 1.62 = 4.76
```

在精度受限的情况下，数字的最后一位会被适当舍入。

如果使用 *precision* 以定点数格式输出数字，则可以将 *width* 和 *precision* 一起使用，并指定 **f** 为类型说明符。这是一个例子：

```
fss = '  {:10.3f}\n  {:10.3f}'
print(fss.format(22.1, 1000.007))
```

输出为：

```
    22.100
  1000.007
```

注意这里的排列。在这种情况下（使用 **f** 类型说明符），*precision* 不指定总的输出位数，而仅指定小数点右边的位数（如果需要的话，可以在数字末尾用零进行填充）。

该示例还可以组合使用其他选项，例如千位分隔符，它位于 *width* 之后但在 *precision* 之前。因此，在下面的示例中，逗号紧接在 *width* 字符 10 之后。

```
fss = '  {:10,.3f}\n  {:10,.3f}'
print(fss.format(22333.1, 1000.007))
```

输出为：

```
  22,333.100
   1,000.007
```

将定点数格式说明符 **f**、宽度符号 *width* 和精度符号 *precision* 结合使用可以创建排列整齐的数字列表。下面是一个例子：

```
fss = ' {:10.2f}'
for x in [22.7, 3.1415, 555.5, 29, 1010.013]:
    print(fss.format(x))
```

这个示例会输出：

```
    22.70
     3.14
   555.50
    29.00
  1010.01
```

5.8.7　将 precision 用于字符串格式化

应用于字符串时, *precision* 精度符号可能会导致截断。如果要输出的字符串的长度大于精度指定的位数, 则文本将被截断。下面是一个例子:

```
print('{:.5}'.format('Superannuated.'))   # 输出 'Super'
print('{:.5}'.format('Excellent!'))        # 输出 'Excel'
print('{:.5}'.format('Sam'))               # 输出 'Sam'
```

如以上示例所示, 如果要输出的字符串短于 *precision* 的指定值, 则其不会产生任何效果。但是下面的示例结合使用了 *fill*、*align*、*width* 和 *precision* 符号。

```
fss = '{:*<6.6}'
```

我们来分析一下这些符号的含义。

▶ *fill* 字符和 *align* 字符分别为 * 和 <。< 符号指定左对齐, 因此, 如果需要, 可以在字符串的右边填充星号。

▶ *width* 的值为 6, 因此长度小于 6 的字符串在左对齐后, 右边会被填充。

▶ *precision* (. 后的字符)也是 6, 因此任何长度超过 6 个字符的字符串都将被截断。

我们将此格式应用于多个字符串, 如下所示:

```
print(fss.format('Tom'))
print(fss.format('Mike'))
print(fss.format('Rodney'))
print(fss.format('Hannibal'))
print(fss.format('Mortimer'))
```

使用全局 **format** 函数可以很容易地编写这些语句。上面示例中的格式字符串为 '{:*<6.6}', 注意它们的相同点和不同点。

```
print(format('Tom', '*<6.6'))
print(format('Mike', '*<6.6'))
print(format('Rodney', '*<6.6'))
print(format('Hannibal', '*<6.6'))
print(format('Mortimer', '*<6.6'))
```

以上两个示例的输出均为:

```
Tom***
Mike**
```

```
Rodney
Hannib
Mortim
```

width 和 *precision* 指定的值不必相同。例如，以下指定 *width* 为 5，因此任何长度小于 5 的字符串将被填充；但指定 *precision* 为 10，因此任何长度大于 10 的字符串都会被截断。

```
fss = '{:*<5.10}'
```

5.8.8　类型说明符 type

spec 语法中的最后一项是 *type* 类型说明符，它决定 Python 要按照哪种规则处理格式化的数据。类型说明符仅有一个字符，并且必须是表 5.5 中列出的字符之一。

放置位置：类型说明符是 *spec* 语法中的最后一项。

表 5.5　format 方法支持的 type 类型说明符

type 类型说明符	描述
b	以二进制显示数字
c	将数字转换为 ASCII 码或 Unicode 字符
d	以十进制格式显示数字（默认值）
e	使用指数格式显示浮点数，并使用小写 e（例如 12e + 20）
E	与 e 相同，但使用大写 E，例如 12E + 20
f or F	以定点数格式显示数字
g	使用格式 e 或 f，以较短者为准
G	与 g 相同，但使用大写字母 E
n	以本地格式显示数字。例如，不使用美式格式的 1,200.34，而使用欧洲格式 1.200,34
o	以八进制显示整数（以 8 为底）
x	以十六进制显示整数，使用小写字母表示大于 9 的数字
X	与 x 相同，但十六进制字母使用大写字母
%	将数字显示为百分数：乘以 100，然后在末尾加上百分号（%）

下面 5 节说明类型说明符的用法。

5.8.9 以二进制显示

要输出二进制的整数，可以使用类型说明符 **b**。输出的结果是一系列的 1 和 0。例如，以下语句以二进制形式显示 5、6 和 16：

```
print('{:b} {:b} {:b}'.format(5, 6, 16))
```

该语句输出下面的结果：

```
101  110  10000
```

可以选择使用 **#** 说明符自动插入基数前缀，例如 **0b** 表示二进制。该字符将被放置在 *fill*、*align* 和 *sign* 字符之后，但是在类型说明符之前（也位于 *width* 和 *precision* 之前）。下面是一个示例：

```
print('{:#b}'.format(7))
```

输出为：

```
0b111
```

5.8.10 以八进制和十六进制显示

八进制和十六进制的数字显示由 **o**、**x** 和 **X** 类型说明符指定。后两个字符分别指定十六进制数字中字母为小写和大写。

下面的示例说明了十进制数 63 在每种格式下的显示：

```
print('{:o}, {:x}, {:X}'.format(63, 63, 63))
```

上面代码也可以写成：

```
print('{0:o}, {0:x}, {0:X}'.format(63))
```

两个示例都将输出：

```
77, 3f, 3F
```

同样，也可以使用 **#** 说明符让 **format** 方法自动插入基数前缀，该说明符应在 *fill*、*align* 和 *sign* 字符之后。请看下面例子：

```
print('{0:#o}, {0:#x}, {0:#X}'.format(63))
```

该语句会输出：

```
0o77, 0x3f, 0X3F
```

5.8.11　显示百分数

常见的格式化方法是将数字转换为百分数。例如，将 0.5 显示为 50%，将 1.25 显示为 125%。可以自己编写代码实现这个转换，但是使用 **%** 类型说明符可自动执行该过程。

百分数格式字符（**%**）的作用是，将数据的值乘以 100，然后在后面附加一个百分号。下面是一个例子：

```
print('You own {:%} of the shares.'.format(.517))
```

此示例会输出：

```
You own 51.700000% of the shares.
```

如果将 *precision* 字符与%类型说明符结合使用，则 *precision* 会像往常一样控制小数点右边的位数（乘以 100 之后的数字）。下面是一个示例：

```
print('{:.2%} of {:.2%} of 40...'.format(0.231, 0.5))
```

输出为：

```
23.10% of 50.00% of 40...
```

与定点数格式一样，如果要输出百分数并使它们在表格中对齐，则可以同时指定 *width* 和 *precision* 符号。

5.8.12　二进制表示的例子

format 方法提供了以二进制、八进制或十六进制输出数字的功能。可以将该功能与 **int** 转换函数结合使用，创建同时使用二进制输入和输出的二进制计算器，计算器的输入和输出都由 1 和 0 构成。

下面的示例执行二进制加法，并以十进制和二进制形式显示结果：

```
def calc_binary():
    print('Enter values in binary only!')
    b1 = int(input('Enter b1:'), 2)
    b2 = int(input('Enter b2:'), 2)
    print('Total is: {:#b}'.format(b1 + b2))
    print('{} + {} = {}'.format(b1, b2, b1 + b2))
```

下面是一个会话示例，其中用户输入以粗体显示：

```
>>> calc_binary()
Enter values in binary only!
```

```
Enter b1: 101
Enter b2: 1010
Total is: 0b1111
5 + 10 = 15
```

本示例中的关键语句为：

```
print('Total is: {:#b}'.format(b1 + b2))
```

冒号的右边有两个字符：井号（#）指定结果中包含基数符号 0b；类型说明符 b 指定使用二进制形式输出。

```
'{:#b}'
```

第二行使用简单的输出字段，默认为十进制输出。

```
'{} + {} = {}'
```

5.9 可变长字段

5.3 节介绍了如何在百分号运算符（%）下使用可变长度的输出字段。**format** 方法提供了同样甚至更加灵活的功能。可以将格式说明符语法的任何部分保留下来，留待以后填充。

在 **format** 方法中指定可变参数字段的一般规则是，在输出字段中放置一对嵌套的花括号 {}，替换原来的固定值。然后，**format** 方法扫描格式字符串并执行替换，将嵌套的 {} 替换为参数列表中的相应项。最后，应用指定规则格式化该字符串。

从参数列表中读取要填充的值。

```
>>> 'Here is a num: {:{}.{}}'.format(1.2345, 10, 4)
'Here is a num:      1.234'
```

上面例子的作用和下面的代码相同，首先用数字 10 和 4 代替两组嵌套的花括号，然后进行常规的格式化操作：

```
'Here is a num: {:10.4}'.format(1.2345)
```

由于参数是整数表达式，因此上面的例子也可以写成下面的形式：

```
a, b = 10, 4
'Here is a num: {:{}.{}}'.format(1.2345, a, b)
```

此方法应用参数的方式与使用格式说明符时稍有不同（5.3 节）。

区别在于，当以这种方式使用 format 方法时，数据对象排在参数列表的前面；紧随其后的是对应的格式表达式，即使有多个输出字段也是如此。例如：

```
>>> '{:{}} {:{}}!'.format('Hi', 3, 'there', 7)
'Hi there !'
```

请注意，字符串默认为左对齐。

建议使用位置编号指明参数的顺序。这些数字可使表达式的含义更清晰。以上示例可以修改为以下形式：

```
>>> '{0:{1}} {2:{3}}!'.format('Hi', 3, 'there', 7)
'Hi there !'
```

这里的位置索引 0 和 2 会引用格式参数中的第一个和第三个变量。

同时，位置索引 1 和 3（对应于第二和第四个变量）引用整数表达式 3 和 7，它们为各个字段的宽度参数。

类似地，以下示例使用位置索引来显示数字 3.141592，输出字段宽度为 8，在小数点右边显示 3 位数字。请注意，默认情况下数字是右对齐的。

```
>>> 'Pi is approx. {0:{1}.{2}f}'.format(3.141592, 8, 3)
'Pi is approx.    3.142'
```

8 和 3 都可以用任何整数表达式（包括变量）代替，这一点非常重要。

```
>>> a, b = 8, 3
>>> 'Pi is approx. {0:{1}.{2}f}'.format(3.141592, a, b)
'Pi is approx.    3.142'
```

此示例的效果等同于以下示例：

```
'Pi is approx. {0:8.3f}'.format(3.141592)
```

也可以用名称来引用参数，这样格式的可读性更好。请看下面例子：

```
>>> 'Pi is {pi:{fill}{align}{width}.{prec}f}'.format(
        pi=3.141592, width=8, prec=3, fill='0', align='>')
```

同样，参数的值可以是数字和字符串变量，在代码执行期间可以调整这些值。

总结

Python 提供了三种格式化输出字符串的方法。一种是在显示字符串时使用字符串类格式说明符（**%**）。这些说明符类似于 C 语言中 printf 函数使用的输出字段说明符。

第二种方法是使用 **format** 函数，这种方法不仅可以指定宽度和精度等项，还可以为输出添加千位分隔符和以百分数输出。

第三种方法是使用字符串类的 **format** 方法，它基于全局 **format** 函数，但是提供了同时指定多个输出字段的功能，增加了程序的灵活性。

接下来的两章讲述如何使用正则表达式从更高的层面处理文本。

习题

1 使用第一种格式化方法（**%** 字符串类格式说明符）有什么优点？

2 使用全局 **format** 函数有什么好处？

3 与使用全局 **format** 函数相比，使用字符串类的 **format** 方法有什么优势？

4 **format** 函数和字符串类的 **format** 方法之间有什么关联？

5 问题 4 中的两种方法与各个类的 **__format__** 方法有何关联？

6 至少需要使用格式说明符（**%**）的哪些功能，才能输出浮点数按列排列的表格？

7 至少需要使用 **format** 方法的哪些功能，才能输出浮点数按列排列的表格？

8 举出一个例子说明 **repr** 和 **str** 函数提供了数据的不同表示形式。为什么 **repr** 能输出更多的字符？

9 使用 **format** 方法可以指定零（**0**）作为 fill 字符或数字表达式的前导"0"。这是多余的语法吗？不是的话，请举出至少一个结果可能不同的例子？

10 三种方法中（格式说明符 **%**、全局 **format** 函数和字符串类的 **format** 方法），谁支持宽度可变的输出字段？

推荐项目

1 编写一个十六进制计算器程序，实现输入任意数量的十六进制数字（仅当用户输入一个空字符串时中断输入），再以十六进制数字输出总和。（提示：如第 1 章中所述，**int** 转换可以支持十六进制数的字符串。）

2   编写一个执行以下操作的二维数组程序：以整数形式输入5行，每行5列。然后，通过查看整个集合所需的最大输出宽度（即最大数字的位数），确定表中每个单元格的理想输出宽度。输出宽度应该是统一的，而且应包含表中最长的条目。使用可变长度的输出字段来输出该表。

3   创建一个和上面相同的应用程序，但要使用浮点数。输出的表格中，同列中的数字的小数点对齐。

正则表达式 第 1 部分

越来越多的先进计算机软件能够完成模式识别，比如语言模式或图像识别。本章讨论语言模式识别，即单词和字符模式的识别。尽管我们不能仅凭本章的内容构造一个语言翻译器，但这是一个起点。

这就是正则表达式的用途。正则表达式是我们指定的一种模式，其使用特殊的字符来表示字符、数字和单词的组合。这相当于学习一种新语言，但它是一种相对简单的语言。一旦学会了它，你就可以用很少的代码做很多事情，有时只需要一两条语句就能完成需要编写很多行代码才能完成的任务。

注释 ▶ 正则表达式的语法有多种风格。Python 正则表达式软件包符合 Perl 标准，这是一个先进且灵活的版本。

◀ Note

6.1 正则表达式简介

正则表达式可以很简单，比如用一系列字符来匹配一个单词。例如，以下模式与单词"cat"匹配，这很好理解。

    cat

但是，如果你想匹配更多的单词呢？假设你要匹配以下字母组合：

- 匹配一个"c"字符。

- 匹配任意数量的"a"字符,但至少有一个。

- 匹配一个"t"字符。

下面是一个可以满足这些条件的正则表达式：

> ca+t

对于正则表达式来说，文字字符和特殊字符之间存在很大的区别。文字字符（例如本例中的"c"和"t"）必须完全匹配，否则将匹配失败。大多数字符是文字字符，除非使用特殊字符更改它的含义（转义），否则应假定该字符是文字字符。所有字母和数字本身都是文字字符；但标点符号通常是特殊字符，它们会改变附近字符的含义。

上面的加号（+）就是特殊字符，它不会让正则表达式去匹配加号，而是与前面的字符"a"一起形成一个子表达式，表示"匹配一个或多个'a'字符"。

因此，模式 ca+t 可以匹配以下字符串：

> cat
>
> caat
>
> caaat
>
> caaaat

如果想匹配加号怎么办？在这种情况下，可以使用反斜杠（\）将字符转义。转义字符的功能之一是，将特殊字符变回原含义的文本字符。

以下正则表达式与字符串"ca+t"完全匹配：

> ca\+t

另一个重要的运算符是星号（*），其表示"零个或多个前面的表达式（字符）"。表达式 cat*t 可以匹配以下字符串：

> ct
>
> cat
>
> caat
>
> caaaaaat

请注意，该模式可以匹配到字符串"ct"。但务必注意，星号是一种表达式修饰符，不可单独使用。请看下面的规则。

> ***** 星号（*）会立即修改前面表达式的含义，因此 a 与 * 结合使用会匹配零个或多个"a"字符。

我们可以将上面的正则表达式分解，如图 6.1 所示。文字字符"c"和"t"分别匹配对应的单个字符，但是"a*"构成一个子表达式，表示"匹配零个或多个'a'"。

图 6.1 解析一个简单的表达式

前面介绍的加号修饰符（+）的工作方式与 * 类似。加号和其前面的字符或子表达式结合，表示"匹配此表达式的一个或多个实例"。

6.2 实用案例：电话号码

假设你要编写电话号码[1]的验证函数。你可能会想到以下模式，其中 # 代表一个数字：

###-###-####

根据正则表达式的语法，可以按以下形式来编写模式：

\d\d\d-\d\d\d-\d\d\d\d

这里的反斜杠（\）继续充当转义字符，但此处的作用不是使"d"变成文字字符，而是让它具有特殊含义。

子表达式 \d 表示匹配任何一位数字字符。另一种表示一位数字字符的方法是使用以下子表达式：

[0-9]

相比于以上表达式需要 5 个字符，\d 只有两个字符，更加简洁。

下面是一个完整的 Python 程序，其中包含了一个用于验证电话号码的正则表达式模式：

```python
import re
pattern = r'\d\d\d-\d\d\d-\d\d\d\d'

s = input('Enter tel. number: ')
if re.match(pattern, s):
    print('Number accepted.')
```

---

1 译者注：美国的电话号码是 10 位

```
        else:
            print('Incorrect format.')
```

该示例做的第一件事是导入正则表达式软件包。对于使用正则表达式功能的每个模块（源文件），只需导入一次。

```
import re
```

接下来，该示例指定正则表达式的模式，用原始字符串（raw string）进行编码。对于原始字符串，Python 不会翻译其中的任何字符。它不会将 \n 翻译成换行符，也不会将 \b 转换成响铃。原始字符串中的所有文本会直接被传递给正则表达式的评估程序。

```
r'string'   或
r"string"
```

提示用户输入后，程序将调用 **match** 函数，函数调用（**re.match**）需要使用限定符，因为它是从 **re** 软件包导入的。

```
re.match(pattern, s)
```

如果 **pattern** 参数与目标字符串（**s**）匹配，则该函数返回一个 match 对象；否则返回 **None**，**None** 可以被转换为布尔值 **False**。

因此，可以将返回的值当作布尔值使用。如果匹配，则返回 **True**；否则，返回 **False**。

注释 ▶ 如果你忘记写上 **r**（原始字符串指示符），该示例仍然有效，但是如果在指定正则表达式模式时使用 **r**，代码就更加可靠。Python 字符串的解释方式和 C/C++ 字符串的解释方式并不完全相同。在这些语言中，除非使用原始字符串，否则每个反斜杠都会被当作特殊字符（C++ 的最新版本也支持原始字符串）。对于 Python，某些子表达式（例如 \n）具有特殊含义，但是其他的反斜杠不会被特殊处理。

由于 Python 有时会按字面意思解释反斜杠字符，有时又不会，所以结果可能是不可靠的。比较安全的策略是始终将 **r** 放在正则表达式的前面。

◀ Note

6.3 改进匹配模式

尽管 6.2 节中介绍的电话号码示例代码可以工作，但其仍有一些局限性。每当正则表达式的模式与目标字符串的开头匹配时，**re.match** 函数都会返回

True，它不必匹配整个字符串。因此，该代码可以匹配到下面的电话号码：

```
555-123-5000
```

但也可以匹配到下面的数字字符串：

```
555-345-5000000
```

如果希望完全匹配，即使整个字符串与所给模式匹配，则可以添加特殊字符 $ ，它表示"字符串结尾"。该字符会使程序在检测到超出模式的文本时宣告匹配失败。

```
pattern = r'\d\d\d-\d\d\d-\d\d\d\d$'
```

还需要使用其他方法来完善正则表达式模式。例如，希望输入匹配以下两种格式：

```
555-123-5000
555 123 5000
```

为了匹配这两种格式，需要创建一个字符集，字符集允许在特定位置使用多个可能的值。例如，以下表达式可以匹配"a"或"b"，但不能两者同时匹配：

```
[ab]
```

可以在一个字符集中放置多个字符。但是一次只能匹配一个字符。例如，以下表达式表示只匹配一个字符：可以是"a""b""c"或"d"中的任意一个。

```
[abcd]
```

同样，以下表达式表示可以匹配一个空格或一个负号（-），这正是我们想要的效果：

```
[ -]
```

这里的方括号是特殊字符。方括号里面的两个字符是文字字符，但你最多只能匹配其中一个。负号（-）出现在方括号内通常具有特殊含义，但当它出现在方括号内字符串的开头或结尾时不具有特殊含义。

下面是我们需要的正则表达式：

```
pattern = r'\d\d\d[ -]\d\d\d[ -]\d\d\d\d$'
```

现在，在代码中使用改进的模式，完整的代码如下：

```
import re
pattern = r'\d\d\d[ -]\d\d\d[ -]\d\d\d\d$'
```

```
s = input('Enter tel. number: ')
if re.match(pattern, s):
    print('Number accepted.')
else:
    print('Incorrect format.')
```

我们来回顾一下，给定以上正则表达式模式后，模式匹配程序所做的工作。

▶ 首先尝试匹配三个数字：\d\d\d。

▶ 然后，读取字符集 [-] 并尝试匹配一个空格或负号。

▶ 再次尝试匹配三个数字：\d\d\d。

▶ 再次尝试匹配一个空格或负号。

▶ 再次尝试匹配四个数字：\d\d\d\d。

▶ 匹配字符串结尾 $。这意味着在匹配完上面四个数字后，目标字符串中不能再有任何其他字符。

另一种执行完全匹配（匹配结束后不能有多余数据）的方法是使用 **re.fullmatch** 替代 **re.match**。可以使用以下语句来匹配电话号码格式。这里不再需要使用特殊字符 $ 指示字符串结尾。

```
import re

pattern = r'\d\d\d[ -]\d\d\d[ -]\d\d\d\d'

s = input('Enter tel. number: ')
if re.fullmatch(pattern, s):
    print('Number accepted.')
else:
    print('Incorrect format.')
```

到目前为止，本章仅介绍了正则表达式可以做什么。6.5 节将详细解释正则表达式的语法。在学习这种语法时，要牢记一些原则。

▶ 很多字符被置于正则表达式模式中时，具有特殊含义。我们应该熟悉这些字符。这些字符包括大多数标点符号，例如 **+** 和 *****。

▶ 任何对 Python 正则表达式解释器没有特殊含义的字符都被视为文字字符，正则表达式解释器会尝试完全匹配它们。

▶ 反斜杠符号（\）可用于 "转义" 特殊字符, 使它们成为普通的文字字符。反斜杠也可以为某些普通字符添加特殊含义, 例如, 使 \d 表示"任何数字"而不是一个"d"字符。

起初这可能会令人困惑。如果一个字符（例如 *）本身是特殊字符, 则转义该字符（在其前面加反斜杠）会取消它的特殊含义。但是对于文字字符, 转义字符会赋予它特殊的含义。这有些复杂, 但是你看过很多例子后, 就比较容易理解了。

这里有一个简短的程序, 用于测试社会保障号码的有效性。与检查电话号码的格式的方式相似, 但有一些区别。此模式会检查三位数字, 一个负号, 两位数字, 再一个负号, 然后是四位数字。

```
import re

pattern = r'\d\d\d-\d\d-\d\d\d\d$'

s = input('Enter SSN: ')
if re.match(pattern, s):
    print('Number accepted.')
else:
    print('Incorrect format.')
```

6.4　正则表达式是如何工作的：编译与运行

正则表达式看起来很神奇, 但事实上正则表达式的实现是计算机科学中的一个（比较高级的）标准任务。执行正则表达式有两个主要的步骤。

▶ 分析正则表达式的模式, 然后将其编译为一系列数据结构, 这些数据结构统称为状态机。

▶ 与上一步的 "编译时"（compile time）相对应, 正则表达式解释器的实际匹配过程被视为 "运行时"（run time）。在运行时, 程序通过遍历状态机来寻找匹配项。

除非你准备自己编程实现一个正则表达式软件包, 否则不必了解如何创建这些状态机, 只需了解它们的作用即可。重要的是要理解编译时与运行时之间的区别。

这里再举一个简单的例子。修饰符 + 表示 "匹配前一个表达式的一个或多个实例", 修饰符 * 表示 "匹配前一个表达式的零个或多个实例"。例如：

ca*b

匹配"cb"以及"cab""caab""caaab"等。此正则表达式被编译后，将生成图 6.2 所示的状态机。

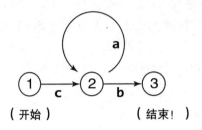

图 6.2 编译 ca*b 后得到的状态机

下面描述了程序如何在运行时遍历此状态机以查找匹配项。状态 1 是起点。

▶ 读取一个字符，如果是"c"，则机器进入状态 2。读取到其他任何字符都会导致匹配失败。

▶ 从状态 2 开始，可以读取"a"或"b"。如果读取到"a"，则机器保持在状态 2，它可以执行任意次这个操作。如果读取到"b"，则机器进入状态 3。读取到其他任何字符都会导致匹配失败。

▶ 如果机器进入状态 3，则表示完成，并且报告匹配成功。

这个状态机说明了一些基本原理。重要的是，必须编译模式得到状态机，然后在运行时对其进行遍历。

注释 ▶ 本章中讲述的状态机为 DFA（确定性有限自动机），而 Python 实际上使用 NFA（非确定性有限自动机）。除非你自己实现正则表达式解释器，否则这对你没有任何影响。

因此，如果不需要自己实现正则表达式解释器，你可以忽略 DFA 和 NFA 之间的区别！

◀ Note

需要记住以下几点：如果要多次使用相同的正则表达式模式，则最好将该模式编译为一个正则表达式对象，然后重复使用该对象。为此，regex 软件包提供了名为 **compile** 的方法。

regex_object_name = **re.compile**(*pattern*)

下面是一个使用 **compile** 方法创建 **reg1** 正则表达式对象的完整示例：

```
import re
reg1 = re.compile(r'ca*b$')   # 编译正则表达式模式
def test_item(s):
    if re.match(reg1, s):
        print(s, 'is a match.')
    else:
        print(s, 'is not a match!')
test_item('caab')
test_item('caaxxb')
```

该程序输出以下内容：

```
caab is a match.
caaxxb is not a match!
```

正则表达式的模式不一定进行编译。但是，如果要多次使用同一个正则表达式模式，提前编译可以节省执行时间，否则 Python 可能需要多次构建同一个状态机。

为了比较，图 6.3 显示了一个状态机，其实现了加号（+）特殊字符，+ 字符在正则表达式中表示"一个或多个"。

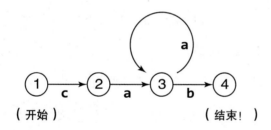

图 6.3　编译 ca+b 后得到的状态机

在这种模式下，"cb"不能被成功匹配，但是"cab""caab"和"caaab"可以被成功匹配。该状态机需要至少读到一个"a"，之后再匹配任意数量的"a"。

另一个基本运算符是"或运算符"（|）。

以下模式或运算符两侧的子表达式都可以匹配。那么以下正则表达式的含义是什么呢？

```
ax|yz
```

运算符 | 的优先级是最低的。因此，此表达式可以匹配"ax"和"yz"，但不匹配"axyz"。如果不使用任何括号，则该表达式的含义和下面表达式相同：

(ax)|(yz)

图 6.4 显示了实现此表达式的状态机。

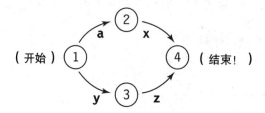

图 6.4　编译 (ax)|(yz) 后得到的状态机

现在考虑以下表达式，该表达式使用括号更改了求值顺序。使用这些括号，可以将或运算符的含义解释为 "x 或 y"。

a(x|y)z

括号和 | 符号都是特殊字符（运算符）。图 6.5 显示了编译表达式 a(x|y)z 得到的状态机。

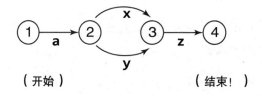

图 6.5　编译 a(x|y)z 后得到的状态机

此表达式的行为与以下表达式相同。在下面的表达式中使用字符集，而不是或运算法：

a[xy]z

或运算符 | 和字符集 [] 之间的区别是什么呢？字符集总是匹配一个字符（当然它可能是更复杂的模式的一部分）；或运算符可能涉及比单个字符更长的字符串。例如，以下模式可以完全匹配 "cat" 或 "dog"，但不匹配 "catdog"：

cat|dog

6.5　忽略大小写和其他功能标志

当编译或直接解释正则表达式的模式时（通过调用诸如 **re.match** 之类的函数），可以通过一系列正则表达式标志组合来影响程序的行为。**re.IGNORECASE**

即是一个常用标志。例如，以下代码会输出"Success."。

```
if re.match('m*ack', 'Mack the Knife', re.IGNORECASE):
    print ('Success.')
```

模式 m*ack 与单词"Mack"匹配，因为后面的标志告诉 Python 可以忽略字母的大小写。

以下代码执行了相同的操作，因为它使用 **IGNORECASE** 标志的缩写 **I**，**re.IGNORECASE** 和 **re.I** 表示同一个功能标志。

```
if re.match('m*ack', 'Mack the Knife', re.I):
    print ('Success.')
```

可以使用二进制或运算符（|）组合这些正则表达式功能标志。且可以同时使用 **I** 和 **DEBUG** 标志，代码如下：

```
if re.match('m*ack', 'Mack the Knife', re.I | re.DEBUG):
    print ('Success.')
```

表 6.1 总结了在执行正则表达式搜索、匹配、编译等操作时可配合使用的功能标志。

表 6.1　正则表达式功能标志

标志	缩写	说明
ASCII	**A**	ASCII 模式
IGNORECASE	**I**	所有搜索和匹配均不区分大小写
DEBUG		在 IDLE 中执行操作时，将输出调试信息
LOCALE	**L**	使字母数字字符、单词边界和数字匹配，遵循当前的本地化设置
MULTILINE	**M**	多行模式，使特殊字符 ^ 和 $ 匹配行首和行尾以及字符串的开头和结尾
DOTALL	**S**	使点运算符（.）匹配所有字符，包括行尾标志符（\n）
UNICODE	**U**	使用 UNICODE 格式匹配字母数字字符、单词边界和数字
VERBOSE	**X**	冗长模式，忽略模式中的空格，除非其是字符类的一部分。这样可以在代码中编写更漂亮的表达式

6.6　正则表达式：基本语法摘要

　　学习正则表达式语法有点像学习一门新语言。但是一旦学会了，便可以创建各种各样的模式。正则表达式的功能很强大，它有以下几个主要部分。

▶ **元字符**：这些元字符是用于指定特殊字符或字符集的工具，例如 "任何数字" 或 "任何字母和数字"。元字符一次可以匹配一个字符。

▶ **字符集**：字符集也是一次匹配一个字符，字符集中给出了一组可以被匹配的值。

▶ **表达式量词**：使用这些修饰符可以组合各个单个字符（包括通配符），将它们重复任意次数，组合为表达式模式。

▶ **组**：可以使用括号将较小的表达式组合为大的表达式。

6.6.1　元字符

　　表 6.2 中列出了元字符，其中包括可以与一组字符中的任何字符匹配的通配符。例如，一个点运算符（.）可以匹配任何一个字符（但有一些限制）。

　　这些元字符一次匹配一个字符。6.6.3 节将讲解如何匹配可变数量的字符。通配符与量词的组合提供了很大的灵活性。

　　元字符不仅包括表中列出的这些，还包括标准的转义字符，例如，\t（制表符）、\n（换行符）、\r（回车符）、\f（换页符）和 \v（垂直制表符）。

表 6.2　正则表达式中的元字符

特殊字符	名字 / 描述
.	点运算符。匹配除换行符以外的任何一个字符。如果启用 **DOTALL** 标志，它将匹配任何字符
^	插入符号。匹配字符串的开头。如果启用 **MULTILINE** 标志，则它也匹配行的开头（即换行符之后的任何字符）
$	匹配字符串的结尾。如果启用 **MULTILINE** 标志，则它也匹配行尾（换行符或字符串末尾的最后一个字符）
\A	匹配字符串的开头
\b	匹配词边界。例如，**r'ish\b'** 匹配 **'ish is'** 和 **'ish)'**，但不匹配 **'ishmael'**
\B	匹配非词边界。仅当表达式不是单词边界时才匹配。例如，**r'al\B'** 匹配 **'always'**，但不匹配 **'al'**
\d	匹配任何数字字符。包括数字字符 0 ~ 9。如果设置了 **UNICODE** 标志，则还包括归类为数字的 Unicode 字符

续表

特殊字符	名字 / 描述
\s	匹配任何空白字符。可以是空格或以下标准转义字符：**\t**、**\n**、**\r**、**\f** 或 **\v**。**UNICODE** 和 **LOCALE** 标志可能会影响空白符的匹配判定
\S	匹配除上面定义的空白符外的任何字符
\w	匹配任何字母、数字字符（字母或数字）或下画线（**_**）。**UNICODE** 和 **LOCALE** 标志可能会影响被视为字母或数字的字符
\W	匹配除上面定义的字母和数字字符外的任何字符
\z	匹配字符串的结尾

例如，以下正则表达式模式匹配以两位数字开头的任何字符串：

    r'\d\d'

下面的示例匹配由两位数字组成，且除此之外没有其他内容的字符串：

    r'\d\d$'

6.6.2　字符集

Python 正则表达式的字符集可以对要匹配的字符进行更好的控制。

    [*char_set*]　// 匹配字符集中的任何一个字符
    [^*char_set*]　// 匹配不在字符集中的任何一个字符

可以通过直接列出字符或者使用范围（在后面会介绍）来指定字符集。例如，以下表达式会匹配任何元音字母：

    [aeiou]

以下正则表达式模式：

    r'c[aeiou]t'

会匹配以下任何一个字符串：

    cat
    cet
    cit
    cot
    cut

可以将字符集与其他运算符（例如 +）结合使用，运算符保留其原有的含义。所以考虑模式：

```
c[aeiou]+t
```

其会匹配到以下任何字符串，也可以匹配许多其他的字符串：

```
cat
ciot
ciiaaet
caaauuuut
ceeit
```

如果负号（-）出现在字符集内的两个字符之间，则表示指定两个字符范围内的字符。否则，负号将被视为普通文字字符。

例如，以下字符集匹配从小写字母"a"到小写字母"n"范围内的任何字符：

```
[a-n]
```

因此，该字符集匹配从"a"到"n"的字符。如果启用了 **IGNORECASE** 标志，则也匹配这些字母的大写版本。

以下字符集与任何大写或小写的字母或数字匹配。但是，与"\w"不同，此字符集不能与下画线（_）匹配。

```
[A-Za-z0-9]
```

以下字符集与任何十六进制数字匹配：0 ~ 9 的数字或"A"~"F"的大写或小写字母。

```
[A-Fa-f0-9]
```

字符集遵守以下特殊规则。

▶ 除非特别提及，否则方括号（[]）中的几乎所有字符都失去其特殊含义。因此，所有内容都被解释为文字字符。

▶ 右方括号有特殊含义，它用来终止字符集。因此，要想按文字字符解释右括号，必须使用反斜杠将其转义："\]"。

▶ 负号（-）若不是出现在字符集的开头或结尾，则具有特殊含义。出现在字符集的开头或结尾时，它将被解释为普通的负号。同样，插入符号（^）在字符集的开头具有特殊含义，但在其他地方则没有特殊含义。

▶ 要想匹配反斜杠（\）字符，必须要将它进行转义，使用"\\"代表反斜杠。

例如，在字符集外，算术运算符 + 和 * 具有特殊含义。但是，它们在方括号内就失去了特殊含义，因此可以指定一个与以下任一字符匹配的字符集：

```
[+*/-]
```

此字符集中包括负号（-），但它在这里没有特殊含义，因为它出现在字符集的末尾而不是中间。

以下字符集使用插入符号来匹配4个运算符（+、*、/或-）之外的任何字符。插入符号在此处具有特殊含义，因为它出现在开始位置。

```
[^+*/-]
```

但是下面的字符集（将插入符号 ^ 放在不同的位置）会与5个运算符（^、+、*、/或-）匹配。

```
[+*^/-]
```

因此，以下 Python 代码在运行时输出 "Success!"

```python
import re
if re.match(r'[+*^/-]', '^'):
    print('Success!')
```

以下 Python 代码不会输出 "Success!"，因为字符集开头的插入符号会反转字符集的含义。

```python
import re
if re.match(r'[^+*^/-]', '^'):
    print('Success!')
```

6.6.3 模式量词

表 6.3 中列出的所有量词都是表达式修饰符。6.6.4 节详细讨论了 "贪婪" 匹配的含义。

表 6.3 正则表达式量词（贪婪模式）

语法	说明
*expr**	更改表达式 *expr* 的含义，让其进行零次或多次匹配。例如，a* 匹配 "a" "aa" 和 "aaa"，以及一个空字符串
expr+	更改表达式 *expr* 的含义，让其匹配一次或多次。例如，a+ 匹配 "a" "aa" 和 "aaa"
expr?	更改表达式 *expr* 的含义，让其匹配零次或一次。例如，a? 匹配 "a" 或空字符串
expr1|*expr2*	或匹配。匹配出现一次的 *expr1* 或出现一次的 *expr2* 表达式，但不能两者都匹配。例如，a|b 匹配 "a" 或 "b"。请注意，此运算符的优先级非常低，因此 cat|dog 匹配 "cat" 或 "dog"

语法	说明
expr{*n*}	修改表达式，让其精确匹配出现的 *expr* *n* 次。例如，a{3} 匹配 "aaa"；sa{3}d 匹配 "saaad"，但不匹配 "saaaaaad"。
expr{*m, n*}	匹配表达式 *expr* *m* 次到 *n* 次。例如，x{2,4}y 匹配 "xxy" "xxxy" 和 "xxxxy"，但不匹配 "xxxxxxy" 或 "xy"
expr{*m,*}	匹配表达式 *expr* 最少 *m* 次，没有匹配次数的上限。例如，x{3,} 可以匹配 "xxx"。它也可以匹配 3 次以上。例如，zx(3,)y 可以匹配 "zxxxxxy"
expr{*,n*}	匹配表达式 *expr* 0 次到 *n* 次。例如，ca{,2}t 匹配 "ct" "cat" 和 "caat"，但不匹配 "caaat"
(*expr*)	正则表达式在匹配时将所有 *expr* 视为一个组。这样做有两个主要目的。首先，量词适用于紧接其前的表达式；但是如果该表达式是一个组，则量词将作用于整个组。例如，(ab)+ 匹配 "ab" "abab" "ababab" 等。其次，可以在后续的匹配和文本替换中引用组
\n	指先前已经匹配到的内容。它指向运行时实际找到的文本，而不是模式本身。\1 代表第一组，\2 代表第二组，依此类推

表 6.3 中倒数第二个量词使用括号创建组。分组会极大地影响模式的含义。将项目放在括号中会创建带标签的组，以供后面引用。

这些数字量词的使用使得某些表达式更容易实现，或者至少更紧凑。考虑前面介绍的电话号码验证模式：

> r'\d\d\d-\d\d\d-\d\d\d\d'

该模式可以被修改为：

> r'\d{3}-\d{3}-\d{4}'

这样节省了一些输入操作，在其他情况下可能会节省更多操作。使用这些特性可以创建更具可读性和易于维护的代码。

括号除了可以使模式表达更清晰，还有其他的作用。但其最重要的作用是指定组，组又会影响模式的解析方式。例如，考虑以下两种模式：

```
pat1 = r'cab+'
pat2 = r'c(ab)+'
```

第一个模式与以下任何拥有重复 "b" 的字符串匹配：

```
cab
cabb
cabbb
cabbbb
```

但是第二种模式, 由于 "ab" 为一组字符, 因此其与以下任何重复 "ab" 的字符串匹配:

cab

cabab

cababab

cabababab

这里的组非常重要。图 6.6 显示了组在 Python 正则表达式模式中的含义。本例中的组为 "ab"。

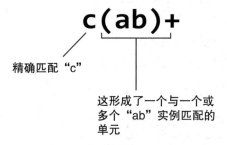

图 6.6 解析正则表达式中的组

6.6.4 回溯、贪婪和非贪婪

Python 正则表达式在细节的控制上也很灵活。即使在某些情况下需要使用回溯技术, 正则表达式程序也总是尽可能地去匹配一个模式。

考虑下面的示例:

```python
import re
pat = r'c.*t'
if re.match(pat, 'cat'):
    print('Success!')
```

请问模式 c.*t 是否与目标字符串 "cat" 匹配? 应该是匹配的, 难道不是吗? 因为 "c" 将匹配 "c", "t" 将匹配 "t", 并且模式 ".*" 表示 "匹配任意数量的字符"。因此, 它应该与 "cat" 匹配。

稍等, 我们再来思考一下 .* 模式, 上面的模式是不是应该执行以下操作呢?

▶ 首先匹配 "c"。

▶ 模式 ".*" 将匹配所有其余的字符(即 "at")。

▶ 然后到达字符串的结尾。正则表达式程序继续尝试匹配"t"，但不能匹配成功，因为它现在位于字符串的末尾。结果看起来应该是匹配失败了。

幸运的是，正则表达式程序要比上面说的复杂得多。如果无法成功匹配字符串，它将回溯并尝试为 .* 匹配更少的字符。回溯一个字符后，它发现模式与目标字符串"cat"正好可以匹配。

这里的关键是，正则表达式语法具有灵活性，可以正确匹配它能够匹配的任何模式，即使它会回溯。

但是有一个问题，量词是贪婪还是非贪婪的？ Python 正则表达式中的所有模式都遵循以下规则：只要有任何可能的匹配就宣告匹配成功，即使需要回溯。但是遵循该规则有时可能会有多个结果。所以"贪婪与非贪婪"是一个问题，即存在多个可能字符串时选择哪个字符串。

第 7 章深入探讨了该问题，并给出了非贪婪的量词。

6.7　一个实用的正则表达式案例

本节在一个实际案例中应用上述的各项技术。假设你接到一项编写验证密码安全性程序的任务。

我们这里不谈论密码加密，那是另一个话题。我们要在接受密码之前，测试它是否具有足够的强度。

许多年前，一些软件可以接受任何不少于一个字符的单词作为密码。事实证明，这种密码很容易被破解。如今，只有难破解的密码才被系统接受。否则，系统会提示用户重新输入。一般包括以下标准：

▶ 每个字符都必须是大写或小写字母、数字或下画线(_)，或以下标点字符之一: @、#、$、%、^、&、* 或 !。

▶ 最小长度为 8 个字符。

▶ 必须至少包含一个字母。

▶ 必须至少包含一个数字。

▶ 必须包含一个可接受的标点符号。

假设你要编写以上这些测试。如果你会使用正则表达式，那么这项工作很容易完成。

以下验证函数会执行必要的测试。我们可以通过使用 4 个模式并对每个模式执行 **re.match** 函数来测试这 5 个规则。

```
import re

    pat1 = r'(\w|[@#$%^&*!]){8,}$'
    pat2 = r'.*\d'
    pat3 = r'.*[a-zA-Z]'
    pat4 = r'.*[@#$%^$*]'

    def verify_passwd(s):
        b = (re.match(pat1, s) and re.match(pat2, s) and
            re.match(pat3, s) and re.match(pat4, s))
        return bool(b)
```

verify_passwd 函数将 4 个不同的匹配条件应用于目标字符串 s。使用 4 个不同的模式 pat1 ~ pat4 分别调用 **re.match** 函数。如果所有 4 个匹配均成功，则结果为"true"。

第一个模式接受字母、字符、下画线或 @ # $% ^ & *! 范围内的任何字符，然后需要匹配 8 个或更多这样的字符。

\w 元字符表示匹配任何字母数字字符。因此，将其与括号内的表达式放在一起时，表示匹配字母数字字符或列出的标点字符之一。

(\w|[@#$%^&*!]){8,}

我们来分解一下上述表达式。在括号内，我们找到以下表达式：

\w|[@#$%^&*!]

这里使用了或运算符，由竖线 | 表示。该子模式表示，匹配 \w 或集合 [@ # $%^&*!] 中的任一字符。

方括号内的字符失去了它们原有的特殊含义。因此，以上集合内的所有字符均按字面意思解释，而不按特殊字符解释，即它们都是普通文字字符。

将 \w 与括号内的表达式放在一起，含义是：匹配字母数字字符（\w）或列出的标点字符之一。模式的下一部分 {8,} 说明了前面的操作至少要执行 8 次。

因此，我们会匹配到 8 个或更多字符，其中每个字符都是字母数字或给定的标点字符之一。

最后，还有一个字符串结尾指示符 $。所以，匹配过的字符串后面不能有任何内容，空格也不可以。附加一个行尾符号 $，意思是读取该字符串的最后一个字符后立即停止匹配。

```
(\w|[@#$%^&*!]){8,}$
```

使用 **re.match** 函数进行接下来的测试，每个测试使用不同的正则表达式模式，来检查字符串中是否存在某种字符。例如，pat2 会匹配任意数量的任何字符（.*），然后再匹配一个数字。作为正则表达式模式，它表示"匹配零个或多个字符，然后匹配一个数字。"

```
.*\d
```

下一个模式 pat3 会在匹配零个或多个任意字符（.*）之后，匹配一个大写或小写字母。

```
.*[a-zA-Z]
```

最后一个模式 pat4 会在匹配零个或多个字符后，再匹配 @#$%^$*! 范围内的字符之一。

```
.*[@#$%^$*!]
```

该模式检查密码字符串中是否包含以下各项：字母、数字和标点符号，每种必须至少有一个。当然，具有多于一个的任意字符（数字、字母、下画线、标点符号）也是可以的。

6.8　使用 match 对象

如果 **re.match** 函数匹配成功，则返回一个 **match** 对象；如果匹配失败，则返回特殊对象 **None**。到目前为止，我们一直将该返回值（**match** 对象或 **None**）用作布尔值（true/false），这在 Python 中是一种有效的用法。

不过也可以使用返回的 **match** 对象来获取有关匹配结果的更多信息。例如，可以使用括号将正则表达式模式分组。**match** 对象可用于确定每个组中子表达式匹配到的文本。

请看以下代码：

```python
import re
pat = r'(a+)(b+)(c+)'
m = re.match(pat, 'abbcccee')
print(m.group(0))
print(m.group(1))
print(m.group(2))
print(m.group(3))
```

以上代码输出以下内容：

```
abbccc
a
bb
ccc
```

从本示例可以看到，**group** 方法会返回全部或部分匹配的文本。

▶ **group(0)** 返回正则表达式匹配的整个文本。

▶ **group(n)**（n 从 1 开始）返回正则表达式模式中各组匹配到的值。第一组用 **group(1)** 进行访问，第二组用 **group(2)** 进行访问，依此类推。

match 对象还有一个属性是 **lastindex**。这是一个整数，指在匹配过程中找到的分组的数量。因此，可以使用更通用的循环来编写前面的示例。

```python
import re
pat = r'(a+)(b+)(c+)'
m = re.match(pat, 'abbcccee')
for i in range(m.lastindex + 1):
    print(i, '. ', m.group(i), sep='')
```

本示例产生以下输出：

```
0. abbccc
1. a
2. bb
3. ccc
```

在此示例的代码中，必须将 m.lastindex 加 1。这是因为 **range** 函数会生成一个从 0 开始直到参数值（但不包括参数值）的迭代器。而这里的分组编号为 1、2、3，因此 **range** 的范围需要扩展到 3，所以要将范围值加 1。

表 6.4 总结了 **match** 对象的属性。

表 6.4 match 对象的属性

语法	描述
group(n)	返回指定组匹配到的文本，第一组以 1 开始。默认值为 0，它返回整个正则表达式匹配到的字符串文本
groups()	返回一个元组，其中包含匹配文本内的所有组，从组 1（第一个子组）开始
groupdict()	返回由所有已命名组组成的字典，格式为 *name:text*

续表

语法	描述
start(n)	返回目标字符串内 n 所指组匹配的起始位置。字符串中位置从零开始，但是组编号从 1 开始，因此 start(1) 返回的是第一组的起始字符串索引。start(0) 返回所有匹配文本的起始字符串索引
end(n)	与 start(n) 相似，不同之处在于 end(n) 获得整个目标字符串的结束位置。在此字符串中，文本由目标字符串中的所有字符组成，从 start 索引开始，一直到 end 索引（不包括）。例如，起始值和结束值为 0 和 3，表示匹配到前三个字符
span(n)	返回由 start(n) 和 end(n) 提供的开始位置和结束位置信息，但以元组形式返回
lastindex	组中最大的索引

6.9 在字符串中搜索模式

前面我们了解了基本正则表达式的语法。我们可以以多种方式来使用这些语法。实际上，我们已经使用过这些语法进行模式的匹配。

正则表达式的另一种基本用法是搜索：不要求匹配整个字符串，而只要求匹配部分字符串。本节重点介绍查找与模式相匹配的第一个子字符串。**re.search** 函数执行此任务。

```
match_obj = re.search(pattern, target_string, flags=0)
```

在上面的语法中，*pattern* 可以是包含正则表达式模式的字符串，也可以是预先编译的正则表达式对象。*target_string* 是要搜索的字符串。*flags* 参数是可选的，默认值为 0。

如果匹配成功，该函数返回一个 **match** 对象，否则返回 **None**。此函数的工作方式接近于 **re.match** 函数，只是它不需要在字符串的开头就进行匹配。

例如，以下代码查找第一个出现的至少具有两个数字的子字符串。

```
import re
m = re.search(r'\d{2,}', '1 set of 23 owls, 999 doves.')
print('"', m.group(), '" found at ', m.span(), sep='')
```

这里 pattern 指定了一个简单的模式：两个或多个数字。使用本章前面介绍的特殊字符，可以很容易地以正则表达式语法表示此模式：

```
\d{2,}
```

其余代码使用了 **search** 函数返回的 **match** 对象，并将该对象赋给变量 m。如 6.8 节中所述，使用 **match** 对象的 **group** 和 **span** 方法，可以获得有关匹配内容及匹配位置的信息。

本示例会输出以下内容：

```
"23" found at (9, 11)
```

这个例子成功报告了通过搜索找到的子字符串"23"：m.groupp() 生成了与之匹配的子字符串"23"，而 m.spanp() 生成了目标字符串中匹配内容的开始和结束位置元组 (9, 11)。

同样，起始位置是目标字符串中从零开始的索引，因此值 9 表示从第 10 个字符开始找到了子字符串。子字符串包括从起始索引到结束位置（不包括）的所有字符。

6.10　迭代搜索 findall

最常见的搜索任务是，找到与特定模式匹配的所有子字符串。这很容易，因为有一个这样的函数，它会生成一个 Python 列表。

```
list = re.findall(pattern, target_string, flags=0)
```

在该语法中，*pattern* 是正则表达式字符串或预编译对象，*target_string* 是要搜索的字符串，*flag* 参数是可选的。

re.findall 函数的返回值是一个字符串列表，其中的每个字符串都是找到的子字符串之一。这些字符串按被找到的先后顺序返回。

正则表达式的搜索不会重叠。这意味着一旦找到字符串"12345"，就不会再搜索"2345"、"345"、"45"等子字符串。此外，本章中所有的量词都是"贪婪"的，每次都会找到一个尽可能长的字符串。

举一个例子应该有助于理解。我们继续使用上一节中的例子：搜索字符串中出现的所有数字字符串，而不是仅搜索第一个。另外，还要寻找至少包含一个数字的字符串。

```
import re
s = '1 set of 23 owls, 999 doves.'
print(re.findall(r'\d+', s))
```

以上例子输出以下字符串列表:

```
['1', '23', '999']
```

这是我们想要的结果。由于搜索是不重叠而且贪婪的,因此每个数字都会被读取,且只读取一次。

如果要提取一个数字字符串,该字符串内可包含千位分隔符(在美国命名法中为逗号)、小数点或两者都有,该怎么办?最简单的方法是指定第一个字符必须是数字,它的后面可以跟另一个数字、千位分隔符(,)或小数点(.),并指定该字符(数字、逗号或小数点)可以出现零次或多次。

```
import re
s = 'What is 1,000.5 times 3 times 2,000?'
print(re.findall(r'\d[0-9,.]*', s))
```

本示例输出以下列表:

```
['1,000.5', '3', '2,000']
```

请记住其中用到的正则表达式模式:

```
\d[0-9,.]*
```

该表达式的含义是"匹配一个数字(\d),后跟 [0-9,.] 范围内的任何字符,匹配零次或多次都可以"。

再举一个例子。假设我们要查找所有长度为 6 个字符或更长的单词。下面是实现该查找的代码:

```
s = 'I do not use sophisticated, multisyllabic words!'
print(re.findall(r'\w{6,}', s))
```

该示例输出以下列表:

```
['sophisticated', 'multisyllabic']
```

这里的正则表达式模式为:

```
\w{6,}
```

特殊字符 \w 与任意字符匹配:字母、数字或下画线。因此,该模式匹配至少 6 个字符长的任何单词。

最后,我们来编写一个对 3.12 节中介绍的逆波兰表示法计算器有用的函数。我们希望将输入细分为字符串列表,并分开识别运算符(+、*、/、-)与数字。换句话说,假设有如下输入:

```
12 15+3 100-*
```

我们希望将 12、15、3、100 和三个运算符（+、- 和 *）识别为单独的子字符串或标记。"12"和"15"之间的空格是必要的，但运算符两边不需要多余的空格。一个简单的解决方案是使用 **re.findall** 函数。

```
import re
s = '12 15+3 100-*'
print(re.findall(r'[+*/-]|\w+', s))
```

该示例输出以下内容：

```
['12', '15', '+', '3', '100', '-', '*']
```

这正是我们想要的结果。

这个示例的设计很巧妙。如 6.6.2 节中所述，负号（-）在方括号中具有特殊含义，除非它出现在字符集的开始或结尾。本例中的负号位于字符集的末尾，因此将按字符来解释它。

```
[+*/-]|\w+
```

该模式表示的是："首先，尽可能匹配 4 个运算符之一（+、*、/ 或 -）。失败的话，尝试读取一个单词，该单词是一个或多个"\w"字符组成的序列，这些字符中的每一个都是数字、字母或下画线(_)。"在这种情况下，字符串"12"、"15"、"3"和"100"均被读取为单词。

但是表达式中同时使用了或运算符和加号（|和+）。它们的优先级如何呢？答案是 | 优先级最低，因此该表达式的意思是，匹配一个运算符或匹配任意个数字字符。这就是为什么返回值是：

```
['12', '15', '+', '3', '100', '-', '*']
```

这些子字符串中的每一个都包含一个运算符或一个单词：对于单词，在读取到空格或运算符时结束读取（因为 \w 不能匹配空格和运算符）。

6.11　findall 函数和分组问题

re.findall 函数有一个怪异之处，就是尽管它用起来很有效，但有时也产生令人沮丧和无法预料的结果。

正则表达式语法中很有用的一个工具就是分组。例如，以下正则表达式模式会捕获标准美式格式（包括千位分隔符，）数字的所有实例：

```
num_pat = r'\d{1,3}(,\d{3})*(\.\d*)?'
```

此模式试图匹配以下内容：

▶ 一组 1 ~ 3 位数的数字，该组必须出现。

▶ 一组以逗号 (,) 开头，后跟一个 3 位数的字符串，该组字符可以出现零次或多次。

▶ 一组以小数点 (.) 开头，后接零个或多个数字的字符串，该组是可选的。

可以使用此模式来匹配有效的数字字符串，例如以下的任意一项：

```
10.5
5,005
12,333,444.0007
```

但是，当使用此模式搜索所有出现的数字时，就会出现问题。当给 **re.findall** 函数提供一个包含括号组的正则表达式模式时，它将返回一个元组列表，其中每个元组都包含在该子组中找到的所有文本。

这里有一个例子：

```
pat = r'\d{1,3}(,\d{3})*(\.\d*)?'
print(re.findall(pat, '12,000 monkeys and 55.5 cats.'))
```

以上语句输出以下内容：

```
[(',000', ''), ('', '.5')]
```

但这不是我们想要的！

什么地方出了问题？这里的问题在于，如果在搜索字符串中使用分组，则 **findall** 函数会返回一个列表，其中包含在每个匹配的字符串中找到的组，而不是返回与整体模式匹配的字符串。

因此，在这种情况下，得到的结果是错误的。

为了获得所需的结果，可按以下步骤来做：

1 将整个表达式放在括号中，作为一个分组。

2 输出表达式 item[0]。

以下是实现此解决方案的代码：

```
pat = r'(\d{1,3}(,\d{3})*(\.\d*)?)'
lst = re.findall(pat, '12,000 monkeys on 55.5 cats.')
for item in lst:
```

```
print(item[0])
```

其输出结果为：

```
12,000
55.5
```

这是我们想要的结果。

6.12　搜索重复模式

最复杂的模式涉及对标记组（*tagged groups*）的引用。当括号内的模式获得匹配时，正则表达式会记录实际匹配的字符，并通过标记该组（即匹配的实际字符）来记住它们。

举一个例子可以更好地理解。作家常犯的一个错误是单词重复。例如，会将"the"错误地写成"the the"，或者将"it"写成"it it"。

下面是一个检查重复单词的正则表达式模式：

```
(\w+) \1
```

此模式会匹配一个或多个"w"字符（字母、数字或下画线），然后是一个空格，之后是前面字符串的重复。

此模式不会与以下内容匹配：

```
the dog
```

尽管"the"和"dog"都符合单词标准（\w+），但第二个单词与第一个单词并不相同。"the"一词已被标记，但其并没有重复。

以下内容与我们的模式匹配，因为它重复了标记的子字符串"the"：

```
the the
```

下面的示例展示了上述正则表达式模式在程序中的应用，它的目标字符串中包含了"the the"。

```
import re
s = 'The cow jumped over the the moon.'
m = re.search(r'(\w+) \1', s)
print(m.group(), '...found at', m.span())
```

运行该代码会输出以下内容：

```
the the ...found at (20, 27)
```

以下模式表示，"匹配由一个或多个字母或数字组成的单词。标记它们为一个组，然后匹配一个空格，之后再匹配重复出现的已标记的组"。

```
(\w+) \1
```

下面是另一个使用相同模式的示例，但匹配的是"of of"字符串。

```
s = 'The United States of of America.'
m = re.search(r'(\w+) \1', s)
print(m.group(), '...found at', m.span())
```

本示例输出以下结果：

```
of of ...found at (18, 23)
```

与所有其他正则表达式匹配和搜索一样，Python 可以很容易实现不区分字母大小写的字符串匹配，这在某些情况中很有用。考虑以下文本字符串：

```
s = 'The the cow jumped over the the moon.'
```

我们如何进行搜索以匹配到此句子开头的重复单词呢？只需要指定 **re.IGNORECASE** 或 **re.I** 标志就可以做到：

```
m = re.search(r'(\w+) \1', s, flags=re.I)
print(m.group(), '...found at', m.span())
```

本示例输出：

```
The the ...found at (0, 7)
```

re.search 函数返回第一个成功匹配到的项。

6.13 文本替换

本章要介绍的另一个工具是文本替换。有时我们希望将所有出现的模式替换为另一种模式。这一般都会涉及组标记，如上一节所述。

re.sub 函数执行文本替换功能。

```
re.sub(find_pattern, repl, target_str, count=0, flags=0)
```

在此语法中，*find_pattern* 是要查找的模式，*repl* 是要替换的字符串，而 *target_str* 是要搜索的字符串。最后两个参数都是可选的。

返回值是一个新的字符串，该字符串由替换后的字符串组成。

下面是一个简单的示例，它将每次出现的"dog"替换为"cat"：

```
import re
s = 'Get me a new dog to befriend my dog.'
s2 = re.sub('dog', 'cat', s)
print(s2)
```

此示例输出：

```
Get me a new cat to befriend my cat.
```

这个例子很简单，因为它没使用任何正则表达式的特殊字符。我们再看下面这个示例。

```
s = 'The the cow jumped over over the moon.'
s2 = re.sub(r'(\w+) \1', r'\1', s, flags=re.I)
print(s2)
```

其会输出以下字符串，它解决了重复单词的问题。我们看到，由于设置了不区分大小写的标志，句首的重复被修正了。

```
The cow jumped over the moon.
```

在此输出中，"The the"被替换为"The"，"over over"被替换为"over"。该语句之所以有效，是因为正则表达式搜索模式指定了任何重复的单词。搜索模式的原始字符串如下：

```
r'(\w+) \1'
```

下一个字符串是替换字符串，它仅包含对前面模式前半部分的引用。这是一个带标签的字符串，正则表达式程序由此会注意该字符串并将其用作替换字符串。

```
r'\1'
```

本示例说明了一些关键点。

首先，应使用原始字符串作为替换字符串，就像搜索字符串一样。Python字符串处理程序给 \1 赋予了特殊含义。因此，如果你没有将替换文本指定为原始字符串，则使用它不会有任何效果，除非你使用另一种方式指定反斜杠字符，如下所示：

```
\\1
```

但是使用原始字符串更简单。

其次，除非将 *flags* 参数设置为 **re.I**（或 **re.IGNORECASE**），否则对"The the"进行重复单词测试将失败。在此示例中，必须专门指定 *flags* 参数。

```
s2 = re.sub(r'(\w+) \1', r'\1', s, flags=re.I)
```

总结

　　本章探讨了 Python 正则表达式包的基本功能：验证数据输入的格式，搜索与指定模式匹配的字符串，将输入分解为指定字符串，以及执行复杂的搜索和替换操作。

　　学习正则表达式语法就是学习字符集和通配符（它们可以一次匹配一个字符），以及量词（使用量词可以匹配零个、一个或任意数量的一组重复字符）的用法。结合使用这些方法，可以构建复杂的模式。

　　在下一章中，我们将会看到更多有关正则表达式用法的例子，以及非贪婪运算符的用法和建立在 Python 正则表达式软件包上的 Scanner 接口的用法。

习题

1 表达式 x* 可以匹配的最少字符数和最多字符数是多少？

2 解释正则表达式 (ab)c+ 和 a(bc)+ 匹配结果的差别。哪一个模式等同于非限定模式 abc+？

3 在使用正则表达式时，何时需要使用以下语句？

```
import re
```

4 当使用方括号表示字符集时，哪些字符在什么情况下具有特殊含义？

5 编译正则表达式对象有什么好处？

6 re.match 和 re.search 之类函数的返回值——match 对象有哪些用法？

7 使用或运算符（|）和使用字符集（[ ]）有什么区别？

8 为什么说在正则表达式搜索模式中使用原始字符串指示符（r）很重要？在替换字符串中也是吗？

9 替换字符串中的哪些字符（如果有）具有特殊含义？

推荐项目

1 编写一个验证函数，来识别旧格式的电话号码，其中区号（前三位数字）是可选的。（如果省略区号，则表示电话号码是本地电话号码。）

2 编写另一个电话号码验证函数，这次使号码开头的数字"1"可选。但是，请确保只有在区号（前三位数字）存在的情况下号码开头的"1"才可以存在。

3 编写一个程序，输入一个目标字符串，并将其中出现的多个空格（例如连续两个或三个空格）替换为一个空格。

正则表达式，第 2 部分

正则表达式在 Python 中是一个很大的主题，很难在一章中囊括其全部知识。本章将继续探讨 Python 正则表达式的语法要点。

在 Python 中有一个很有用的类 Scanner。它鲜为人知，有关它的介绍也不多。本章的最后两节会详细介绍此类的用法。了解它之后，你会发现它是一个非常有用的工具。这是一个可将特定模式与特定令牌相关联，然后再进行操作的方法。

7.1 正则表达式高级语法摘要

表 7.1 总结了本章要介绍的高级语法。以下各节将更详细地说明它们的工作原理。

表 7.1　高级正则表达式语法

语法	说明
(?:*expr*)	非标记组。将 *expr* 视为一个单元，但不在运行时标记匹配到的字符。该表达式只用于字符匹配，而不会记录匹配到的字符串
expr??	? 运算符的非贪婪版本
expr*?	使用非贪婪模式匹配零个或多个 *expr* 实例（例如，模式 <.*?> 在匹配到第一个右尖括号时终止匹配）
expr+?	使用非贪婪方式来匹配一个或多个 *expr* 实例；如果存在多种有效的匹配方式，则模式会匹配尽可能少的字符
expr{*m*}? *expr*{*m,n*}?	{*m*} 和 {*m,n*} 运算符的非贪婪版本。{*m*} 语法的非贪婪版本与贪婪版本的行为相同，把它放在这里是出于完整性的考虑

续表

语法	说明
`(?=expr)`	正向先行断言。如果 *expr* 与当前位置之后的字符串匹配，则表达式整体匹配成功；否则，表达式匹配失败。与先行断言匹配的字符不会被消除或标记，它们被视为尚未读取，这意味着下一个正则表达式操作可以再次读取它们
`(?!expr)`	负向先行断言。如果 *expr* 与当前位置之后的字符不匹配，则表达式整体匹配成功。这些字符既不被消除，也不被标记，因此它们仍将被下一个正则表达式匹配或搜索操作读取
`(?<=expr)`	正向后行断言。如果当前位置之前的字符可以匹配 *expr*，则表达式整体匹配成功。这里的 *expr* 必须为固定长度。该模式的意思是，重新读取已经处理过的字符，且以这种方式重新读取的字符不会被标记。 例如，给定表达式 `(?<=abc)def`，字符串 abcdef 中的字符 def 可以被匹配，但是 abc 并不是匹配对象的一部分。该模式的意思是，仅当 abc 在 def 之前时匹配 def
`(?<!expr)`	负向后行断言。如果当前位置之前的字符不能匹配 *expr*，则表达式整体匹配成功。这里的 *expr* 必须为固定长度。该模式的意思是，重新读取已经处理过的字符，且以这种方式被重新读取的字符不会被标记
`(?P<name>expr)`	命名组。如果 expr 匹配，则整体表达式匹配成功。匹配成功的字符串会被标记，并被赋予一个名称，在其他表达式中可以使用名称引用它们
`(?P=name)`	匹配命名组。如果字符串与之前匹配成功的命名组相同，则此表达式匹配成功
`(#text)`	注释。该字段可以出现在正则表达式当中，但是会被正则表达式程序忽略

`(?(name)yespat|nopat)`
`(?(name)yespat)`
`(?(id)yespat|nopat)`
`(?(id)yespat)`
	条件匹配。如果命名组先前已出现并成功匹配，则此表达式将尝试匹配 *yes_pat*；否则，它将尝试匹配 *no_pat*。id 是标记组的序号

此表中的 *name* 可以是任何不产生冲突的字符串，但要遵循变量的命名规则。

7.2 非标记组

正则表达式的一种高级操作是，将表达式放入组中而不对其进行标记。很多时候你可能需要将字符分组，但是标记在运行时匹配到的字符组是一项独立的功能，有时你可能只需要使用两个功能中的一个就可以了。

7.2.1 匹配规范数字示例

第 6 章末尾的示例展示了如何创建一个匹配美式规范数字的模式，该模式可以接受千位分隔符，但不接受其他字符。

```
r'\d{1,3}(,\d{3})*(\.\d*)?'
```

如果在表达式结尾加上行尾符号（**$**），则此模式可以正确匹配数字，同时拒绝匹配任何有效数字外的字符串。

```
r'\d{1,3}(,\d{3})*(\.\d*)?$'
```

re.match 函数使用此模式匹配下面的任何字符串都会匹配成功（返回 True）：

```
12,000,330
1,001
0.51
0.99999
```

但是，对于以下任何一项，都不能匹配成功（返回 False）：

```
1,00000
12,,1
0..5.7
```

要在 **re.findall** 函数中使用此正则表达式模式查找多个数字,需要做两件事。

首先，模式必须以单词边界（**\b**）结尾。否则，它会将两个匹配到的数字连在一起，使结果为一个无效的长数字。

```
1,20010
```

上面的数字会被错误地接受，因为在当前模式下，**findall** 函数会先匹配"1,200"，然后匹配"10"。

解决方案是使用 **\b**（词尾元字符）。为了正确匹配，正则表达式必须找到一个单词的结尾符号，可以是空格、标点符号、行尾或字符串结尾符号。

另一个问题是由标记组引起的。对于下面的字符串（包括单词边界），必须使用分组才能表示出所有子模式。

> r'\d{1,3}(,\d{3})*(\.\d*)?\b'

我们分析一下此模式：

- ▶ 子表达式 \d{1,3} 的含义是，"匹配 1 ~ 3 个数字"。

- ▶ 子表达式 (,\d{3})* 表示"逗号后紧跟 3 个数字"。这必须是一个组，因为该表达式整体（而不仅仅是一部分）可以被匹配零次或多次。

- ▶ 子表达式 (\.\d*)? 表示"匹配一个小数点（.），后跟零个或多个数字。然后将整个表达式作为可选匹配项"。该子表达式可以匹配零次或一次，它也必须是一个组。

7.2.2 解决标记问题

在默认情况下，分组会导致在运行时匹配的字符被标记。这通常不是一个问题，但是被标记的字符组会改变 **re.findall** 函数的行为。

第 6 章结尾处给出了一种解决方案：标记整个模式。另一个解决方案是阻止组被标记。

> **(?:*expr*)**

此语法将 *expr* 视为一个单元，但在模式匹配时不标记字符。

另一种对该表达式的解释是：在左边开括号后插入字符 **?:**，从而创建一个不被标记的组。

这种非标记语法在数字识别示例中的工作方式如下：

> pat = r'\d{1,3}(**?:**,\d{3})*(**?:**\.\d*)?\b'

在此示例中以粗体显示了需要插入的字符。模式中的其他内容都是相同的。

现在，在 **re.findall** 函数中可以使用此非标记模式。下面是一个完整的示例。

```
import re
pat = r'\d{1,3}(?:,\d{3})*(?:\.\d*)?\b'
s = '12,000 monkeys on 100 typewriters for 53.12 days.'
lst = re.findall(pat, s)
for item in lst:
    print(item)
```

该示例输出：

```
12,000
100
53.12
```

性能提示　▶如第6章所述，如果要多次搜索或匹配特定的正则表达式模式，则使用 **re.compile** 函数进行编译更加高效。可以使用产生的正则表达式对象代替模式字符串，这样 Python 就不会每次都重新编译模式字符串：

```
regex1 = re.compile(r'\d{1,3}(?:,\d{3})*(?:\.\d*)?\b')
s = '12,000 monkeys on 100 typewriters for 53.12 days.'
lst = re.findall(regex1, s)
```

◀ Performance Tip

7.3　贪婪匹配与非贪婪匹配

正则表达式语法的另一个要点是贪婪与非贪婪匹配的问题。非贪婪匹配也被称为"懒惰匹配"。（在正则表达式的世界里，每个人都是贪婪或懒惰的！）

举一个简单的例子来说明它们之间的差异。假设我们正在 HTML 文本中搜索或匹配，并且正则表达式程序扫描到一行文本，如下所示：

```
the_line = '<h1>This is an HTML heading.</h1>'
```

假设我们要匹配由两个尖括号括起来的文本字符串。尖括号不属于特殊字符，因此可以很容易地构造该正则表达式搜索模式。首先尝试下面模式：

```
pat = r'<.*>'
```

将其放入一个完整的示例中，看看它是否有效。

```
import re
pat = r'<.*>'
the_line = '<h1>This is an HTML heading.</h1>'
m = re.match(pat, the_line)
print(m.group())
```

我们希望输出文本 **</h1>**。但是输出了如下内容：

```
<h1>This is an HTML heading.</h1>
```

如你所见，正则表达式匹配了整行文本！为什么表达式 **<.*>** 与整行文本匹配，而不是仅与前 4 个字符匹配？

原因是星号（*）匹配零个或多个字符，并使用了贪婪而不是非贪婪匹配方式。贪婪匹配的表现是：在存在多种成功匹配文本的方式时，尽可能匹配更多文本。

我们再看一下目标字符串。

```
'<h1>This is an HTML heading.</h1>'
```

搜索模式中的第一个字符是"<"，是一个文字字符，它与目标字符串中的第一个尖括号匹配。其余的表达式的意思是，匹配任意数量的字符，之后匹配右尖括号（>）。

但是有两种有效的方法可以做到这一点。

- 匹配该行的所有字符，然后匹配字符串中的最后一个闭合尖括号（>）（贪婪模式）。

- 匹配两个字符"h1"，然后匹配遇到的第一个右尖括号（>）（非贪婪模式）。

在这里两种匹配都能成功。如果只有一种匹配方式，正则表达式程序将不断尝试，直到找到有效的匹配项为止。但是，当有多个匹配字符串时，贪婪匹配和非贪婪匹配具有不同的效果。

图 7.1 说明了此示例中贪婪匹配如何标记整个文本行。它先与第一个左尖括号匹配，并且直到到达最后一个右尖括号才停止匹配字符。

贪婪模式: <.*>

```
<h1> Here is some text. </h1>
 ↑                          ↑
匹配到第一个字符 ——→ 匹配到最后一个字符
```

图 7.1 贪婪匹配

贪婪匹配的问题是可能匹配比预期更多的字符，至少在此示例中是这样。

图 7.2 说明了非贪婪匹配的工作原理，它仅标记了 4 个字符。与贪婪匹配一样，它先匹配第一个左尖括号；但是一旦遇到一个右尖括号，它就会停止匹配。

非贪婪模式: <.*?>

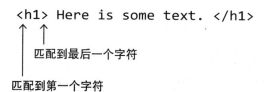

图 7.2 非贪婪匹配

要指定非贪婪匹配，可以在星号或加号后紧跟一个问号。

expr?? # 非贪婪模式：匹配零个或一个实例
expr*? # 非贪婪模式：匹配零个或多个实例
expr+? # 非贪婪模式：匹配一个或多个实例

例如，模式 *expr**? 将匹配零个或多个表达式 *expr* 的实例，但进行非贪婪匹配而不是贪婪匹配。

如果在本例中进行非贪婪匹配，则只匹配 4 个字符而不是整个字符串。正确的模式表达式是：

```
pat = r'<.*?>'
```

请注意星号后的问号。除星号外，其余部分与贪婪匹配模式相同。

这是一个完整的示例：

```
import re
pat = r'<.*?>'        # 进行非贪婪模式匹配
the_line = '<h1>This is an HTML heading.</h1>'
m = re.match(pat, the_line)
print(m.group())
```

此非贪婪匹配示例输出为：

```
<h1>
```

贪婪匹配和非贪婪匹配有什么区别？无论哪种方式，都能匹配字符串成功。但是，在许多情况下，它们会存在差异。在标记和替换文本（例如，使用 **re.sub** 函数）的情况下，最终结果会有很大的不同。此外，在文件中对文本模式进行计数时偶尔也会有差异。

假设你要对 HTML 文本文件中出现的形式为 *<text>* 的标签表达式进行计数。可以通过设置 DOTALL 标志使点元字符（.）匹配行的结尾符号，并使用 **re.findall** 函数扫描所有文本。函数返回的列表的长度为 HTML 文本文件中标记出现的次数。

如果进行贪婪匹配，无论实际上有多少个标签，程序都将报告整个文件中只有一个标签！

下面是一个例子。这里的字符串使用原始字符串（字符串前加"r"）和三引号字符串来表示多行文本文件内容。

```
s = r'''<h1>This is the first heading.</h1>
<h1>This is the second heading.</h1>
<b>This is in bold.</b>'''
```

假设我们要计数这段 HTML 文本中标签的数量。使用 **re.findall** 函数进行非贪婪匹配就可以。

```
pat = r'<.*?>'       # 注意，由于加了 ?，所以这里使用的是非贪婪模式
lst = re.findall(pat, s, flags=re.DOTALL)
print('There are', len(lst), 'tags.')
```

这个示例输出为：

```
There are 6 tags.
```

那么，如果我们使用标准（贪婪）匹配而不是非贪婪匹配，会发生什么？贪婪匹配使用的模式是 <.*>。

```
pat = r'<.*>'        # 注意，这里使用了贪婪模式
lst = re.findall(pat, s, flags=re.DOTALL)
print('There are', len(lst), 'tags.')
```

这个示例输出为：

```
There are 1 tags.
```

这不是我们想要的结果。在贪婪模式下，正则表达式匹配到第一个开括号 "<" 后会继续匹配字符，直到到达最后一个 ">" 为止。

本节的最后一个示例使用非贪婪匹配模式来统计文本文件中的句子数。要统计句子的数量，可以匹配字符和最近的句子结束符号（如句号）。

下面是一个示例字符串，一个文本文件的多个句子。

```
s = '''Here is a single sentence. Here is
another sentence, ending in a period. And
here is yet another.'''
```

在本例中，我们要统计 3 个句子。下面的示例代码可以产生正确的结果，它使用非贪婪模式匹配来搜索句子。（与其他示例一样，新添加的问号用粗体表示，它将贪婪模式匹配转换为非贪婪模式匹配。）

```
pat = r'.*?[.?!]'    # 注意第一个问号，它使用非贪婪模式匹配
lst = re.findall(pat, s, flags=re.DOTALL)
print('There are', len(lst), 'sentences.')
```

这个示例输出为：

```
There are 3 sentences.
```

如果改用贪婪模式匹配，其余代码保持不变，则该示例将报告仅发现了 1 个句子。

正则表达式模式中的第一个问号（**?**）表示使用非贪婪模式匹配。方括号内的问号被解释为文字字符。如第 6 章所述，当把几乎所有的特殊字符放在字符集中时，它们会失去其特殊含义。字符集的语法如下：

　　[*chars*]

注释 ▶ re.**DOTALL** 标志使点元字符（**.**）可以匹配行尾字符（**\n**）。为了使代码更简洁，可以使用该标志的缩写形式：re.**S**。

◀ Note

7.4　先行断言

如果你仔细研究了上一节中的最后的句子计数示例，可能会注意到缩写所带来的问题。并非所有点（**.**）都表示句子的结尾，有些点是缩写的一部分，请看以下例子：

　　The U.S.A. has many people.

这里只有一个句子，但是使用上一节的示例代码会将这段文本划分为 4 个句子。另一个会带来问题的符号是小数点：

　　The U.S.A. has 310.5 million people.

我们需要使用一套新的标准和模式来进行句子的计数。这个模式会使用先行断言，否则无法正确处理句子。

　　(**?=**expr)

正则表达式程序将 *expr* 与当前位置之后的字符进行比较，如果 *expr* 与这些字符匹配，则匹配成功，否则匹配失败。

expr 中的字符不会被标记，也不会被消除。这意味着它们仍将由正则表达式程序再次读取，就好像它们被放回到字符串中一样。

下面是从较长的文本中正确读取句子的条件。

首先，通过查找大写字母开始匹配。然后，如果满足以下条件之一，则使用非贪婪匹配模式来读取，直到遇到句子的结束符号（如句号）。

▶ 该匹配项之后是一个空格，然后是另一个大写字母。

▶ 该匹配项之后是字符串的结尾符号。

如果正则表达式程序扫描到了一个句点，但又不满足以上两个条件，则不应认为已到达句子末尾。该句点可能是缩写的一部分或小数点。我们需要使用先行断言来实现此规则。

正确的正则表达式搜索模式是：

    r'[A-Z].*?[.!?](?= [A-Z]|$)'

这个语法有点复杂，我们将它分解一下。

子表达式 [A-Z] 表示必须首先有一个大写字母。这是我们寻找的句子的第一个字符。

子表达式 .*? 表示"匹配任意数量的字符"。因为问号在 .* 之后，所以使用非贪婪匹配模式，这意味着该匹配会尽快找到结束字符。

字符集 [.!?] 指定句子结束的条件。正则表达式程序遇到这些标记中的任何一个都会暂停，是否结束匹配取决于后面的先行断言条件。请注意，所有这些字符在方括号（字符集）内均失去其特殊含义，并被解释为文字字符。

模式的最后一部分是先行断言条件：(?= [A-Z]|$)。如果不满足此条件，则表明句子不完整，正则表达式程序将继续读取后面的字符。该子表达式表示"此字符之后的那个字符（串）必须由空格后接大写字母或者行尾符，或者字符串末尾符号组成。否则，不能判定到达句子结尾"。

注释▶　在接下来的示例中我们会看到，先行断言寻找行尾符号需要使用 **re.MULTILINE** 标志以保证在所有情况下都能得到正确结果。

◀ Note

句子中的最后一个字符（在这里为标点符号）与先行断言中的字符之间存在很大的差别。后者不会成为句子本身的一部分。

下面这个例子可以说明它的工作原理。考虑以下文本字符串，其可能是从文本文件中读取的数据。

```
s = '''See the U.S.A. today. It's right here, not
 a world away. Average temp. is 66.5.'''
```

使用之前给出的模式（将非贪婪匹配与先行断言结合在一起）搜索该字符串，可以找到每个独立的句子。

```
import re
pat = r'[A-Z].*?[.!?](?= [A-Z]|$)'
m = re.findall(pat, s, flags=re.DOTALL | re.MULTILINE)
```

变量 m 包含找到的句子的列表。使用下面的代码可输出该列表:

```
for i in m:
    print('->', i)
```

输出结果如下:

```
-> See the U.S.A. today.
-> It's right here, not
a world away.
-> Average temp. is 66.5.
```

结果是 3 个句子,和我们预期的一样,尽管其中一个句子包含换行符(当然有办法去掉换行符)。除换行符之外,输出结果和我们期望的结果一致。

现在,我们来回顾一下标志设置 re.DOTALL 和 re.MULTILINE。DOTALL 标志表示"将换行符作为点表达式可以匹配的字符"。MULTILINE 标志表示"使用 $ 符号匹配换行符和字符串结尾符号"。我们设置这两个标志,是为了换行符(\n)同时符合两个条件。如果未设置 MULTILINE 标志,则当句号后立即出现换行符时,模式就无法匹配句子,如下例所示:

```
To be or not to be.
That is the question.
So says the Bard.
```

如果未设置 MULTILINE 标志,则不符合先行断言条件。此处先行断言表达式的意思是,寻找字符串结尾符号或一个空格后跟一个大写字母。该标志使先行断言可以匹配行尾和字符串结尾符号。

如果句子结束的匹配条件不写成先行断言条件,而是正常的正则表达式模式,会发生什么呢?也就是说将正则表达式模式写成下面的形式:

```
r'[A-Z].*?[.!?] [A-Z]|$'
```

除了后面部分未写为先行断言条件,这与之前的模式基本是相同的。

由于最终条件(空格后面跟随一个大写字母)不是一个先行条件,因此它会被视为句子本身的一部分。考虑以下字符串:

```
See the U.S.A. today. It's right here, not
```

如果不使用先行断言,则"It's"中的"I"将作为第一个句子中的一部分被匹配。它不会被放回字符序列中作为第二个句子的开始字符,从而导致查找失败。

有了足够的理论,我们再来尝试一下。

```
pat = r'[A-Z].*?[.!?] [A-Z]|$'
```

```
m = re.findall(pat, s, flags=re.DOTALL)
for i in m:
    print('->', i)
```

此示例没有使用先行断言，它会产生以下结果：

```
-> See the U.S.A. today. I
->
```

在读取第一句话时，应该先看一下后面跟随的空格和大写字母。但是这两个字符（空格和大写字母 I）被视为第一句话的一部分，它们在匹配第一个句子时已被使用，因此程序再次查找句子时不再会读到它们，所以匹配一个句子之后将无法正确读到其他句子。

因此，在某些情况下需要使用先行断言。先行断言可以避免消耗掉你想保留到下一个匹配中的字符。

7.5 使用先行断言检查多个模式

有些问题可能需要检查多个条件。例如，用户输入的字符串可能需要通过一系列测试。只有通过所有测试，数据输入才是有效的。

第 6 章提出了一个测试密码是否足够强大的问题。只有符合所有条件的密码才会被接受。我们再看一下这些条件，合格的密码必须符合以下条件：

▶ 密码位数在 8 ~ 12 个字符之间，其中每个字符都是字母、数字或标点符号。

▶ 至少包含一个字母。

▶ 至少包含一个数字。

▶ 至少包含一个标点符号。

第 6 章中给出的解决方案是通过调用 **re.match** 函数 4 次来测试每种情况，每次都传递一个不同的模式。

尽管该方法是可行的，但我们可以使用先行断言将多个匹配条件放置在同一个模式中，这样做效率更高。这样只需调用一次 **re.match** 函数。我们仍使用密码测试的例子。

首先，我们为 4 个条件中的每一个条件都创建一个正则表达式模式。然后将它们放在一起，创建一个长的模式。

```
pat1 = r'(\w|[!@#$%^&*+-]){8,12}$'
pat2 = r'(?=.*[a-zA-Z])'      # 必须包含一个字母
pat3 = r'(?=.*\d)'            # 必须包含一个数字
pat4 = r'(?=.*[!@#$%^&*+-])'  # 必须包含一个标点符号

pat = pat2 + pat3 + pat4 + pat1
```

除了第一个模式 pat1，其他每个模式都是一个先行断言。在先行断言中，模式尝试匹配字符，但不消耗匹配到的字符。因此，如果我们将 pat2、pat3 和 pat4 放在整个模式的开头，则正则表达式程序将检查所有这些条件。

注释 ▶ 请记住，负号（-）放在方括号内时具有特殊的含义，但如果负号位于字符集的开头或结尾，则不会有特殊含义。因此，此示例使用了负号的字面含义。

◀ Note

将几种模式组合在一起创建了一个较大的模式。现在，我们可以通过调用 **re.match** 函数来测试密码强度：

```
import re
passwd = 'HenryThe5!'
if re.match(pat, passwd):
    print('It passed the test!')
else:
    print('Insufficiently strong password.')
```

运行此示例你会发现，'HenryThe5!' 通过了密码强度的测试，因为该密码中包含字母、数字和标点符号（!）。

7.6 负向先行断言

另一种先行断言是负向先行断言。

先行断言的意思是，仅当当前位置的后续字符与某个子模式匹配时，才将当前的字符视为匹配项；但断言不会消耗预读的字符，它们可以被后续匹配读取。

负向先行断言与正向先行断言执行相同的操作，不同的是，它会检查后续的字符是否不匹配某个子模式。只有不匹配这个子模式，前面的字符才能被成功匹配。

其实负向先行断言没有听起来那么复杂。

> (?!*expr*)

该负向先行断言语法的意思是，仅当 *expr* 不匹配后续读取的字符时，才宣告匹配成功；但断言不会消耗预读的字符，在下次尝试匹配时还会读取它们。

下面是一个简单的例子，其中的模式会匹配"abc"，但前提是，后面没有跟随"abc"的另一个实例。

```
pat = r'abc(?!abc)'
```

如果 **re.findall** 函数使用该模式来搜索以下字符串，它将恰好找到"abc"的一个副本：

```
s = 'The magic of abcabc.'
```

在这种情况下，"abc"的第二个实例被找到，此时不能匹配第一个出现的"abc"。还要注意，因为这是一个先行断言操作，所以"abc"的第二个实例在第一次匹配判断时没有被消除，其在第一次匹配失败后仍可以被读取；否则，第二个"abc"实例也不会被匹配。

以下是该示例的代码：

```
import re
pat = r'abc(?!abc)'
s = 'The magic of abcabc.'
m = re.findall(pat, s)
print(m)
```

记住这个模式的意思：匹配"abc"，但前提是它的后面不立即跟随另一个"abc"实例。

不出所料，此示例输出的组中只有一个"abc"实例，而不是两个。

```
['abc']
```

下面是一个更清晰的示例。我们可以将第二个实例用大写字母表示，然后打开 **IGNORECASE** 标志（**re.I**）来区分两个"abc"实例。

```
pat = r'abc(?!abc)'
s = 'The magic of abcABC.'
m = re.findall(pat, s, flags=re.I)
print(m)
```

请注意，表示负向先行断言的关键字符以粗体显示。

以上示例输出以下文本，可以确认仅匹配了"abc"的第二个实例（即用大写字母表示的实例）。第一个实例匹配失败不是因为它是小写字母，而是因为存在一个负向先行断言（在"abc"之后没有立即出现另一个"abc"实例）。所以这个例子输出：

```
['ABC']
```

现在，我们回到上一节中使用正向先行断言匹配句子的示例。

下面是测试数据，我们需要使用句子扫描程序来正确读取它们：

```
s = '''See the U.S.A. today. It's right here, not
a world away. Average temp. is 70.5.'''
```

我们可以通过指定负向先行断言条件获得与上一节中相似的结果。对于句子的结尾表示，以下任何一项都不能跟在句号（.）的后面：

▶ 一个空格，然后是小写字母或数字。

▶ 任何字母数字字符。

可以使用以下方式编写使用负向先行断言的句子搜索模式，其中关键字符（指示负向先行断言）以粗体显示：

```
r'[A-Z].*?[.!?](?! [a-z0-9]|\w)'
```

此模式中负向先行断言子表达式是 (?! [a-z0-9]|\w)，它表示"在当前位置之后，空格后接小写字母或数字的字符串不能匹配，任何字母和数字也不能匹配"。

可以在完整示例中使用此模式。为了更好地测试该模式，我们在字符串中添加了另一句话。

```
import re     # 如果尚未导入 re 软件包，请使用该语句导入
pat = r'[A-Z].*?[.!?](?! [a-z]|\w)'
s = '''See the U.S.A. today. It's right here, not
 a world away. Average temp. is 70.5. It's fun!'''
m = re.findall(pat, s, flags=re.DOTALL)
for i in m:
    print('->', i)
```

本示例输出以下结果：

```
-> See the U.S.A. today.
-> It's right here, not
```

```
a world away.
-> Average temp. is 70.5.
-> It's fun!
```

虽然使用的是负向先行断言，但结果与我们采用正向先行断言的结果相同。

如果不需要换行符，那么有多种方法可以消除它。如果你将一个文本文件中的所有内容读入一个字符串中，则可以使用以下语句删除所有换行符：

```
s = re.sub(r'\n', '', s)
```

如果你以这种方式删除换行符并再次运行该示例，则会得到以下输出：

```
-> See the U.S.A. today.
-> It's right here, not a world away.
-> Average temp. is 70.5.
-> It's fun!
```

7.7　命名组

正如我们在第 6 章中提到的，带标签的组可按编号引用。匹配到的字符串的整体可通过 match 对象获得，如下所示：

```
match_obj.group(0)
```

单个被标记的组可以使用数字编号 1、2、3 等获取。例如，以下代码引用了第一个标记的组：

```
match_obj.group(1)
```

但是，如果要处理的是一个特别复杂的正则表达式，可以通过名称而不是数字来引用带标签的组。在这种情况下，需要使用命名组。

```
(?P<name>expr)    # 使用名称标记匹配的组
(?P=name)         # 尝试再次匹配该命名组
```

我们来看一个简单但实用的例子。程序中的常见操作是接收一种格式的姓名作为输入，然后将其保存为另一种格式。例如，可以按以下方式输入姓名：

```
Brian R. Overland
John R. Bennett
John Q. Public
```

将这些姓名按姓氏进行存储，因此会得到：

```
Overland, Brian R.
Bennett, John R.
Public, John Q.
```

按姓氏的字母顺序排列很容易。但是，如果有人输入没有中间名的姓名怎么办？如：

```
Jane Austen
Mary Shelley
```

我们也希望可以处理没有中间名的情况，因此需要一个能够处理两种情况（中间名存在和不存在）的模式。

```
Austen, Jane
Shelley, Mary
```

我们从简单的情况开始，先处理输入的姓名中仅有姓氏和名字的情况。此时我们可以非常方便地标记两个组并分别给它们起名为 first 和 last，如下所示：

```
pat = r'(?P<first>\w+) (?P<last>\w+)'
```

我们可以将这种模式应用到程序中。在该程序中，用户输入其全名，然后程序对其进行分解和分析。

```
import re
s = 'Jane Austen'
m = re.match(pat, s)
```

运行此代码后，我们可以输出姓名的两个部分。请注意，组名必须为字符串格式，因此要用单引号将其引起来。

```
print('first name = ', m.group('first'))
print('last name = ', m.group('last'))
```

输出为：

```
first name = Jane
last name = Austen
```

使用这种方式，可以很容易地按照姓氏—名字的顺序输出或存储姓名：

```
print(m.group('last') + ', ' + m.group('first'))
```

输出为：

```
Austen, Jane
```

可以识别中间名首字母并将其以正确顺序放置的模式要复杂一些。我们将中间名的首字母设为可选项。

```
pat = r'(?P<first>\w+) (?P<mid>\w\. )?(?P<last>\w+)'
```

请注意，第一个名字后的空格是必填项，仅当中间名存在时才需要中间名后面的空格。使用此模式与名称匹配时，中间名的首字母是可选的，如果没有中间名也可以匹配成功。因此，以下各项均能成功匹配：

```
Brian R. Overland
John R. Bennett
John Q. Public
Jane Austen
Mary Shelley
```

可以通过 group(name) 访问匹配的结果，其中 name 可以是 'first'、'mid' 或 'last'。但是在中间名不存在时，group('mid') 将返回 **None**。

我们编写以下函数来分解名字并对其重新进行格式化：

```
pat = r'(?P<first>\w+) (?P<mid>\w\. )?(?P<last>\w+)'

def reorg_name(in_s):
    m = re.match(pat, in_s)
    s = m.group('last') + ', ' + m.group('first')
    if m.group('mid'):
        s += ' ' + m.group('mid')
    return s
```

应用此函数遍历输入的每个姓名，并将结果放入一个列表中，然后将列表进行排序，这样我们就可以将所有姓名以姓氏—名字的格式按字母顺序存储：

```
Austen, Jane
Bennett, John R.
Overland, Brian R.
Public, John Q.
Shelley, Mary
```

命名组在这里很有用，它为我们提供了一种引用可能未得到匹配的组（中间名的首字母和 .）的方式。此外，将组命名为 'first'、'mid' 和 'last' 并引用，可以使代码更清晰，更易于维护。

作为本节的最后一个示例，可以使用命名组来重复前面标记过的字符序列。第 6 章介绍了如何使用数字编号来引用组。

```
pat = r'(\w+) \1'
```

可以将模式改写为以下使用命名组的形式：

```
pat = r'(?P<word>\w+) (?P=word)'
```

在以下函数调用中，模式找到了匹配项：

```
m = re.search(pat, 'The the dog.', flags=re.I)
```

7.8   re.split 函数

在前面章节中介绍过逆波兰表示法（RPN）解释器。在本节中，我们可以使用 **re.split** 函数，利用正则表达式来将文本分解成令牌（值或操作符）。

list = **re.split**(*pattern*, *string*, *maxsplit=0*, *flags=0*)

在该语法中，*pattern* 是一个正则表达式模式，它支持到目前为止讲过的所有语法。不过它指定的不是要查找而是要跳过的模式。介于两个找到的实例之间的所有文本为一个组。因此，*pattern* 实际上表示的是带有分隔符的模式，而不是要查找内容的模式。

参数 *string* 是要被拆分的目标字符串。

参数 *maxsplit* 指定要查找的令牌的最大数量。如果此参数设置为 0（默认值），则没有最大数量限制。

re.split 函数的作用是返回一个字符串列表，其中每个字符串是一个令牌，令牌是出现在搜索模式实例之间的文本字符串。

通常将搜索模式设置为一个空格、一系列空格或一个逗号。使用正则表达式的一个优点是可以将它们组合在一起：

```
pat = r', *| +'
```

以上模式表示：如果子字符串由逗号后跟零个或多个空格组成，或者由一个或多个空格组成，则该子字符串为分隔符。也就是说，分隔符可以是以下任意一种情况：逗号、至少一个空格或逗号后面跟随若干空格。

下面我们在目标字符串上应用这种模式：

```
import re
lst = re.split(pat, '3, 5  7 8,10, 11')
```

如果输出列表，会得到以下结果：

```
['3', '5', '7', '8', '10', '11']
```

这正是我们希望得到的结果。在这里产生的所有令牌都是数字，但它们也可以是任何不包含逗号和空格的子字符串。

我们将此模式应用于 RPN 解释器。可以使用 **re.split** 函数拆分文本，如下例所示：

```
s = '3 2 * 2 15 * + 4 +'
```

如果你回想 RPN 的工作原理，就会知道 RPN 解释器的结果如下：

```
(3 * 2) + (2 * 15) + 4
```

我们将正则表达式函数应用于目标字符串 s：

```
toks = re.split(pat, s)
```

输出生成的令牌 **toks**，结果如下：

```
['3', '2', '*', '2', '15', '*', '+', '4', '+']
```

这是我们期望的结果。

但是在分解下面的字符串时会产生问题，因为令牌的分隔是靠从数字到符号的转变来指示的。

```
s = '3 2* 2 15*+ 4 +'
```

7.9　Scanner 类和 RPN 项目

分析 RPN 应用输入的另一种方法是使用 Python 正则表达式包中的 Scanner 类。到目前为止，有关 Scanner 类的文档还很少。

使用 **re.Scanner** 类可以创建我们自己的 Scanner 对象。需要使用一系列元组来初始化 Scanner 对象，每个元组要包含以下内容：

- 一个描述被搜索令牌的正则表达式模式。

- 找到令牌时要调用的函数。函数本身作为一个对象列出（可调用对象，不包含参数），在调用时需要接受两个参数。该函数可以返回任何类型的对象，返回对象与其他找到的对象一起被返回。

通过调用 **scan** 方法扫描字符串时，其将依照程序返回一系列对象。这种方法的优点在于，不必担心分隔符的问题，只需要查找需要的内容即可。

我们总结一下这一部分的语法。除非你使用 lambda 表达式，否则下面语法应该在函数定义之后出现。

```
scanner_name = re.Scanner([
    (tok_pattern1, funct1),
    (tok_pattern2, funct2),
    ...
)]
```

在此语法中，*tok_pattern* 的每个实例都是一个正则表达式，用来描述要识别的模式。每个 *funct* 都是先前定义的可调用对象或 lambda 表达式。如果 *funct* 被指定为 **None**，则不会对关联模式采取任何操作，它将被跳过。

在展示如何编写令牌处理函数之前，我们先看一个为 RPN 项目编写的示例：

```
scanner = re.Scanner ([
    (r'[*+/-]',    sc_oper),
    (r'\d+\.\d*', sc_float),
    (r'\d+',       sc_int),
    (r'\s+',       None)
    ])
```

该示例的意思是，识别三种类型的令牌（运算符、整数和浮点数），并通过调用相应的函数进行处理。

注释 ▶ 在此示例的扫描器定义中，将浮点模式放在整数模式之前，这一点很重要。否则，浮点数（例如 11.502）将被读取为整数 11，后面跟着小数点（.）和另一个整数。

◀ Note

稍后在第 8 章中，我们将向 RPN 语言中添加变量名（也称为标识符或符号），即 RPN 语言中的变量。

```
scanner = re.Scanner ([
    (r'[a-zA-Z]\w*', sc_ident),
    (r'[*+/-]',      sc_oper),
    (r'\d+\.\d*',   sc_float),
    (r'\d+',         sc_int),
    (r'\s+',         None)
    ])
```

现在，我们看看如何使用传入的函数。

function_name(scanner, tok_str)

第一个参数 *scanner* 是对扫描器对象本身的引用。尽管可以使用该参数来传递其他信息，但你无须对其进行任何操作。

第二个参数 *tok_str* 是对模式匹配到的字符串的引用。

下面是一个为 RPN 解释器创建扫描器实例的完整例子：

```python
import re

def sc_oper(scanner, tok): return tok
def sc_int(scanner, tok): return int(tok)
def sc_float(scanner, tok): return float(tok)
scanner = re.Scanner ([
    (r'[*+/-]',    sc_oper),
    (r'\d+\.\d*', sc_float),
    (r'\d+',       sc_int),
    (r'\s+',       None)
    ])
```

有了这些定义后，就可以调用 scanner.scan 函数了。该函数返回具有两个输出的元组：第一个是函数返回的所有令牌的列表；第二个是包含未成功匹配的文本字符串。这里有一个例子：

```python
print(scanner.scan('3 3+'))
```

输出结果为：

```
([3, 3, '+'], '')
```

请注意，数字以整数形式返回，而运算符 * 作为单字符的字符串返回。下面是一个更复杂的示例：

```python
print(scanner.scan('32 6.67+ 10 5- *'))
```

输出结果为：

```
([32, 6.67, '+', 10, 5, '-', '*'], '')
```

如你所见，扫描器对象返回一个令牌的列表，其中每个令牌都具有正确的类型，但是我们还没有对 RPN 字符表达式进行计算。RPN 表达式的计算逻辑如下：

If 当前标记是整数或浮点数，

　　将该数字放在堆栈顶部。

Else If 当前标记是运算符，

　　将堆栈顶部两项弹出，放入 op2 和 op1（按此顺序）。

　　执行适当的操作。

　　将结果放回到堆栈顶部。

在下一节中，展示如何在 Scanner 对象中实现此程序逻辑。

7.10　RPN：使用扫描器做更多的事情

上一节我们创建了一个可以识别整数、浮点数和运算符的 Scanner 对象。Scanner 部分的代码如下：

```
import re
scanner = re.Scanner ([
    (r'[*+/-]',    sc_oper),
    (r'\d+\.\d*', sc_float),
    (r'\d+',       sc_int),
    (r'\s+',       None)
    ])
```

为了扩展 RPN 解释器应用，需要使三个函数 sc_oper、sc_float 和 sc_int 都发挥作用。后面两个函数需要将数字放入堆栈。sc_oper 函数要做更多的事情：它必须弹出堆栈顶部的两个操作数，执行运算符指定的操作，并将结果压回到堆栈中。

可将其中的一些函数编写为 lambda 函数，这样可以缩短代码的长度。lambda 函数（在第 3 章中介绍过）是即时创建的匿名函数。

但是在第一行中需要使用一个更复杂的函数来弹出操作数并执行操作。这个 lambda 函数的功能是调用更复杂的函数 bin_op。所以目前的代码如下：

```
scanner = re.Scanner ([
    (r'[*+/-]',    lambda s, t: bin_op(t)),
    (r'\d+\.\d*', lambda s, t: the_stk.append(float(t))),
    (r'\d+',       lambda s, t: the_stk.append(int(t))),
    (r'\s+',       None)
    ])
```

```
def bin_op(tok):
    op2, op1 = the_stk.pop(), the_stk.pop()
    if tok == '+':
        the_stk.append(op1 + op2)
    elif tok == '*':
        the_stk.append(op1 * op2)
    elif tok == '/':
        the_stk.append(op1 / op2)
    elif tok == '-':
        the_stk.append(op1 - op2)
```

每当扫描器扫到运算符 *、+、/ 或 - 时，扫描器对象就会调用 bin_op 函数，并将参数 *tok* 传递给函数。bin_op 会根据参数决定执行 4 种操作中的哪一种操作。

可以清楚地看出，这些 lambda 函数主要用来调用其他函数。最上面的一行（识别到运算符）只调用了 bin_op 函数，并将识别出的运算符传递给函数。第二行和第三行向堆栈中压入一个整数或浮点数。

微妙的是，在调用每个 lambda 函数时需要传入两个参数 s 和 t（分别代表扫描器和令牌），但是每个 lambda 函数在调用其他函数时仅需要传递一个参数。

写好了 Scanner 对象和 bin_op 函数后，只需要使用一个 **main** 函数来获取输入行，并对其进行扫描并完成操作。

下面是完整的应用程序：

```
# 文件 scanner_rpn.py --------------------------------

import re

the_stk = [ ]

scanner = re.Scanner ([
    (r'[*+/-]',   lambda s, t: bin_op(t)),
    (r'\d+\.\d*', lambda s, t: the_stk.append(float(t))),
    (r'\d+',      lambda s, t: the_stk.append(int(t))),
    (r'\s+',      None)
    ])

def bin_op(tok):
```

```
        op2, op1 = the_stk.pop(), the_stk.pop()
        if tok == '+':
            the_stk.append(op1 + op2)
        elif tok == '*':
            the_stk.append(op1 * op2)
        elif tok == '/':
            the_stk.append(op1 / op2)
        elif tok == '-':
            the_stk.append(op1 - op2)

def main():
    input_str = input('Enter RPN string: ')
    tokens, unknown = scanner.scan(input_str)
    if unknown:
        print('Unrecognized input:', unknown)
    else:
        print('Answer is', the_stk.pop())
main()
```

以下是程序的要点解析。

▶ main 函数调用 scanner.scan 函数，它可以找到那些令牌（运算符或数字）。

▶ 每当扫描器对象找到令牌时，Scanner 会调用相应的方法：bin_op 或堆栈 the_stk 的 **append** 方法（the_stk 在这里是一个列表）。

我们可以通过传递操作来优化代码，使其更加简洁明了。

要了解此版本程序的运行情况，记住，在 Python 中函数是一类对象，它们是与其他对象一样的对象。因此，函数可以直接作为参数被传递。

可以利用已经在 **operator** 包中定义好的函数对象（可调用对象）来完成操作。要使用这些函数对象，需要先导入 **operator** 包。

```
import operator
```

然后可以引用加法、减法等二元操作。参数列表仅包含一个可调用对象，操作数由 bin_op 函数从堆栈弹出。

```
operator.add
operator.sub
operator.mul
operator.truediv
```

修改后的代码比原来更简洁且易于维护，它的功能与原来代码完全一样。新增和更改过的行在代码中以粗体显示。

```python
# 文件 scanner_rpn2.py ------------------------------

import re
import operator

the_stk = [ ]

scanner = re.Scanner ([
    (r'[+]',      lambda s, t: bin_op(operator.add)),
    (r'[*]',      lambda s, t: bin_op(operator.mul)),
    (r'[-]',      lambda s, t: bin_op(operator.sub)),
    (r'[/]',      lambda s, t: bin_op(operator.truediv)),
    (r'\d+\.\d*', lambda s, t: the_stk.append(float(t))),
    (r'\d+',      lambda s, t: the_stk.append(int(t))),
    (r'\s+',      None)
    ])

def bin_op(oper):
    op2, op1 = the_stk.pop(), the_stk.pop()
    the_stk.append(oper(op1, op2))

def main():
    input_str = input('Enter RPN string: ')
    tokens, unknown = scanner.scan(input_str)
    if unknown:
        print('Unrecognized input:', unknown)
    else:
        print('Answer is', the_stk.pop())

main()
```

可以看到，代码减少了几行。

我们来回顾一下，使用 Scanner 对象带来了哪些好处。

可以使用正则表达式函数 **re.findall** 将输入字符串行拆分为令牌，然后将这些令牌作为列表进行处理，每次处理一个元素，根据元素内容确定要调用的函数。

通过创建 Scanner 对象我们可以完成类似的任务，并且获得了更多的控制权。这个 RPN 解释器由 Scanner 对象调用的函数所控制，这些函数根据匹配到的模式被分别调用。

总结

本章介绍了 Python 正则表达式的许多高级功能。

其中两个有用的功能是非标记组和先行断言。当你想构建一个语法单元（一个组）但又不想存储匹配结果字符时，可以使用非标记组。在某些情况下，如果采用非标记组，则 **re.findall** 函数更易使用。非标记组使用以下语法：

> **(?:*expr*)**

正则表达式先行断言功能在许多情况下都很有用。它提供了一种可以查看跟随在当前字符后面的字符，并判断其能否与模式匹配，但又不会被消耗的方式。这意味着下一次进行正则表达式匹配时（在完成先行断言后）从当前位置开始，被先行断言使用过的字符会被放回字符串中以被再次读取。

此功能非常强大，让你可以通过一次 **re.match** 或其他匹配函数的调用检查多个条件。

先行断言功能使用以下语法：

> **(?=*expr*)**

最后，本章介绍了 Scanner 类。其为从文件或输入字符串获取令牌提供了极大的灵活性，也可以将获取到的令牌转换成需要的类型。

在第 8 章中，我们会再次用到很多在 RPN 解释器上用过的语法。

习题

1 简述贪婪模式和非贪婪模式在代码上的区别。将贪婪模式转换为非贪婪模式至少需要改动哪里？需要更改或添加哪些字符？

2 贪婪模式与非贪婪模式在什么时候会有区别？如果使用非贪婪模式进行匹配，但是唯一可能匹配的项同贪婪模式的匹配结果一样会怎么样？

3 在一个仅查找一个匹配项的简单的字符串匹配中（不进行任何替换），使用非标记组是否会对结果产生影响？

4 描述一种使用非标记组将对程序结果产生重大影响的情况。

5 先行断言与标准正则表达式模式不同，它不消耗匹配的字符。描述一种情况，在这种情况下使用先行断言会对程序结果产生影响。

6 正则表达式的正向先行断言与负向先行断言有什么区别？

7 在正则表达式中使用命名组替代仅按数字引用的组有什么好处？

8 使用命名组来识别目标字符串中的重复元素，例如字符串"The cow jumped over the the moon"。

9 Scanner 扫描器在分析字符串时会做哪些 `re.findall` 函数不会做的事情？

10 扫描器对象是否必须被命名为 `scanner`？

推荐项目

1 7.4 节中的正则表达式先行断言示例，是为了读取复杂文本中的多个句子，并确定句子的数量而提供的。修改此代码以处理更复杂的模式，例如句子之间有多个空格，或者以数字开头的句子。

2 进一步修改代码，在读取到换行符（\n）时将其替换为一个空格。

文本和二进制文件

最早的个人计算机使用老式的慢速盒式磁带驱动器——这相当于马车。世界变化很快，现在的存储设备有了巨大的进步，但文件和持久性存储的重要性一直没有改变。Python 提供了许多读取和写入文件的方式。在 *Python Without Fear* 一书中，讲解了基本的文本 I/O 技术。本章以这些技术为基础，探讨了读取和写入原始数据（raw data）或二进制数据的方式。

首先，回顾一下基础知识：文本模式和二进制模式之间的区别是什么（特别是在 Python 语言中）？

8.1 两种文件格式：文本文件和二进制文件

Python 中的文本文件和二进制文件之间有一个主要区别，如图 8.1 所示。

```
X0 FF 17 23
2E 4A 9B 02
78 62 5E 44
```
二进制文件
（以十六进制代码表示）

```
I walk the
journey of
1,000 miles.
```
文本文件
（以字符表示）

图 8.1　二进制和文本文件

首先，文件的底层访问模式存在差异。在文本文件模式下，换行符被自动翻译替换为换行符/回车对（实际转换的符号因系统而异）。使用正确的模式至关重要。

其次，在文本文件模式下，Python 需要读写标准的 Python 字符串，Python

标准字符串同时支持 ASCII 和 Unicode 编码。但是二进制操作需要使用 **bytes** 类，以保证使用原始数据。

最后，编写文本文件涉及将数字数据转换为字符串。

8.1.1　文本文件

文本文件是一种由文本字符组成的文件。其所有数据（甚至是数字数据）都可以在文本编辑器中查看和编辑。

这并不是说不能在文件中写入数字，只是通常它们被写成可输出的数字字符。

文本文件的优点是它有相对通用且简单的格式：用换行符分隔文本行，而二进制文件则没有通用的格式。不过后者在性能方面具有优势。

性能提示　　　如果数据文件中包含大量数据，并且全为数字格式，那么使用二进制格式（而不是默认的文本格式）处理，程序的运行速度通常会快几倍。这是因为不需要进行耗时的从数字到文本或从文本到数字的转换。

Performance Tip

8.1.2　二进制文件

二进制文件可以包含可输出的数据，但这不是必须的。在你读写数字时可以看出二进制文件与文本文件的区别。

如图 8.2 所示，文本文件的操作将所有数据写成人类可读的字符，包括数字（写为十进制字符）。因此，数字 1,000 被写为字符"1"，后跟三个字符"0"。

1	,	0	0	0	(sp)	-	1	0	(sp)

文本文件：每个字节包含一个字符

1000	-10

二进制文件：结构化为固定长度的整数字段

图 8.2　文本文件与二进制文件操作

在古老的计算机编程时代，程序员用英语编程，通常会使用严格的 ASCII 格式，每个字符占 1 字节。在当今的环境下，通常会使用 Unicode 格式，它将一个字符映射到两个或更多字节上（为了方便表示除英语外的其他语言）。这就是为什么你不能再假设 1 字节为一个字符。

在二进制文件模式下，数字 1,000 被直接写为数字值（在这里为 4 字节的整数）。人类语言对二进制表示没有影响。

二进制模式的优点包括更快的速度和更小的文件尺寸。但是，操作二进制文件需要了解它所使用的格式。

8.2　二进制文件读写方法摘要

Python 程序员可能对二进制文件比较头疼，因为 Python 通常处理高级对象，而二进制文件是由原始数据组成的。

例如，Python 语言可以存储巨大的整数，其占用许多字节的存储空间。但是，当你将一个整数写入文件时，需要精确确定要占用的字节数。这对于文本字符串甚至浮点数（可以选择短格式或长格式）来说都是一个问题。

Python 提供了帮助解决这些问题的软件包，其中至少有四种不下载其他软件包就可以读取和写入二进制文件的方法。这些软件包都是标准 Python 安装包的一部分。

▶ 通过将字节编码为 **bytes** 字符串来直接读取和写入。

▶ 使用 **struct** 软件包对数字和字符串存储进行标准化，以便保持读写一致。

▶ 使用 **pickle** 软件包将它们作为高级 Python 对象来读取和写入。

▶ 使用 **shelve** 软件包将整个数据文件视为一个由 Python 对象组成的大数据字典。

可以使用包含十六进制代码的字节字符串直接读取和写入字节。这类似于进行机器语言编程。

也可以使用 **struct** 软件包将常见的 Python 内置类型（整数、浮点数和字符串）转换为"C 语言"类型，将其放入字符串并写入文件。与写入原始字节不同，该技术可以处理诸如"将 Python 变量打包到特定大小的数据字段"之类的难题。这样在读取时将会读取正确数量的字节。当你与现有的二进制文件进行交互时，这种方法很有用。

创建新的二进制文件以供其他 Python 程序读取时，可以使用 **pickle** 软件包对 Python 对象进行处理。让 pickle 来操心如何精确表示对象并将其存储在文件中。

最后，可以使用 **shelve** 软件包，它是在 pickle 基础上构建的，集成度更高。

shelve 软件包可操作 pickle 数据，并将整个文件视为一个大的字典。它可以根据键快速找到所需的对象。

8.3 文件 / 目录系统

下载 Python 时同时会下载一个 **os**（操作系统）软件包，可使用它检查文件 / 目录系统并控制进程。你可以导入软件包，然后通过帮助查看完整的功能摘要。

```
import os
help(os)
```

os 软件包支持的函数众多，无法在此处全部列出并介绍。以下是一个概述性的列表。

▶ 控制进程开始、结束和重复的函数，包括 **spawn**、**kill**、**abort** 和 **fork**。**fork** 函数会基于现有进程产生一个新进程。

▶ 更改或浏览文件 / 目录系统的函数，包括 **rename**、**removedirs**、**chroot**、**getwcd**（获取当前工作目录）和 **rmdir**（删除目录），还包括 **listdir**、**makedir** 和 **mkdir**。

▶ 修改文件标志和其他属性的函数，包括 **chflags**、**chmod** 和 **chown**。

▶ 获取或更改环境变量的函数，包括 **getenv**、**getenvb** 和 **putenv**。

▶ 执行新的系统命令的函数，这些函数以 **exec** 开头。

▶ 提供对文件 I/O 进行低级访问的函数，Python 的 **read** 和 **write** 函数建立在这些函数的基础之上，包括 **open**、**read** 和 **write**。

os 和 **os.path** 软件包可以在你尝试打开文件之前检查文件是否存在，并且使你能够从磁盘上删除文件。请谨慎使用该功能。

下面的 IDLE 会话会检查工作目录，并切换到 Documents 子目录，然后再次检查当前工作目录。然后，它检查是否存在名为 pythag.py 的文件，并确认该文件存在。会话最终删除了该文件，并确认文件已被删除。

```
>>> import os
>>> os.getcwd()
'/Users/brianoverland'
>>> os.chdir('Documents')
>>> os.path.isfile('pythag.py')
```

```
True
>>> os.remove('pythag.py')
>>> os.path.isfile('pythag.py')
False
```

通常使用 **os.path.isfile** 函数来检查文件是否存在。另一个有用的函数是 **os.listdir**，它返回当前目录（默认情况下）或指定目录中所有文件名的列表。

```
os.listdir()
```

8.4　处理文件打开异常

当你打开一个文件时，可能会发生运行时错误（异常）。专业的做法是在代码中优雅地处理异常，而不是让程序直接报错，这样程序也更加易于使用。

最常见的是在尝试打开并读取不存在的文件时引发的异常。这种情况很容易发生，因为用户可能会键入错误的字符。结果是引发 **FileNotFoundError** 异常。

```
try:
    statement_block_1
except exception_class:
    statement_block_2
```

如果在执行 *statementblock1* 的过程中引发异常，会导致程序突然终止，除非在 **except** 子句指定一个匹配的 *exception_class* 来捕获该异常。如果希望程序检查多种类型的异常，则需要编写多个 **except** 子句。

```
try:
    statement_block_1
except exception_class_A:
    statement_block_A
[ except exception_class_B:
    statement_block_B ]...
```

这里的括号用来表示可选项目。省略号（...）表示可以有任意数量的此类可选子句。

还有另外两个可选子句：**else** 和 **finally**。可以使用其一或者两者同时使用。

```
try:
    statement_block_1
```

```
except exception_class_A:
    statement_block_A
[ except exception_class_B:
    statement_block_B ]...
[ else:
    statement_block_2 ]
[ finally:
    statement_block_3 ]
```

如果第一个语句块顺利执行且没有引发异常，则接下来执行可选的 **else** 子句。如果存在 **finally** 子句，则在其所有其他块执行结束后无条件执行。

你可以按照以下方式使用这些功能，以文本模式打开文件并读取内容：

```
try:
    fname = input('Enter file to read:')
    f = open(fname, 'r')
    print(f.read())
except FileNotFoundError:
    print('File', fname, 'not found. Terminating.')
```

上面代码如果找不到文件，则使用 **except** 子句来处理引发的异常。在这里可以友好地终止程序或执行其他操作。但是，不会自动提示用户重新输入正确的文件名，这才是我们需要的操作。

因此，我们希望设置一个循环，直到（1）用户输入的文件名指定的文件被成功找到，或者（2）用户通过输入空字符串表示要退出，该循环才终止。

所以，为了获得更大的灵活性，可以将 **try/except** 语法与 **while** 循环结合使用。循环具有中断条件，因此它并非无限循环。程序会一直提示用户，直到用户输入有效的文件名或输入空字符串退出程序为止。

```
while True:
    try:
        fname = input('Enter file name: ')
        if not fname:       # 输入空字符串退出程序
            break
        f = open(fname)     # 此处尝试打开文件
        print(f.read())
        f.close()
        break
    except FileNotFoundError:
        print('File could not be found. Re-enter.')
```

下面是一个使用 **else** 子句的版本。当且仅当没有异常发生时，此版本代码才调用 **close** 函数。该代码的运行时行为与上面的例子相同，但是这个版本更细致地使用了各种关键字。

```
while True:
    fname = input('Enter file name: ')
    if not fname:
        break
    try:
        f = open(fname)   # 此处尝试打开文件
    except FileNotFoundError:
        print('File could not be found. Re-enter.')
    else:
        print(f.read())
        f.close()
        break
```

8.5 使用 with 关键字

最常见的文件操作是打开文件，执行文件 I/O 和关闭文件。但是，如果在文件 I/O 读取中途程序发生异常怎么办？这会使程序突然结束，造成文件 I/O 接口没有关闭，资源不能正确释放。

解决该问题的一个技巧是使用 **with** 语句。该语句的作用是打开文件并通过变量访问文件。如果在执行该语句的过程中发生异常，则文件将被自动关闭，不会继续保持打开状态。

```
with open(filename, mode_str) as file_obj:
    statements
```

在该语法中，*filename* 和 *mode_str* 参数的含义与下一节要讲的 **open** 函数参数的含义相同。*file_obj* 是要指定的变量名；**open** 函数返回的文件对象被赋给该变量。打开文件后会执行下面的 *statements* 语句，直到程序发生异常为止。

下面是一个使用 **with** 关键字读取文本文件的示例：

```
with open('stuff.txt', 'r') as f:
    lst = f.readlines()
    for thing in lst:
        print(thing, end='')
```

8.6 读/写操作总结

表 8.1 总结了读/写文本文件、二进制文件和 pickle 文件的基本语法。

表 8.1 读/写文件的语法

函数或方法	描述
file = **open(***name, mode***)**	打开一个文件并对其进行读/写。常用模式包括文本文件模式 "w" 和 "r"、二进制文件模式 "wb" 和 "rb"。默认为文本文件模式(无论是读取还是写入)。此外,在 "r" 或 "w" 模式字符串中添加加号(+)表示修改模式
str = *file*.**readline(***size = -1***)**	文本文件读取操作。读取文本的下一行直到遇到换行符,返回读取到的字符串。句末的换行符将作为返回字符串的一部分;因此每个返回的字符串中至少包含一个换行符,除了以下这种情况:仅当文件读取到达文件末尾(EOF)时,此方法返回一个空字符串。 在读取到文件最后一行时,此函数会返回不带换行符的字符串,除非换行符是文本文件中最后一个字符
list = *file*.**readlines()**	文本文件读取操作。读取文件中的所有文本并返回一个列表,列表中的每个成员都是一个包含一行文本的字符串。你可以以假定每一行(最后一行除外)都以换行符结尾
str = *file*.**read(***size=-1***)**	二进制文件读取,但也可以用于文本文件读取。读取文件的内容并返回字符串。*size* 参数控制要读取的字节数,如果设置为 –1(默认值),则读取所有内容并返回。 在文本文件模式下,*size* 参数控制要读取的字符数,而非字节数。 在二进制文件模式下,可视返回的字符串为一个盛放字节的容器,而非真实的文本字符串

续表

函数或方法	描述
file.write(*text*)	文本文件或二进制文件写操作。返回写入的字节数（在文本文件模式下为写入的字符数，即字符串的长度）。 在二进制文件模式下，该字符串通常包含不是单字节字符串的数据，这些数据必须在写入之前转换为 **bytes** 字符串或 **bytearray** 格式。 在文本文件模式下，此方法和 **writelines** 方法都不会自动添加换行符
file.writelines(*str_list*)	主要用于文本文件的写操作。向文件中写入一系列字符串。参数 *str_list* 包含要写入的文本字符串列表。此方法不会在写入数据后添加换行符。因此，如果你想要列表的每个元素都被识别为单独的一行，则需要自己添加换行符
file.writable()	如果可以对文件进行写操作，则返回 **True**
file.seek(*pos, orig*)	将文件指针移动到文件中的指定位置。如果支持随机访问，则此方法将文件指针移动到相对于原点（*orig*）偏移（*pos*）处（该偏移量可以是正值也可以是负值）。原点（*orig*）可以为以下值： 0– 文件的开头位置 1– 当前位置 2–文件的结束位置
file.seekable()	如果文件系统支持随机访问，则返回 **True**。否则，使用 **seek** 或 **tell** 方法会引发 **UnsupportedOperation** 异常
file.tell()	返回当前文件指针的位置：返回值为当前文件指针距离文件开头的字节数
file.close()	关闭文件并刷新 I/O 缓冲区，此时所有未完成的读或写操作都会体现在文件中。其他程序和进程可以自由访问该文件
pickle.dump(*obj, file*)	此方法创建参数 *obj* 对象的二进制表示形式，并将其写入指定的文件
pickle.dumps(*obj*)	此方法以字节形式返回参数 *obj* 的二进制表示形式，与上一个方法 **pickle.dump** 创建的二进制表示形式一样。该方法不会将对象写入文件，因此其用途有限
pickle.load(*file*)	此方法返回使用 **pickle.dump** 方法写入文件的对象

请注意，在使用 pickle 函数之前需要先导入 **pickle** 程序包。

```
import pickle
```

8.7 文本文件操作详解

成功打开文本文件后，你可以像在控制台上读 / 写文本一样对其进行读 / 写。

> **注释** ▶ 与控制台的交互由三个永远不需要打开的特殊文件（**sys.stdin**、**sys.stdout** 和 **sys.stderr**）支持。通常我们不会直接引用它们，但是 **input** 和 **print** 函数实际上是通过与这些文件进行交互来完成工作的，即使通常看不到这些动作。
>
> ◀ Note

有三种方法可以读取文件，它们都可以读取文本文件。

```
str = file.read(size=-1)
str = file.readline(size=-1)
list = file.readlines()
```

read 方法读取文件的全部内容，并将它们作为单个字符串返回。该字符串可以直接用 **print** 函数输出。如果文件中有换行符，则将它们嵌入返回的字符串中。

可以使用参数 *size* 指定要读取文件的最大字符数。使用默认值 –1 时，该方法会读取整个文件。

readline 方法直到读取到文件的第一个换行符，或者读取到指定的数据量（如果已指定 size 值）才停止。读取到的换行符将作为字符串的一部分被返回。

最后，**readlines** 方法读取文件中的所有文本行，并将它们作为字符串列表返回。与 **readline** 方法一样，读取的每个字符串结尾都包含一个换行符（除了最后一个字符串，所有字符串都带有换行符）。

有两种方法可用于写入文本文件。

```
file.write(str)
file.writelines(str | list_of_str)
```

write 和 **writelines** 方法不会在字符串末尾自动添加换行符，因此，如果要将文本作为一系列单独的行写入文件中，则需要自己添加换行符。

两种方法的区别在于，**write** 方法返回写入的字符或字节数。**writelines** 方法接受两种参数：既可以传递单个字符串，也可以传递字符串列表到方法中。

下面的示例说明了文件读取操作和文件写入操作的交互。

```
with open('file.txt', 'w') as f:
    f.write('To be or not to be\n')
    f.write('That is the question.\n')
    f.write('Whether tis nobler in the mind\n')
    f.write('To suffer the slings and arrows\n')

with open('file.txt', 'r') as f:
    print(f.read())
```

这个示例将一系列字符串作为单独的行写入文件，然后读取并直接输出文件内容，包括换行符。

```
To be or not to be
That is the question.
Whether tis nobler in the mind
To suffer the slings and arrows
```

使用 **readline** 或 **readlines** 方法读取同一个文件，这两个方法会将文件中的换行符识别为分隔符，即将换行符作为字符串的结尾符号读取到字符串中。下面这个示例每次读取文件的一行并将其输出。

```
with open('file.txt', 'r') as f:
    s = ' '   # 将字符串初始值设置为空格
    while s:
        s = f.readline()
        print(s)
```

readline 方法返回文件中的下一行，其中"行"被定义为从当前位置到下一行换行符（包括换行符）之间的文本，或到文件结尾之间的文本。当且仅当到达文件结尾（EOF）时，它才返回空字符串。除非使用 **end** 参数，否则 **print** 函数会自动输出一个额外的换行符。程序在这种情况下的输出是：

```
To be or not to be

That is the question.

Whether tis nobler in the mind

To suffer the slings and arrows
```

print 函数的参数 end =' ' 的功能是避免输出多余的换行符。或者，可以从读取的字符串中删除换行符，如下所示：

```
with open('file.txt', 'r') as f:
    s = ' '            # 将字符串初始值设置为空格
    while s:
        s = f.readline()
        s = s.rstrip('\n')
        print(s)
```

尽管这是一个简单的操作，但看起来却有点复杂。更简单的方法是使用 **readlines** 方法（注意使用复数形式）将整个文件读入一个列表，然后按原样读取该列表。此方法返回的字符串中也包括换行符。

```
with open('file.txt', 'r') as f:
    str_list = f.readlines()
    for s in str_list:
        print(s, end='')
```

但是，只要你不需要将字符串放入列表中，最简单的方法是调用 **read** 方法来读取整个文件，然后输出所有内容，如前文所述。

8.8　使用文件指针（seek）

如果你打开一个支持随机访问的文件，就可以使用 **seek** 和 **tell** 方法在文件中移动文件指针到任何位置。

```
file.seek(pos, orig)
file.seekable()
file.tell()
```

seekable 方法可以用于检查文件系统或设备是否支持随机访问操作。大多数文件都是支持随机访问的。在不支持随机访问的文件中使用 **seek** 和 **tell** 方法会引发异常。

seek 方法有时甚至在不进行随机访问的情况下也很有用。如果以文本或二进制模式从文件头开始向后读取文件的过程中，需要再次从头开始读取文件该怎么办？一般我们不需要这样做，但是在测试中经常需要重新执行文件读取操作。此时可以使用 **seek** 方法返回到文件开始处。

```
file_obj.seek(0, 0)    # 返回到文件的开头
```

该语句假定 **file_obj** 是成功打开的文件对象。

第一个参数是偏移量，第二个参数指定起始位置为 0，即文件的开头。因此，此语句的作用是将文件指针重新指向文件的开头。

参数 *orig* 的可能值为 0、1 和 2，分别指文件的开始位置、当前位置和结束位置。

移动文件指针也会影响写入操作，可能会导致覆盖已经写入的数据。如果将文件指针移至文件末尾，则随后的任何写入操作都会将数据追加到文件最后。

随机访问对于访问具有一系列固定长度数据的二进制文件很有用。在这种情况下，可以通过将记录的索引乘以记录的大小来直接访问记录：

```
file_obj.seek(rec_size * rec_num, 0)
```

tell 方法是 **seek** 方法的反操作。它返回一个偏移量，该偏移量指明当前文件指针距离文件开头的偏移字节数。返回值为 0 表示当前的位置在文件的开头。

```
file_pointer = file_obj.tell()
```

8.9　将文本读入 RPN 项目

学会了读取和写入文本文件的方法后，我们可以为逆波兰表示法（RPN）项目添加新的功能。完成本节中的修改后，我们可以打开一个由 RPN 语句组成的文本文件，并执行每条语句，而且输出执行结果。

添加了文本文件读取功能后，我们朝着构建功能全面的语言解释器又迈出了重要一步。

8.9.1　更新 RPN 解释器代码

RPN 解释器的当前版本是在第 7 章中完成的，该版本的解释器使用正则表达式语法和 Scanner 对象来解析 RPN 语句。该程序一次执行一条 RPN 语句，遇到空白行退出。

该程序输入每行代码并输出 RPN 语句执行的结果。

```
import re
import operator

stack = []        # 保存值的堆栈

# Scanner 对象。分离出每个标记并采取适当的操作：将数值推入堆栈
# 如果找到了运算符，则对堆栈顶的两个元素执行操作
```

```
scanner = re.Scanner([
    (r"[ \t\n]", lambda s, t: None),
    (r"-?(\d*\.)?\d+", lambda s, t: stack.append(float(t))),
    (r"\d+", lambda s, t: stack.append(int(t))),
    (r"[+]", lambda s, t: bin_op(operator.add)),
    (r"[-]", lambda s, t: bin_op(operator.sub)),
    (r"[*]", lambda s, t: bin_op(operator.mul)),
    (r"[/]", lambda s, t: bin_op(operator.truediv)),
    (r"[\^]", lambda s, t: bin_op(operator.pow)),
])

# 二元运算操作函数。从堆栈顶部弹出两个元素并使用它们进行运算
# 然后将结果推回堆栈

def bin_op(action):
    op2, op1 = stack.pop(), stack.pop()
    stack.append(action(op1, op2))

def main():
    while True:
        input_str = input('Enter RPN line: ')
        if not input_str:
            break
        try:
            tokens, unknown = scanner.scan(input_str)
            if unknown:
                print('Unrecognized input:', unknown)
            else:
                print(str(stack[-1]))
        except IndexError:
            print('Stack underflow.')

main()
```

以下是一个示例会话:

```
Enter RPN line: 25 4 *
100.0
Enter RPN line: 25 4 * 50.75-
49.25
```

```
Enter RPN line: 3 3* 4 4* + .5^
5.0
Enter RPN line:
```

　　RPN 代码的每一行（尽管间隔不同）都可以由程序正确读取和执行。例如，输入的第三行是一个勾股定理的示例，相当于计算：

```
square_root((3 * 3) + (4 * 4))
```

8.9.2　从文本文件读取 RPN

　　下一步我们要让程序打开一个文本文件并从该文件中读取 RPN 语句。这些"语句"可以由一系列运算符和数字组成，如上一个示例所示。但是读取语句后应该做什么呢？

　　我们暂且采用一个简单的规则：如果从文件中读取的一行文本为空白，则什么也不做。但是，如果行内有任何输入，则用 RPN 解释器执行该行代码并输出结果，该结果应该是 stack[-1]（堆栈的顶部）的值。

　　新版本的程序如下。请注意，以粗体表示新增加的行或改动的行。而且，open_rpn_file 是新定义的函数。

```python
import re
import operator

stack = []          # 保存值的堆栈

# scanner 对象。分离出每个标记并采取适当的操作：将数值推入堆栈
# 如果找到了运算符，则对堆栈顶的两个元素执行操作

scanner = re.Scanner([
    (r"[ \t\n]", lambda s, t: None),
    (r"-?(\d*\.)?\d+", lambda s, t: stack.append(float(t))),
    (r"\d+", lambda s, t: stack.append(int(t))),
    (r"[+]", lambda s, t: bin_op(operator.add)),
    (r"[-]", lambda s, t: bin_op(operator.sub)),
    (r"[*]", lambda s, t: bin_op(operator.mul)),
    (r"[/]", lambda s, t: bin_op(operator.truediv)),
    (r"[\^]", lambda s, t: bin_op(operator.pow)),
])

# 二元运算操作函数。从堆栈顶部弹出两个元素并使用它们进行运算
```

```
# 然后将结果压入堆栈

def bin_op(action):
    op2, op1 = stack.pop(), stack.pop()
    stack.append(action(op1, op2))

def main():
    a_list = open_rpn_file()
    if not a_list:
        print('Bye!')
        return

    for a_line in a_list:
        a_line = a_line.strip()
        if a_line:
            tokens, unknown = scanner.scan(a_line)
            if unknown:
                print('Unrecognized input:', unknown)
            else:
                print(str(stack[-1]))

def open_rpn_file():
    '''Open-source-file function. Open a named
    file and read lines into a list, which is
    returned.
    '''
    while True:
        try:
            fname = input('Enter RPN source: ')
            f = open(fname, 'r')
            if not f:
                return None
            else:
                break
        except:
            print('File not found. Re-enter.')
    a_list = f.readlines()
    return a_list


main()
```

假设在同一目录中有一个名为 rpn.txt 的文件，其内容如下：

```
3 3 * 4 4 * + .5 ^
1 1 * 1 1 * + .5 ^
```

给定此文件和新版 RPN 解释器。下面是一个会话示例：

```
Enter RPN source: rppn.txt
File not found. Re-enter.
Enter RPN source: rpn.txt
5.0
1.4142135623730951
```

程序执行的结果和我们的期望相同。输入 RPN 文件名（rpn.txt）后，程序将执行文件中的每一行。

注意，为了测试需要，我们有意将 rpn.txt 文件的第一行留为空白。程序运行时跳过了这一行（与期望一致）。

此版本程序的基本操作是打开一个文本文件，理想情况下，该文件包含使用 RPN 语法的语句。当打开一个有效的文本文件时，open_rpn_file 函数会返回文本行的列表。然后，主函数逐行执行列表中的文本行，并输出结果。

但是这才刚刚开始。下一步是扩展 RPN 语言的语法，使其可以像 Python 一样将值赋给变量。

8.9.3　向 RPN 中添加赋值运算符

RPN 语言将变得更加有趣。我们为了使其能够识别并存储符号名称，要如何做呢？

需要一个符号表。Python 提供了一种特别容易的建立符号表的方法，即使用数据字典。可以通过将变量赋值为 "{ }" 来创建一个空的字典。

```
sym_tab = { }
```

现在我们可以向符号表中添加一些值。下面的 RPN 语法会进行赋值操作：和 Python 语言一样，如果符号之前不存在，则会创建这个符号；否则，将符号的值替换为新的值。

symbol expression =

下面给出了一些示例：

```
x 35.5 =
```

```
x 2 2 + =
my_val 4 2.5 * 2 + =
x my_val +
```

这些语句的作用是将值 35.5 放入变量 x，然后将值 4（即 2+2）放入变量 x，然后将值 12（即 4*2.5+2）放入变量 my_val。最后，将表达式 x my_val + 放在堆栈的顶部。最后输出结果为 16。

借助 Python 的字典功能，可以在表格中轻松添加符号。例如，可以将符号 x 放置在表格中，并赋值为 35.5。

```
sym_tab['x'] = 35.5
```

可以将以上操作合并到 Scanner 对象中。

```
scanner = re.Scanner([
    (r"[ \t\n]", lambda s, t: None),
    (r"[+-]*(\d*\.)?\d+", lambda s, t:
        stack.append(float(t))),
    (r"\d+", lambda s, t: stack.append(int(t))),
    (r"[a-zA-Z_][a-zA-Z_0-9]*", lambda s, t:
        stack.append(t)),
    (r"[+]", lambda s, t: bin_op(operator.add)),
    (r"[-]", lambda s, t: bin_op(operator.sub)),
    (r"[*]", lambda s, t: bin_op(operator.mul)),
    (r"[/]", lambda s, t: bin_op(operator.truediv)),
    (r"[\^]", lambda s, t: bin_op(operator.pow)),
    (r"[=]", lambda s, t: assign_op()),
])
```

在新的扫描器中，新增的正则表达式表示：查找以小写字母、大写字母或下画线（_）开头，后面跟随零个或多个这些字符或数字组合的字符串。

查找到的匹配项作为字符串被添加到堆栈中。需要注意的是，Python 列表中可以同时包含字符串元素和数字元素。当将这样的符号压入堆栈时，会将它们作为字符串存储。这些元素可能是赋值操作的目标。assign_op 函数的定义如下：

```
def assign_op():
    op2, op1 = stack.pop(), stack.pop()
    if type(op2) == str:      # 数据源可能是另一个变量
        op2 = sym_tab[op2]
    sym_tab[op1] = op2
```

op1 引用了一个变量名（即 RPN 语言中的变量），op2 可能引用了一个变量名或数值。因此如果 op2 是一个字符串，则必须在符号表 sym_tab 中查找 op2 的值。

注释 ▶ 在前面的示例中，如果 op1 引用的不是变量名就代表存在语法错误。

◀ Note

在其他二元运算（加法、乘法等）的情况下，每个操作数都可以是符号名称（以字符串形式存储）或数值。因此，使用 bin_op 函数时需要检查每个操作数的类型，如果操作数是字符串，则需要在符号表中查找它并替换为相应的值。

```python
def bin_op(action):
    op2, op1 = stack.pop(), stack.pop()
    if type(op1) == str:
        op1 = sym_tab[op1]
    if type(op2) == str:
        op2 = sym_tab[op2]
    stack.append(action(op1, op2))
```

现在，我们可以创建完整的应用程序。这里有一个程序设计问题：程序是否应该计算并输出 RPN 文件每行执行的结果？

可能不应该这样做，因为某些 RPN 行只会做一些赋值，而且这样的操作也不会在堆栈顶部放置任何值。因此，此版本程序仅输出程序运行的最终结果。

除输入和报错消息外，此版本程序会等到执行结束后再输出结果。

```python
import re
import operator

# 创建一个符号表；用来存储变量值

sym_tab = { }

stack = []          # 保存值的堆栈

# 扫描器程序：增加正则表达式条目以识别变量名和赋值操作
# 变量名被存储在符号表中，赋值操作将值添加到符号表中

scanner = re.Scanner([
    (r"[ \t\n]", lambda s, t: None),
    (r"[+-]*(\d*\.)?\d+", lambda s, t:
        stack.append(float(t))),
```

```
        (r"[a-zA-Z_][a-zA-Z_0-9]*", lambda s, t:
            stack.append(t)),
    (r"\d+", lambda s, t: stack.append(int(t))),
    (r"[+]", lambda s, t: bin_op(operator.add)),
    (r"[-]", lambda s, t: bin_op(operator.sub)),
    (r"[*]", lambda s, t: bin_op(operator.mul)),
    (r"[/]", lambda s, t: bin_op(operator.truediv)),
    (r"[\^]", lambda s, t: bin_op(operator.pow)),
    (r"[=]", lambda s, t: assign_op()),
])


def assign_op():
    '''
    赋值操作函数：弹出一个变量名和一个值，将它们组成键/值对存入符号表
    如果 op2 是字符串，要先在符号表中查找它的值
    '''
    op2, op1 = stack.pop(), stack.pop()
    if type(op2) == str:      # 数据源可能是另一个变量
        op2 = sym_tab[op2]
    sym_tab[op1] = op2


def bin_op(action):
    '''
    二元运算函数：如果一个操作数是变量，要先在符号表中查找它并替换为
    相应的值，然后再进行运算
    '''
    op2, op1 = stack.pop(), stack.pop()
    if type(op1) == str:
        op1 = sym_tab[op1]
    if type(op2) == str:
        op2 = sym_tab[op2]


def main():
    a_list = open_rpn_file()
    if not a_list:
        print('Bye!')
        return
    for a_line in a_list:
        a_line = a_line.strip()
```

```
            if a_line:
                tokens, unknown = scanner.scan(a_line)
                if unknown:
                    print('Unrecognized input:', unknown)
    print(str(stack[-1]))

def open_rpn_file():
    '''
    打开源文件函数。打开一个文件，并将文件中的行读入列表
    然后将列表返回
    '''
    while True:
        try:
            fname = input('Enter RPN source: ')
            if not fname:
                return None
            f = open(fname, 'r')
            break
        except:
            print('File not found. Re-enter.')
    a_list = f.readlines()
    return a_list

main()
```

下面是一个示例会话。假设文件 rpn2.txt 包含以下内容：

```
side1 30 =
side2 40 =
sum side1 side1 * side2 side2 *+ =
sum 0.5 ^
```

这些 RPN 语句的作用是使用 30 和 40 作为输入，然后应用勾股定理计算，得到输出结果为 50.0。以下会话演示了程序的执行：

```
Enter RPN source: rpn2.txt
50.0
```

这个程序存在一些问题，如在程序中遇到的一些错误不会被正确报出。另外，如果程序的最后一条语句是赋值语句，则在理想情况下程序应该输出所赋的值，但事实上它不会这么做。

通过向 RPN 语法中添加 INPUT 和 PRINT 语句，可以解决这个问题（第 14 章介绍了该方法）。

在结束本主题之前，我们来回顾一下该 Python 程序的工作方式。首先，它创建了一个 Scanner 对象，第 7 章介绍过该对象。该对象查找单个项目或标记，并根据标记的种类采取不同的处理方式。

▶ 如果找到数字表达式，则将其转换为数字并放在堆栈中。

▶ 如果找到符号名称（即变量），则将其作为字符串放在堆栈中；之后，通过赋值操作，将其添加到符号表中。

▶ 如果找到运算符，则从堆栈中弹出两个最新的操作数并求值，然后将结果放回堆栈中。赋值运算符（=）是个例外，它不会在堆栈中放置任何内容。

这里的代码还有一个小的调整：如果从堆栈中弹出的是一个变量名，则需要在符号表中查找该变量名，并将操作数替换为该变量的值，然后再进行相应的运算。

注释▶ 浏览程序代码，你会注意到，用符号查找值的代码是重复的，因此这里可以放一个函数调用。为了能够适应不同的场景，编写的函数必须足够通用。在本项目中这种处理方式只节省几行空间，但这是一个合理的代码重构。例如，下面的代码：

```
if type(op1) == str:
    op1 = sym_tab[op1]
```

可以替换为如下的通用函数调用：

```
op1 = symbol_look_up(op1)
```

当然，需要自己定义这个函数。

◀ Note

∞

8.10　直接读 / 写二进制文件

下面我们来学习二进制文件的读 / 写。

当以二进制模式打开文件时，可以选择直接使用二进制数据类型读 / 写文件。该操作可以处理 **bytes** 类型的字符串。

在 Python 中，底层二进制读 / 写操作使用一些与文本文件操作相同的方法，

但数据类型为 **bytes**。

```
byte_str = file.read(size=-1)
file.write(byte_str)
```

byte_str 是 **bytes** 类型的字符串。在 Python 3.0 中，以二进制模式执行底层 I/O 操作时必须使用此类型。这种类型被视为一系列单字节数据而非字符编码。字符编码的长度可能会超过 1 字节。

要创建 **bytes** 字符串，可以在左引号前使用前缀 **b**。

```
with open('my.dat', 'wb') as f:
    f.write(b'\x01\x02\x03\x10')
```

此示例的作用是将 4 字节（十六进制值 1、2、3 和 10，最后一个值等价于十进制下的数字 16）写入文件 **my.dat** 中。请注意，该语句使用 "wb" 格式，即写模式和二进制模式的组合。

也可以将这些字节作为字节值列表写入文件，其中每个元素值都在 0~255 之间：

```
f.write(bytes([1, 2, 3, 0x10]))
```

然后关闭文件。还可以从文件中读取回这些字节：

```
with open('my.dat', 'rb') as f:
    bss = f.read()
    for i in bss:
        print(i, end=' ')
```

此示例代码会输出：

```
1 2 3 16
```

在大多数情况下，逐字节读取或写入文件都不是一种好的 Python 编程方法。单个字节可表示的值的范围是 0~255。但是更大的值需要使用多个字节来表示，而这些值与 Python 对象之间并没有通用、清晰的对应关系，诸如"小尾数"和字段大小等因素也会影响数据的存储格式。这就引出了程序可移植性的问题。

幸运的是，**struct**、**pickle** 和 **shelve** 软件包都可以在更高的抽象级别上完成数据与二进制文件之间的转换。在大多数情况下可以利用这些软件包来简化代码。

8.11 将数据转换为定长字段（struct）

如果要从头开始创建一个需要读取和写入新数据文件的应用程序，你会发现使用 **pickle** 接口最方便。

但是，如果需要与不是 Python 创建的二进制文件进行交互，则需要一个更底层的解决方案，该解决方案可以读写各种大小的整数和浮点数以及字符串。尽管可以像上一节所述的那样，一次读写一个字节来实现交互，但这样做不仅困难而且所写代码不可移植。

使用 **struct** 软件包可以将 Python 的内置数据类型打包为字节字符串，并且还可以从字节字符串中解包数据。它提供了许多可调用的函数。

```
import struct
bytes_str = struct.pack(format_str, v1, v2, v3...)
v1, v2, v3... = struct.unpack(format_str, bytes_str)
struct.calcsize(format_str)
```

struct.pack 函数接受一个格式字符串（参见表 8.2）以及一个或多个值作为输入，并返回一个可以写入二进制文件的 **bytes** 字符串。

struct.unpack 函数执行与 **struct.pack** 相反的操作，接受一个 **bytes** 类型的字符串输入并以元组形式返回一系列的值。值的数量和类型由 *format_str* 参数控制。

calcsize 函数返回 *format_str* 参数所需的字节数。*format_str* 是一个普通的 Python 字符串。

表 8.2 列出了可以作为函数参数出现在 *format_str* 位置的字符（请勿与第 5 章中的格式化字符混淆）。

表 8.2 用于打包和解包的通用数据格式

格式说明符	C 类型	Python 类型	占据空间
c	char	**bytes**	1
?	bool	**bool**	1
h	short	**int**	2
H	unsigned short	**int**	2
l	long	**int**	4
L	unsigned long	**int**	4
q	long long	**int**	8
Q	unsigned long	**int**	8
f	float	**float**	4

格式说明符	C 类型	Python 类型	占据空间
d	double	**float**	8
ints	char[ ]	**str**	*int* length
p	Pascal 字符串类型；更多信息，请参见在线 帮助文档		

表 8.2 在第二列中列出了对应的 C 语言数据类型。许多其他语言中都有与这些类型对应的短整型 / 长整型以及短浮点数 / 长浮点数等概念。但是，Python 中整数长度不是固定的，必须进行"打包"操作，如本节中所述。

注释 ▶ 整数前缀可以应用于字符串以外的其他字段。例如，'3f' 的含义与 'fff' 的含义相同。

◀ Note

要使用 **struct** 软件包写入二进制文件，可以按照下列步骤操作：

▶ 以二进制写入模式（'wb'）打开文件。

▶ 如果要写入字符串，先使用字符串类的 **encode** 方法将其转换为字节字符串。

▶ 使用 **struct.pack** 函数将所有数据打包为一个字节字符串。需要使用表 8.2 中列出的一个或多个数据格式说明符完成打包，例如 'h' 表示 16 位长度的整数。所有字符串都应该按照步骤 2 中的说明提前完成编码转换。

▶ 最后，使用文件对象的 **write** 方法将字节字符串写入文件中。

使用 **struct** 软件包从二进制文件中读取数据的过程与此类似：

▶ 以二进制读取模式（'rb'）打开文件。

▶ 读入字节字符串。必须指定要读取的字节数，因此需要提前知道数据的字节数。可以使用 **struct.calcsize** 函数，根据格式字符串（基于表 8.2 中的格式说明符）来确定字节数。

```
bss = f.read(struct.calcsize('h'))
```

▶ 使用 **struct.unpack** 函数将字节字符串解包为包含值的元组。即使元组中只有一个元素，也需要使用索引来访问该元素。下面是一个例子：

```
tup = unpack('h', bss)
return tup[0]
```

◗　如果要将步骤 3 中读入的字节字符串赋值给普通 Python 字符串，则可以使用字节（**bytes**）类的 **decode** 方法将其转换成字符串。

　　因为这些技术处理的是底层的字节排列，所以还需要考虑大尾数、小尾数和字符填充等问题。我们先来解决下面几个特定问题：

◗　一次读 / 写一个数字。

◗　一次读 / 写多个数字。

◗　读 / 写固定长度的字符串。

◗　读 / 写可变长度的字符串。

◗　读 / 写混合类型的数据。

8.11.1　一次读 / 写一个数字

　　一次读取和写入一个数字（在此示例中为整数）很容易办到，但在读取过程中，请记住返回值是一个元组，即使元组内只有一个元素，也需要通过索引才能获取值。

```python
from struct import pack, unpack, calcsize

def write_num(fname, n):
    with open(fname, 'wb') as f:
        bss = pack('h', n)
        f.write(bss)


def read_num(fname):
    with open(fname, 'rb') as f:
        bss = f.read(calcsize('h'))
        t = struct.unpack('h', bss) ? ? ?
        return t[0]
```

　　有了这些定义，可以将单个整数读 / 写到文件中，前提是这些整数可以存为短整数格式（占 16 位）。较大的数值需要使用大数据格式。

　　以下是一个例子：

```python
write_num('silly.dat', 125)
print(read_num('silly.dat'))  # 打印数字 125
```

8.11.2 一次读/写多个数字

此问题与上一节的问题类似。但是，因为 **read** 函数返回多个数字，所以最简单的解决方案是将该函数的返回值解释为元组。这次我们使用 3 个浮点数。

```python
from struct import pack, unpack, calcsize

def write_floats(fname, x, y, z):
    with open(fname, 'wb') as f:
        bss = pack('fff', x, y, z)
        f.write(bss)

def read_floats(fname):
    with open(fname, 'rb') as f:
        bss = f.read(calcsize('fff'))
        return unpack('fff', bss)
```

请注意，在此示例中，`'fff'` 可以替换为 `'3f'`。下面代码说明了如何使用这些函数一次读写 3 个浮点数。

```python
write_floats('silly.dat', 1, 2, 3.14)
x, y, z = read_floats('silly.dat')
print(x, y, z, sep='    ')
```

程序会输出如下 3 个值，其中最后一个值有明显的舍入误差。

```
1.0    2.0    3.140000104904175
```

8.11.3 读/写固定长度的字符串

被认为是最容易处理的字符串，却给二进制存储带来了特殊问题。首先，由于不能假设 Python 字符串使用单字节格式，因此有必要对其进行编码或解码以获取字节字符串。

其次，由于字符串长度不同，因此在进行二进制操作时会出现应该读取或写入多少个字符的问题。这不是一个小问题，但至少有两种方案可以解决。一种解决方案是在函数调用中指定要读取或写入的字符数。

```python
from struct import pack, unpack, calcsize
def write_fixed_str(fname, n, s):
    with open(fname, 'wb') as f:
        bss = pack(str(n) + 's', s.encode('utf-8'))
```

```
                f.write(bss)

        def read_fixed_str(fname, n):
            with open(fname, 'rb') as f:
                bss = f.read(n)
                return bss.decode('utf-8')
```

这两个函数必须提前约定要读取或写入字符串的长度。因此，它们必须完全同步。

当 write_fixed_str 函数调用 **pack** 函数时，该函数会自动截断或用空字节填充字符串，使字符串的长度为 n。

```
        write_fixed_str('king.d', 13, "I'm Henry the VIII I am!")
        print(read_fixed_str('king.d', 13))
```

程序的第二行仅读取了 13 个字符，因为只有 13 个字符可读取。最后输出为：

```
        I'm Henry the
```

8.11.4　读/写可变长度的字符串

这个问题比上一节中的问题更加复杂，因为用户可以给函数的参数提供任何字符串，而函数要写入或读取正确数量的字节。

```
        from struct import pack, unpack, calcsize

        def write_var_str(fname, s):
            with open(fname, 'wb') as f:
                n = len(s)
                fmt = 'h' + str(n) + 's'
                bss = pack(fmt, n, s.encode('utf-8'))
                f.write(bss)

        def read_var_str(fname):
            with open(fname, 'rb') as f:
                bss = f.read(calcsize('h'))
                n = unpack('h', bss)[0]
                bss = f.read(n)
                return bss.decode('utf-8')
```

在 write_var_str 函数中使用了一些技巧。首先，创建 hnums 字符串格式说明符。在下一个示例中，格式说明符为 h24s，表示"写（然后读）一个整数，后跟 1 个长度为 24 的字符串。"

然后，read_var_str 函数读取一个整数（在本例中为 24），并使用该整数确定要读入的字节数。最后，将这些字节解码回标准的 Python 文本字符串。

下面是一个相关示例：

```
write_var_str('silly.dat', "I'm Henry the VIII I am!")
print(read_var_str('silly.dat'))
```

输出为：

```
I'm Henry the VIII I am!
```

8.11.5 读 / 写字符串和数字的组合

下面是两个用于读取和写入由 1 个长度为 9 的字符串、1 个长度为 10 的字符串和 1 个浮点数组成的内容的函数定义：

```python
from struct import pack, unpack, calcsize

def write_rec(fname, name, addr, rating):
    with open(fname, 'wb') as f:
        bname = name.encode('utf-8')
        baddr = addr.encode('utf-8')
        bss = pack('9s10sf', bname, baddr, rating)
        f.write(bss)


def read_rec(fname):
    with open(fname, 'rb') as f:
        bss = f.read(calcsize('9s10sf'))
        bname, baddr, rating = unpack('9s10sf', bss)
        name = bname.decode('utf-8').rstrip('\x00')
        addr = baddr.decode('utf-8').rstrip('\x00')
        return name, addr, rating
```

下面是两个函数的用法：

```python
write_rec('goofy.dat', 'Cleo', 'Main St.', 5.0)
print(read_rec('goofy.dat'))
```

如我们期望的一样，最后输出以下元组：

```
('Cleo', 'A Str.', 5.0)
```

注释 ▶　**pack** 函数的优点是可以根据需要对数据进行填充，从而确保数据类型正确对齐。例如，四字节长的浮点值需要从 4 的倍数的地址开始存放。在前面的示例中，**pack** 函数添加了额外的空字节，以便浮点值从对齐的地址开始存放。

　　但是，即使使用 **pack** 函数将单个记录中的所有内容对齐，也不一定能保证下一个记录的写入和读取正确。如果最后写入或读取的条目是不对齐的字符串，则有必要用字节填充每个记录。例如，考虑以下记录：

```
bss = pack('ff9s', 1.2, 3.14, 'I\'m Henry'.encode('utf-8'))
```

　　填充（padding）是一个难题，有时我们不得不担心这个问题。Python 官方规范里介绍说写（write）操作的对齐方式会与最后写入对象的对齐方式一致。如果需要，Python 会添加额外的字节。

　　因此，要使结构的末端满足特定类型（例如，浮点数）的对齐要求，请在格式字符串的末尾添加该类型的代码。如果需要，最后一个对象的重复次数可以为 0。在以下情况下，意味着需要写入一个虚拟的浮点值（"phantom floating-point"）以保证与要写入的下一个浮点类型对齐。

```
bss = pack('ff9s0f', 1.2, 3.14, 'I\'m Henry'.encode('utf-8'))
```

◀ Note

8.11.6　底层细节——高位优先和低位优先

考虑写入三个整数的问题。

```
import struct

with open('junk.dat', 'wb') as f:
    bstr = struct.pack('hhh', 1, 2, 100)
    datalen = f.write(bstr)
```

　　变量 **datalen** 存储实际写入文件的字节数，它的值为 6。也可以使用 **calcsize** 函数得到这个值。这是因为数字 1、2 和 100 分别被写为 2 字节的整数（即格式 **h**）。在 Python 中，这样的整数会占用更多的空间。

　　可以使用下面的代码从文件中读取这些值：

```
with open('junk.dat', 'rb') as f:
```

```
        bstr = f.read(struct.calcsize('hhh'))
        a, b, c = struct.unpack('hhh', bstr)
        print(a, b, c)
```

运行该语句块之后，获得变量 a、b 和 c 的值如下，可以看出与写入的值相同：

```
1 2 100
```

下一个示例是一种更有趣的情况：两个整数，后面跟一个长整数。在这个例子之后，我们会讨论其复杂性。

```
with open('junk.dat', 'wb') as f:
    bstr = struct.pack('hhl', 1, 2, 100)
    datalen = f.write(bstr)

with open('junk.dat', 'rb') as f:
    bstr = f.read(struct.calcsize('hhl'))
    a, b, c = struct.unpack('hhq', bstr)
```

这个例子像前一个示例一样（除了它使用 **hhl** 格式替代 **hhh** 格式），输出的字节字符串 bstr 揭示了一些重要的细节：

```
b'\x01\x00\x02\x00\x00\x00\x00\x00d\x00\x00\x00\x00\x00\
x00\x00'
```

需要注意以下几点。

▶ 如果仔细看一下字节的排列，你就会发现此示例和之前的示例（查看字节字符串）都使用了低位优先字节排列：在整数字段中，最低有效位放在最前面。在我的计算机上是这样的，我的计算机使用 Motorola 处理器和 Macintosh 系统。不同的处理器可能使用不同的标准。

▶ 其次，由于长整数（等于 100 或编码后的十六进制值 d）必须从 64 位开始存放，因此在第二个参数和第三个参数之间放置 4 字节的填充数据。上一节提到了此问题。

当你的系统以低位优先（little-endian）的方式读取由高位优先（big-endian）系统生成的数据文件时就会出现错误，反之亦然。不过使用 **struct** 函数，可以在格式字符串的开头指定使用高位优先还是低位优先方式。表 8.3 列出了用于处理二进制数据的底层模式。

表 8.3　底层读 / 写模式

符号	含义
<	低位优先
>	高位优先
@	由本地计算机决定

例如，要将两个短整数和一个长整数打包成 1 字节字符串，指定低位优先存储，则可以使用以下代码：

```
with open('junk.dat', 'wb') as f:
    bstr = struct.pack('<hhl', 1, 2, 100)
    datalen = f.write(bstr)
```

8.12　使用 pickle 软件包

前面的内容让你筋疲力尽了吗？ pickle 软件包提供了一种更简单的读取和写入数据文件的方式。

从概念上讲，pickle 数据文件可以被看作一系列 Python 对象，每个对象都在一个pickle的“黑匣子”中。由于对象存放在磁盘上，所以无法进入这些对象中（或者至少不能轻易做到）。也不需要这样做，只需逐个读取或写入它们即可。

图 8.3 提供了这种数据文件排列的概念图。

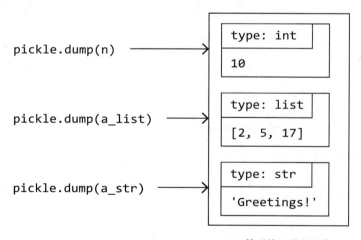

pickle管理的二进制文件

图 8.3　pickle 数据文件

该协议的优点在于，当你将数据读回到程序中时，可以将它们读为全功能的对象。要查询读取的每个对象的类型，可以使用 **type** 函数，也可以直接将对象传递给 **print** 函数。

pickle 软件包支持以下两个函数：

```
import pickle
pickle.dump(value, file_obj)    # 向文件中写入对象
value = pickle.load(file_obj)    # 从文件中读取对象
```

使用这种方法，你只需要知道你在读 / 写 Python 对象即可，尽管它们可能是很大的集合。你甚至不必事先知道正在读 / 写对象的类型，因为可以通过函数来得知对象的类型。

例如，以下代码写入了 3 个 Python 对象。在这个示例中，它们是一个列表、一个字符串和一个浮点值。

```
import pickle
with open('goo.dat', 'wb') as f:
    pickle.dump([1, 2, 3], f)
    pickle.dump('Hello!', f)
    pickle.dump(3.141592, f)
```

假设由其他 Python 应用程序使用 **pickle** 软件包读取该文件，读取过程简单且可靠。例如，以下代码从文件 **goo.dat** 中读取这三个对象，并输出它们的类型和字符串表示形式。

```
with open('goo.dat', 'rb') as f:
    a = pickle.load(f)
    b = pickle.load(f)
    c = pickle.load(f)
    print(type(a), a)
    print(type(b), b)
    print(type(c), c)
```

输出为：

```
<class 'list'> [1, 2, 3]
<class 'str'> Hello!
<class 'float'> 2.3
```

pickle 软件包不是读取简单的字节序列，它会将 Python 对象及其所有内容一同载入。你可以对这些对象执行许多操作，包括获取对象的类型以及获取集合对象的长度。

```
if type(a)==list:
    print('The length of a is ', a)
```

使用 pickle 软件包唯一的问题是，当你打开一个文件时，可能不知道文件中有多少个对象。一种解决方案是加载尽可能多的对象，直到程序引发 **EOFError** 异常为止。下面是一个例子：

```
loaded = []
with open('goo.dat', 'rb') as f:
    while True:
        try:
            item = pickle.load(f)
        except EOFError:
            print('Loaded', len(loaded), 'items.')
            break
        print(type(item), item)
        loaded.append(item)
```

8.13　使用 shelve 软件包

shelve 软件包在 **pickle** 接口的基础上构建了一个文件对象的数据库。前者包含后者的功能，因此不用同时导入两个包。

```
import shelve
```

这个软件包的接口很简单。你需要做的就是通过 **shelve.open** 打开文件，建立文件到 **shelve** 接口的通道。可以将函数返回的对象用作一个虚拟字典。

shelf_obj = **shelve.open(***db_name***)**

可以将 shelf_obj 变量命名为任何名称。*db_name* 参数值与文件名相同，但去掉 ".db" 扩展名，该扩展名会被自动添加到文件名称中。

成功调用此函数后，会创建数据库文件（如果之前不存在），且文件保持打开状态供读/写操作。

后续操作也很简单。函数返回对象被存储在一个变量中，你可以像使用其他字典类型变量一样使用它。下面是一个示例，在本例中，返回对象被存储在变量 nums 中：

```
import shelve
nums = shelve.open('numdb')
```

```
nums['pi'] = (3.14192, False)
nums['phi'] = (2.1828, False)
nums['perfect'] = (6, True)
nums.close()
```

注意，在本例中，通过变量 num 引用字典。但是与使用普通字典不同的是，使用该字典完毕后要调用 **close** 方法将其关闭。**close** 方法可以清空缓冲区并将所有待处理的操作写入磁盘文件中。

可以随时重新打开存储在磁盘上的字典对象。例如，下面我们用一个简单的循环输出所有的键。

```
nums = shelve.open('numdb')
for thing in nums:
    print(thing)
```

根据之前放到字典中的数据，此循环将输出以下键值：

```
pi
phi
perfect
```

当然，也可以输出单个值。

```
print(nums['pi'])
```

该语句将输出与键 "pi" 关联的值。

```
3.14192
```

最后，在使用 **shelve** 接口打开字典后，必须手动将其关闭，这个操作会强制将所有未完成的更改写入文件。

```
nums.close()
```

shelve 接口遵循以下规则：

▶ 函数返回值是像其他字典一样的数据字典，但是它的键必须是字符串，不支持其他类型的键。

▶ 通常情况下，与键关联的值可以是任何数据类型，但必须是可以使用 **pickle** 软件包序列化的（pickleable）值。

▶ 字典的名称必须是一个简单名称，**shelve** 接口会在字典名后面自动添加 ".db" 扩展名，并以该名称作为文件名将数据储存在磁盘上。但是，在 Python 代码中不需要使用扩展名。

使用 shelve 接口的优点在于，对于非常大的数据集，它可能比 pickle 软件包或其他访问方式更快，更高效。在处理大数据集时，shelve 接口不会一次读取整个字典；它会查看索引以确定值的位置，然后自动将文件指针移动到这个位置。

注释 ▶ 在默认情况下，当使用 shelve 接口访问文件时（如使用 stuff['Brian']），获取的是数据的副本，而不是原始数据。因此，如果 my_item 是一个列表，则下面的代码不会更改文件的内容：

```
d[key].append(my_item)
```

但是，下面的语句会引起文件更改：

```
data = d[key]
data.append(my_item)
d[key] = data
```

◀ Note

总结

Python 支持使用灵活、简单的技术来读写文本文件和二进制文件。二进制文件不是为了将数据表示为可输出字符，它是直接存储数值的文件。

二进制文件没有通用的格式。在使用二进制文件时，确定格式标准并以该格式将数据写入文件是重要的一步。Python 提供了几个更高级的处理二进制文件的方法。

struct 软件包通过将 Python 值转换为固定长度的常规数据字段来进行读取和写入。**pickle** 软件包可以将 Python 对象写入磁盘并读取。**shelve** 软件包将磁盘文件视为一个大数据字典，其中的数据的键必须为字符串。

Python 还支持通过 **os** 软件包（包括 **os.path** 子包）与文件系统进行交互。这些软件包提供了查找和删除文件以及读取目录系统的函数。在 IDLE 中，可以通过 **help(os)** 和 **help(os.path)** 来了解函数的具体功能。

习题

1 总结文本文件和二进制文件之间的区别。

2 在哪些情况下,使用文本文件是最佳解决方案?在哪些情况下,使用二进制文件会更好?

3 使用二进制操作直接将 Python 整数写入磁盘时会遇到哪些问题?

4 说出使用 `with` 关键字打开文件的优点。

5 读取一行文本时,Python 是否会读取句尾的换行符?当写入一行文本时,Python 是否会在句尾自动添加换行符?

6 哪些文件操作支持随机访问?

7 什么时候最适合使用 `struct` 软件包?

8 什么时候使用 `pickle` 软件包是最好的选择?

9 什么时候使用 `shelve` 软件包是最好的选择?

10 与使用其他数据字典相比,使用 `shelve` 软件包时有什么特殊限制?

推荐项目

1 按照 8.9.3 节所述,对代码进行重构,使其变得更简单,更高效。

2 编写一个程序,返回当前目录中所有扩展名为 ".py" 的文件列表。

3 修改 8.9.3 节中 RPN 解释器的示例代码,以捕捉更多运行时错误。尝试识别 RPN 语法错误。

4 编写两个配合使用的程序:一个程序以固定长度的二进制格式写入记录,另一个程序以相同的格式读取记录。使用的格式是 20 个字符的 name 字段、30 个字符的 address 字段和 3 个 16 比特的整数字段,分别表示年龄、薪水和绩效等级(1~10)。"写入"程序应提示用户输入任意数量的此类记录,直到用户退出为止。"读取"程序应将所有记录从文件读取到列表中。

5 使用 `pickle` 软件包编写以上读/写程序。

9 类和魔术方法

Python 语言中有类的概念。在编程语言的世界中，这意味着用户可以自定义类型并赋予它们能力。一个类是由它能做的事情来定义的。大多数现代编程语言都具有此特性。Python 的类有一些不同。它有一种被称为魔术方法的东西，魔术方法可在特定情况下被自动调用。

用 Python 编写类非常简单，但想精通 Python 的类并不容易。

9.1 类和对象的基础语法

下面是用 Python 编写类的基本语法。

```
class class_name:
    statements
```

这里的 statements 可以包括一个或多个语句。statements 不能为空，但可以使用 **pass** 关键字来表示没有操作。当你暂时不想对类的行为进行定义时，可以使用 **pass** 作为占位符。

例如，我们可以这样定义 Car 类：

```
class Car:
    pass
```

这样定义 Dog 和 Cat 类：

```
class Dog:
    pass

class Cat:
    pass
```

265

那么我们如何使用 Python 中的类呢？可以创建该类的任意数量的实例。以下语句创建了三个 Car 类的实例：

```
car1 = Car()
car2 = Car()
car3 = Car()
```

也可以创建 Dog 类的实例：

```
my_dog = Dog()
yr_dog = Dog()
```

到目前为止，这些实例什么都没做。我们可以为类创建变量，这些变量被称为类变量，类的所有实例都共享这些变量。

例如，假设 Car 类是这样定义的：

```
class Car:
    accel = 3.0
    mpg = 25
```

现在，输出 Car 类的每个实例：

```
print('car1.accel = ', car1.accel)
print('car2.accel = ', car2.accel)
print('car1.mpg = ', car1.mpg)
print('car2.mpg = ', car2.mpg)
```

输出结果如下：

```
car1.accel = 3.0
car2.accel = 3.0
car1.mpg = 25
car2.mpg = 25
```

需要注意的是，Car 类的任何实例都可为变量 accel 赋值。这样做会覆盖类变量的值（这里是 3.0）。我们可以创建一个实例 my_car，并为类变量 accel 赋值。

```
my_car = Car()
yr_car = Car()
my_car.accel = 5.0
```

图 9.1 说明了这种关系。在 my_car 对象中，accel 已成为实例变量；在 yr_car 中它仍然是一个类变量。

Car class

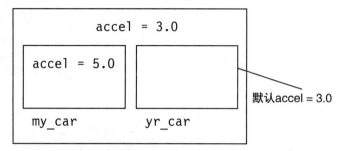

图 9.1 类变量和实例变量

9.2 Python 中的实例变量

与其他语言不同，Python 的实例变量不是在类中创建的，至少不是直接在类中创建的。实例变量是临时添加的，或者是通过 **__init__** 方法添加的。

与创建普通变量一样，可以使用赋值语句来创建实例变量。需要使用点号语法来创建实例变量，语法示例如下：

object.var_name = value

例如，可以创建一个名为 Dog 的类，并创建一个实例，然后为该实例添加多个属性（即示例变量）。

```
class Dog:
    pass

my_dog = Dog()  # 创建 Dog 实例
my_dog.name = 'Champ the Wonder Dog'
my_dog.breed = 'Great Dane'
my_dog.age = 5
```

现在三个数据变量被附加到名为 **my_dog** 的对象上。可以用同样的方式访问它们。

```
print('Breed and age are {} and {}.', my_dog.breed,
my_dog.age)
```

此语句输出：

```
Breed and age are Great Dane and 5.
```

此时，name、breed 和 age 都只是 my_dog 对象的属性。如果创建其他 Dog 对象，则它们不一定具有这些属性（即实例变量）。但是，我们可以选择将这些相同的属性附加到另一个 Dog 对象上。

```
yr_dog = Dog()
top_dog = Dog()
hot_dog = Dog()
hot_dog.name = 'Hotty Totty'
hot_dog.breed = 'Dachshund'
```

如何确保同一个类的每个对象都具有这些属性（实例变量）呢？我们可以使用 __init__ 方法！

9.3 __init__ 和 __new__ 方法

对于每个类来说，在创建它的实例时，都会自动调用它的 __init__ 方法（如果已定义）。可以使用此方法来确保类的每个实例都具有相同的通用变量集。但每个实例变量都有自己的值。

```
class class_name:
    def __init__(self, args):
        statements
```

self 不是关键字，而是第一个参数的名称，它是对实例对象的引用。该参数也可以使用任何其他合法名称，但是使用 self 是一种惯例。

args 是方法的参数，在创建对象时会将其传递到方法内部，如果 args 包含多个参数，则以逗号分隔。我们可以修改 Dog 类的定义，为它添加 __init__ 方法。

```
class Dog:
    def __init__(self, name, breed, age):
        self.name = name
        self.breed = breed
        self.age = age
```

当创建 Dog 类的对象实例时，必须提供三个参数，这些参数会被传递给 init 方法。下面是一个例子：

```
top_dog = Dog('Handsome Dan', 'Bulldog', 10)
```

上面的语句创建一个名为 top_dog 的 Dog 对象，然后调用类的 **__init__** 方法。这里 **__init__** 方法的作用是为实例变量赋值，效果和执行以下语句一样：

```
top_dog.name = 'Handsome Dan'
top_dog.breed = 'Bulldog'
top_dog.age = 10
```

也可以创建另一个名为 good_dog 的对象，让该对象将不同的参数传递给 **__init__** 方法。

```
good_dog = Dog('WonderBoy', 'Collie', 11)
```

通常，**__init__** 方法的代码结构类似下面这样，当然也可以根据需要执行其他初始化工作。

```
class class_name:
    def __init__(self, val1, val2, ...):
        self.instance_var1 = val1
        self.instanct_var2 = val2
        ...
```

Python 实际上使用 **__new__** 方法创建对象，但是在大多数时候，只需要实现 **__init__** 方法即可。但是有以下两种意外情况：

▶ 当你想使用一些特殊的技巧来分配内存时。这是本书未涵盖的高级内容，但通常很少有人用到。

▶ 尝试对不可变或内置类进行继承时。这是一个更常见的问题，在 10.12 节中会详细介绍。

9.4 类和前向引用问题

就像 Python 中的函数有前向引用的问题一样，Python 类也有这个问题。所以在 Python 中必须在实例化类之前对其进行定义。

在下面的例子下，对类的引用会遇到问题。

```
class Marriage:
    def __init__(self):
        self.wife = Person('f')
        self.husband = Person('m')
```

```
a_marriage = Marriage() # 实例化类

class Person:
    def __init__(self, gender):
        self.gender = gender
```

这段程序不能正常运行，会引发异常。你应该能够发现问题：前几行代码能够正常运行，即定义了 Marriage 类。第 6 行尝试实例化该类并创建 **a_marriage** 对象。

创建 Marriage 类的实例时应该没有问题。但是，当创建好对象之后并调用它的 **__init__** 方法时，该方法会尝试创建名为 wife 和 husband 的 Person 对象，此时就会出现问题。因为 Person 类尚未定义，所以还不能用于创建新对象。

解决这个问题的方法很简单：只需将第 6 行移到代码末尾即可。这样，保证在实例化之前两个类都被定义了。

```
a_marriage = Marriage()
```

通常，如果遵循下面的规则，就不会产生类的前向引用问题。

▶ 确保在实例化任何类之前已定义类。这是最重要的。

▶ 对于相互实例化或实例化自己的情况，要格外小心。尽管有办法可以做到，但应该尽量避免这种做法。

▶ 一个包含其他类的类或包含对其他类实例引用的类（单向引用）通常不会产生问题，但是要当心上一条中提到的两个类相互引用的情况。

9.5 Python 中的方法

方法（method）与函数（function）在几个方面有所不同。首先，方法是在类中定义的。这是它们为方法的根本原因。

```
my_obj.a_method(12)
```

其次，每次通过类的实例调用方法时，都会传递一个隐藏参数 **self**，它是对实例对象本身的引用。

下面是方法定义（必须出现在类中）与方法调用的语法对比。

```
class class_name:
    def method_name(self, arg1, arg2, arg3...):
        statements

obj_name = class_name()
obj_name.method_name(arg1, arg2, arg3...)
```

可以看到，方法的定义（不是方法的调用）中第一个参数 **self** 在方法调用时被隐藏了，因此在方法定义时需要多写一个参数。

例如，我们来看下面的类定义：

```
class Pretty:

    def __init__(self, prefix):
        self.prefix = prefix

    def print_me(self, a, b, c):
        print(self.prefix, a, sep='')
        print(self.prefix, b, sep='')
        print(self.prefix, c, sep='')
```

定义类之后，可以创建类的实例并使用它进行测试。在这里，调用方法时比定义方法时少写一个参数，因为在方法定义中明确包含了 **self**，而调用方法时 **self** 被隐式传递了。

```
printer = Pretty('-->')
printer.print_me(10, 20, 30)
```

该代码输出：

```
-->10
-->20
-->30
```

还要注意的是，在方法定义中，实例本身通过 **self** 来引用，实例变量通过 **self.**name 来引用。

9.6　公有和私有变量与方法

面向对象编程的目的之一是封装，即将类的内部内容对外界隐藏。

Python 的哲学与此观点背道而驰。作为一种脚本语言，Python 倾向于公开所有内容，让程序员可以尝试任何事情。与其他语言相比，Python 的安全检查和类型检查更少。

但是，在 Python 中有一个有用的约定。以下画线（_）开头的变量和方法为私有变量和方法。此外，以双下画线（__）开头的变量和方法（本章稍后会介绍的"魔术方法"除外）不可访问。Python 通过名称修饰（*name mangling*）来实现上述限制。

下面用一个简单的例子来说明这是如何工作的。请注意，无法从外部访问类定义中的变量 x 和 y。但是，在类内部，可以访问所有 3 个变量（包括 __z）。

```python
class Odd:
    def __init__(self):
        self.x = 10
        self.y = 20
        self.__z = 30

    def pr(self):
        print('__z = ', self.__z)
```

根据该类的定义，以下语句可以完美运行，且运行结果符合我们的预期。

```python
o = Odd()
o.x      # 10
o.y      # 20
```

但是以下表达式会引发异常：

```python
o.__z # 错误!
```

最后一个表达式引发错误的原因是，Python 已经通过名称修饰将变量名称 z 替换为由类名和变量名组合而成的新名称，所以你仍希望通过 z 引用原变量就会引起错误。

但是仍然可以在同一个类的方法定义中访问 __z，而不会产生错误，这就是 pr 方法仍然有效的原因。同一个类中的变量和方法始终可在类中访问。但是请记住，在 Python 中，这些类内部的引用需要使用 **self** 进行限定。

9.7　继承

Python 支持继承，也称为"子类化"。假设你有一个哺乳动物（Mammal）类，其中定义了在程序中需要使用的大多数方法。我们需要添加或更改其中一些方法。例如，你可能想创建一个 **Dog** 类，该类的实例除了可以执行哺乳动物可以执行的操作外，还支持一些其他的操作。

下面是继承一个基类的单继承语法。

class *class_name*(*base_class*):
    statements

上面代码创建一个新类 *class_name*，该类继承了所有属于 *base_class* 类的变量和方法。在 *statements* 中可以添加新的变量和方法定义，也可以覆盖已有的定义。

Python 中的每个变量和方法的名称都是多态的。名称在程序运行时才被解析。因此，可以调用任何对象的任何方法，它们都会被正确解析。

例如，以下示例中类的层次结构涉及一个基类 Mammal 和两个子类 Dog 和 Cat。子类从 Mammal 继承 **__init__** 和 call_out 方法，但是每个子类都实现了自己的 speak 方法。

```
class Mammal:
    def __init__(self, name, size):
        self.name = name
        self.size = size

    def speak(self):
        print('My name is', name)

    def call_out(self):
        self.speak()
        self.speak()
        self.speak()

class Dog(Mammal):
    def speak(self):
        print('ARF!!')

class Cat(Mammal):
    def speak(self):
        print('Purrrrrrr!!!!')
```

基于以上类的定义，下面的代码可以正常工作：

```
my_cat = Cat('Precious', 17.5)
my_cat.call_out()
```

最后输出如下:

```
Purrrrrrr!!!!
Purrrrrrr!!!!
Purrrrrrr!!!!
```

Dog 和 Cat 类继承了基类的 **__init__** 方法,其与 C++ 语言中的构造函数不同。但这带来了一个问题:如果我们想尽可能地利用基类的 **__init__** 方法,但在子类中又需要进行额外的初始化操作该怎么办?

解决方法是为子类编写新的 **__init__** 方法,并按如下方式调用基类的 **__init__** 方法。这样会调用所有超类的初始化方法,甚至包括那些间接继承的方法:

```
super().__init__
```

例如,在 Dog.__init__ 的定义中会初始化 breed 变量,并调用 super().__init__ 进行其余的初始化工作。

```
class Dog(Mammal):
    def speak(self):
        print('ARF!')

    def __init__(self, name, size, breed):
        super().__init__(name, size)
        self.breed = breed
```

9.8 多重继承

Python 语法很灵活,其支持多重继承。这使我们可以创建一个从两个或多个基类继承的类。

```
class class_name(base_class1, base_class2, ...):
    statements
```

例如,在以下类的定义中,Dog 类不仅继承 Mammal 类,同时还继承其他两个类。

```
class Dog(Mammal, Pet, Carnivore):
    def speak(self):
        print('ARF!')
```

```
def __init__(self, name, size, breed):
    Mammal.__init__(self, name, size)
    self.breed = breed
```

Dog 类现在不仅继承 Mammal 类，而且还继承 Pet 和 Carnivore 类。因此，Dog 类的每个实例（即每个 Dog 对象）自动包含 Pet 和 Carnivore 类以及 Mammal 类的属性。

在上面的例子中，在对象初始化时仅调用了 Mammal.__init__ 方法。但是也可以调用其他基类的初始化方法。例如，可以传入 nickname 并在 Pet.__init__ 中初始化它：

```
def __init__(self, name, size, nickname, breed):
    Mammal.__init__(self, name, size)
    Pet.__init__(self, nickname)
    self.breed = breed
```

在进行多重继承时可能会发生冲突。例如，如果你编写一个从 3 个不同基类继承的类，只要在 3 个基类中未定义相同名称的方法和类变量就不会产生问题。但如果在不同基类中使用相同的方法名称或类变量名称，则可能会发生冲突。

9.9 魔术方法总结

在 Python 中，许多方法名称具有预定的意义。所有这些方法名称都使用双下画线前缀和后缀（它们被称为 *dunder* 方法）。因此，保证避免在自己命名的方法名称中使用双下画线，则能避免与这些方法名称发生冲突。

使用预定义名称的方法也被称为魔术方法（magic method）。我们可以像调用其他任何方法一样调用这些魔术方法，但是在某些条件下它们会被自动调用。

例如，在创建类的实例时，会自动调用 __init__ 方法。该方法通常将每个参数（除 **self** 外）分配给实例变量。

魔术方法大体包括以下几类：

▶ __init__ 和 __new__ 方法，它们被自动调用以初始化和创建对象。这已在 9.3 节中介绍过。

▶ 对象表示方法，包括 __format__、__str__ 和 __repr__。这些方法将在 9.10.1 节和 9.10.2 节中介绍。

▶ 比较方法，例如 __eq__（相等性测试）、__gt__（大于）、__lt__（小于）以及其他相关方法。这些方法在 9.10.3 节中介绍。

▶ 二元运算符方法，包括 **__add__**、**__sub__** 和 **__mult__**，3 种除法（**__floordiv__**、**__truediv__** 和 **__divmod__**）和 **__pow__**。这些方法在 9.10.4 节中介绍。

▶ 一元运算符方法，包括 **__pos__**、**__neg__**、**__abs__**、**__round__**、**__floor__**、**__ceil__** 和 **__trunc__**。这些方法在 9.10.5 节中介绍。

▶ 位运算符方法，包括 **__and__**、**__or__**、**__lshift__** 等。大多数 Python 程序员都不需要实现这些方法，因为它们仅对整数类型（int）有意义，而整数类型已经支持这些方法了。因此，本书中不会介绍这些方法。

▶ 反向方法，包括 **__radd__**、**__rsub__**、**__rmult__**，以及其他以 **r** 开头的方法。当你希望你创建的类能与另一个类（它不认识你的类）在一起做运算时，就需要实现这些方法。当你的对象作为右操作数时会调用这些方法。这些方法在 9.10.6 节中介绍。

▶ 就地（in-place）赋值运算符方法，包括 **__iadd__**、**__isub__**、**__imult__** 以及其他以 **i** 开头的方法。这些方法支持 **+=** 之类的赋值操作，从而实现就地赋值。如果你没有编写此类方法，则也可以使用 **+=** 操作符，但此时是一个重新赋值操作。这些方法在 9.10.7 节中介绍。

▶ 转换方法，**__int__**、**__float__**、**__complex__**、**__hex__**、**__orc__**、**__index__** 和 **__bool__**。这些方法在 9.10.8 节中介绍。

▶ 容器类方法，使用这类方法可以创建自己的容器。容器类方法包括 **__len__**、**__getitem__**、**__setitem__**、**__delitem__**、**__contains__**、**__iter__** 和 **__next__**。这些方法在 9.10.9 节中介绍。

▶ 上下文和序列化（pickling）方法，包括 **__getstate__** 和 **__setstate__**。通常，只要对象的所有元素都是可序列化的，那么这个对象就是可序列化的。这类方法一般用来处理特殊情况，它们不在本书的讨论范围。

▶ **__call__** 方法，该方法可以使类的实例直接作为函数被调用。

9.10　魔术方法详解

这一节详细介绍各种魔术方法的用法，这些方法对于中高级的 Python 程序员可能会有用。如上所述，部分魔术方法不会在本节中介绍，因为大多数 Python 程序员一般不需要实现这些方法。请参阅 Python 的官方在线文档，以获取这些方法的完整列表和说明。

9.10.1 Python 类的字符串表示

有几种方法能够使一个类表示自己，例如 __format__、__str__ 和 __repr__ 方法。

如第 5 章所述，format 函数将格式说明符传递给输出对象。程序正确的响应是基于该说明符返回对象的字符串表示。如以下的函数调用示例：

```
format(6, 'b')
```

Python 通过调用整数类 int 的 __format__ 方法并传递指定字符串 'b' 来完成此函数调用。该方法的返回值为整数 6 的二进制形式

```
'110'
```

字符串表示的一般流程如下：

▶ format 函数尝试调用对象的 __format__ 方法，并传递可选的格式说明符。如果实现了此方法，类会返回格式化的字符串表示。__format__ 方法的默认操作是调用 __str__ 方法。

▶ print 函数调用对象的 __str__ 方法以输出对象。它首先试图调用对象的 __str__ 方法，如果未定义 __str__ 方法，则其默认调用该类的 __repr__ 方法。

▶ __repr__ 方法返回一个字符串，该字符串中包含对象的规范表示（在 Python 代码中的表示形式）。该方法输出的内容通常与 __str__ 方法输出的相同，但并非总是如此。该方法由 IDLE 直接调用，或者在使用 r 或 !r 方法时被调用。

▶ 最后，object 类（即所有类的基类）的 __repr__ 方法作为最终的默认方法。此方法输出对象类的简单说明。

图 9.2 直观地说明了这种控制流程。

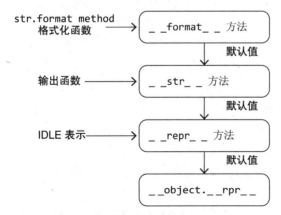

图 9.2　字符串表示的控制流程

9.10.2 对象表示方法

表 9.1 列出了与字符串表示相关的魔术方法，以及每个方法的说明。

表 9.1 支持对象表示的魔术方法

方法语法	描述
__format__(self, spec)	当对象使用 **format** 函数时会调用该方法。该方法的作用是返回格式化的字符串。很少有类直接实现此方法
__str__(self)	此方法返回一个字符串，该字符串是对象数据的字符串表示形式。例如，如果你创建了自己的 Fraction 类，则可以将四分之三的值输出为 3/4。如果未实现此方法，则默认操作是调用该类的 __repr__ 方法
__repr__(self)	此方法类似于 __str__ 方法，但其用途略有不同，它会返回一个字符串，该字符串为对象在 Python 代码中的规范表示形式。如果实现了此方法但未实现 __str__ 方法，则调用 __repr__ 方法来确定字符串的表示形式
__hash__(self)	当对象使用 **hash** 函数时会调用该方法。它产生一个哈希值，从而使对象可以用作数据字典中的键。此方法返回一个整数。理想情况下，尽可能返回随机的整数，这样即使对象具有相似值也可以得到不相近的哈希值。但是，如果两个对象的值相等，则一定产生相同的哈希值
__bool__(self)	布尔转换方法。当对象使用 __bool__ 函数时会调用该方法。当对象作为控制结构(例如 **while** 或 **if**)中的条件语句出现时，会隐式调用该方法。方法的返回值是 **True** 或 **False**。仅当对象为空、**None** 或零值时，返回 **False** 任何对象都可以作为条件语句的表达式，放在需要条件判断的上下文中。如果在未实现 __bool__ 方法的类对象上调用本方法，则默认返回 **True**。因此，如果你想在某些时候让对象的值变为 **False**，则需要实现此方法
__nonzero__(self)	这是 Python 2.0 支持的布尔转换方法。如果要支持布尔转换，则在 Python 3.0 中需要实现上面的 __bool__ 方法

下面的例子演示了如何编写 **Point** 类，使其支持 __str__ 和 __repr__ 等方法。为了说明起见，__str__ 和 __repr__ 方法的返回值略有不同。

```python
class Point:
    big_prime_1 = 1200556037
    big_prime_2 = 2444555677

    def __init__(self, x = 0, y = 0):
```

```
        self.x = x
        self.y = y

    def __str__(self):
        s = str(self.x) + ', '
        s += str(self.y)
        return s

    def __repr__(self):
        s = 'Point(' + str(self.x) + ', '
        s += str(self.y) + ')'
        return s

    def __hash__(self):
        n = self.x * big_prime_1
        return (n + self.y) % big_prime_2

    def __bool__(self):
        return x and y
```

有了这个简单的类定义，我们就可以测试 **__str__** 和 **__repr__** 方法在使用上的不同了。

```
>>> pt = Point(3, 4)
>>> pt
Point(3, 4)
>>> print(pt)
3, 4
```

在 IDLE 中直接输入对象名 pt，会输出其规范表示。该操作会引发调用类的 **__repr__** 方法。但是，当将 pt 用作 **print** 函数的参数时，**print** 函数会调用 **__str__** 方法以获取对象的标准字符串表示形式。

为了更清楚地说明两个方法的区别，让 **__repr__** 方法返回更长的字符串。

```
Point(3, 4)
```

9.10.3 比较方法

比较方法可以在对象之间进行比较，比较方法包括 == 和 !=，以及不等比较方法 >、<、>= 和 <=。在一个类中至少应该实现相等比较的方法，因为 == 方法默认使用 **is** 运算符。

比较运算符有一些奇怪的地方，一般在书中或互联网上很少记录这些信息，我们在这里解释一下。官方文档包含许多此类信息，需要的时候可以进行参考。

下面是 Python 中比较运算符的一些特点。

▶ 为了使我们的类对象与其他类对象在一起排序，需要定义小于(<)运算。例如，为了将对象放入集合，然后让其参与排序，我们可以实现一个用于同一类对象的 __lt__ 方法。有了 __lt__ 方法，集合的 **sort** 方法以及 **min** 和 **max** 方法才可用。

▶ 但如何处理包含多种类型对象的集合呢？比较运算符中没有反向运算符(定义对象在运算符的右侧时会发生什么)。但是它们具有更好的特性：对称性，可用在这里。

▶ Python 通过对称性来执行反向运算。如果 A>B，Python 会推导出 B<A。因此，如果实现了两个类间的 __lt__ 和 __gt__ 方法(如 A>B(**gt**) 和 A<B(**lt**))，则等效于实现了两个方向的 __lt__ 方法(如 B<A(**lt**) 和 A<B(**lt**))。

▶ 对称性还意味着你可以"免费"执行一些操作，而不必实现它们。

在 Python 2.0 中，仅需要实现一种方法 __cmp__ 就可以支持所有比较运算符。Python 3.0 不再支持该方法。

下面是一个简单的示例，用最少的代码支持了 Python 3.0 中的所有比较运算符(与相同的类进行比较)。有了这个类，你可以对只包含 **Dog** 对象的集合进行排序。

```python
class Dog:
    def __init__(self, n):
        self.n = n

    def __eq__(self, other):
        '''== 运算符的实现；由对称性提供 != 运算符 '''
        return self.n == other.n

    def __lt__(self, other):
        '''< 运算符的实现；由对称性提供 > 运算符 '''
        return self.n < other.n

    def __le__(self, other):
        '''<= 运算符的实现；由对称性提供 >= 运算符 '''
        return self.n <= other.n
```

在描述了每个比较运算符之后，我们再来看一下"对称性"是如何将我们的对象和其他类的对象一起排序的。表 9.2 说明了这些方法。

表 9.2 Python 用于比较的魔术方法

语法	描述
__cmp__(self, other)	Python 3.0 或更高版本不使用该方法。在 2.0 版本中，可以通过返回 –1（小于）、0（等于）或 1（大于）来实现所有比较
__eq__(self, other)	相等测试方法。使用 == 运算符时调用该方法测试内容是否相等。方法返回 True 或 False。如果未实现此方法，则 Python 使用 **is** 运算符测试 "相等" 性
__ne__(self, other)	不相等测试方法。使用 != 运算符时调用该方法测试内容是否不相等。与此表列出的所有其他方法一样，该方法返回 True 或 False。如果未实现此方法，Python 将调用相等测试方法，然后取结果的相反值。因此，一般情况下，实现 __**eq**__ 方法就足够了
__gt__(self, other)	大于测试方法。使用 > 运算符时调用该方法。根据对称性规则，如果你只需要与同类的对象进行比较，则不需要实现此方法，参考下一条的说明
__lt__(self, other)	小于测试方法。使用 < 运算符时调用该方法。如果只用于对包含同类对象的集合进行排序，实现本方法就足够了。如果要对包含不同类对象的集合进行排序，还需要实现 __**gt**__ 方法
__ge__(self, other)	大于或等于测试方法。使用 >= 运算符时调用该方法。即使实现了__**eq**__ 和 __**gt**__ 方法，也不会自动提供 __**ge**__ 方法。每个比较运算符都必须在类中分别实现。不过根据对称性规则，如果仅与同类对象进行比较，则可以通过实现 __**le**__ 方法自动获得 __**ge**__ 方法的结果
__le__(self, other)	小于或等于测试方法。使用 <= 运算符时调用该方法。即使实现了__**eq**__ 和 __**lt**__ 方法，也不会自动提供 __**le**__ 方法。每个比较运算符都必须在类中分别实现。不过根据对称性规则，如果仅与同类对象进行比较，则可以通过实现 __**ge**__ 方法自动获得 __**le**__ 方法的结果

现在，我们来看一下对称性规则在 Python 比较中的工作方式，以及如何在两个方向上定义 < 方法，从而对不同类型的对象进行排序。

以下为 Python 中的比较方法：

如果 A>B，则 B<A。

如果 A<B，则 B>A。

如果 A>=B，则 B<=A。

如果 A<=B，则 B>=A。

如果 A==B，则 B==A；此外，还可以得到 A!=B 是不正确的结论。

假设只需要支持同类对象之间的比较，那么根据上面的规则，编写一半比较方法就可以，因为另一半的比较方法可以自动生成。

现在我们考虑一个更具挑战性的问题：使对象与数字混合排序，该怎么办呢？问题的关键在于我们无法访问 int、float、Decimal 或 Fraction 类（以及许多其他类）的源代码。

假设你的类为 Dog。为了让 Dog 对象与 int 类的对象一起排序，需要支持以下所有比较方法：

```
Dog < Dog
Dog < int
int < Dog
```

如何实现上面的最后一个比较？有一种解决方案，根据对称性规则，实现了大于方法（__gt__）Dog > int 后，你会自动获得 int < Dog 方法。

下面是一个 Dog 类的例子，该类的对象可以和数字对象一起排序。同样，根据初始化时变量 d 的参数类型，Dog 类也可能与字符串对象一起排序。这里说的"一起排序"指的是可以将该类的对象与其他类的对象放在同一列表中，然后对整个列表进行排序。Dog 类可以实现"一起排序"，即列表同时包含数字类和 Dog 类，或者同时包含字符串类和 Dog 类，我们可以对这个列表进行排序。本节末尾的示例演示了 Dog 和整数的排序。

Dog 类实现了 4 种方法：

```
class Dog:
    def __init__(self, d):
        self.d = d

    def __gt__(self, other):
        '''大于测试方法（>）。该方法通过对称性规则提供了小于的比较方法。
        如果 a> b, 则 b <a
        '''
        if type(other) == Dog:
            return self.d > other.d
        else:
            return self.d > other

    def __lt__(self, other):
        ''' 小于测试方法（<）。 此方法必须支持与同类对象以及
        数字对象的比较
```

```
                ...
                if type(other) == Dog:
                    return self.d < other.d
                else:
                    return self.d < other

        # 定义 __repr__ 方法相当于定义了 __str__ 方法
        def __repr__(self):
            return "Dog(" + str(self.d) + ")"
```

这是一个简单的小类，当然我们可以为其添加更多其他内容。目前该类的定义允许我们执行以下代码：

```
        d1, d5, d10 = Dog(1), Dog(5), Dog(10)
        a_list = [50, d5, 100, d1, -20, d10, 3]
        a_list.sort()
```

a_list 的输出结果如下：

```
        [-20, Dog(1), 3, Dog(5), Dog(10), 50, 100]
```

9.10.4　算术运算符方法

表 9.3 总结了支持算术运算符或算术函数的魔术方法。当类表示某种数学对象（例如点或矩阵）时，通常会想到这些方法。但是，字符串类（**str**）和一些其他类（例如列表）都支持使用加号（**+**）作为连接运算符。

表 9.3　用于算术运算符的魔术方法

方法名	描述
__**add**__(self, *other*)	加法。当类的实例在加法运算符（**+**）的左侧时调用此方法。*other* 参数是对右侧操作数的引用
__**sub**__(self, *other*)	减法。当类的实例在减法运算符（**-**）的左侧时调用此方法。*other* 参数是对右侧操作数的引用
__**mul**__(self, *other*)	乘法。当类的实例在乘法运算符（*****）的左侧时调用此方法。*other* 参数是对右侧操作数的引用
__**floordiv**__(self, *other*)	向下取整的除法。当类的实例位于运算符 **//** 的左侧时，调用此方法，该操作将除法结果向下取整。*other* 参数是对右侧操作数的引用。 例如，在 Python 3.0 中，表达式 **7//2** 的结果为 **3**

9

方法名	描述
__truediv__(self, *other***)**	普通除法。当类的实例位于除法运算符（**/**）的左侧时，调用此方法。在 Python 3.0 中，如果操作数是整数或浮点数，则此运算产生浮点数结果。*other* 参数是对右侧操作数的引用。 例如，在 Python 3.0 中，表达式 **7/2** 的结果为 3.5
__divmod__(self, *other***)**	由 **divmod** 函数执行的除法。该函数返回包含两个值的元组：商（向下取整到最接近的整数）和余数。*other* 参数是对右侧操作数（除数）的引用。 例如，**divmod(17, 2)** 调用将返回元组（**8, 1**），因为 8 是商（向下取整的值），1 是余数
__pow__(self, *other***)**	幂运算。当使用幂运算符（******）时，自动调用此方法。例如，**2 ** 4** 是 2 的 4 次幂，即 16。*other* 参数是对传递给此函数的变量的引用

例如，当将类的实例（作为左操作数）与另一个对象相加时，会调用该类的 **__add__** 方法。如果类的实例是右操作数，则可以调用 **__add__** 的反向方法，即 **__radd__**。

以下示例使用了 **fractions** 包中的 **Fraction** 类。但如果 Python 不支持该软件包，你也可以自己编写这个类。

```
import fractions

f = fractions.Fraction(1, 2)
print(f + 1) # 调用 Fraction.__add__
print(2 + f) # 调用 Fraction.__radd__
```

如前所述，任何能够识别加法运算符（**+**）的类的定义中都实现了 **__add__** 方法，包括连接两个字符串的操作。

下面为一个 Point 类的示例，由该类我们可以进一步了解如何为算术运算符实现这些魔术方法。

```
class Point:
    def __init__(self, x, y):
        self.x = x
        self.y = y

    def __add__(self, other):
```

```
''' 返回一个新的 Point 对象, 其坐标为当前两个 Point 对象对应
坐标的和。'''
newx = self.x + other.x
newy = self.y + other.y
return Point(newx, newy)

def __sub__(self, other):
    ''' 返回两个点之间的距离。'''
    dx = self.x - other.x
    dy = self.y - other.y
    return (dx * dx + dy * dy) ** 0.5

def __mul__(self, n):
    ''' 返回一个新的 Point 对象, 其坐标为当前点坐标与标量 n 的乘积'''
    newx = self.x * n
    newy = self.y * n
    return Point(newx, newy)
```

该示例中的 Point 类支持 4 种魔术方法（ **__init__** 、 **__add__** 、 **__sub__** 和 **__mul__** ）。

首先，每个算术运算符方法都返回一个值，这个值可以分配给变量或在其他表达式中使用。我们看下面的示例：

```
pt1 = Point(10, 15)
pt2 = Point(0, 5)
x = pt1 + pt2
```

表达式 pt1 + pt2 会调用 pt1 的 **__add__** 方法。在 **__add__** 方法的调用中，**self** 是对 pt1 本身的引用，而 other 是对 pt2 的引用。方法调用的结果是生成一个新的 Point 值，并将其赋给变量 x。

两个点相加即将相应的坐标值相加，然后将得到的新的 Point 对象作为返回值。

减法运算符（-）在这里被解释为距离运算符。**sub** 方法计算两点之间的距离，然后将其以浮点数形式返回。

最后，乘法运算符（*）假定左操作数（即 **self** 所引用的对象）是 Point 对象，而右操作数是一个标量值，例如 1、5 或 10。 **__mul__** 方法的作用是将 Point 对象中的每个值乘以相同的整数 n。然后将结果作为新的 Point 对象返回。

下面的语法显示了如何创建给定类的新对象。

Class(args)

以上语法创建一个新的 *Class* 实例，并使用指定的 *args* 对其进行初始化，然后 *args* 会被传递给该类的 **__init__** 方法（如果已定义）。

注释 ▶ 如果一种类的实例 a 与另一种类的实例 b 进行二元运算，并且 b 的类中包含支持该运算的方法，那么 a 类中不支持 b 类对象的运算方法应该返回 **NotImplemented**。这使 b 类（右操作数）有机会完成该运算（通过反向方法实现）。关于反向方法的更多信息可以参阅 9.10.6 节。

◀ Note

9.10.5 一元算术方法

与 9.9 节中列出的方法类似，这些方法通常由封装某种数字的类来实现。但是，它们也可以应用于其他数学对象，例如点或矩阵。表 9.4 列出了一元算术方法。

表 9.4 一元算术运算符的魔术方法

方法名	描述
__pos__(self)	一元正号。当加号（**+**）应用于单个操作数时，将调用此方法。该操作符除了返回原值外很少做其他事情。该方法是出于完整性的考虑而受支持的
__neg__(self)	一元负号。当负号（**-**）应用于单个操作数时，将调用此方法
__abs__(self)	绝对值。当 **abs** 函数应用于单个操作数时，将自动调用此方法
__invert__(self)	按位求反，将每个比特位由 0 变为 1 或由 1 变为 0。当使用 ~ 运算符时调用该方法
__bool__(self)	将值转换为布尔值。这种转换方法不仅可以通过 **bool** 函数调用，还可以通过诸如 **not** 的逻辑运算符和需要布尔值的控制结构调用。如果未定义此方法，则默认返回 **True**
__round__(self, n)	按精度舍入通过指定精度的格式化函数和 **round** 函数调用此方法。可选参数 *n* 指定要保留的小数位数，如果省略，该函数应舍入到最接近的整数
__floor__(self)	向下舍入。作用是将这些值转换为小于自身的最大整数。此方法由 **math** 软件包的 **math.floor** 函数调用
__ceil__(self)	向上舍入。作用是将这些值舍入到不小于自身的最小整数。此方法由 **math** 包的 **math.ceil** 函数调用
__trunc__(self)	截断方法。此方法类似于 **__floor__** 方法，但不是向上舍入或向下舍入，而是仅截断浮点值的小数部分。例如，将 –3.5 截断为 –3，但是将 3.5 截断为 3。此方法由 **math** 软件包的 **math.trunc** 函数调用

像二元方法一样，这些一元方法通常创建新对象（即实例）并将它们返回。

返回的对象与被操作的对象为相同的类型。

前面介绍的 Point 类可用于说明本节中一些魔术方法的用法。首先需要将以下方法定义添加到现有的 Point 类定义中:

```
def __neg__(self):
    newx = -self.x
    newy = -self.y
    return Point(newx, newy)
```

例如,以下表达式并不会更改 my_point 的值,而是产生了一个新值。

```
-my_point
```

有了这个定义,现在可以创建 Point 类的实例(Point 对象),并应用一元负号来运算。

```
pt1 = Point(3, 4)
pt2 = -pt1
print(pt2.x, ', ', pt2.y, sep='')
```

此示例输出:

```
-3, -4
```

正如我们希望的那样,-pt1 的结果是一个新的 Point 实例,值为原 Point 实例的相反数。最后将这个返回值赋给变量 pt2。

可以通过直接调用来测试魔术方法。假设向 Point 类中添加了 **__trunc__** 方法,其定义如下:

```
def __trunc__(self):
    newx = self.x.__trunc__()
    newy = self.y.__trunc__()

    return Point(newx, newy)
```

有了这个定义,我们可以通过直接调用来测试 **__trunc__** 方法。

```
import math

pt1 = Point(5.5, -6.6)
pt2 = pt1.__trunc__()
print(pt2.x, ', ', pt2.y, sep='')
```

此示例输出:

```
5, -6
```

9.10.6 反向方法

本节中列出的魔术方法与前面介绍的二元算术运算符方法相似，但有一个关键的区别：当对象是表达式的右（或第二个）操作数时才调用这些方法。

注释▶ 这里假定从左到右阅读。这是 Python 和其他计算机语言扫描语句的方式。

[Note]

假设有一个将两个不同类型对象加在一起的表达式：

```
fido = Dog()
precious = Cat()
print(fido + precious)
```

为了执行加法运算，Python 首先检查 Dog 类是否实现了 **__add__** 方法。接下来会发生几种情况。

▶ 左操作数实现了**__add__** 方法，并返回 **NotImplemented** 以外的值。这样就不需要调用右操作数的方法。

▶ 左操作数（或其类）没有实现 **__add__** 方法。在这种情况下，Python 检查右操作数是否实现了**__radd__** 方法。

▶ 左操作数实现了**__add__** 方法，但是该方法不支持与右操作数进行交互（即**__add__** 方法检查了右操作数的类型，发现不支持对此类对象实例的加法运算）。在这种情况下，**__add__** 方法应该返回 **NotImplemented**。然后 Python 检查右操作数是否实现了**__radd__** 方法。

表 9.5 列出了反向二元运算符的魔述方法。

表 9.5　反向运算符的魔术方法

方法名	描述
__radd__(self, *other*)	右侧加法运算符(**+**)。如果右操作数定义了此方法，并且左操作数未定义 **__add__** 方法或返回 **NotImplemented**，则调用此方法
__rsub__(self, *other*)	右侧减法运算符(**-**)。如果右操作数定义了该方法，并且左操作数未定义 **__sub__** 方法或返回 **NotImplemented**，则调用此方法
__rmul__(self, *other*)	右侧乘法运算符(*****)。如果右操作数定义了此方法，并且左操作数未定义 **__mul__** 方法或返回 **NotImplemented**，则调用此方法

续表

方法名	描述
__rfloordiv__(self, *other***)**	右侧向下取整除法（**//**）。如果右操作数定义了此方法，且左操作数未定义 **__floordiv__** 方法或返回 **NotImplemented**，则调用此方法。该方法应返回向下取整除法的结果，结果可能是一个新对象
__rtruediv__(self, *other***)**	右侧除法（**/**）。如果右操作数定义了此方法，但左操作数未定义 **__div__** 方法或返回 **NotImplemented**，则调用此方法。该方法返回除法的结果，结果可能是一个新对象
__rmod__(self, *other***)**	右侧模算符（**%**）。如果右操作数定义了此方法，但左操作数未定义 **__mod__** 方法或返回 **NotImplemented**，则调用此方法
__rdivmod__(self, *other***)**	右侧 **divmod** 方法。如果函数的第二个参数定义了此方法，但第一个参数未定义 **__divmod__** 方法或返回 **NotImplemented**，则调用该方法，该方法应返回一个元组，其中第一个元素是商，第二个元素是余数
__rpow__(self, *other***)**	右侧幂运算（******）。如果右操作数定义了此方法，但左操作数未定义 **__pow__** 方法或返回 **NotImplemented**，则调用此方法，该方法应返回幂运算的结果，结果可能是新对象

在大多数情况下，反向方法是其正向方法的近似版本。例如，通过对相应魔术方法进行少量改动，就可以很容易地编写 Point 类的反向方法。

不过对于 Point 类的当前用法，无须编写这些反向方法。例如以下代码：

```
pt1 = Point(1, 2)
pt2 = Point(5, 10)
pt3 = pt1 + pt2
```

假设 Point 类的加法只支持两个 Point 实例相加，则在这种情况下，会通过左操作数（**pt1**）调用 **__add__** 方法。因此，永远不会通过右操作数调用 **__radd__** 方法。

对称运算（例如将 Point 与 Point 相加）永远不会调用任何以 **r** 开头的魔术方法。

但以 **r** 开头的魔术方法在非对称运算中很有用。例如，当整数可以与 Point 对象相乘时。假设要支持以下两个表达式：

```
pt3 = pt1 * 5
pt3 = 10 * pt1
```

第一个表达式会调用 __mul__ 方法，该方法是通过左操作数 pt1 调用的。

第二个表达式更复杂一些，因为 10 是整数，并且整数类（**int**）不支持与 Point 对象的乘法。因此，此表达式需要实现 Point 类的 __rmul__ 方法。

```
def __rmul__(self, n):
    ''' 返回 Point 对象与标量 n 的乘积 '''
    newx = self.x * n
    newy = self.y * n
    return Point(newx, newy)
```

该方法定义的参与运算的参数主体与在 __mul__ 方法中定义的相同。尽管 Point 对象位于乘法运算符的右侧，但仍通过 **self** 参数引用它。

9.10.7　就地运算符

表 9.6 列出了支持组合赋值操作的魔术方法，这些方法支持相应的组合赋值运算符（包括 **+=**、**-=** 和 ***=**）。

这些方法名称中的 **i** 表示"就地"（in place）的意思。如果实现了这些方法，则可以使用运算符对类的对象执行真正的就地操作，直接修改内存中的实际数据对象的值。

如果一个类仅支持二元运算操作（如用于实现加法的 __add__ 方法），但不支持相应的 **i** 方法（__iadd__），则 Python 仍支持该类的组合赋值运算符。以上行为是自动提供的。但是这样的赋值操作不是就地进行的，而是生成一个新对象，然后使用变量引用这个新对象。

例如，假设有一个对象的两个引用。

```
a = MyClass(10)
b = a
a += 1
print(a, b) # a 和 b 的值仍然相同吗?
```

问题是：如果 a += 1 操作是就地操作，则 a 和 b 都继续引用相同的数据（更改后的值）。但是，如果 a += 1 不是就地操作，则该操作将新数据对象分配给 a，这会断开 a 和 b 之间的关联。在这种情况下，a 和 b 将引用不同的数据。

字符串类（**str**）是不可变的，其 **+=** 操作不是就地操作，而是使用变量引用内存中的新对象。

表 9.6 就地操作的魔术方法

方法名	描述
__iadd__(self, *other*)	组合相加赋值运算符方法。将 += 运算符应用于类的对象（该对象位于运算符的左侧）时调用此方法。若要实现就地操作，此方法应返回 **self**
__isub__(self, *other*)	组合相减赋值运算符方法。将 -= 运算符应用于该类的对象（该对象位于运算符的左侧）时调用此方法。若要实现就地操作，此方法应返回 **self**
__imul__(self, *other*)	组合乘法赋值运算符方法。将 *= 运算符应用于类的对象（该对象位于运算符的左侧）时调用此方法。若要实现就地操作，此方法应返回 **self**
__idiv__(self, *other*)	实现 /= 运算符。此方法和此表中的其他方法（包括后面的）遵循相同的就地操作准则
__igrounddiv__(self, *other*)	实现 //= 运算符，该运算符执行向下取整除法（向下舍入到最接近的整数）
__imod__(self, *other*)	实现 %= 运算符，该运算符执行模（余数）运算
__ilshift__(self, *other*)	实现 <<= 运算符，该运算符执行按位左移
__irshift__(self, *other*))	实现 >>= 运算符，该运算符执行按位右移
__iand__(self, *other*)	实现 &= 运算符，该运算符执行按位与
__ior__(self, *other*)	实现 |= 运算符，该运算符执行按位或
__ixor__(self, *other*)	实现 ^= 运算符，该运算符执行按位异或
__ipow__(self, *other* [, *modulo*])	实现 ** 运算符，该运算符调用 **pow** 函数。这里有一个可选的自变量 *modulo*，它在求幂后取余数

当将这些方法实现为真正的就地运算符（修改内存中的数据对象）时，应遵循以下原则：首先，修改调用该方法的实例的内容，即通过 **self** 参数访问实例变量。其次，使用下面代码返回调用它的实例：

```
return self
```

下面是在 Point 类中定义 **__iadd__** 和 **__imul__** 方法的一种形式：

```
def __iadd__(self, other):
    self.x += other.x
    self.y += other.y
    return self

def __imul__(self, other):
    self.x *= other
```

```
        self.y *= other
        return self
```

9.10.8 转换方法

许多数据转换方法（参见表 9.7）对 Python 程序开发都很有用。例如，只要在需要条件表达式的上下文（例如，**if** 语句或 **while** 循环）中使用对象，Python 就会隐式调用 **bool** 函数以获得 **True** 或 **False** 值。该转换函数会调用对象类的 **__bool__** 魔术方法。通过编写这样的方法，我们可以决定在作为条件给出时，控制结构如何解释类的实例对象。

我们在之前的章节中已经介绍过的 **__str__** 方法作为一个字符串转换的魔术方法，在需要将任何内容显示为字符串时很有用。

表 9.7 转换方法

方法	描述
__int__(self)	响应 **int** 转换函数时调用。此方法应返回对象的等效整数
__float__(self)	响应 **float** 转换函数时调用。此方法应返回对象的等效浮点数
__complex__(self)	响应 **complex** 转换函数时调用。此方法应返回对象的等效复数形式。例如，当执行 complex（1）时，返回的值为（1 + 0j）
__hex__(self)	响应 **hex** 转换函数和格式化函数时调用。仅在 Python 2.0 中使用
__oct__(self)	响应 **oct** 转换函数和格式化函数时调用。仅在 Python 2.0 中使用
__index__(self)	如果将对象用作集合（例如元组、字符串或列表）的索引或切片操作中的参数，则调用此方法会返回一个实际可用的索引值，该索引值必须为整数
__bool__(self)	如表 9.1 所述。该方法应返回 **True** 或 **False**。除了零值或空容器的情况，大多数类都返回 **True**

下面的示例说明了如何在 Point 类中定义上面提到的部分方法。

```python
class Point:
    def __init__(self, x = 0, y = 0):
        self.x = x
        self.y = y

    def __int__(self):
        return int(self.x) + int(self.y)

    def __float__(self):
        return float(self.x) + float(self.y)
```

以下 IDLE 会话说明了这些转换方法的用法（用户输入以粗体显示）：

```
>>> p = Point(1, 2.5)
>>> int(p)
3
>>> float(p)
3.5
```

9.10.9 集合类方法

Python 允许我们创建自己的容器类。大多数程序员，特别是初级到中级的程序员，通常不需要自己创建容器类。Python 的内置容器类（**list**、**dict** 和 **set** 等）足够通用、灵活且功能强大。

但是，你也可以选择使用任何存储机制来实现自己的容器。例如，可以创建由二叉树而不是哈希表实现的字典类。

还可以给现有的容器类添加功能，创建基于某些现有 Python 容器类的自定义容器类。这可以通过继承或包含来实现，继承和包含将在第 10 章中讨论。

表 9.8 列出了创建用户自定义的集合类时应实现的魔术方法，具体实现哪些取决于你希望这些集合具有多大的实用性和健壮性。

表 9.8 集合类的魔术方法

语法	描述
__len__(self)	返回一个整数，值为集合中元素的数量
__getitem__(self, key)	根据 key 返回集合中的一个元素。该方法在响应索引表达式（obj[key]）时使用。参数 key 很可能是整数，在这种情况下，该方法应执行索引操作。在数据为字典之类的情况下，key 可以是非整数。无论哪种情况，该方法的作用都是从集合中返回选定的元素
__setitem__(self, key, value)	此方法的作用与 __getitem__ 方法相似，不同之处在于 __setitem__ 根据 key 设置指定的值。key 对应的元素应被替换为指定的值 value。这是一个就地修改（即更改现有对象中的数据）的示例
__delitem__(self, key)	此方法使用 key 选择集合中的元素，并删除它
__iter__(self)	返回集合对象的迭代器。迭代器是一个可以为集合实现 next 方法的对象。实现 __iter__ 方法最简单的方式是返回 self，不过需要确保在此之前该类已经实现了__next__ 方法

6

语法	描述
__next__(self)	该方法可以在类本身的定义中实现或在与主类一起使用的帮助类中实现。无论哪种情况，该方法都应在迭代中返回下一个元素，或引发 **StopIteration** 异常
__reversed__(self)	如果实现了此方法，则应返回包含相反顺序的集合元素的迭代器
__contains__(self, *item*)	此方法应返回 **True** 或 **False**，具体取决于是否可以在集合中找到指定的 *item*
__missing__(self, *key*)	当访问集合中不存在的元素时调用此方法。该方法可以返回一个值，例如 **None**，也可以根据情况引发异常

以下代码是一个简单的集合类的示例。这是专用的 Stack 类。它除了实现了一些 list 类中的函数，还实现了 peek 方法，其返回顶部（或最后一个）元素的值，但是不会将其弹出堆栈。

```python
class Stack:
    def __init__(self):
        self.mylist = [] # 这里使用包含来实现！

    def append(self, v):
        self.mylist.append(v)

    def push(self, v):
        self.mylist.append(v)

    def pop(self):
        return self.mylist.pop()

    def peek(self):
        return self.mylist[-1]

    def __len__(self):
        return len(self.mylist)

    def __contains__(self, v):
        return self.mylist.__contains__(v)

    def __getitem__(self, k):
        return self.mylist[k]
```

给定上面的类定义后，我们可以创建一个 Stack 对象，然后将其作为一个集合进行操作。如下面的例子所示：

```
st = Stack()
st.push(10)
st.push(20)
st.push(30)
st.push(40)
print('Size of stack is:', len(st))
print('First elem is:', st[0])
print('The top of the stack is:', st.peek())
print(st.pop())
print(st.pop())
print(st.pop())
print('Size of stack is:', len(st))
```

该示例输出结果如下：

```
Size of stack is: 4
First elem is: 10
The top of the stack is: 40
40
30
20
Size of stack is: 1
```

如果你熟悉面向对象的编程，可能会注意到，通过使用继承可以轻松地实现相同的结果。也可以使用以下代码实现 Stack 类：

```
class Stack(list):
    def push(self, v):
        self.append(v)

    def peek(self):
        return self[-1]
```

这几行代码构造的 Stack 类可以执行比上一个例子更复杂的操作。

仅当你选择在现有类（例如 **list** 或 **dict**）之上构建集合类时，此解决方案（继承）才有效。

9.10.10 实现 __iter__ 和 __next__ 方法

本节会对 __iter__ 和 __next__ 方法，以及 next 函数进行详细说明。这些方法使类的对象能创建生成器（或迭代器），然后在某些特殊上下文中使用它们，如 for 循环。我们首先介绍一些术语。

▶ 可迭代对象（*iterable*）是可以对其逐个元素执行的对象。要成为可迭代对象，对象的 __iter__ 方法必须返回一个对象。

▶ 迭代器（*iterator*）是 __iter__ 方法的返回值。迭代器是一个可用于单步处理集合元素的对象。

▶ 迭代器可以是与集合相同的类，也可以是为此目的编写的单独的类，它必须实现 __next__ 方法。

这些方法非常重要，因为它们使得可以对类的实例使用 for 关键字。例如，假设有一个四维 Point 对象。如果类对象的迭代器一次获取 4 个坐标之一，则用户可以运行如下代码：

```
my_point = Point()
for i in my_point:
    print(i)
```

此示例将依次打印 4 个坐标中的每一个。

如前所述，集合可以是它自己的迭代器。它会响应 __iter__ 方法而返回 self，并且在类的内部实现 __next__ 方法。

根据容器的复杂性和所需的灵活性程度，可以使用几种方法来实现这些方法。

▶ 将对 __iter__ 的调用传递给类中包含的集合对象。这是最简单的解决方案。从本质上讲，这是让其他人来处理工作。

▶ 在集合类本身中实现 __iter__ 和 __next__ 方法。在这种情况下，__iter__ 方法返回 self，并初始化迭代设置。但是这种解决方案不能一次支持多个循环。

▶ 创建自定义迭代器对象来响应 __iter__ 方法，该迭代器对象的作用是支持通过 collection 类进行迭代。这是最可靠的方法，推荐使用这种方法。

下面示例是第二种方法的实现，在大多数情况下，这种方法相对简单。要将这种方法用于前面介绍的 Stack 类，需要添加以下的方法定义：

```
def __iter__(self):
    self.current = 0
```

```
        return self

    def __next__(self):
        if self.current < len(self):
            self.current += 1
            return self.my_list[self.current - 1]
        else:
            raise StopIteration
```

这里的一个技术点是使用 `self.current` 引用 current 变量。所以 current 变量是实例变量，而不是类变量或全局变量。

当通过递增 `self.current` 的值逐步遍历完集合中的所有元素时，`__next__` 方法将通过引发 **StopIteration** 异常进行响应，这样可以结束 **for** 循环。

9.11 支持多种参数类型

如何编写接受多种参数的函数和方法？例如，假设你要编写 Point 类，Point 对象可以与标量相乘，也可以与另一个 Point 对象相乘。

Python 不支持重载，但是你可以在运行时判断参数的类型，并根据参数类型执行相应的操作。至少有两种方法可以测试对象的类型，其中之一是调用 **type** 函数。

type(*object*)

例如，可以直接测试数据对象或变量是否是整数类型。

```
n = 5
if type(n) == int:
    print('n is integer.')
```

另一种更可靠的方法是使用 **isinstance** 函数。**isinstance** 函数可以通过两种方法调用。

isintance(*object*, *class*)
isintance(*object*, *tuple_of_classes*)

第一种方法判断对象的类是否与 *class* 参数相同，如果对象的类与 *class* 参数相同或对象属于 *class* 参数的派生类，则返回 **True**。

第二种方法和第一种类似，但它接受一个类名的元组（即一个不可变的列表）作为参数。

下面是第一种方法的示例：

```
n = 5
if isinstance(n, int):
    print('n is an integer or derived from it.')
```

下面是第二种方法的示例，它判断 n 是否是整数或浮点数。

```
if isinstance(n, (int, float)):
    print('n is numeric.')
```

由于示例中使用了 **isinstance** 函数而不是 **type** 函数，因此 n 不需要一定是 **int** 或 **float** 类型，只要是从 **int** 或 **float** 派生的类型就可以了。这样的类型并不常见，但是我们可以通过子类化来创建一个。

例如，假设你希望 Point 类支持与其他 Point 类对象和数字的乘法，那么可以通过定义 **__mul__** 方法来做到这一点，如下所示：

```
def __mul__(self, other):
    if type(other) == Point:
        newx = self.x * other.x
        newy = self.y * other.y
        return Point(newx, newy)
    elif type(other) == int or type(other) == float:
        newx = self.x * other
        newy = self.y * other
        return Point(newx, newy)
    else:
        return NotImplemented
```

如果在类中未定义如何处理与 *other* 类型对象的运算，则必须返回 **NotImplemented**，而不是引发异常，这一点很重要。通过返回 **NotImplemented**，可以使 Python 查看右操作数所属的类是否支持 **__rmul__** 方法，并处理这种情况。

对于 **__mul__** 方法，可以使用 **isinstance** 函数代替 **type** 函数来检查类型。实现的代码如下：

```
def __mul__(self, other):
    if isinstance(other, Point):
        newx = self.x * other.x
        newy = self.y * other.y
        return Point(newx, newy)
    elif isinstance(other, (int, float)):
```

```
            newx = self.x * other
            newy = self.y * other
            return Point(newx, newy)
        else:
            return NotImplemented
```

无论哪种实现方式，对于数字乘法的支持都是不对称的，所以如下运算会产生问题：

```
    pt2 = 5.5 * pt1
```

这里的问题在于无法为 **int** 或 **float** 类添加魔术方法，因为这些类不是用户编写的。要解决这个问题，可以在 Point 类中实现 **__rmul__** 方法。

```
def __rmul__(self, other):
    if isinstance(other, (int, float)):
        newx = self.x * other
        newy = self.y * other
        return Point(newx, newy)
    else:
        return NotImplemented
```

9.12 动态设置和获取属性

Python 对象可以具有许多属性 (attribute)，包括实例变量、方法和属性 (properties)。所有这些属性的共同点是它们都是硬编码的，即这些名称在代码中是固定的。

但是有时候需要动态设置属性，例如根据运行时状态设置属性名称。可以允许用户提供属性名称，或者从数据库或其他应用程序获取属性名称。第 15 章使用了这种技术。

setattr 函数的语法如下。

```
    setattr(object, name_str, value)
```

在此语法中，*object* 是对要修改对象的引用，*name_str* 是属性名称字符串，*value* 是包含属性值的对象或表达式。

getattr 函数的语法如下。

getattr(*object, name_str* [, *default_val*])

在 IDLE 环境中输入一个简单示例。为对象动态添加属性 breed，并将其值设置为 'Great Dane'。

```
>>> class Dog:
        pass

>>> d = Dog()
>>> setattr(d, 'breed', 'Great Dane')
>>> getattr(d, 'breed')
'Great Dane'
```

但是实际使用 **getattr** 函数时常用包含字符串的变量作为参数，而不直接使用字符串。如下面代码所示：

```
>>> field = 'breed'
>>> getattr(d, field)
'Great Dane'
```

总结

Python 为面向对象的编程提供了灵活而强大的方法。类的基本概念就是一个用户定义的类型，与其他面向对象的编程系统（Object Oriented Programming Systems）一样，这种类型可以包括任意数量的方法定义。方法是在类中定义的函数，通常通过类的实例调用。

```
my_dog = Dog('Bowser')
my_dog.speak()
```

Python 方法必须包含一个参数，该参数通常称为 **self**。

self 参数永远不会显式出现在任何方法调用中，但是，任何我们期望通过类的实例调用的方法在方法定义中都必须包含它。**self** 是对调用方法对象本身的引用。

Python 具有极强的多态性，因为变量和函数名称要到运行时（即执行这条语句时）才被解析。因此在不同的类中可以定义相同名称的属性，但是你始终可以正确访问特定对象的代码。

Python 的最大特色之一是类魔术方法：即对 Python 具有特殊含义并在特殊

情况下自动调用的方法。例如，在初始化类的实例时自动调用 **__init__** 方法。魔术方法的名称始终以双下画线（**__**）开始和结束。因此，如果自定义的方法不使用这种名称，则不可能出现命名冲突。

本章介绍了 Python 支持的许多魔术方法，包括 **__init__** 方法、支持算术运算和一些其他操作的魔术方法。

习题

1 描述类与其实例之间的关系，是一对一还是一对多关系？

2 哪些信息仅在类的实例中存在？

3 类中包含哪些信息？

4 方法到底是什么？与标准函数有什么不同？

5 Python 是否支持继承，如果支持，语法是什么？

6 Python 对封装（将实例或类变量设为私有）的支持如何？

7 类变量和实例变量之间的区别是什么？

8 在类的方法定义中，什么时候需要使用 **self**？

9 **__add__** 和 **__radd__** 方法有什么区别？

10 何时需要反向方法？什么时候甚至不需要它仍然可以支持相应操作？

11 **__iadd__** 方法叫什么？

12 子类会继承 **__init__** 方法吗？如果需要在子类中自定义其行为，该怎么办？

推荐项目

1 编写并测试一个三维 Point 类，该类支持类的两个对象之间的加法和减法，以及与标量值（整数或浮点数）相乘。除了 **__init__** 方法，你还需要编写 **__str__**、**__repr__**、**__add__**、**__sub__**、**__mul__** 和 **__rmult__** 这些方法。**__rmult__** 方法用于支持 n * point 形式的表达式，其中 point 是乘法符号右侧的 Point 对象。

2 编写并测试一个 BankAcct 类，该类至少包含以下状态信息：名称、账号、金额和利率。除了 **__init__** 方法，该类还应支持调整利率、提取和存款（可以合并为一个方法）、更改利率以及根据存款天数计算利息的方法。

Decimal、Money 和其他类型

在电影《超人 III》中，一位计算机天才发现，如果他能从在银行进行的每笔交易中窃取零点几分钱并将其转移到自己的账户中，他就能成为富翁。因为即使很少的钱，乘以每天数百万笔交易量，总额也是很可观的。

这就是银行家关心舍入错误的原因。因为零点几分钱也能累加成很大的数目。因此精确的数量很重要。

电子计算机最早被用于商业目的，因此准确无误地记录美元和美分（或任何货币）非常重要。这就是本章的内容：学习记录财务数据的方法。本章将介绍 **Decimal** 类和 **Money** 类。

还将简要介绍 **Fraction** 类和内置的 **complex** 类，后者主要用于科学计算。

10.1 数值类型概述

本书主要关注两种数值类型：整数（**int**）和浮点数（**float**）。这两种数据类型能满足大部分应用程序的需求，但它们并不完美。整数类型不能保存分数，而浮点数据类型具有舍入误差。

本章会介绍一些其他数据格式，其中包括我们将要自行开发的数据格式。

▶ **Decimal** 类，它是一种"定点数"数据类型，可以精确无误地保存小数，如 0.02。

▶ **Money** 类，你可以下载也可以自己开发这个类。为了便于说明，在这一章中我们将从零开发这个类。

▶ **Fraction** 类，可以精确存储诸如三分之一或十分之一的分数，并且没有舍入误差，这是其他类无法实现的。

▶ **complex** 类，表示高等数学领域的复数。这样的数字既有"实"部又有"虚"部。

如果你不熟悉高等数学中复数的用法，请不要担心。如果你的工作中不需要使用复数，你可以忽略它们。如果需要使用复数，那么你一定知道它是什么。

本章介绍的类不需要从 Internet 下载，而对于 `complex` 类，甚至不需要导入任何内容。与 `int`、`float` 和 `str` 一样，它是 Python 的一个内置类。

10.2 浮点类型的局限性

浮点值的问题在于它们以十进制格式显示，但在程序内部以二进制形式存储。计算机可以精确地存储诸如 0.5 的数值，因为 0.5 可以直接映射为二进制分数，但是计算机在存储其他浮点数时可能存在问题（无法精确映射到二进制表示）。

如果我们可以以二进制形式显示浮点数，则十进制数 2.5 将被表示为如下形式：

```
10.1
```

但是小数 0.3 该怎么表示呢？0.3 必须存储为十分之三，但十分之一不能以二进制格式精确存储，因为 1/10 不是 2 的幂（1/2 是 2 的 -1 次幂，1/4 是 2 的 -2 次幂）。所以，在这种情况下，数字存储需要舍入，这会产生很小的误差。

下面是 Python 中的一个示例，可以在 IDLE 中进行演示：

```
>>> 0.1 + 0.1 + 0.1
0.30000000000000004
```

这个结果从数学上来说是错误的，但这并不是因为处理器坏了，而是每次浮点运算处理如十分之一的分数时，都会出现很小的舍入误差。大多数程序会忽略这些误差，因为程序在输出和格式化时通常会在一定位数后进行舍入，从而隐藏这类错误。

通常情况下这不是一个问题。在编程中会假设，浮点数有微小的误差。在科学计算和现实世界的应用中通常也不可能达到绝对的精度。例如，太阳离地球的距离不是精确的 9300 万英里。

也可以使用 `round` 函数消除这种微小误差。

```
>>> round(1.0 + 1.0 + 1.0, 2)
3.0
```

但是在财务应用中，我们希望能做得更好，而不是一直依赖 `round` 函数。分数很重要，即使很小的误差也是不可接受的，因为随着时间的推移误差会累积。对于银行家来说，1.99 美元必须是精确的 1.99 美元。

下面是两个关于舍入误差的例子。

```
>>> 0.6 + 0.3 + 0.1          # 应该得到 1.0
0.9999999999999999
>>> (0.6 + 0.3 + 0.1) / 2    # 应该得到 0.5
0.49999999999999994
```

当你构建一个商业应用程序时（尤其是银行领域的），最好能够精确地存储 44.31 之类的数字，并且不包含任何误差。

幸运的是，Python 提供了一个可以解决此问题的类：Decimal 类。

10.3 Decimal 类

在 IDLE 中，执行以下 import 语句：

```
>>> from decimal import Decimal
```

可以定义任意值的 Decimal 实例，这些实例与浮点类 float 一样可以容纳小数。

```
>>> my_dec = Decimal()
>>> print(my_dec)
0
```

如你所见，Decimal 实例的默认值为零（0）。但你可以给它分配任何十进制值，并将其精确存储。

```
>>> d = Decimal('0.1')
>>> print(d + d + d)
0.3
```

这个例子可以满足我们的要求，但你可能已经发现了，代码使用字符串来初始化 Decimal 变量 d。用浮点值对其进行初始化似乎更为自然，但是这样做会发生什么呢？

```
>>> d = Decimal(0.1)
>>> print(d)
0.1000000000000000055511151231257...
```

这个结果看起来很奇怪，但这是有原因的。

当使用数字 0.1 进行初始化时，浮点值（float 类型）将被转换为 Decimal 格式。如前所述，Decimal 可以以绝对精度存储 0.1。但它的值必须从浮点数转换而来，而问题是浮点值中已经包含了舍入误差。

我们如何解决这个问题？使用字符串参数初始化是最好的解决方案。使用字符串"0.01"作为初始值，表示"我需要此字符串表示的十进制数"。这样即可得到没有舍入误差的值。

我们对比另一个例子：

```
>>> d = Decimal('0.1')
>>> print(d + d + d)
0.3
```

这段代码给出了正确的结果。将其与浮点数版本进行对比：

```
>>> print(0.1 + 0.1 + 0.1)
0.30000000000000004
```

下面是另一个例子，显示了另一个可以用 **Decimal** 类解决的错误。

```
>>> print(0.1 + 0.1 + 0.1 - 0.3)
5.551115123125783e-17
>>> d1, d3 = Decimal('0.1'), Decimal('0.3')
>>> print(d1 + d1 + d1 - d3)
0.0
```

Decimal 类会保留精度。如果对具有两位精度的 Decimal 实例执行算术运算，结果将保留这两位精度（包括结尾的 0），如下所示：

```
>>> d1, d3 = Decimal('0.10'), Decimal('0.30')
>>> d1 + d3
Decimal('0.40')
```

当使用 **Decimal** 类表示美元和美分，并且要保留小数点右边的两位精度时，此特性很有用。你可将一列这样的数字相加，只要它们的精度都不超过两位，结果就会保留小数点右边的两位数字。

下面是另一个例子：

```
>>> d1, d2 = Decimal('0.50'), Decimal('0.50')
>>> print(d1 + d2)
1.00
```

注释 ▶ 如果将对象传递给 **print** 函数，则默认情况下将输出数字的标准字符串表示形式。对于 **Decimal** 对象，此表示形式是一个简单的数字序列，并带有一个小数点（如果有）。

```
1.00
```

但是，如果在IDLE环境中直接输入 **Decimal** 对象，将输出它的规范表示形式，其中包括类型名称和引号：

```
Decimal('1.00')
```

◀ Note

Decimal 类还有一些值得注意的奇怪行为。如果将两个对象相乘，则精度不会被保留而是会被提高。下面是一个例子：

```
>>> d1, d3 = Decimal('0.020'), Decimal('0.030')
>>> print(d1 * d3)
0.000600
```

我们可以使用 **round** 函数来调整对象的精度。该函数会调整小数点右边的位数（去除尾部的零），同时进行向上或向下舍入。下面是一个例子：

```
>>> print(round(d1 * d3, 4))
0.0006
>>> print(round(d1 * d3, 3))
0.001
```

下面是 **Decimal** 对象与整数和浮点值进行交互的一些规则。

▶ 可以将整数与 **Decimal** 对象自由相乘或相加。

▶ 可以直接用整数参数初始化 **Decimal** 对象，这没有精度问题：

```
d = Decimal(5)
```

▶ 将 **Decimal** 对象与浮点值相乘或相加是错误的。要执行此操作，请先将浮点数转换为 **Decimal** 对象，例如，从浮点值转换然后进行舍入。否则，两种类型之间的算术运算会导致运行时错误。

例如，可以执行以下操作让 **Decimal** 对象与整数进行交互：

```
>>> d = Decimal(533)
>>> d += 2
>>> print(round(d, 2))
535.00
```

性能提示 ▶ 创建 **Decimal** 对象消耗的时间大约是创建浮点对象的 30 倍，但是浮点数算术运算的速度是 **Decimal** 对象的 60 倍。我们可以在需要时使用 **Decimal** 对象，但是在大多数应用程序中使用浮点值更好。

◀ Performance Tip

10.4　Decimal 对象的特殊操作

如果创建一个 **Decimal** 对象并对其调用 help 函数，则文档中会显示大量的操作和方法。

```
>>> help(Decimal)
```

这些方法中有许多是魔术方法（magic method），它们的存在是为了支持两个 **Decimal** 对象之间或 **Decimal** 对象与整数之间的基本算术运算。对于其他操作（如求对数）也是支持的。

其他很多方法我们不需要关注，它们除了返回当前对象没有做任何其他事情。

但是，也有一些方法是我们感兴趣的。其中一个是 **normalize** 方法。该方法将 **Decimal** 对象的精度降低到所需要的最小精度，这会消除数字末尾的零。

在下面的示例中，**normalize** 接受一个具有 3 位精度 (小数点后) 的对象，然后返回一个仅具有一位精度的对象。

```
>>> d = Decimal('15.700')
>>> print(d)
15.700
>>> d2 = d.normalize()
>>> print(d2)
15.7
```

如果小数部分为零，则 **normalize** 方法会完全去除小数点。

```
>>> d = Decimal('6.00')
>>> print(d)
6.00
>>> d2 = d.normalize()
>>> print(d2)
6
```

在更改 **Decimal** 值的精度时，实际上会得到一个具有不同内部状态的新对象，虽然在测试相等性（**==**）时认为它们相等。假设 **d** 和 **d2** 是上面示例中的变量，那么它们是相等的，验证代码如下：

```
>>> d == d2
True
```

Decimal 对象是不可变的，就像整数、浮点值和字符串一样。但以下代码是合法的，因为它并不会真正更改现有的 **Decimal** 数据，它只是将变量 **d** 与一个新的对象关联起来（因此，**is** 运算符判断两个对象不是同一个）。但是请记住，原始对象在数值上被视为与执行 **normalize** 方法后的值相等。

```
>>> d2 = d                # 将原始版本的值赋给 d2
>>> d = d.normalize()     # 将规范化之后的新值赋给 d
>>> d2 == d
True
>>> d2 is d
False
```

as_tuple 方法给出了关于 **Decimal** 对象内部结构的一些线索。

```
>>> d = Decimal('15.0')
>>> d.as_tuple()
DecimalTuple(sign=0, digits=(1, 5, 0), exponent=-1)
```

可以看出，**Decimal** 对象的内部结构包括下面三部分：

▶ 符号位 **sign**（1 表示负，0 表示非负）。

▶ 各位上的数字（1、5、0）分别存储。

▶ 精度被存储为指数（本例中为负指数），指示将小数点向右移动多少位（如果为负则向左移动）。

实际上，可以使用相同的信息直接构造 **Decimal** 对象。例如将一个元组放在括号内，然后使用该信息初始化一个对象：

```
>>> d = Decimal((0, (3, 1, 4), -2))
>>> print(d)
3.14
```

下面显示了该元组的一般结构，揭示了 **Decimal** 对象的状态。

(sign_bit, (digit1, digit2, digit3...), exponent)

另一个可能会用到的函数是 **getcontext**。下面是一个使用它的示例：

```
>>> decimal.getcontext()
Context(prec=28, rounding=ROUND_HALF_EVEN, Emin=-999999,
Emax=999999, capitals=1, clamp=0, flags=[DivisionByZero,
Inexact, FloatOperation, Rounded], traps=[InvalidOperation,
DivisionByZero, Overflow])
```

该示例包含了很多信息，而且很多信息都是有用的。首先，prec=28 表示最高精度为 28 位。其次，舍入方式为 **ROUND_HALF_EVEN**，如果需要的话，可以根据四舍五入（**ROUND_HALF_UP**）的规则进行舍入。traps 指示哪种操作会引发异常。

10.5 Decimal 类的应用

我们可以使用 **Decimal** 类来累加一列数字，它们的精度为小数点后两位。

这是对美元进行累加的一种方法，你可以假设所有金额都遵循1.00（1美元）、1.50、9.95 的形式。如果计算中遇到不足一分钱的情况，进行舍入，而不是直接将它们丢弃。

最后，该应用程序将以美元和美分的格式显示结果，但是不会输出货币符号（下一节中添加该功能）。在编写代码时请记住，从字符串初始化 **Decimal** 对象是最高效的。

```
money_amount = Decimal('1.99')
```

下面是完整的应用程序代码。代码会提示用户输入数字，如果用户输入非空字符串，则将指定的数字字符串添加到 **Decimal** 对象。如果用户输入空字符串，则程序会中断、停止并输出总和。

```
from decimal import Decimal

total = Decimal('0.00')
while True:
    s = input('Enter amount in dollars and cents (#.##): ')
    if not s:
        break
```

```
d = Decimal(s)
d = round(d, 2)
total += d

print('The sum of all these amounts is:', total)
```

程序可以使用两种不同的策略来处理小于 0.01 的数字。一种策略是将所有较小的数加一个总和，最后进行舍入。另一种策略是在处理输入金额时舍入。

下面是一个程序运行示例：

```
Enter amount in dollars and cents (#.##): 1
Enter amount in dollars and cents (#.##): 3.00
Enter amount in dollars and cents (#.##): 4.50
Enter amount in dollars and cents (#.##): 33.003
Enter amount in dollars and cents (#.##): 12.404
Enter amount in dollars and cents (#.##):
The sum of all these amounts is: 53.90
```

由于此应用程序在每次输入之后进行舍入，因此最终结果为 53.90。如果在累加后进行舍入，则产生的结果会稍微不同，为 53.91。

10.6 设计 Money 类

有钱能使鬼推磨，现在我们创建一个 Money 类。你可以下载这个类，但是自己动手创建是很有学习意义的。在这个过程中，我们会使用到第 9 章中的许多概念。

将 Decimal 数字与代表货币类型的变量一起存储是很有用的。我们的 Money 类支持三种类型，具体由存储在字符串字段中的值指定。顺便说一下，表 10.1 中给出的缩写是国际认可的货币标准名称。

表 10.1 三种货币的缩写

符号（储存在字符串字段中）	说明
'USD'	美元
'EUR'	欧元
'CAD'	加元

现在要做出一个选择：我们应该使用以下两种方法中的哪一种来创建新类？

▶ 包含法。此方法将 Money 对象视为 **Decimal** 对象与其他对象（*unit* 字段）的容器。

缺点是对于你希望 Money 类支持的每种操作，都需要编写一个单独的方法。

▶ 继承法。此方法将 Money 对象视为一种特殊的 `Decimal` 对象，将 `units` 字段添加为它的附加属性。

在这里继承法可能是更好的选择。它也更符合面向对象的精神，即"A 是 B 的一种，只是更专业"。

当两者的关系为"A 中有 B"时，包含法更合适。

但是 Python 语言有一个怪癖，使得在这种情况下很难使用继承法。关于 Python 继承的指导原则是：如果你想使代码保持简单，请避免从不可变类或内置类继承。不幸的是，`Decimal` 类既是内置类又是不可变类。

因此在本章中，我们使用包含法来构建 Money 类。稍后在 10.12 节中，我们学习如何使用继承法来创建 Money 类。

图 10.1 显示了包含结构。每个 Money 对象都包含两部分：`Decimal` 对象 `dec_amt` 和字符串对象 `units`。

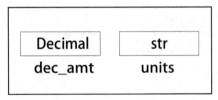

Money类

图 10.1　使用包含法构建的 Money 类

10.7　构建基础的 Money 类（"包含"方式）

使用 `Decimal` 类构建 Money 类很容易。以下是我们的初始代码：

```
from decimal import Decimal

class Money():
    def __init__(self, v = '0', units = 'USD'):
        self.dec_amt = Decimal(v)
        self.units = units
```

通过上面简单的类定义，就可以创建 Money 对象并显示其属性，尽管还需要添加其他操作和方法。以下示例使用了 Money 类的默认参数：

```
>>> m1 = Money('0.10')
>>> print(m1.dec_amt, m1.units)
0.10 USD
```

但是，只有这些代码的 Money 类意义不大。接下来我们要添加一个功能，自动将 Money 对象以有意义的方式输出出来。如果现在输出 m1，得到的信息不是很有用。

```
>>> print(m1)
<__main__.Money object at 0x103cc6f60>
```

10.8　显示 Money 对象（__str__、__repr__）

我们可以通过为 Money 类编写 __str__ 方法来改变输出 Money 对象的方式。下面是该方法的一个有效版本，会被添加到 Money 的类定义中。

```
def __str__(self):
    s = str(self.dec_amt) + ' ' + self.units
    return s
```

添加了此方法的示例会话如下：

```
>>> m1 = Money('5.01', 'CAD')
>>> print(m1)
5.01 CAD
```

如你所见，现在可以很容易地创建和显示 Money 对象，默认单位类型为 USD，表示使用美元。

我们也想使该类的规范表示有意义。这就需要定义 __repr__ 方法。

```
def __repr__(self):
    s = ('Money(' + str(self.dec_amt) + ' ' + self.units + ')')
    return s
```

类的 __repr__ 函数通常与 __str__ 函数不同，它可以显示对象的类别并同时显示它的内容。

```
>>> m2 = Money('0.10')
>>> print(m2)
0.10 USD
>>> m2
Money(0.10 USD)
```

10.9 其他有关 Money 类的操作

到目前为止，对于 Money 类，我们可以创建对象并输出它们。为了让 Money 类有用，它至少应支持 Money 对象之间的加法运算（+）。

如果我们暂时忽略 units，那么就很容易编写 **__add__** 函数。这里假设你只想将 Money 对象与同类对象相加。

```
def __add__(self, other):
    d = self.dec_amt + other.dec_amt
    return Money(str(d))
```

通过假设，无论左操作数使用什么 units，都支持加法运算。于是，我们得到了带 units 版本的 **__add__** 函数。为了便于说明，下面的示例中以粗体显示新添加的代码。

```
def __add__(self, other):
    d = self.dec_amt + other.dec_amt
    return Money(str(d), self.units)
```

当两个 units 不同的对象相加时，如果先将右侧对象的 units 转换为与左侧对象相同的 units（乘以货币汇率）再相加，这个方法会更加有用。尽管货币汇率每天都会变化，但可以通过优化程序来适应此类变化。一种可行的方法是从按需更新的文件中读取货币汇率。

为了简化，我们选择一些汇率（本文撰写时的汇率），并假设可以根据需求修改程序。因为有 6 种可能的转换方式（共有 3 种支持的货币），所以最好的方法是使用字典，将两个货币符号连接作为键，对应的值为第二种货币转换为第一种货币必须乘的汇率。

```
exch_dict = {
    'USDCAD': Decimal('0.75'), 'USDEUR': Decimal('1.16'),
    'CADUSD': Decimal('1.33'), 'CADEUR': Decimal('1.54'),
    'EURUSD': Decimal('0.86'), 'EURCAD': Decimal('0.65')
    }
```

例如，USDCAD 的值为 0.75，这意味着将加拿大元乘以 0.75 即可得到等值的美元。现在，方法就可以应用货币汇率将两种不同的货币加在一起了。

在字典中将汇率存储为 Decimal 对象，这样更容易执行该算法。

```
def __add__(self, other):
    '''Money __add__ 函数。
```

将两个 Money 对象相加，如果第二个对象与第一个对象具有不同的货币单位 units，则先应用汇率做转换，然后再将两个金额相加。结果保留两位小数

```
...
if self.units != other.units:
    r = Money.exch_dict[self.units + other.units]
    m1 = self.dec_amt
    m2 = other.dec_amt * r
    m = Money(m1 + m2, self.units)
else:
    m = Money(self.dec_amt + other.dec_amt, self.units)
m.dec_amt = round(m.dec_amt, 2)
return m
```

我们来逐步解释该方法的工作原理。正如注释（更确切地说是文档字符串）所指出的那样，在将金额相加之前，可能会首先应用汇率（假设 units 不相同）做转换。尽管汇率在大多数地方都被表示为浮点数，在这里我们将汇率存储为 **Decimal** 对象以减少类型转换。

```
r = Money.exch_dict[self.units + other.units]
m1 = self.dec_amt
m2 = other.dec_amt * r
m = Money(m1 + m2, self.units)
```

无论是否进行汇率转换，我们都希望对结果进行舍入，以便始终以小数点后两位的精度来表示货币。

```
m.dec_amt = round(m.dec_amt, 2)
```

最后，新的 Money 对象 m 由 **__add__** 函数返回。

有了此函数定义以及 exch_dict（可以将其作为 Money 类的类变量）之后，我们就可以将不同的货币（该程序可识别三种货币）加在一起。当然我们可以扩展该程序让其支持更多的货币类型。

例如，可以将加元和美元相加，得到一个有意义的结果。

```
>>> us_m = Money('1', 'USD')
>>> ca_m = Money('1', 'CAD')
>>> print(us_m + ca_m)
1.75 USD
```

注释▶ 只要你使用三种支持的货币，此函数就可以正常工作。如果使用除 USD、CAD 或 EUR 以外的货币，则每当将不同货币相加时，都会引发 KeyError 异常。

◀Note

综合上面的代码，我们就得到了完整的 Money 类。当然，它还不是很完整，因为仍然可以为其添加许多操作，如减法和整数乘法。

```python
from decimal import Decimal

class Money():
    '''Money 类
    存储 Decimal 金额和货币单位。在将对象相加时，如果货币单位不同，
    则应用汇率进行货币转换
    '''

    exch_dict = {
        'USDCAD': Decimal('0.75'), 'USDEUR': Decimal('1.16'),
        'CADUSD': Decimal('1.33'), 'CADEUR': Decimal('1.54'),
        'EURUSD': Decimal('0.86'), 'EURCAD': Decimal('0.65')
        }

    def __init__(self, v = '0', units = 'USD'):
        self.dec_amt = Decimal(v)
        self.units = units

    def __str__(self):
        s = str(self.dec_amt) + ' ' + self.units
        return s

    def __repr__(self):
        s = ('Money(' + str(self.dec_amt) + ' ' +
            self.units + ')')
        return s

    def __add__(self, other):
        '''Money __add__ 函数
        将两个 Money 对象相加；如果第二个对象与第一个对象具有不同的
        货币单位 units，则先应用汇率转换，然后再将两个金额相加。结
        果保留两位小数
        '''
```

```
        if self.units != other.units:
            r = Money.exch_dict[self.units + other.units]
            m1 = self.dec_amt
            m2 = other.dec_amt * r
            m = Money(m1 + m2, self.units)
        else:
            m = Money(self.dec_amt + other.dec_amt,
                        self.units)
        m.dec_amt = round(m.dec_amt, 2)
        return m
```

这是（目前）完整的类定义，后面你可以根据需要添加许多其他操作。

10.10　程序 Demo：Money 计算器

使用完整的 Money 类定义，可以编写一个计算器应用程序，它可以将目前支持的三种不同货币相加，并以统一的货币给出总和。

其他的代码都很容易编写，但是必须将用户输入细分为数字和单位两部分，这样代码就有些复杂。幸运的是，许多工作都可以通过 **str** 类型的 **split** 方法完成。

```
from decimal import Decimal
# 将 Money 类定义放在此处或导入类定义

def money_calc():
    '''Money 累加计算器
    提示输入一系列 Money 对象，直到输入空字符串为止，然后输出所有输
    入对象的总和
    '''
    n = 0
    while True:
        s = input('Enter money value: ')
        s = s.strip()
        if not s:
            break
        a_list = s.split()   # 拆分成 amt 和 units.
        d = a_list[0]
        if len(a_list) > 1:
            m = Money(d, a_list[1])
```

```
    else:
        m = Money(d)
    if n == 0:
        amt = m
    else:
        amt += m
    n += 1
print('Total is', amt)
```

```
money_calc()
```

代码的最后一行执行计算器函数。

这个函数有一个微妙之处，它让第一个输入的货币值（即在第一行输入的单位部分）确定最终输出所用的货币单位。这样用户可以控制结果。如果希望以加元或欧元显示结果，你只需要确保第一个值使用该货币单位即可。

问题是，我们要保存累加值，而保存累加值的常用方法是从初始零值开始计算。如下例所示：

```
amt = Money('0')
```

这里的问题是，USD 是默认货币单位，因此，根据程序的逻辑，程序的每个结果都以美元表示。

我们想要让用户根据第一个输入确定最终结果使用的币种。这意味着我们不能以初始零值开始计算，它必须由用户设置。

因此，使用变量 n 记录已输入的条目数。当且仅当输出第一个值时，才创建变量 amt。

```
    if n == 0:
        amt = m
    else:
        amt += m
```

请注意，Money 类和整数都支持加法赋值。这是 Python 的特性。如果类具有 **__add__** 函数，即使没有编写 **__iadd__** 函数，类也可以同时支持 + 和 += 运算符。不过，这里 += 并不是就地（in-place）操作。

当程序运行时，它会提示用户输入一系列值。当用户输入一个空字符串（直接按 Enter 键）时，该函数将中断循环，然后输出总和。

下面是一个示例会话：

```
Enter money value: 1.05
```

```
Enter money value: 2.00 CAD
Enter money value: 1.5   EUR
Enter money value: 1.00
Enter money value: 2.5 CAD
Enter money value:
Total is 7.16 USD
```

请注意，此会话成功将 3 种不同的货币相加。最终结果以美元表示，因为默认情况下，第一个输入值以美元为单位。

下面是另一个示例会话，以加元显示结果：

```
Enter money value: 1.50 CAD
Enter money value: 1.75 CAD
Enter money value: 2.00 USD
Enter money value: 1.00 USD
Enter money value:
Total is 7.24 CAD
```

因为第一个输入的 Money 对象以加元为单位，所以最终结果使用该货币单位。你可能会注意到，每次输入时，都必须明确指定 units 为 CAD，因为 Money 类的 units 的默认值是美元。

在下一节中，我们解决这个问题。

10.11   设置默认货币

为了使我们的 Money 类满足更多人的需求，我们应允许用户设置除美元以外的默认单位。实现此功能的一种简单方法是将其绑定到类变量，然后让类的用户根据需要对其进行更改。

首先需要向 Money 类添加一个类变量：

```
class Money():

    default_curr = 'USD'
```

然后，需要更改 __init__ 方法。这听起来有些棘手，因为尽管可以在方法定义中引用类变量，但不能在参数列表中使用类变量的引用。因此，以下代码会引发错误：

```
# 这会引发错误！
```

```
def __init__(self, v='0', units=Money.default_curr):
```

我们无法像上面那样做，这真是令人沮丧。但是，通过将默认值（先设置为空字符串）替换为 default_curr 中存储的值，以下 __init__ 函数可以很好地工作：

```
def __init__(self, v='0', units=''):
    self.dec_amt = Decimal(v)
    if not units:
        self.units = Money.default_curr
    else:
        self.units = units
```

通过对 __init__ 函数进行更改（代码中以粗体显示），类变量 default_curr 的值变成 units 的默认值。

最后更改 money_calc 函数，让第一个输入对象的 units 变为 Money 类的新默认值。需要添加一行代码：

```
if n == 0:              # 这是第一个输入
    amt = m             # 创建 amt
    Money.default_curr = m.units
```

更改后的应用程序使用户可以指定除美元外的默认值。用户要做的就是在输入的第一个 Money 对象中指定新的默认值。例如，在以下示例会话中，用户使用加拿大元（CAD）作为默认值：

```
Enter money value: 1.0 CAD
Enter money value: 2.05
Enter money value: .95
Enter money value: 2
Enter money value:
Total is 6.00 CAD
```

在这种情况下，很容易看出输出结果使用的单位和默认货币单位都是加元，而不是美元。

在下一个示例会话中，可以看到，即使用户在输入过程中输入了其他货币单位，货币单位的默认值仍然是加元。

```
Enter money value: 2.0 CAD
Enter money value: -1
Enter money value: 10 USD
```

```
Enter money value: 5.01
Enter money value: -5.01
Enter money value:
Total is 14.30 CAD
```

可以看出，所有输入加元的总和为 1 加元（2-1+5.01-5.01）。除加元外，用户还输入了 10 美元。最终的计算结果以加元输出，因为第一个输入对象的单位是加元。因此，10 美元被转换为 13.30 加元，然后再与 1 加元（1.00）相加，最终结果为 14.30 加元。

需要注意的是，更改类的默认值有些难度，只要程序正在运行，这种更改就会影响该类的所有后续运行（但不会影响下一次程序运行）。不过如果用户稍加注意，这应该不是问题。

10.12 Money 类与继承

构建 Money 类的最好方法是什么？当然是继承。

正如我们在 10.6 节中提到的，基于现有对象类型 **Decimal** 创建 Money 类的最好方法是继承。

继承 Decimal 类的问题在于该类是不可变的，这带来了很大的挑战。虽然可以通过几行代码解决这一问题，但是编写这些代码并不简单。不过不用担心。本节会介绍解决该问题所需的知识。

通常，继承一个类很容易。假设 Money 继承了另一个名为 **Thingie** 的类（它不是不可变的）。在这种情况下，可以使用以下代码：

```python
class Money(Thingie):

    def __init__(self, v, units='USD'):
        super().__init__(v)
        self.units = units
```

该方法的意思是（大多数类使用这种方法，但 **Decimal** 除外），调用超类的 **__init__** 方法来进行第一个参数的初始化，并直接初始化第二个参数 units。其中 units 是 Money 类添加的额外属性。

但是，这种方法不支持不可变类（例如 **Decimal**）。必须为 Money 类编写一个 **__new__** 方法。Money 类的数值（**Decimal**）部分的初始化由 **__new__** 方法处理。

```python
from decimal import Decimal
```

```
class Money(Decimal):

    def __new__(cls, v, units='USD'):
        return super(Money, cls).__new__(cls, v)

    def __init__(self, v, units='USD'):
        self.units = units

m = Money('0.11', 'USD')
print(m, m.units)
```

这段代码将输出以下内容：

```
0.11 USD
```

如果你想将这段代码应用于其他的不可变超类，则需要记住以下几点：在子类的 **__new__** 方法中调用超类的 **__new__** 方法，参数应为子类名称和 **cls**（对该类的引用）。让此方法初始化源自超类的部分（在本例中为 v）。最后返回超类 **__new__** 方法的返回值。

```
def __new__(cls, v, units='USD'):
    return super(Money, cls).__new__(cls, v)
```

我们可以将上面的代码泛化，针对任何给定的名为 MyClass 和 MySuperClass 的类和超类以及超类的初始化参数 d，**__new__** 方法的定义如下：

```
class MyClass(MySuperClass):
    def __new__(cls, d, other_data):
        return super(MyClass, cls).__new__(cls, d)
```

注释 ▶ 我们可以进一步如下泛化该代码，其中 d 是基类中的数据。other_data 是子类中的数据，应在 **__init__** 方法中对其进行初始化。

```
class MyClass(MySuperClass):
    def __new__(cls, d, other_data):
        return super(MyClass, cls).__new__(cls, d)
```

◀ Note

现在，我们回到 Money 类的示例。

如果子类添加了任何其他属性并需要对其进行初始化，则仍然需要编写 **__init__** 方法。**__init__** 方法应用于初始化这些不属于超类的其他属性。

```
    def __init__(self, v, units='USD'):
        self.units = units
```

即使有了这些方法，仍然需要分别输出对象本身（直接继承自 **Decimal**）和
units（这是 Money 类添加的属性）。

```
    print(m, m.units)
```

但是我们可以通过重写 **__str__** 方法来优化这种情况，从而以更直接的方
式输出 Money 对象。请注意，调用超类的同名方法可以完成大部分工作。

```
    def __str__(self):
        return super().__str__() + ' ' + self.units
```

这是覆盖 **__str__** 方法的典型示例，无论是继承不可变类还是可变类。

注释 ▶　Python 有时不允许进行简单的继承（如先前继承超类 Thingie），这似乎
是不合理的。

不能简单继承的原因有几个。一方面，如果超类是不可变的，则意味着其
数据在创建后将永远无法更改（译者注，**__init__** 方法在创建实例后被调用）。
此外，某些内置类需要使用 **__new__** 方法来初始化值，因此只调用超类的 **__init__** 方法是不够的。一个基本的原则是：如果无法以常规方式继承内置类，
则可能需要在子类中实现 **__new__** 方法。

◀ Note

10.13　Fraction 类

Decimal 类和 Money 类可以以绝对精度保存十进制数字，例如 0.53。但是这
些类也有它们的局限性。

如果想保存 1/3 这个值怎么办？这个值不能用二进制基数不含舍入误差地表
示出来，用十进制基数表示这个值也是不可能的！从数学上讲，无论使用哪种
方式（二进制或十进制），都需要使用无限个数字来存储数字 1/3。

```
    0.3333333333333333333333333333…
```

幸运的是，整数类型可以帮助我们解决这个问题。整数以绝对精度存储数字，
我们可以通过创建由两个整数组成的对象（分子和分母）来表示任何两个数字
的比值（参见图 10.2）。

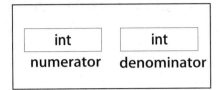

Fraction类

图 10.2 Fraction 类的结构

还会有一些其他问题，但这些问题都可以被 Fraction 类处理。例如，1/2、2/4 和 100/200 在数学上都是相等的。但是通过类的内部方法，这些数都被自动地简化为相同的内部表示形式。下面是一个例子。首先，我们需要导入该类。

```
from fractions import Fraction
```

确保完全按照此形式输入语句。**fractions** 这个词是小写和复数形式；**Fraction** 这个词是首字母大写和单数形式！为什么不一致呢？我也不清楚。

导入类后，可以使用它以一致、方便的方式处理 **Fraction** 对象。我们再来看处理 1/2、2/4 和 100/200 的问题。

```
fr1 = Fraction(1, 2)
fr2 = Fraction(2, 4)
fr3 = Fraction(100/200)
print('The fractions are %s, %s, & %s.' % (fr1, fr2, fr3))
```

此示例输出：

```
The fractions are 1/2, 1/2, & 1/2.
```

所有这些 **Fraction** 对象均以相同的形式显示，因为它们会被自动简化。

```
>>> if fr1 == fr2 and fr2 == fr3:
        print('They are all equal!')


They are all equal!
```

注释 ▶ 　如第 4 章所述，我们可以通过链式比较来简化代码。

```
>>> if fr1 == fr2 == fr3:
        print('They are all equal!')
```

◀ Note

可以用其他方式初始化 Fraction 对象。例如，如果在初始化时仅给出一个整数，则 Fraction 对象将其存储为该整数除以 1。下面是一个例子：

```
>>> fr1 = Fraction(5)
>>> print(fr1)
5
```

Fraction 对象也可以从 **Decimal** 对象和浮点值转换而来。下面这种转换有时会正常工作：

```
>>> fr1 = Fraction(0.5)
>>> print(fr1)
1/2
```

但有时会出现问题：

```
>>> fr2 = Fraction(0.01)
>>> print(fr2)
5764607523034235/576460752303423488
```

这是怎么回事？原因是，浮点数的舍入误差引起了这种错误。Fraction 类尽力解决浮点值 0.01 中的微小舍入误差，因此得出了这个奇怪的分数。

对于此问题有两种解决方案。一种是直接从字符串初始化，就像我们对 **Decimal** 类所做的那样。

```
>>> fr2 = Fraction('0.01')
>>> print(fr2)
1/100
```

另一种是使用 **limit_denominator** 方法。这个方法限制了分母的最大值。基于此限制，Fraction 类会生成它可以近似的最接近的值。通常，这个近似值就是我们想要的数字。

```
>>> fr2 = Fraction(0.01).limit_denominator(1000)
>>> print(fr2)
1/100
```

Fraction 类的真正优势在于，它支持对所有 Fraction 类型的对象执行所有标准操作，并且可以保证结果是精确的。下面是一个例子：

```
>>> fr1 = Fraction(1, 2)
>>> fr2 = Fraction(1, 3)
>>> fr3 = Fraction(5, 12)
>>> print(fr1 + fr2 + fr3)
5/4
```

因此，将 1/2、1/3 和 5/12 加在一起时，得出结果为 5/4。你可以自己验证此答案的正确性。

也支持其他算术运算（例如乘法、除法、减法等），并且支持与整数的运算。

```
>>> fr1 = Fraction(1, 100)
>>> print(fr1, 'times 50 =', fr1 * 50)
1/100 times 50 = 1/2
```

我们可以从指定浮点数的字符串（例如 "0.1"）初始化一个 Fraction 对象，那么我们是否可以从 "1/7" 这样的分数字符串进行初始化呢？这也是可以的。该功能特别好用，我们将在以后的应用程序中使用该功能。

```
>>> fr1 = Fraction('1/7')
>>> print(fr1)
1/7
>>> fr1 += Fraction('3/4')
>>> print(fr1)
25/28
```

以上转换只在分子、斜杠（/）和分母之间没有空格时才能工作。很少有用户给分数加上多余的空格。但是，如果你担心用户这样做，可以以下面这种方式消除空格：

```
s = s.replace(' ', '')
```

最后，可以访问 **Fraction** 对象的 **numerator** 和 **denominator** 成员。但是请记住，它们可能会被简化。下面是一个例子：

```
>>> fr1 = Fraction('100/300')
>>> print('numerator is', fr1.numerator)
numerator is 1
>>> print('denominator is', fr1.denominator)
denominator is 3
```

下面，我们再创建一个加法应用程序，这次使用分数运算。由于分数可以以字符串 "x/y" 的形式输入，因此应用程序很容易编写。

```
from fractions import Fraction

total = Fraction('0')

while True:
```

```
s = input('Enter fraction (press ENTER to quit): ')
s = s.replace(' ', '') # 去除输入中的空格
if not s:
    break
total += Fraction(s)


print('The total is %s.' % total)
```

这是一个简短的程序！用户可以按通常的形式输入分数（例如"1/3"表示三分之一），无须编写任何额外的代码来进行输入分析。Fraction 类帮我们完成了这些任务！

但是，用户不能以代分数形式"2 1/3"输入分数，必须输入"7/3"。

下面是一个示例会话。该应用程序可以顺利处理负数和整数。

```
Enter fraction (press ENTER to quit): 2
Enter fraction (press ENTER to quit): 1
Enter fraction (press ENTER to quit): 1/2
Enter fraction (press ENTER to quit): 1/3
Enter fraction (press ENTER to quit): -3
Enter fraction (press ENTER to quit):
The total is 5/6.
```

该程序可以处理整数是因为，诸如 2 之类的输入将被转换为分数 2/1。

10.14 complex 类

在结束本章之前，我们介绍一下 Python 中的另一种内置类型：**complex** 类。像 **int** 和 **float** 一样，它是一个完全内置的、不可变的类。你甚至不需要导入任何东西就可以使用它。

什么是复数？如果你不知道它是什么，那么几乎可以肯定你不会用到它。在数学领域从事研究的科学家和工程师应该对复数理论很了解。其他人可能会觉得复数很有趣，但是几乎不需要使用它。

一个复数有两个部分："实"部和"虚"部。复数的虚部是一个古老问题的答案，即 –1 的平方根。

如果你接受过数学方面的基础培训，可能会提出抗议："负数没有平方根！没有数字乘以自己可以得到 -1。我同意这种观点，但是高等数学是以此为前提的。

如果你不理解这部分内容，可以跳过本节，因为你可能不会用到这些理论。但是数学家已经设计出了一系列处理此类数字的方法。

关于 Python 中的复数，首先要说的是，你可以将它写为下面的形式：

```
z = 2.5 + 1.0j
```

乍一看，z 像一个实数，它是 2.5 与变量 j 和 1.0 乘积的和。但事实并非如此。它是单个对象，其中实部为 2.5，虚部为 1.0。

与我们研究过的其他类一样，complex 类对象也是由几部分组成。图 10.3 显示了复数对象的结构。

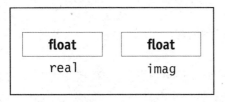

complex type

图 10.3　Python 复数对象的结构

我们再次看一下该赋值语句：

```
z = 2.5 + 1.0j
```

如果你了解复数，则可能会认为应该使用字母 i（而不是 j）来表示复数的虚部。使用 j 是因为某些工程师使用字母 i 来表示电流。另外，i 也是一个格式化字符。

赋值后，z 是一个具有实部和虚部的对象，可以分别使用 **real** 和 **imag** 访问它们。

```
print('Real part is %s and imaginary part is %s.'
 % (z.real, z.imag))
```

其输出为：

```
Real part is 2.5 and imaginary part is 1.0.
```

另一种创建复数的方法是使用显式的复数转换：

```
z = complex(5.7, 10)
```

如果像上面的示例一样，在输出中描述 z 的实部和虚部，可以如下描述：

```
Real part is 5.7 and imaginary part is 10.0.
```

直接写复数也很容易。你甚至可以忽略"实数"部分，但数据仍然是复数类型。你可以执行以下操作：

```
print(2j * 3j)
```

该语句将两个复数相乘（每个复数都有一个虚部，且实部为 0）。如果你熟悉复数的基本运算，那么应该不会对下面结果感到惊讶。

```
(-6 + 0j)
```

顺便说一句，如果将此结果存储在 z 中，然后检查 z.real 和 z.imag，你会发现每个成员都是浮点数，而不是整数。

```
>>> print(type(z.imag))
<class 'float'>
```

使用字面复数（如 -6 + 0j）虽然很方便，但在某些情况下这会产生歧义。例如，你认为 Python 会如何计算以下内容？

```
z = 0 + 2j * 0 + 3j
```

根据前面的讨论，似乎 Python 会按以下方式处理此语句：

```
z = (0 + 2j)*(0 + 3j)
```

这将产生复数（-6 + 0j）。但是 Python 不会以这种方式解释该语句。Python 如何知道 0 是 0（一个实数），还是复数的实部呢？Python 的处理方式是，应用通常的优先级规则来解析，所以该语句先执行乘法。

```
z = 0 +(2j * 0)+ 3j
```

输出 z 会得到下面结果：

```
3j
```

注释 ▶ 你可能认为空格会改变执行顺序，即将输入"0 + 3j"修改为"0+3j"会改变表达式的结果。但事实上不是这样。

◀ Note

甚至表达式 3j 也具有误导性。任何此类表达式实际上都是复数的一部分。

```
>>> z = 3j
>>> print(z.real)
0.0
```

你可以创建一个虚数部分为零的复数，使用 j 可以确保数据类型为复数。

```
>>> z = 2 + 0j
>>> print(z)
(2+0j)
>>> print(z.real, z.imag)
2.0 0.0
```

此外，当你编写包含复数的代码时，最好避免使用 j 作为变量名。

可以将其他数字转换为复数，此时数字的虚部为零。但是不能将复数转换为其他类型（必须从 **.real** 和 **.imag** 取值），也不能使用 **>**、**<**、**>** **=** 或 **<=** 将复数相互比较或与其他数字进行比较。

```
z = complex(3.5)      #这是有效的。z.imag 为 0
x = float(z)          #不支持!
x = z.real            #是有效的
```

尽管这里讨论的都是输入和输出格式以及代码解析，但这应该为你在 Python 中使用复数奠定了良好的基础。

从数学上讲，鉴于我们已经能很好地支持浮点数计算，所以复数计算并不难。加法的处理方式显而易见，两个复数的乘法计算遵循以下规则：

▶ 将 4 个部分相乘，得到 4 个结果。

▶ 其中一个结果为实部（实部乘以实部）。

▶ 有两个包含 j 的部分，将它们加在一起得到新的虚部。

▶ 有一个包含 j 平方的部分（虚部乘以虚部）。将 j 平方转换为 –1，然后将该结果与实数部分相加。

就是这样！了解了这些简单的规则，复数的计算就不再是一个谜。

总结

处理整数和浮点数是大多数程序的重要工作，但是对于某些领域，还需要处理其他数据类型的数据。其中最重要的是 **Decimal** 类型（定点类型），它可以更精确地表示美元和美分货币数值。

Python 对这些数据格式的支持非常强大。你可以轻松地在自己的程序中使用 **Decimal**、**Fraction** 和 **complex** 类，而无须从 Internet 下载任何东西。使用复数类型甚至不需要任何导入。

10

还可以在现有类的基础上创建自己的类。本章介绍了如何使用第9章中介绍的魔术方法创建自己的 Money 类。

但是，并非一切都像看起来那么简单。从不可变类（如 **Decimal**）继承需要使用特殊方法。

习题

1 比较 **float** 和 **Decimal** 类的优缺点。

2 考虑两个对象：**Decimal('1.200')** 和 **Decimal('1.2')**。它们在什么情况下是相同的？它们只是两种表示完全相同的值的方法，还是对应于不同的内部状态？

3 如果对 **Decimal('1.200')** 和 **Decimal('1.2')** 进行相等性测试会怎样？

4 为什么从字符串初始化 **Decimal** 对象通常比从浮点值初始化更好？

5 在计算中将 **Decimal** 对象与整数结合起来容易吗？

6 组合 **Decimal** 对象和浮点值容易吗？

7 给出一个可以使用 **Fraction** 类精确表示却不能用 **Decimal** 类精确表示的数值的示例。

8 给出一个可以用 **Decimal** 或 **Fraction** 类精确表示却不能用浮点值精确表示的数值的示例。

9 考虑两个分数对象：**Fraction(1, 2)** 和 **Fraction(5, 10)**。这两个对象的内部结构是否相同？为什么？

10 **Fraction** 类和整数类（**int**）之间的关系是什么？包含还是继承？

建议项目

1 编写一个程序，提示用户输入所有必需的信息，然后使用元组构造一个 **Decimal** 对象。例如，使用以下元组将对象初始化为值 **Decimal('12.10')**：

```
(0, (1, 2, 1, 0), -2)
```

2. 使用 10.12 节中介绍的继承方法，完成 Money 类的定义，使其支持加法、乘法和减法。然后编写示例代码，验证所有这些操作都有效。

3. 修改 10.13 节中的分数计算器，使其接受"N，D"和"N/D"两种形式的输入，也就是说，程序应接受（并正常处理）如"1，7"和"1/7"的输入。

random 包和 math 包

有一位作者在很小的时候，不喜欢在算术上花费时间，因为他认为，总有一天，每个人都会用计算机来完成所有的算术工作。他的想法有一部分是正确的。算术仍然有用，但是这个世界已经高度计算机化。条形码和收银机可以满足你的所有需求，并且你可以随时使用手机内置的计算器功能。

但是数学运算仍然很重要。本章不涉及普通运算，而涉及高级数学函数以及随机数，它们在游戏程序和仿真程序中很有用。对于最复杂的 3D 游戏，你可能需要使用更高级的软件包，但对于简单的游戏，**random** 和 **math** 包就足够了。

random 和 **math** 软件包无须下载。我们要做的是使用简单的语法导入它们，然后就可以开始使用了。

11.1　random 包概述

在许多游戏程序和仿真程序中，获取随机数（更确切地说是伪随机数）的能力至关重要。

伪随机数从序列中获取，该序列表现出随机选择的行为。本章会使用一些常识性概念来测试这种随机行为。

随机数可以从多个分布中获取。分布确定了随机数必须落入的范围以及数字出现频率最高的位置。

例如，**random.randint** 函数在指定范围内生成一个整数值，生成每个整数的概率相等。你可以让它模拟一个公平的六面骰子，让每个数字出现的概率大约是六分之一。

若要使用此程序包，请将以下语句放在源文件的开头。

```
import random
```

11.2 随机函数总览

random 包包含许多函数，每个函数支持不同的随机分布。表 11.1 总结了 random 包中常用的函数。

表 11.1 random 包中的常用函数

语法	说明
normalvariate(*mean, dev*)	产生经典的正态分布，也称为钟形曲线。其高度和宽度是可变的，曲线可能是"高窄"或"平坦"的。参数 *mean* 是分布的中心值；*dev* 是标准差。大约三分之二的值落入一个标准差范围之内（因此，较大的标准差会产生较宽的钟形曲线）
randint(*a, b*)	产生一个范围在 *a ~ b*（含）之间的随机整数，而且选中每个整数的概率都是相同的。这是一个均匀分布。例如，*randint(1, 6)* 可以模拟一个完全公平的六面骰子的结果
random()	产生 0 ~ 1（不包含）范围内的随机浮点数。这是一个连续的均匀分布，因此，如果将其划分为 N 个子范围，则值应该以大约 1/N 的概率落入每个范围
sample(*population, k*)	从样本总体中随机产生 *k* 个元素。总体可以是列表、元组、集合或兼容的集合类。要在字典上使用该函数，需要首先将其转换为列表
shuffle(*list*)	随机重排列表。这是软件包中最有用的函数之一。它不返回任何值，但是会重新排列列表的内容，因此列表中的元素可能出现在任何位置。例如，如果分配了 0 ~ 51 的数字来表示一个包含 52 张牌的牌组，则 shuffle(range(52)) 会生成一个洗好牌的列表
uniform(*a, b*)	产生范围在 *a ~ b* 的随机浮点数。这是一个连续的均匀分布

11.3 测试 random 包的行为

一组随机数应表现出某些行为。

▶ 大致符合预期。如果进行了多次试验，从 1 ~ N 的值出现的概率均等，那么我们应该期望每个值大约以 1/N 的概率出现。

▶ 但是，你应该想到会存在一些偏差。如果使用 10 个候选值运行 100 次试验，则不大可能每个值正好出现 1/10 的次数。如果发生这种情况，则该模式过于规则且好像是非随机的。

▶ 随着 N 的增加，偏差会减小。随着试验次数的增加，预期的命中次数与实际的命中次数之比越来越接近 1.0。这就是所谓的大数定律。

这些都是容易测试的性质。通过运行不同次数的试验，你应该能够看到预测的命中次数与实际的命中次数之比逐渐接近于 1.0。下面是用来测试这些性质的函数：

```python
import random
def do_trials(n):
    hits = [0] * 10
    for i in range(n):
        a = random.randint(0, 9)
        hits[a] += 1
    for i in range(10):
        fss = '{}: {}\t {:.3}'
        print(fss.format(i, hits[i], hits[i]/(n/10)))
```

此函数首先创建包含 10 个元素的列表。这些元素中的每一个都代表命中次数，例如，`hits[0]` 存储生成 0 的次数，`hits[1]` 存储生成 1 的次数，`hits[2]` 存储生成 2 的次数，依此类推。

第一个循环生成 n 个随机数，其中每个数字都是 0～9 范围内的整数。然后将列表中的对应元素进行更新。

```python
for i in range(n):
    a = random.randint(0, 9)
    hits[a] += 1
```

此循环中的关键语句是对 **random.randint** 的调用，random.randint 生成一个 0～9 的整数（包括 0 和 9），并且生成每个值的概率相同。

然后，第二个循环输出结果，结果显示 0～9 的每个数字生成了多少次，以及该次数与预期的命中次数（这里为 n/10）比值。

在以下会话中，生成并记录 100 次试验的结果。

```
>>> do_trials(100)
0: 7 0.7
1: 13 1.3
2: 10 1.0
```

```
3: 4 0.4
4: 11 1.1
5: 10 1.0
6: 7 0.7
7: 11 1.1
8: 12 1.2
9: 15 1.5
```

100 次试验结果显示，n 等于 100 不足以生成令人信服的结果。实际命中次数与预测命中次数的比值在 0.4 ~ 1.5 之间。但是运行 1000 次试验会产生更均匀的结果。

```
>>> do_trials(1000)
0: 103 1.03
1: 91 0.91
2: 112 1.12
3: 102 1.02
4: 110 1.1
5: 101 1.01
6: 92 0.92
7: 96 0.96
8: 87 0.87
9: 106 1.06
```

总体上，实际命中次数与预期命中次数（n/10）的比值更接近 1.0。如果我们将试验次数增加到 77000，该比值更加接近于 1.0。

```
>>> do_trials(77000)
0: 7812 1.01
1: 7700 1.0
2: 7686 0.998
3: 7840 1.02
4: 7762 1.01
5: 7693 0.999
6: 7470 0.97
7: 7685 0.998
8: 7616 0.989
9: 7736 1.0
```

请记住，第三列是预期命中次数（试验次数的十分之一）与实际命中次数（7470 ~ 7840）的比值。

尽管这种方法并不完全是科学的，但足以说明随机数的三种特征。10个可能值（0～9）中的每一个的出现概率大约是十分之一；可以看到偏差；并且随着试验次数的增加，预期值和实际值的比值逐渐接近于1。这就是我们想要看到的！

11.4 猜数字游戏

可以使用Python编写一个最简单的游戏：猜数字游戏。用户反复猜测程序预先选择的数字。在每个回合中，用户进行猜测，然后程序回答"成功"（用户获胜）、"过高"或"过低"。第1章介绍了此游戏的简单版本。

程序每次选择的数字应不同，否则游戏就显得很无趣。此外，该数字应不太容易猜测，而随机数可以满足这种需求。

下面是简单版本游戏的代码。此版本选择1～50(包括1和50)之间的随机数。

```python
import random
n = random.randint(1, 50)
while True:
    guess = int(input('Enter guess:'))
    if guess == n:
        print('Success! You win.')
        break
    elif guess < n:
        print('Too low.', end=' ')
    else:
        print('Too high.', end=' ')
```

下面是一个示例会话。假设函数调用 random.randint（1,50）的返回值为31。直到游戏结束，用户才知道该值。

```
Enter guess: 25
Too low. Enter guess: 37
Too high. Enter guess: 30
Too low. Enter guess: 34
Too high. Enter guess: 32
Too high. Enter guess: 31
Success! You win.
```

可以使用两种方式改进该游戏。首先，应该在每次游戏结束后询问用户是否希望再玩一局。其次，如果用户在任何回合中感到无聊，他们应该能够提早退出。下面是改进版本的代码。

```python
import random

def play_the_game():
    n = random.randint(1, 50)
    while True:
        guess = int(input('Enter guess (0 to exit): '))
        if guess == 0:
            print('Exiting game.')
            break
        elif guess == n:
            print('Success! You win.')
            break
        elif guess < n:
            print('Too low.', end=' ')
        else:
            print('Too high.', end=' ')

while True:
    play_the_game()
    ans = input('Want to play again? (Y or N): ')
    if not ans or ans[0] in 'Nn':
        break
```

11.5 创建 Deck 对象

shuffle 函数是 random 包中最有用的函数之一。此函数特别适合用于模拟纸牌，但也可以应用在其他地方。

shuffle 函数的作用是重新排列列表，因此每个元素都可以出现在列表的任何位置。元素的数量不变，也不会合并重复项（如果有）。例如，假设你对以下列表使用了 shuffle 函数：

```python
kings_list = ['John', 'James', 'Henry', 'Henry', 'George']
```

接下来，使用 random.shuffle 函数随机化该列表。

```python
random.shuffle(kings_list)
```

如果现在输出该列表，你会发现无论顺序如何变化，列表中永远会有两个 Henry，以及 John、James 和 George 各一个。

shuffle 算法是一种通用的算法。

For I in range(0, N-2),
J = randint(I, N-1)
Swap list[I] with list[J]

random.shuffle 函数的作用是就地重新排列列表，列表中的值会被替换，但列表本身在内存中的位置不变。

封装一副牌的所有函数的最好方法之一是创建一个 Deck 类，并使用它实例化一个 Deck 对象。该对象应该具有以下属性。

▶ 包含一个 0 ~ N 的数字列表。这些数字中的每一个都可以映射到 52 张牌中的一张。

▶ 初始化后，Deck 对象将自动进行洗牌。

▶ Deck 对象可以从牌堆"顶部"（列表的开头）发牌，返回一个 0 ~ 51 的数字（代表一张牌）。

▶ 在所有牌发出后，Deck 对象会自动重新洗牌。

这个类是一个面向对象编程的好例子。Deck 对象的实例将保持其内部状态。使用以下代码可以创建任意大小的支持自动洗牌的牌组。

```python
import random

class Deck():

    def __init__(self, size):
        self.card_list = [i for i in range(size)]
        random.shuffle(self.card_list)
        self.current_card = 0
        self.size = size

    def deal(self):
        if self.size - self.current_card < 1:
            random.shuffle(self.card_list)
            self.current_card = 0
            print('Reshuffling...!!!')
        self.current_card += 1
        return self.card_list[self.current_card - 1]
```

　　顺便说一句，deal 函数的返回值可以通过下面方法转换为一张具有唯一花色和大小的纸牌。

```
ranks = ['2', '3', '4', '5', '6', '7', '8', '9',
         '10', 'J', 'Q', 'K', 'A']
suits = ['clubs', 'diamonds', 'hearts', 'spades' ]
my_deck = Deck(52)

# 发 12 手牌（每手 5 张），用户可以对洗牌前后进行对比

for i in range(12):
    for i in range(5):
        d = my_deck.deal()
        r = d % 13
        s = d // 13
        print(ranks[r], 'of', suits[s])
    print()
```

　　Deck 类还有一些限制。当我们重新洗牌时，会有一些纸牌仍然在游戏中（牌还在桌面上）。这些牌不应该被重新混入，仅对废牌堆中的牌进行重新洗牌。

　　发牌后，这些游戏中的牌就一直留在桌上。只有在开始新的一轮时，场上的牌才被放入弃牌堆。图 11.1 显示了纸牌、游戏中的牌和弃牌堆之间的关系。

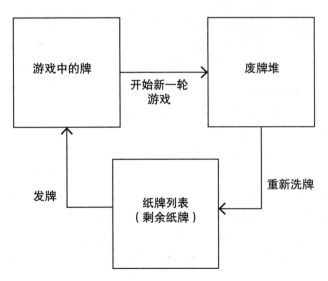

图 11.1　Deck 对象中纸牌的移动

这就是曾经在赌场玩二十一点游戏的方式，现在可能仍然在用这种方式：一副标准纸牌，将所有牌逐渐发出，然后重新洗牌。

我们可以按如下方式重写 Deck 对象。

```python
import random

class Deck():
    def __init__(self, size):
        self.card_list = [i for i in range(size)]
        self.cards_in_play_list = []
        self.discards_list = []
        random.shuffle(self.card_list)

    def deal(self):
        if len(self.card_list) < 1:
            random.shuffle(self.discards_list)
            self.card_list = self.discards_list
            self.discards_list = []
            print('Reshuffling...!!!')
        new_card = self.card_list.pop()
        self.cards_in_play_list.append(new_card)
        return new_card

    def new_hand(self):
        self.discards_list += self.cards_in_play_list
        self.cards_in_play_list.clear()
```

该类定义中有一个新方法 new_hand，每局结束后将调用此方法，以便将当前正在使用的所有牌都放入废牌堆中。程序应将当前正在使用的牌添加到 discard_list 中，并清空 cards_in_play_list。

deal 方法的修改涉及几个方面。现在该方法不再对 card_list（通常包含整副牌）进行洗牌，而只对废牌堆进行洗牌。然后将洗牌结果与 card_list 交换。洗好的牌将作为新的发牌牌库，而废牌堆会被清空。

如果在纸牌仍在桌上时进行了重新洗牌，则这些桌上的纸牌将不会被重新洗牌，因此最终的牌库大小可能会不同。那么这些正在玩的牌怎么回到牌库呢？简单。在当前一轮结束后将它们添加到废牌堆中，最终通过重新洗牌使它们回到牌库中。

注释 ▶ 你可能需要根据二十一点变化的规则对该类进行进一步修改。例如，要容纳大多数赌场使用的六副牌的牌库。实际上，只需要在初始化时指定正确的 `size` 即可。你可能还想修改某些方法，以便发牌员可以提前洗牌（可以通过编写一个新方法来实现）。

◀ Note

11.6　在牌库中添加图形

我们可以修改 Deck 类的初始化函数，让它存储标准扑克牌的小图片，而不仅仅是存储数字。这样我们就无须编写单独的转换代码（将数字 0 ~ 51 转换为扑克牌的名称）。我们可以直接输出纸牌符号，如下面代码所示。

```python
def __init__(self, n_decks=1):
    self.card_list = [num + suit
        for suit in '\u2665\u2666\u2663\u2660'
        for num in 'A23456789TJQK'
        for deck in range(n_decks)]
    self.cards_in_play_list = []
    self.discards_list = []
    random.shuffle(self.card_list)
```

请注意，该程序创建的牌库的大小是 52 张标准纸牌的整数倍。创建一个包含多副牌的牌库可以模拟拉斯维加斯六副牌的玩法。

此版本的 **__init__** 方法会创建出如下的纸牌：

A♥	2♥	3♥	4♥	5♥	6♥	7♥	8♥	9♥	T♥	J♥	Q♥	K♥
A♦	2♦	3♦	4♦	5♦	6♦	7♦	8♦	9♦	T♦	J♦	Q♦	K♦
A♣	2♣	3♣	4♣	5♣	6♣	7♣	8♣	9♣	T♣	J♣	Q♣	K♣
A♠	2♠	3♠	4♠	5♠	6♠	7♠	8♠	9♠	T♠	J♠	Q♠	K♠

下面是修订过的 Deck 类的完整代码，以及一个可以输出五张牌的小程序。这里使用六副牌牌库，但可以轻松地将它修改为一副牌。

```python
# 文件 deck_test.py
# ---------------------------------------
import random
class Deck():
    def __init__(self, n_decks=1):
        self.card_list = [num + suit
            for suit in '\u2665\u2666\u2663\u2660'
```

```
                    for num in 'A23456789TJQK'
                    for deck in range(n_decks)]
            self.cards_in_play_list = []
            self.discards_list = []
            random.shuffle(self.card_list)

        def deal(self):
            if len(self.card_list) < 1:
                random.shuffle(self.discards_list)
                self.card_list = self.discards_list
                self.discards_list = []
                print('Reshuffling...!!!')
            new_card = self.card_list.pop()
            self.cards_in_play_list.append(new_card)

            return new_card

        def new_hand(self):
            self.discards_list += self.cards_in_play_list
            self.cards_in_play_list.clear()

    dk = Deck(6)  # 创建六副牌的牌库

    for i in range(5):
        print(dk.deal(), end=' ')
```

下面是一个示例会话。很幸运其中包含两个对子。

9♥　9♥　T♠　4♦　T♣

11.7　绘制正态分布图

在数学和统计学中，正态分布图形是经典的钟形曲线。正态分布在自然界很常见。随着层数的增加，Pascal 三角形会趋近于正态分布。它也是二项式定理预测的形状，二项式定理会生成这些数字。

例如，美国男人的平均身高大约是五英尺十英寸。如果对人口进行随机抽样，你应该会发现绝大多数男人的身高都在这个值的附近。当然，会有一些人异常矮或高。但是，随着离平均值越来越远，这些离群值样本也变得越来越少。

结果是一个钟形曲线。大部分人的身高在平均值附近，这使得曲线在均值附近产生凸起。正态分布受两个主要因素控制：平均值和标准差。

平均值位于曲线的中间。标准差（也称为 *sigma*）确定曲线的宽度。在足够长的时间内，符合正态分布的值应符合表 11.2 中的规则。

表 11.2　标准差的作用

标准差个数	满足条件的人口比例
1	68%的人口应该落在均值的一个标准差之内的区间
2	95%的人口应该落在均值的两个标准差之内的区间
3	99.7%的人口应该落在均值的三个标准差之内的区间

对表 11.2 的理解方法如下。假设一个正态分布的平均值为 100，标准差为 20。从长远来看，正态分布函数产生的数字大约有 68%落在 80 ~ 120 之间。大约有 99.7%落在 40 ~ 160 之间。

不过 **random** 包中的方法产生的数都只是随机的概率分布（尤其是在试验次数较少的情况下）。对于给定的试验，根据这里给出的条件，数字落入 40 ~ 160 范围内的概率为 99.7%，仍然会有 0.3% 的数字落在该范围之外。

但这不是说这种情况不会发生。小概率（可能性只有 0.3%）事件也是可能发生的，发生概率只有几百万分之一。更小概率的事件每天都会发生，比如有人中彩票！

因此，如果仅观察一小部分样本结果，则可能看不到一个钟形曲线。但是根据 11.3 节中所述的大数定律，如果使用大量样本值，则应该可以看到我们预期的行为。

下面的程序利用了大数定律。它允许任意大的样本结果，然后按比例缩小数字，最后绘图并输出结果。

```python
import random

def pr_normal_chart(n):
    hits = [0] * 20
    for i in range(n):
        x = random.normalvariate(100, 30)
        j = int(x/10)
        if 0 <= j < 20:
            hits[j] += 1
    for i in hits:
        print('*' * int(i * 320 / n))
```

该函数可以多次调用 **normalvariate** 函数，然后使用结果创建一个简单的基于字符的图形。这里的关键行是使用平均值100、标准差30调用 **random. normalvariate** 函数：

```
x = random.normalvariate（100, 30）
```

当然，标准差不一定是30。你可以修改此数字进行试验。较小的标准差会使图形更窄，较大的标准差会使曲线看起来更平坦。

然后使用除法和类型转换将数字 x 转换为 0 ~ 20 之间的整数，从而将结果收集到二十个"桶"中。除非增大标准差，否则随机数很少会落在该范围之外。

将结果 x 除以 10，以便可以将其添加到 0 ~ 20 的数组中。需要统计每个范围内的命中次数。

```
j = int(x/10)
if 0 <= j < 20:
    hits[j] += 1
```

然后将每个范围的命中次数按比例缩减，方法是乘以 320，然后除以 n。这使参数 n 可以任意大，而不会增加要输出的星号（*）的总数。如果不进行缩放，则无法使用较大的 n 值，否则星号会覆盖整个屏幕。

```
for i in hits:
    print('*' * int(i * 320 / n))
```

为什么要使用数字 100、30 和 320？为了得到美观的结果，我们通过反复试验确定了这些数字。你也可以尝试使用不同的数字。

你可以输入相对较少的试验次数（例如 500）。图 11.2 显示了典型的结果。生成的图形看上去大致是钟形曲线，但有明显的偏差。这是因为 500 并不是数学意义上的大数。

该图形基于 500 次试验的结果，这并不是一个统计意义上的大样本。它可以反应总体模式，但是在某些地方有着明显的偏差。

在图 11.3 中，试验次数增加到 199 000。由于我们对输出字符进行了缩放，因此要输出的星号总数没有明显变化。现在图形更符合数学上完美的钟形曲线了。

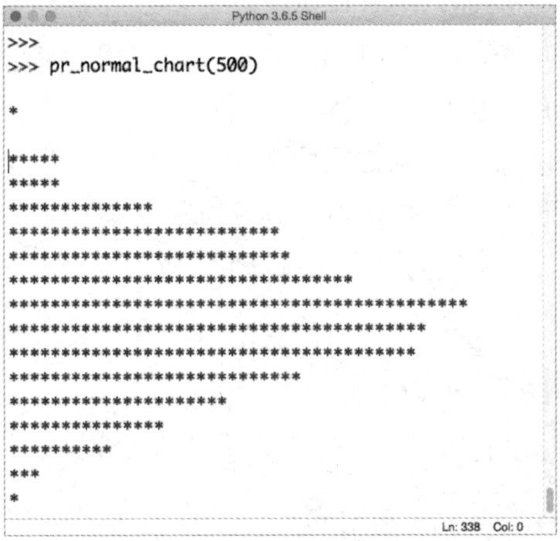

图 11.2　经过 500 次试验得到的正态分布

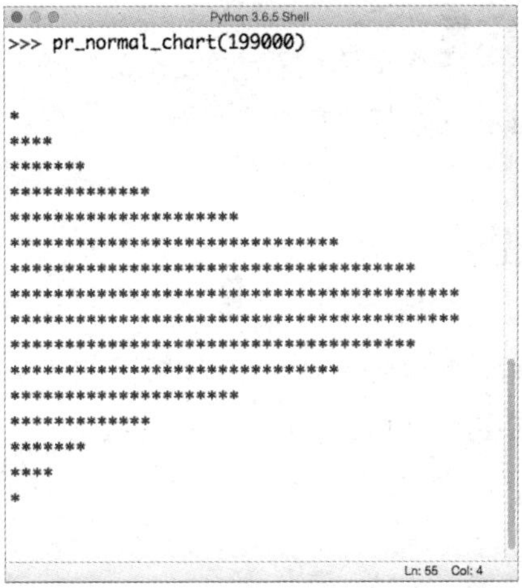

图 11.3　经过 199 000 次试验得到的正态分布

如果使用的样本多于 199 000 个，应该能获得（在粗粒度上）更完美的钟形曲线。

11.8　编写自己的随机数生成器

本节介绍如何编写自己的随机数生成器。本节中包含一些在 *Python Without Fear* 一书中讨论过的有关生成器的内容。

大多数时候我们不需要编写自己的随机数生成器，但是在某些情况下则需要编写。假设你为赌博设备（例如电子老虎机或在线扑克游戏）编写代码。要解决的关键问题是，如何不让用户破解代码并预测出后面发生的事情。

random 包支持高质量的随机数分布。但是，如果不能使用外部随机设备（例如用于测量放射性衰变的设备），则必须使用伪随机数。这些数字虽然有用，但并不是不可破解的。理论上，任何序列都可以破解。

可以编写自己的伪随机数生成器来生成尚未被破解的序列。

11.8.1 生成随机数的原理

通常，伪随机序列可以通过做以下两件事来实现随机性。

▶ 获取人类很难或不可能猜到的种子（起始值）。系统时间可用于此目的。尽管时间不是随机的（时间总是在增加），但是时间可以精确到微秒，而最低有效位对于人类来说很难预测。

▶ 对前面的数字进行数学运算生成每个数字。这涉及复杂的转换，通常称为混沌变换，因为即使很小的初始值差异也会导致结果差异很大。

11.8.2 简单的生成器

第 4 章介绍了用 Python 编写生成器的方法，其中最重要的一点是使用 **yield** 语句来代替 **return** 语句。**yield** 语句会为 **next** 函数调用（可以直接调用或在 **for** 循环中调用）提供值，并在再次调用它之前保留内部状态。

下面关于生成器的内容是 4.10 节的一部分，更多信息可以回顾该节。

尽管包含 **yield** 语句的函数看起来似乎没有返回对象，但事实却不是如此：它返回一个生成器对象，也称为迭代器。生成器对象是在运行时实际产生值的对象。这一点有些让人奇怪，函数包含了生成器的功能，而该函数返回的对象是生成器本身！

下面是一个简单的随机数生成器，它生成的整数介于 0 到大约 42 亿之间。

```python
import time

def gen_rand():
    p1 = 1200556037
    p2 = 2444555677
    max_rand = 2 ** 32
    r = int(time.time() * 1000)
```

```
while True:
    n = r
    n *= p2
    n %= p1
    n += r
    n *= p1
    n %= p2
    n %= max_rand
    r = n
    yield n
```

结果是一个随机数生成器，它似乎很好地满足了随机性的要求，你也可以自己进行验证。不过它仍然是一个相对简单的生成器，无法提供很好的性能，虽然它确实满足了一些随机性的基本原则。

可以使用以下代码对其进行测试：

```
>>> gen_obj = gen_rand()
>>> for i in range(10): print(next(gen_obj))

1351029180
211569410
1113542120
1108334866
538233735
1638146995
1551200046
1079946432
1682454573
851773945
```

11.9　math 包概述

math 包提供了一系列在许多科学和数学应用中有用的函数。

尽管 math 包都是以函数形式来提供大多数服务，但该软件包还包括两个有用的常数：**pi** 和 **e**。根据导入包的方式，这些常量可以通过 **math.pi** 和 **math.e** 引用。

math 软件包也是标准 Python 提供的软件包，无须下载，导入后就可以使用。

```
import math
```

当然，也可以有选择地导入符号。

11.10　math 包函数概览

表 11.3 中总结了 **math** 包中最常用的函数。

表 11.3　常用 math 包函数，分类列出

类别	说明
标准三角函数	包括 **sin**、**cos** 和 **tan**，分别是正弦、余弦和正切函数。这些函数都以弧度作为输入，并产生直角三角形的两条边的比值
反三角函数	它们是与第一类函数相反的函数，它们的输入是两条边的比值，输出是一个弧度。此类函数包括 **asin**、**acos** 和 **atan**
角度和弧度转换函数	**degrees** 和 **radians** 两个函数分别将弧度转换为角度（degrees）和从角度转换为弧度（radians）。这些函数通常和使用弧度的三角函数一起使用，虽然大多数人更熟悉角度
双曲函数	双曲函数包括双曲函数和反双曲函数。其名称是在三角函数名称的末尾加上"h"，如 **sinh**、**cosh** 和 **tanh**
对数函数	**math** 包提供了一组灵活的对数计算函数，支持各种基数。对数计算与幂计算相反。对数函数包括 **log2**、**log10** 和 **log**，分别用于计算以 2、10 和 e 为底的对数。最后一个函数可以使用任何自定义的基数
转换为整数	包括几个可以将浮点数转换为整数的函数，包括 **floor**（向下取整）和 **ceil**（向上取整）函数
其他	包括 **pow**（幂计算）函数和求平方根函数 **sqrt**

11.11　使用特殊值（pi）

从 Python 包中导入常量（也是一个对象）的规则与函数相同。如果使用 **import math**，则必须对对包中对象的引用进行限定。下面是一个例子：

```
import math
print('The value of pi is:', math.pi)
```

但是，如果 **pi** 是直接导入的，则可以不加限定地引用它。

```
from math import pi
print('The value of pi is:',math.pi)
```

表 11.4 列出了软件包中的对象。当然这些只是其中一部分。

表 11.4 math 包中的数据对象

对象	说明
pi	圆周率 pi，指的是圆周与直径之比。约等于 3.141592653589793
e	自然数 e。约等于 2.718281828459045
tau	仅适用于 Python 3.0。这是一个 2 乘以 pi 的值。约等于 6.283185307179586
inf	无穷。仅与 IEEE math 一起使用
nan	不是数字。仅与 IEEE math 一起使用

表 11.4 中的最后两个数据对象是为了支持浮点协处理器的所有状态而提供的。但这些值很少在 Python 中使用，因为 Python 不允许通过除以零来获得无穷大，这样的操作在 Python 中会引发异常。

math.pi 广泛用于数学和科学应用中。

下面是一个简单的方法：获取圆的直径并返回其周长。

```
from math import pi

def get_circ(d):
    circ = d * pi
    print('The circumference is', circ)
    return circ
```

此常数列表中缺少一个重要的值 phi，也称为黄金分割率。但是，这个值相对来说很容易得到：1 加上 5 的平方根，然后将结果除以 2。

```
import math
phi = (1 + math.sqrt(5))/ 2
```

不使用 math 包的话，可以这样计算：

```
phi =（1 + 5 ** 0.5）/ 2
```

无论哪种计算方法，它的近似值都是 1.618033988749895。

11.12　三角函数：计算树的高度

三角函数有许多实际用途。在本节中，我们演示一个简单的例子：计算树的高度。

考虑如图 11.4 所示的直角三角形。直角（90 度）是固定的，但其他两个角度可以变化。根据离我们最近的角度的大小（θ），我们可以（通过三角函数）预测任意两条边的长度之比。

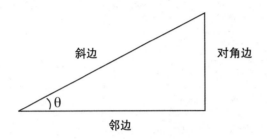

图 11.4　直角三角形

正弦、余弦和正切这三个基本的三角函数定义如下。与大多数编程语言和库一样，在 Python 中，这三个函数分别实现为 **sin**、**cos** 和 **tan** 函数。

sin（θ）= 对角边 *<B>* / 斜边 *<C>*

cos（θ）= 邻边 *<A>* / 斜边 *<C>*

tan（θ）= 对角边 *<B>* / 邻边 *<A>*

因此，如果对角边是邻边的长度的一半，则正切值为 0.5。

这与树木的高度有什么关系？请考虑以下情形：观察者的位置距离树的底部为 1000 英尺。他不知道树的高度，但是他知道到树底的距离，因为这是以前测量过的。他使用可靠的六分仪来测量树顶与地平线的角度，得到角度 θ。图 11.5 说明了这种场景。

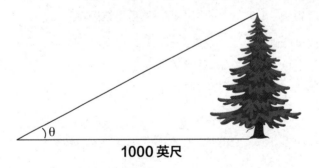

图 11.5　计算一棵树的高度

现在只需要一点代数运算就可以得出正确的公式。记住正切函数的公式：

tan（θ）= 对角边 <B> / 邻边 <A>

将两边乘以 A 并重新排列项，我们得到以下计算规则。

对角边 <B> =tan（θ）* 邻边 <A>

因此，要取得树的高度，首先要计算仰角的正切值，然后乘以到树根的距离（在本例中为 1000 英尺）。现在，很容易编写一个计算树高的程序。

```python
from math import tan, radians

def get_height(dist, angle):
    return tan(radians(angle)) * dist

def main():
    while True:
        d = float(input('Enter distance (0 to exit): '))
        if d == 0:
            print('Bye!')
            break
        a = float(input('Enter angle of elevation: '))
        print('Height of the tree is', get_height(d, a))

main()
```

程序的核心是进行计算的代码：

```python
return tan（radians（angle））* dist
```

尽管这是一个简单的程序，但存在一个陷阱：所有 Python 三角函数都使用弧度。所以要先将角度转换为弧度再进行计算。

完整的圆有 360 度，它也被定义为 2 * pi 弧度。因此，如果用户要使用角度（大多数人在现实生活中都使用角度），则需要应用 **math.radians** 函数将角度转换为弧度（或者乘以 2 * pi / 360）。下面是一个示例会话：

```
Enter distance (0 to exit): 1000
Enter angle of elevation: 7.4
Height of the tree is 129.87732371691982
Enter distance (0 to exit): 800
Enter angle of elevation: 15
```

```
Height of the tree is 214.35935394489815
Enter distance (0 to exit): 0
Bye!
```

注释 ▶ 在此示例中，我们使用了导入特定函数的 **import** 语句。如果你确定导入函数的名称不会与其他名称产生冲突，这通常是一个好的导入方法。

```
from math import tan, radians
```

◀ Note

11.13 对数：再来一局猜数字

math 包中另一个经常被使用的函数是对数函数，如表 11.5 所示。

表 11.5 math 包中的对数函数

数据对象	说明
log10(*x***)**	以 10 为底的对数。（要产生 x，必须将 10 的指数设为多少？）
log2(*x***)**	以 2 为底的对数。（要产生 x，必须将 2 的指数设为多少？）
log(*x***,** *base = e***)**	使用指定底数的对数。第二个参数是可选的；默认情况下，该函数使用自然对数 e 作为底数

如果你对对数的概念已经很熟悉，则可以跳到 11.13.2 节，看看在程序中对数的实际用法。也可以阅读 11.13.1 节了解有关对数的更多信息。

11.13.1 对数如何工作

对数与幂相反。如果你还记得这一点，对数就没有那么可怕。例如，假定满足以下条件：

base ** *exponent* = *amount*

那么以下等式也成立：

Logarithm-of-base (amount) = exponent

换句话说，对数计算得出的是使基数达到一定值所需的指数。通过一些示例你会更容易理解。首先，假设基数为 10。请注意表 11.6 中的值随指数增加的速度。

表 11.6 基数为 10 的指数

10 的几次方	值
1	10
2	100
3	1000
3.5	3162.277
4	10000
4.5	31622.777

现在, 要了解以 10 为底的对数, 我们只需要将表 10.6 反转即可。你应该看到上面指数增长的速度, 不过对数增长非常慢, 并且总慢于线性增长, 如表 10.7 所示。

表 11.7 以 10 为底的对数

以 10 为底的对数	值
10	1
100	2
1000	3
3162.277	3.5
10000	4
31622.777	4.5

表 11.7 中的某些结果是近似值。例如, 如果计算 31622.777 以 10 为底的对数, 则结果非常接近 4.5。

11.13.2 将对数应用于实际问题

现在, 让我们回到猜数字游戏。如果你玩过几次该游戏, 应该会发现一个显而易见的策略, 可以在少于 N 次猜测的情况下获得答案, 其中 N 是范围的大小。最糟糕的策略是从 1 开始, 然后增加 1, 猜 2, 依此类推, 直到覆盖整个范围。

平均而言, 该策略要进行 $N/2$ 次猜测才能成功猜出: 如果范围是 1 ~ 50, 则需要 25 次猜测。但是如果使用好的策略, 可以做得更好, 这就引出了以下问题。

对于大小为 N 的范围, 理想策略获得答案所需的最大猜测次数是多少?

当 $N = 3$ 时的最佳策略是什么? 显然, 应该猜测中间的数字 2, 然后猜测 1 或 3。这样可以保证即使有三个值也不需要进行两次以上的猜测。如果范围超过 3, 我们可能需要额外的猜测, 但是对于 $N = 3$, 有两次猜测就足够了。

当 $N = 7$ 时，我们可以先猜测中间值 4，然后（如果此次猜测不成功）在前 3 个数字（需要再猜两次）或后 3 个数字（还需要再猜两次）中进行猜测。因此，对于 $N = 7$，3 次猜测就足够了。

可以发现，每多一次猜测覆盖的范围就为之前范围的两倍加 1。图 11.6 展示了随着猜测次数从 1 增加到 2 再到 3，N 也从 1 增加到 4 再到 7。

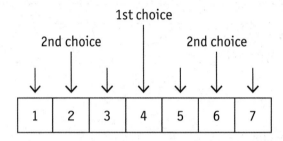

图 11.6　$N=7$ 时需要 3 次猜测

现在，我们可以确定某些数字所需的最大猜测次数。当 N 介于这些数字之间时，我们向上舍入。这是因为要获得所需的最大猜测次数，我们必须假设最坏的情况。表 11.8 显示了所需的猜测次数。

表 11.8　数字区间与猜测次数

区间	区间 +1	猜测次数 =LOG2(区间 +1)
1	2	1
3	4	2
7	8	3
15	16	5
31	32	5
63	64	6

表 11.8 最左边一栏列出了游戏中的数字范围，并非所有数字都列出，而是仅列出处于边界的数字，也就是需要增加一次猜测的数字。每个参数都是一个上限，例如对于 $N = 15$ 或更小，最多需要 4 次猜测。但是，对于大于 15 的任何范围，都需要更多次的猜测。

最左边一栏的数字每个都比 2 的幂小 1。1 对应于 2 的 1 次幂减 1。因此，要获取最右边一栏的数字（所需的猜测次数），必须计算 $N+1$ 以 2 为底的对数。

最后是向上取整，因为次数必须是整数，而不是浮点数。正确的公式是：

最大猜测次数 $= \text{ceiling}(\log_2(N + 1))$

借助 **math** 软件包编写该程序非常容易。

```
from math import log2, ceil

n = int(input('Enter size of range: '))
x = ceil(log2(n + 1))
print('Max. number of guesses needed is', x)
```

该程序除了使用 **math.log2** 函数，还使用了 **math.ceil** 函数。**ceil** 函数接受一个数字参数并将其向上舍入为大于或等于输入的最小整数。

现在运行该程序，就可以得到我们之前提出的问题的答案。像往常一样，用户输入以粗体显示。

```
Enter size of range: 50
Max. number of guesses needed is 6.
```

这就是答案。如果遵循理想的策略（即在可用范围的中间进行猜测），则永远不需要超过 6 次猜测。

猜测的策略是，选择一个尽可能接近可用范围中点的数字。在从一次猜测中获得了信息后，范围应变为剩余的范围。例如，如果你猜 25，而计算机说"太高了"，则应将范围调整为 1 ~ 24。

该策略体现了二分搜索算法的原理，每猜一次将可用选项的数量减少约 50%，直到找到结果为止。

总结

本章探讨了如何在程序中使用两个最常用的软件包（**random** 包和 **math** 包）。这两个软件包都包含在常规的 Python 下载文件中。

random 包提供了各种分布函数。本章探讨了最常用的函数：**randint**，它返回一个在给定范围内均匀分布的随机整数；**shuffle**，重新排列列表的内容，就好像是洗牌一样；以及 **normalvariate** 函数。

经典的正态分布函数倾向于生成接近平均值的值。虽然总是存在离群值，但是离平均值越远的值，出现的概率就越小。

本章还介绍了如何使用 **math** 包中的一些最常用的函数，包括计算正切值的 **tan** 函数和对数函数。对数函数包括 **log10**、**log2** 和 **log**（它可以以任何底数计算对数）。

习题

1　什么是概率分布？如果随机生成一些值，那么我们如何预测这些值呢？

2　真随机数和伪随机数之间有什么区别？为什么后者被认为"足够好"？

3　控制正态分布行为的两个主要因素是什么？

4　举例说明现实生活中的正态分布。

5　你希望小样本的概率分布表现如何？随着试验次数的增加，你期望它发生什么变化？

6　使用 `random.shuffle` 函数可以重排什么样的对象？

7　在 `math` 软件包中有哪些函数类别。

8　求幂与求对数有何关系？

9　Python 中的三个对数函数是什么？

推荐项目

1　修改 11.4 节中的猜数字游戏，使用户可以在开始时指定一个值的范围，而不必始终使用 1 ～ 50 这个范围。

2　编写一个应用程序，该应用程序根据两条信息确定直角三角形的斜边的长度：一个角的角度（以度为单位）和邻边的长度。

3　利用 11.5 节中介绍的 Deck 对象，编写一个游戏程序来实现一个每次发 5 张纸牌的扑克游戏。然后提示用户输入一系列数字（例如"1、3、5"），这些数字对应的纸牌将会被替换，然后绘制新的纸牌并输出。

Python 科学计算包——numpy

本章我们要介绍 Python 的一个重要组成部分：它是一系列 Python 科学计算包和数据处理包的基础，它就是 **numpy**。

numpy 中的一些操作也可以使用 Python 语言直接实现，但是使用 **numpy** 可以使程序更快、更紧凑地运行。使用 **numpy** 中的高级命令进行统计分析可以省去编写复杂代码的时间，并且这些高级命令运行速度最多可以比我们编写的代码快上百倍。

无论你将它读作 "NUM-pee" 还是 "num-PIE"，**numpy** 软件包都会成为你的最爱。

12.1 array、numpy 和 matplotlib 软件包概述

接下来的两章会介绍这几个软件包的用法：**array**、**numpy**、**numpy.random** 和 **matplotlib**。

12.1.1 array 软件包

它具有 **numpy** 软件包的一些基本功能，但我们通常会频繁地使用此软件包。它一般用于传递由其他程序创建的连续数据块。

12.1.2 numpy 软件包

numpy 软件包是本章讨论的核心。它以 **array** 包引入的连续内存概念为基础，但它还有很多其他功能。**numpy** 软件包可有效地处理一维数组（类似于列表）、进行批处理（可以同时操作整个数组或数组的一部分），并为创建和操作多维数组提供了高级支持。

12.1.3 numpy.random 软件包

numpy.random 软件包会作为 **numpy** 软件包的一部分被自动下载。它不仅提供了我们在第 11 章中描述的功能，而且它还针对 **numpy** 数组进行了优化。

12.1.4 matplotlib 软件包

该软件包其实包含了两个软件包（**matplotlib** 和 **matplotlib.pyplot**），但它们会一起被下载下来。在这些软件包的帮助下，我们能够创建一个 **numpy** 数组，然后调用绘图方法将数组绘制成图形。

在第 13 章中介绍绘图库。本章主要介绍 **numpy** 的基础知识。

12.2 使用 array 软件包

array 包的功能有限，但它从概念上为 **numpy** 的工作方式提供了基础。该软件包仅支持一维数组。此软件包的一个优点是不需要下载它。

```
import array
```

该软件包以及本章介绍的所有其他软件包均以严格的 C 和 C++ 的方式处理数组（而不是 Python 列表）。

那什么是"数组"呢？

像列表一样，数组是内存中的有序集合，其中的元素可以由索引引用。但是与列表不同，数组假定包含的数据长度固定。数组中的数据是连续的，所有元素在内存中都相邻放置。

图 12.1 说明了列表和数组的差异。Python 列表包含许多引用，虽然我们通常不会关注这些引用。（在 C 中，这是指针。）

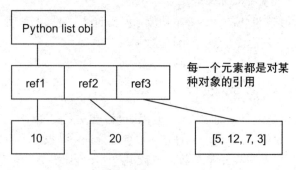

图 12.1 Python 列表的存储方式

　　列表对象包含对实际列表位置的引用，列表的位置是可以移动的，但是列表中的每个对象都是对实际数据的引用。这就是 Python 能够在同一列表中包含不同类型的数据的原因。

　　如图 12.2 所示，数组的设计更加简单。数组对象本身只是对内存中某个位置的引用。 实际数据位于该位置上。

　　因为数据是以这种方式存储的，所以数组中的元素必须具有固定的长度。它们还需要是相同的类型。不能存储任意的 Python 整数（理论上可能会占用很多字节的内存），但是可以存储固定长度的整数。

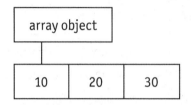

**在内存中所有元素是相邻
的并且具有相同的尺寸**

图 12.2　数组的连续存储方式

　　数组的数据存储比列表更紧凑。但是索引数组会比索引 Python 列表慢一点，因为 Python 的列表索引经过了高度的优化。

　　使用 **array** 包的一个优点是，如果你与其他进程或 C 语言库进行交互，它们可能会要求你以连续的内存块的方式传递数据，而这正是 **array** 的存储方式。

　　要使用 **array** 包，需要先引入它，然后通过调用 **array.array** 方法创建和初始化数组对象。下面是创建一个包含 1、2、3 的数组的方法：

```
import array
a = array.array('h', [1, 2, 3])
```

　　注意，此处将 'h' 作为第一个参数。 方法接受一个单字符字符串来指定数据类型，'h' 代表 16 位（2 字节）整数（范围为正负 32K）。我们可以使用 **range** 函数创建一个更大的数组。

```
import array
a = array.array('h', range(1000))
```

　　上面代码没有问题，但请注意，如果不将数据类型从短整数（'u'）变为长整数（'l'），就无法以这种方式创建 1 ~ 1 000 000（或 0 ~ 999,999）的数字数组，因为部分数字超出了 16 位整数的存储范围。

```
import array
a = array.array('l', range(1_000_000))
```

警告：除非你准备等待一整天，否则请勿尝试输出该变量！

你可能会反对 Python 将整数设计为"无限大"（或整数的上限是个天文数字）。但是当你处理定长的数据结构时，会失去这种灵活性。

array 包及其 **array** 类型的一个限制是它们仅支持一维数组。

12.3 下载并导入 numpy 包

如果要尝试运行本章后面的代码，请下载 **numpy** 包（如果尚未下载）。如果 **numpy** 包不存在，那么当你在使用 IDLE 或编写 Python 脚本时尝试导入 numpy 包就会引发 **ModuleNotFoundError** 异常。

下载 **numpy** 包最简单的方法是使用 pip 工具（假定它已存在）。

pip 工具的优点之一是，它可以到 Internet 上软件包的标准存储位置查找需要安装的软件包，然后帮你下载它。假设系统上已经存在 **pip** 工具，你需要做的就是启动 DOS 或 Terminal 应用程序，然后输入以下内容：

```
pip download numpy
```

如果你使用的是 Macintosh 系统，并且安装了 Python 3，则可能需要使用 **pip3** 命令。

```
pip3 download numpy
```

> **注释** ▶ 因为 Macintosh 系统预装了 Python 2.0，所以有时可能会出现一些问题。按照本节中的说明下载 **numpy** 包后，可能仍然无法在 IDLE 中找到它，这有可能是因为版本的问题。如果发生这种情况，请在终端中键入 **idle3** 来启动 IDLE。
>
> ```
> idle3
> ```

◀ Note

12.4 numpy 包简介：求 1 ~ 1 000 000 的和

这里假设你能够下载 **numpy** 包。如果没有下载，请尝试用搜索引擎搜索以获取帮助。下载完成后需要导入 **numpy** 包。

```
import numpy as np
```

假设没有产生错误，那么你可能会问 **as np** 的作用是什么？我们并不是必须要以这种方式导入 numpy 包，这只是一种导入方法。使用此软件包时，名称 **numpy** 可能是某些长语句的一部分，因此使用 **as np** 子句是一个好主意，它使你可以通过短名称 **np** 来导入 **numpy** 包。对于某些程序员而言，使用此特定的简称已成为惯例。

注释 ▶ 由标准 **numpy** 程序创建的对象的数据类型为 **ndarray**，它的意思是 N 维数组。

◀ Note

为什么要使用 **numpy** 包？要回答这个问题，请先考虑将 1 ~ 1 000 000 的 100 万个数字相加的问题。

如果你喜欢数学，那么你可能知道有一个公式可以计算出结果。这里假设你不知道此公式。但是你会认同该任务是一个好的衡量一种语言速度的测试。使用 Python 语言解决该问题的最高效的方法如下：

```
a_list = list(range(1, 1_000_001))
print(sum(a_list))
```

按照大多数语言的标准，这还不错。下面是使用 **numpy** 包执行相同操作的代码，看起来和上面代码很像。

```
import numpy as np

a = np.arange(1, 1_000_001)
print(sum(a))
```

无论执行哪段代码，得到的答案都应该是 500 000 500 000。

要比较这两种方法之间的差异，需要进行性能基准测试。使用 **time** 包可以获取计时信息。

```
import numpy as np
from time import time

def benchmarks(n):
    t1 = time()

    a_list = list(range(1, n + 1))    # Old style!
```

```
                    tot = sum(a_list)

                    t2 = time()
                    print('Time taken by Python is', t2 - t1)
                    t1 = time()

                    a = np.arange(1, n + 1)          # Numpy!
                    tot = np.sum(a)

                    t2 = time()
                    print('Time taken by numpy is ', t2 - t1)
```

如果使用此函数对前 1 千万个数字求和，则结果如下（以 s 为单位）：

```
>>> benchmarks(10_000_000)
Time taken by Python is 1.2035150527954102
Time taken by numpy is  0.055111116981506348
```

两者耗时相差了近 24 倍，这是一个不小的差距。

性能提示 ▶ 如果将进行加法运算的时间与创建初始数据集的时间分开，则两者的耗时差距更大：大约相差 60 倍。 编写更准确的基准测试作为本章练习留给大家来完成。

◀ Performance Tip

12.5 创建 numpy 数组

上一节展示了一种创建大 **numpy** 数组的方法。

```
    a = np.arange(1, n + 1))
```

该语句生成一个从 1 开始到 n+1(不包括) 的区间，然后使用这些数据初始化一个一维 **numpy** 数组。

创建和初始化 **numpy** 数组的方法有很多，而且有许多方法都超出了本章的范围。但本节将介绍表 12.1 中列出的最常用的创建 **numpy** 数组的方法。

表 12.1　numpy 包中常见的数组创建函数

numpy 函数	生成对象
arange	由指定范围内的整数组成的数组,它的语法与 Python 的 **range** 函数相似
linspace	创建在指定范围内均匀间隔的数组。此函数可以处理浮点值,它可以处理很小的间隔。尽管它可以接受整数参数,但一般使用浮点数
empty	未初始化的数组。 值是 "随机的",但并不是统计意义上的随机抽样
eyes	对角线上元素为 1 的数组,其他单元格为 0
ones	初始化为全 1(可能是整数、浮点数或布尔值 **True**)的数组
zeros	初始化为全 0(可能是整数、浮点数或布尔值 **False**)的数组
full	被填充了指定值的数组,该数组的每个位置上的元素都为指定值
copy	从另一个 **numpy** 数组逐个成员复制而来的数组
fromfunction	通过在每个元素上调用指定函数(将其索引作为输入)来初始化数组

　　下面详细讲解每个函数。这些函数中有许多函数允许为其指定 **dtype** 参数,该参数确定 **numpy** 数组中每个元素的数据类型。可以使用它们创建不同数据类型的数组。**dtype** 可以通过下面两种方式设置:(1)使用表 12.2 中所示的符号来设置;(2)使用包含指定名称的字符串。

```
import numpy as np
np.int8         # 可以用于设置 dtype
'int8'          # 也可以用来设置 dtype
```

表 12.2　numpy 数组中使用的 dtype 值

dtype 值	说明
bool	布尔值, 每个元素的值都为 True 或 False
int	标准整数。通常与 **int32** 相同
int8	8 位有符号整数, 范围为 −128 ~ 127
uint8	8 位无符号整数
int16	16 位有符号整数
uint16	16 位无符号整数
int32	32 位有符号整数, 范围大概是正负 20 亿
uint32	32 位无符号整数
int64	64 位有符号整数, 其范围远大于 **int32** 类型的范围, 但仍然是有限的
uint64	64 位无符号整数
float	标准浮点数
float32	32 位浮点数

续表

dtype 值	说明
`float64`	64 位浮点数
`complex`	复数，输入 1.0 将被转换为 `1. + 0.j`
`'i'`	标准尺寸的整数
`'f'`	标准尺寸的浮点数
`'Unum'`	无符号字符类型。如果 *num* 存在，则可以使用它来指定固定长度的字符串类型。例如，`'U8'` 表示存储最多 8 个字符的字符串

表 12.2 中的最后一个 `dtype` 值用于创建一个固定长度的字符串类型。长度小于它的字符串可以分配给此类型的元素，但是长度大于它的字符串将被截断。相关示例可以参见 12.5.8 节。

12.5.1 array 函数

创建 **numpy** 数组最直接的方法是在 Python 数据源（如列表或元组）上使用 **array** 函数。此函数支持其他几个参数，如 *subok* 和 *ndmin*。可以通过查看在线帮助文档获取更多该函数的相关信息。本节重点介绍几个常用的参数。

```
array(data, dtype=None, order='K')
```

该语句创建一个指定类型的 **numpy** 数组。如果未指定 *dtype* 或将其设置为 **None**，则该函数将推断一个足以存储每个元素的数据类型。（这是整数带来的一个问题，因为 Python 整数没有长度限制。）

order 参数确定如何存放高维数据。默认值 `'K'` 表示保留源数据的存储，无论它是什么。`'C'` 表示使用行优先顺序（这是 C 语言使用的方式），`'F'` 表示使用列优先顺序（这是 FORTRAN 使用的方式）。

下面的例子使用 Python 列表来创建一维整数数组。

```
import numpy as np
a = np.array([1, 2, 3])
```

也可以使用多维 Python 列表（列表的列表）来创建二维或更高维度的数组：

```
a = np.array([[1, 2, 3], [10, 20, 30], [0, 0, -1]])
print(a)
```

在 IDLE 中输出此数组，会得到：

```
array([[  1,   2,   3],
```

```
       [ 10, 20, 30],
       [  0,  0, -1]])
```

numpy 用于处理形状为平滑矩形的数组。如果使用"锯齿状"的高维输入，则数组转换函数会尽可能地构造一个常规数组。

在 IDLE 中输入下面的代码：

```
>>> import numpy as np
>>> a = np.array([[1, 2, 3], [10, 20, 300]])
>>> a
array([[  1,   2,   3],
       [ 10,  20, 300]])
```

如果列表的第二行比第一行长，则会发生以下情况：

```
>>> a = np.array([[1, 2, 3], [10, 20, 300, 4]])
>>> a
array([list([1, 2, 3]), list([10, 20, 300, 4])],
      dtype=object)
```

该数组被转换为 **object** 的一维数组（每一个列表都是一个 **object**），而不是真正的二维数组。

12.5.2 arange 函数

arange 函数创建一个元素值为 $1 \sim N$ 的数组，与 Python 的 **range** 函数类似。此函数仅能生成一维数组。

      arange(*[beg,] end [,step]* [*dtype*=**None**])

arange 的参数与 Python 内置函数 **range** 的参数几乎相同。

另外，*dtype* 参数指定每个元素的类型。默认参数值是 **None**，这将使函数自动推断数据类型，它会使用一个能容纳所有值的类型，如 **'int32'**。

```
import numpy as np
a = np.arange(1, 1000001)   # 创建一个长度为 100 万个元素的数组
```

12.5.3 linspace 函数

linspace 函数类似于 **arange** 函数，但是 **linspace** 函数既能生成浮点数又能生成整数。值之间的步长可以是任意大小。

此函数特别适用于沿直线提供一组点（值）且这些点均匀间隔的情况。与

arange 函数一样，linspace 函数仅可用于生成一维数组。

下面的语法总结了此函数最重要的参数。更完整的描述可以查阅 numpy 文档。

linspace(*beg, end,* num=50, endpoint=**True,** dtype=**None)**

beg 和 *end* 参数的作用不言自明，只是在默认情况下 *end* 值被包含在生成的值范围内（与 **arange** 函数相反）。如果指定 *endpoint* 参数并将其设置为 **False**，则该范围不包含 *end* 值。

num 参数指定要生成多少个值。它们会在整个取值范围内尽可能地均匀分布。如果未指定其值，则默认将其设置为 50。

dtype 参数指定每个元素的数据类型。如果未指定或指定为 **None**，则 **linspace** 函数从其余参数推断出数据类型，这种情况下通常会使用 **float** 类型。

假设要创建一个 **numpy** 数组，该数组的元素值之间的间隔为 0.25，则可以使用以下代码。

```
import numpy as np
a = np.linspace(0, 1.0, num=5)
```

在 IDLE 中输出此数组，会得到：

```
array([0. , 0.25, 0.5 , 0.75, 1.  ])
```

结果包含 5 个元素（而不是 4 个），因为在默认情况下，**linspace** 函数将 *endpoint* 值包含在值范围内。因此，*num* 被设置为 5。将 *num* 设置为 6 将得到以下结果：

```
>>> a = np.linspace(0, 1.0, num=6)
>>> a
array([0., 0.2, 0.4, 0.6, 0.8, 1. ])
```

可以指定任意个元素，只要该数值是一个正整数即可。可以指定表 12.2 中列出的任何数据类型，尽管有些数据类型难以容纳生成的元素（布尔类型产生的结果不会令人满意）。下面是一个示例：

```
>>> np.linspace(1, 5, num=5, dtype=np.int16)
array([1, 2, 3, 4, 5], dtype=int16)
```

在这种情况下，整数类型可以正常工作。但是，如果指定的范围需要使用浮点值，你却使用整数类型，则该函数会截断浮点数将它们转换为整数类型。

12.5.4　empty 函数

empty 函数生成未初始化的 **numpy** 数组。如果要生成不需要初始值，在晚些时候才进行赋值的数组，则可以使用 **empty** 函数。该函数可以节省重复初始化的时间。但是请注意，使用未初始化的数组是一种危险的做法，所以仅当你尝试提高执行速度并且保证在使用这些元素之前会为其赋值，才可以使用 **empty** 函数。

不要因为这些值是未初始化的就认为它们可以用作模拟或游戏的随机数。这些数字不具有统计意义，并不是良好的随机采样。

$$numpy.empty(shape, dtype='float', order='C')$$

shape 参数（该函数唯一的必要参数）是一个整数或元组。如果其为整数，则创建一个一维数组；如果其是一个元组，则创建一个更高维的数组。例如，（3，3）指定二维的 3×3 数组。

dtype 参数指定每个元素的数据类型，默认值为 **'float'**。（有关 *dtype* 的值，请参见表 12.2）。

order 参数指定数组是按行优先还是列优先顺序存储。其值可以为 **'C'**（行优先，与 C 语言相同）或 **'F'**（列优先，与 FORTRAN 一致），**'C'** 是默认值。

下面的示例创建一个由 16 位带符号整数组成的 2×2 数组。

```
import numpy as np
a = np.empty((2, 2), dtype='int16')
```

在 IDLE 中显示此数组（从而观察其标准表示），会看到如下结果：

```
array([[0,  0],
       [0, -3]], dtype=int16)
```

你得到的结果可能会与此有所不同，因为数据未初始化，所以无法预测。

下面是另一个例子。请记住，尽管数字看起来可能是随机的，但不要依赖这种“随机性”。最好将这些未初始化的值视为“垃圾”，不要使用它们。

```
a = np.empty((3, 2), dtype='float32')
```

在 IDLE 中显示该数组：

```
array([[1.4012985e-45, 2.3509887e-38],
       [9.1835496e-41, 3.5873241e-43],
       [1.4012985e-45, 2.3509887e-38]], dtype=float32)
```

12.5.5 eye 函数

eye 函数类似于 **numpy** 中的 **identity** 函数。两者创建的数组相似。具体来说，是一个单位数组，该数组将 1 放置在 [0,0]、[1,1]、[2,2]、[3,3] 等位置，而在其他地方都放置 0。

此函数仅能生成二维数组。

numpy.**eye**(*N*, *M*=**None**, [*k*,] *dtype*=**'float'**, *order*=**'C'**)

N 和 *M* 参数分别指定行数和列数。如果未指定 *M* 或将其指定为 **None**，则函数自动将其设置为 *N* 的值。

k 参数（可选）可用于移动对角线。默认值为 0，代表主对角线（请参见后面的示例）。正整数值和负整数值分别使该对角线向上或向下移动。

dtype 参数指定每个元素的数据类型。默认值为 **'float'**。有关类型设置，请参见表 12.2。

order 参数指定数组是按行优先还是列优先顺序存储。其值可以为 **'C'**（行优先，与 C 语言相同）或 **'F'**（列优先，与 FORTRAN 一致），**'C'** 是默认值。

下面是一个例子：

```
a = np.eye(4, dtype='int')
```

在 IDLE 中显示此数组，会得到以下结果：

```
array([[1, 0, 0, 0],
       [0, 1, 0, 0],
       [0, 0, 1, 0],
       [0, 0, 0, 1]])
```

我们可以使用 *dtype* 的默认值 **'float'** 创建一个浮点数版本，并将维度放大到 6×6。

```
array([[1., 0., 0., 0., 0., 0.],
       [0., 1., 0., 0., 0., 0.],
       [0., 0., 1., 0., 0., 0.],
       [0., 0., 0., 1., 0., 0.],
       [0., 0., 0., 0., 1., 0.],
       [0., 0., 0., 0., 0., 1.]])
```

像这样的数组有很多用途。总的来说，该函数提供了一种对大型数组的对角线元素进行批处理的方法。

12.5.6 ones 函数

ones 函数创建一个所有值都为 1 的数组。根据数组的数据类型，每个元素被初始化为整数 1、浮点数 1.0 或布尔值 True。

$$numpy.ones(shape, dtype='float', order='C')$$

该函数的参数与 empty 函数的参数相同。简而言之，*shape* 值是整数（一维数组的长度）或描述 *N* 维数组的元组。 *dtype* 值是表 12.2 中的值之一。*order* 值是 'C'（行优先，如 C 语言）或 'F'（列优先，如 FORTRAN）。

下面是一个简单的示例，其使用默认的元素类型 float 创建一个 3×3 的二维数组。

```
>>> import numpy as np
>>> a = np.ones((3,3))
>>> a
array([[1., 1., 1.],
       [1., 1., 1.],
       [1., 1., 1.]])
```

下面是另外一个例子，其创建了一个 2×2×3 的整型数组。

```
>>> a = np.ones((2, 2, 3), dtype=np.int16)
>>> a
array([[[1, 1, 1],
        [1, 1, 1]],

       [[1, 1, 1],
        [1, 1, 1]]], dtype=int16)
```

最后是一个一维布尔数组的例子。请注意，所有 1 都被表示为布尔值 True。

```
>>> a = np.ones(6, dtype=np.bool)
>>> a
array([ True,  True,  True,  True,  True,  True])
```

当使用埃拉托色尼过滤算法（Sieve of Eratosthenes）来生成质数时，这种值全为 True 的布尔数组将非常有用。

12.5.7 zeros 函数

zeros 函数创建一个被初始化为全 0 的数组。根据数组的数据类型，每个成员将被初始化为整数 0、浮点值 0.0 或布尔值 **False**。

$$zeros(shape, dtype='float', order='C')$$

该函数的参数和 **empty** 函数的参数相同。简而言之，**shape** 值可以是整数（给出一维数组的长度）或表示 *N* 维的元组。**dtype** 值是表 12.2 中的值之一。**order** 值为 **'C'**（行优先，如 C 语言）或 **'F'**（列优先，如 FORTRAN）。

注释 ▶ 请注意该函数的名称，因为英文单词 zeros 也可以写为 zeroes。请记住使用较短的拼写，即 zeros。唉，即使是说英语的人也永远不会掌握英语的拼写！

Note

下面是一个使用默认浮点类型创建 3×3 二维数组的简单示例：

```
>>> import numpy as np
>>> a = np.zeros((3,3))
>>> a
array([[0., 0., 0.],
       [0., 0., 0.],
       [0., 0., 0.]])
```

下面是另一个示例，这次创建了一个 2×2×3 的整数数组：

```
>>> a = np.zeros((2, 2, 3), dtype=np.int16)
>>> a
array([[[0, 0, 0],
        [0, 0, 0]],

       [[0, 0, 0],
        [0, 0, 0]]], dtype=int16)
```

最后是一个一维布尔数组。请注意，所有零值都被表示为布尔值 **False**。

```
>>> a = np.zeros(5, dtype=np.bool)
>>> a
array([False, False, False, False, False])
```

12.5.8 full 函数

full 函数的参数和前面的 **empty**、**ones** 和 **zeros** 函数的参数相同，但是 **full** 函数还有一个参数：分配给每个元素的值。

numpy.**full**(*shape*, *fill_value*, *dtype*=**None**, *order*=**'C'**)

简而言之，*shape* 值可以是整数（一维数组的长度）或表示 *N* 维的元组。*dtype* 值是表 12.2 中的值之一。*order* 值为 **'C'**（行优先，如 C 语言）或 **'F'**（列优先，如 FORTRAN）。

如果省略 *dtype* 参数或将其设置为 **None**，则该函数使用参数 *fill_value* 指定的数据类型。

下面是一个简单的示例，它创建一个 2×2 数组，其中每个元素都被设置为 3.14。

```
>>> import numpy as np
>>> a = np.full((2, 2), 3.14)
>>> a
array([[3.14, 3.14],
       [3.14, 3.14]])
```

下面是另一个例子，它创建一个由 8 个整数组成的数组，每个整数均被设置为 100。

```
>>> a = np.full(8, 100)
>>> a
array([100, 100, 100, 100, 100, 100, 100, 100])
```

最后一个示例创建了一个 **numpy** 字符串数组，创建 **numpy** 字符串数组要求数组中所有字符串元素的最大长度是已知的。

```
>>> a = np.full(5,'ken')
>>> a
array(['ken', 'ken', 'ken', 'ken', 'ken'], dtype='<U3')
```

使用长度为 3 的字符串创建数组后，每个字符串的最大长度都是 3。可以为这些数组元素分配一个更长的字符串，但是它将被截断。

```
a[0] = 'tommy'   # 语句合法，但是只有 'tom' 被赋值给了数组的第一个元素
```

12.5.9　copy 函数

numpy 的 **copy** 函数会复制现有数组的所有元素。因为 **numpy** 数据是连续存储的，而不是通过引用存储，所以对于 **numpy** 数组，不存在深拷贝和浅拷贝的问题。

这里举一个例子就可以了。假设你已经有一个数组 **a_arr**，并且想要对其进行完整复制。

```
import numpy as np
b_arr = np.copy(a_arr)
```

12.5.10 fromfunction 函数

numpy 的 **fromfunction** 函数（它很复杂）是一个很强大的用于创建数组的函数，我们将在下一节中使用它来创建一个乘法表。**fromfunction** 函数使我们可以通过调用一个函数来创建和初始化数组。该函数的工作方式如同将索引转换为元素值。

numpy.fromfunction(func, shape, dtype='float')

shape 参数与其他函数的该参数类似，其值是一个元组。这个元组的长度决定了数组的维数。它还指定 *func* 函数接受多少个参数。

和其他函数不同，这里的 *shape* 参数必须是一个元组而不是一个标量，因此你可能必须使用元组表达式（如（5, ））才能创建一维数据集。

下面是一个简单的示例，其创建一个与前 5 个自然数相对应的一维数组。可以使用 **arange** 函数进行此操作，但是 **fromfunction** 函数提供了另一种方法，它要求我们提供一个可调用对象。

```
import numpy as np

def simple(n):
    return n + 1

a = np.fromfunction(simple, (5,), dtype='int32')
```

结果数组在 IDLE 中显示如下：

```
array([1, 2, 3, 4, 5], dtype=int32)
```

使用 **lambda** 函数可以使程序更整洁。（有关 **lambda** 表达式的更多信息，请参见第 3 章。）

```
a = np.fromfunction(lambda n:n+1, (5,), dtype='int32')
```

但是高维数组很常见。下面是一个创建二维数组的示例，其中每个元素的值等于两个索引的和。

```
def add_it(r, c):
    return r + c
```

```
a = np.fromfunction(add_it, (3, 3), dtype='int32')
```

上述代码也可以使用 lambda 表达式实现：

```
a = np.fromfunction(lambda r,c:r+c, (3, 3), dtype='int'
```

无论哪种实现，在 IDLE 中都会显示如下数值结果：

```
array([[0, 1, 2],
       [1, 2, 3],
       [2, 3, 4]])
```

在本节的开头，我们说过，**fromfunction** 函数的工作方式就像对每个元素都调用了函数一样，函数的参数是该位置的索引。

fromfunction 函数实际上会创建一个或多个数组，每一个维度对应一个数组。对于大小为 6 的一维数组，它对应数组 0 ~ 5。

```
[0 1 2 3 4 5]
```

这是一个单位数组，其中每个元素都等于其索引。

对于上例中使用的二维 3 × 3 数组，**fromfunction** 函数创建两个数组：每个维度对应一个数组。

```
[[0 0 0],
 [1 1 1],
 [2 2 2]]

[[0 1 2],
 [0 1 2],
 [0 1 2]]
```

它们是沿特定轴的单位数组。在第一个数组中，每个元素等于其行索引；在第二个数组中，每个元素等于其列索引。

fromfunction 函数会使用参数 *func* 操作上面生成的数组，而且仅执行 func 函数一次！它在一个或多个数组上（每个维度一个数组）执行批量处理。

如果按设计的使用方式使用 **fromfunction** 函数，那么它会正常工作。但是如果你做一些非常规的事情，它可能会返回奇怪的结果。思考下面的代码，该代码应该产生 3 × 3 的数组。

```
a = np.fromfunction(lambda r, c: 1, (3, 3), dtype='int'
```

你可能认为结果是一个 3 × 3 的数组，其中每个元素都为 1。但是此函数实际上返回一个标量值 1（你可以自己运行一下）！

12.6 案例：创建一个乘法表

假设要创建 1 ~ 10 的乘法表。可以使用 **numpy** 以多种方法实现。例如，可以创建一个空数组，然后给元素赋值。

下面是另外一种相似的方法。可以创建一个全零值的数组，然后编写一个嵌套循环，并使用 R * C 给每个元素赋值（由于索引从 0 开始，所以实际上应该是 (R + 1) * (C + 1)）。

最高效的方法是使用 **fromfunction** 函数，**fromfunction** 函数调用一个函数来生成所需的值，无须编写任何循环。**numpy** 的思想是：尽可能以批处理的方法来完成所有工作。尽量少使用循环。

解决方案如下：

```
import numpy as np

def multy(r, c):
    return (r + 1) * (c+ 1)

a = np.fromfunction(multy, (10, 10), dtype=np.int16)
```

可以使用 lambda 函数编写更紧凑的代码（lambda 函数在第 3 章详细介绍过）。

```
a = np.fromfunction(lambda r,c: (r+1) * (c+1),
    (10, 10), dtype=np.int16
```

输出结果是一个漂亮的乘法表：

```
>>> print(a)
[[  1   2   3   4   5   6   7   8   9  10]
 [  2   4   6   8  10  12  14  16  18  20]
 [  3   6   9  12  15  18  21  24  27  30]
 [  4   8  12  16  20  24  28  32  36  40]
 [  5  10  15  20  25  30  35  40  45  50]
 [  6  12  18  24  30  36  42  48  54  60]
 [  7  14  21  28  35  42  49  56  63  70]
 [  8  16  24  32  40  48  56  64  72  80]
 [  9  18  27  36  45  54  63  72  81  90]
 [ 10  20  30  40  50  60  70  80  90 100]]
```

可以删除输出中的括号。可以先将数组转换为字符串再进行处理，这样只需使用 **str** 类的 **replace** 方法即可。

```
s = str(a)
s = s.replace('[', '')
s = s.replace(']', '')
s = ' ' + s
```

如第 4 章所述，用空字符串替换字符是清除字符的便捷方法。本示例调用 **replace** 方法来删除两种括号。最后，在字符的前面插入一个空格，以补充开头被删除的两个括号的位置。

现在，输出结果更漂亮：

```
>>> print(s)
  1   2   3   4   5   6   7   8   9  10
  2   4   6   8  10  12  14  16  18  20
  3   6   9  12  15  18  21  24  27  30
  4   8  12  16  20  24  28  32  36  40
  5  10  15  20  25  30  35  40  45  50
  6  12  18  24  30  36  42  48  54  60
  7  14  21  28  35  42  49  56  63  70
  8  16  24  32  40  48  56  64  72  80
  9  18  27  36  45  54  63  72  81  90
 10  20  30  40  50  60  70  80  90 100
```

12.7 对 numpy 数组进行批处理操作

当你对整个数组或通过切片创建的部分数组进行（大规模）批处理操作时，能清楚地感受到 **numpy** 数组强大的能力和超高的执行效率。它可以对选定的行和列甚至点进行操作。

创建 **numpy** 数组后，可以将其与标量值放在一起来执行算术运算。表 12.3 列出了可以执行的一些操作，这并不是一个完整的清单。在此表中，*A* 是一个 **numpy** 数组，而 *n* 是一个标量值（整数或浮点数）。

表 12.3 numpy 数组支持的一些标量操作

操作	输出
A + *n*	将 *n* 加到 *A* 的每个元素产生的数组
A - *n*	对 *A* 的每个元素减去 *n* 产生的数组
A * *n*	将 *n* 与 *A* 的每个元素相乘产生的数组
n ** *A*	将 *n* 与 *A* 的每个元素进行幂运算产生的数组

续表

操作	输出
A ** *n*	对 *A* 中的每个元素求 *n* 次方，返回一个新的数组
A / *n*	将 *A* 的每个元素除以 *n* 产生的数组
A // *n*	将 *A* 的每个元素除以 *n* 并向下取整产生的数组

与普通的 Python 操作一样，每个操作都有对应的赋值运算符。例如，要将名为 my_array 的 numpy 数组的每个成员加倍，可以使用以下命令：

```
my_array *= 2    # 将 my_array 的每个元素加倍
```

numpy 的另一个简单且功能非常强大的批处理操作是对两个形状相同（维度相同，每个维度的长度相同）的 numpy 数组进行算术运算。表12.4列出了部分操作。

表 12.4 一些数组间的操作

操作	输出
A + *B*	将 *A* 的每个元素与 *B* 的对应元素相加生成的数组
A - *B*	将 *A* 的每个元素与 *B* 的对应元素相减生成的数组
A * *B*	将 *A* 的每个元素与 *B* 的对应元素相乘生成的数组
A ** *B*	用 *A* 中的每个元素与 *B* 中的相应元素进行幂运算而生成的数组
A / *B*	将 *A* 的每个元素除以 *B* 的对应元素而生成的数组
A // *B*	将 *A* 的每个元素除以 *B* 的对应元素并向下取整而生成的数组

下面是一个例子，首先创建一个 4×4 的数组。

```
import numpy as np

A = np.array([[0, 1, 2, 3], [4, 5, 6, 7],
            [8, 9, 10, 11], [12, 13, 14, 15]])
print(A)
```

输出结果如下：

```
[[ 0  1  2  3]
 [ 4  5  6  7]
 [ 8  9 10 11]
 [12 13 14 15]]
```

这是一段我们熟悉的代码。有没有一种更简单的方法来产生这样的数组呢？有的，而且至少有两个！最简单的方法是生成 1 ~ 15 的数字的简单一维数组，然后使用 numpy 的 reshape 函数将其重新排列为具有相同元素的 4×4 数组。

```
A = np.arange(16).reshape((4,4))
```

另一种方法（稍微有些长）是使用 **fromfunction** 函数来完成。两种方法都可以应用于更大的数组，例如 200×100 甚至 1000×3000。

创建 4×4 数组的代码如下：

```
A = np.fromfunction(lambda r, c: r*4 + c, (4, 4))
```

同样，可以创建一个形状与 A 匹配的名为 B 的数组：

```
B = np.eye(4, dtype='int16')
print(B)
```

这段代码的输出如下：

```
[[ 1  0  0  0]
 [ 0  1  0  0]
 [ 0  0  1  0]
 [ 0  0  0  1]]
```

现在，我们可以通过将 A 中的每个元素乘以 10 来生成一个新的数组。其在 IDLE 中显示如下：

```
>>> C = A * 10
>>> print(C)
[[  0.  10.  20.  30.]
 [ 40.  50.  60.  70.]
 [ 80.  90. 100. 110.]
 [120. 130. 140. 150.]]
```

将 A 的每个元素都乘以 10 生成了变量 C 对应的数组。我们还可以生成一个包含 A 中所有元素的平方的数组，这可以通过将 A 与自身相乘来实现。

```
>>> C = A * A
>>> print(C)
[[  0.   1.   4.   9.]
 [ 16.  25.  36.  49.]
 [ 64.  81. 100. 121.]
 [144. 169. 196. 225.]]
```

请记住，**numpy** 数组不需要是完美的正方形或完美的立方体形状，只要求它们是矩形。你可以随时调整数组的形状。例如，可以将刚刚创建的 4×4 矩阵重塑为 2×8 阵列。

```
>>> print(C.reshape((2,8)))
```

```
[[   1.   4.   9.  16.  25.  36.  49.  64.]
 [  81. 100. 121. 144. 169. 196. 225. 256.]]
```

如果我们要更改 A 的值（而不是创建新的变量），则可以使用赋值组合运算符 *= 来完成。数组是可变的。

```
>>> A *= A
```

最后，假设使用以上语句（A＊＝A）将平方数赋值给 A 本身。那么 A 乘以 B 的结果是什么呢？

```
>>> C = A * B
>>> print(C)
[[  0.   0.   0.   0.]
 [  0.  25.   0.   0.]
 [  0.   0. 100.   0.]
 [  0.   0.   0. 225.]]
```

如上所示，结果是对应成员相乘。

12.8　numpy 数组的切片

可以像对 Python 列表所做的那样获取一维 numpy 数组的切片。下一节讨论高维数组的切片。

给定一个 numpy 数组，可以输出它的一部分，就像输出 Python 列表的一部分那样。下面是一个例子：

```
>>> A = np.arange(1, 11)
>>> print(A)
[ 1 2 3 4 5 6 7 8 9 10]
>>> print(A[2:5])
[3 4 5]
```

对于 numpy 切片，可以使用一个标量为其赋值。结果是将值赋给切片中的每个元素。

```
>>> A[2:5] = 0
>>> print(A)
[ 1 2 0 0 0 6 7 8 9 10]
```

可以像处理完整数组一样对数组的一部分进行处理。赋值语句会直接改变原数组。例如，可以将三个元素中的每一个元素都加 100。

```
>>> A[2:5] += 100
>>> print(A)
[  1   2 103 104 105   6   7   8   9  10]
```

请记住，使用标准运算符进行数组间运算时，两个数组的大小必须匹配。这一点也适用于切片。例如，以下代码有效，因为形状匹配。

```
A[2:5] *= [100, 200, 300]
```

上面代码的作用是将 A 的第三、第四和第五个元素分别乘以 100、200 和 300。该操作将产生以下数组（假设对原始的 A 数组操作）：

```
[  1   2 300 800 1500   6   7   8   9  10]
```

我们如何使用这些特性来解决实际问题呢？埃拉托色尼过滤算法是一种经典的基准测试，该算法可以产生大量的质数。

我们从 0 ~ 50（含）数字开始。该过程（在稍后介绍）会删除所有非质数，然后输出剩余的数。算法开始时的数组如下：

```
>>> A = np.arange(51)
>>> print(A)
[ 0  1  2  3  4  5  6  7  8  9 10 11 12 13 14 15 16 17 18 19
 20 21 22 23 24 25 26 27 28 29 30 31 32 33 34 35 36 37 38 39 40
 41 42 43 44 45 46 47 48 49 50]
```

想将所有非质数都归零，可以依照下面的步骤操作：

◗ 将 A[1] 置零，因为它不是质数。

◗ 将所有 2 的倍数清零，从 2 的平方开始。

◗ 将所有 3 的倍数清零，从 3 的平方开始。

◗ 对 5 和 7 重复上面过程。

下面代码完成了上面描述的前两步：

```
>>> A[1] = 0
>>> A[2 * 2::2] = 0
>>> print(A)
[ 0  0  2  3  0  5  0  7  0  9  0 11  0 13  0 15  0
 17  0 19  0 21  0 23  0 25  0 27  0 29  0 31  0 33
```

```
  0 35  0 37  0 39  0 41  0 43  0 45  0 47  0 49  0]
```

A [2 * 2 :: 2] 表示从索引 2 的平方开始，一直到数组的末尾（因为中间参数为空），使用步长 2 所取的切片。此切片中的所有元素均被设置为 0。

请注意，在此示例中，每个索引都对应从 0 ~ 50 的数字值。因此，要将数字 8 归零，则需要将 A[8] 设置为零。

结果表明，A[1] 和除 2 之外的所有偶数均被清零。我们可以对 3 的倍数执行相同的操作。

```
>>> A[3 * 3::3] = 0
[ 0  0  2  3  0  5  0  7  0  0  0 11  0 13  0  0  0
 17  0 19  0  0  0 23  0 25  0  0  0 29  0 31  0  0
  0 35  0 37  0  0  0 41  0 43  0  0  0 47  0 49  0]
```

在对 5 和 7 的倍数重复上述步骤后，我们最终得到一个数组，其中所有值要么是 0，要么是质数。

```
[ 0  0  2  3  0  5  0  7  0  0  0 11  0 13  0  0  0
 17  0 19  0  0  0 23  0  0  0  0  0 29  0 31  0  0
  0  0  0 37  0  0  0 41  0 43  0  0  0 47  0  0  0]
```

现在如何输出所有非零值呢？可以编写一个遍历数组的循环，并输出每一个非零值。或使用列表推导式生成一个列表。下面为一个例子：

```
my_prime_list = [i for i in A if i > 0]
```

numpy 提供了一种更高效、更紧凑的方式！可以通过指定条件来创建布尔数组。

```
A>0
```

生成的布尔数组（在 12.10 节中介绍）可以作为掩码作用于数组 A 本身。它的作用是由 A 产生一个新数组，新数组满足元素大于 0 的条件。

我们已经将 A 中的所有非质数清零。因此，通过取 A 中剩余的非零值，我们可以得到所有质数。

```
>>> P = A[A > 0]
>>> print(P)
[ 2  3  5  7 11 13 17 19 23 29 31 37 41 43 47]
```

最终我们得到了所有不大于 50 的质数。

12.9 多维切片

numpy 数组提供了更强大的切片功能：获取源数组支持的任意维度的切片。我们可以从获取二维数组的一维切片开始。我们从一个 4×4 数组开始吧。

```
>>> A = np.arange(1,17).reshape((4,4))
>>> print(A)
[[ 1  2  3  4]
 [ 5  6  7  8]
 [ 9 10 11 12]
 [13 14 15 16]]
```

如果对中间的两个元素（1 和 2）进行切片会发生什么？

```
>>> print(A[1:3])
[[ 5  6  7  8]
 [ 9 10 11 12]]
```

结果是中间两行。那么如何获得中间两列呢？事实上这几乎和获取行一样容易。

```
>>> A[:, 1:3]
array([[ 2,  3],
       [ 6,  7],
       [10, 11],
       [14, 15]])
```

再看一下该数组表达式：

```
A[:, 1:3]
```

逗号前的冒号表示"选择此维度中的所有内容"，在本例中为所有行。表达式 1:3 选择从索引 1（第二列）开始到索引 3（第四列，不包括）的所有列。因此，该表达式的意思是，选择所有行，从列 1 到列 3（不包括），即第二和第三列。

下面是对 N 维数组进行索引和切片的一般语法：

```
array_name[ i1, i2, i3,…, iN ]
```

在上面的代码中，参数 $i1$ ~ iN 可以是标量值（必须在索引范围内）或切片。最多可以使用 N 个这样的参数，其中 N 是数组的维数。每使用一个标量，结果的维数将减少 1。

对二维数组 A 进行 A[2,1:4] 切片会生成一维数组。进行 A[2:3,1:4] 切片将获得与 A[2,1:4] 相同的元素，但是一个二维数组，虽然它只有一行。（这很重要，因为在对数组进行操作时，它们必须在大小和维数上匹配。）

该语法中的任何 i 值都可以省略；省略时会假定其值为冒号（:），表示选择此维中的所有元素。如果参数少于 *N* 个，则前 *M* 维（其中 *M* 为参数的个数）获得参数值，后 *N–M* 维使用冒号作为默认值。

表 12.5 列出了一些示例。在该表中，A 是二维数组，A3D 是三维数组。

表 12.5　numpy 索引和切片示例

示例	说明
A[3]	整个第四行以一维数组形式返回
A[3,:]	与上例相同
A[3,]	与上例相同
A[:,2]	整个第三列，以一维数组形式返回
A[::2,2]	从第三列中每隔一行获取一行
A[1:3,1:3]	第二和第三列与第二和第三行的交集，以二维数组形式返回
A3D[2,2]	取第一维和第二维中的索引 2 处的元素，并返回第三维中的所有元素，返回结果为一维数组
A3D[2, 2, :]	和上例相同
A3D[:, 1:3, 2]	返回第一维的所有值，第二维中的索引 1、2 处的元素和第三维中的索引 2 处的元素的交集。它是一个二维数组
A3D[::2, 1:3, 2]	和上例相似，但是在第一维中从取所有值变为每隔一个索引取一个值
A3D[0, 0, 1]	返回一个元素，取自第一维的索引 0、第二维的索引 0 和第三维的索引 1 处的元素的交集

我们看一个实际的例子。假设你要编写一个名为"生命游戏"的计算机程序，并且有如下所示名为 G 的 numpy 数组。为了显示更清晰，数组中"1"用粗体表示。

```
[[0 0 0 0 0 0]
 [0 0 1 0 0 0]
 [0 0 1 0 0 0]
 [0 0 1 0 0 0]
 [0 0 0 0 0 0]
 [0 0 0 0 0 0]]
```

1 代表活细胞，0 表示死细胞。我们希望获得特定细胞周围所有邻居的计数，如 G [2，2]。一种快速的方法是获取数组的二维切片，该切片包含 2 之前和之后的行和列。

```
print(G[1:4,1:4])
```

```
[[0 1 0]
 [0 1 0]
 [0 1 0]]
```

请记住，所使用的索引是 1 和 4，而不是 1 和 3，因为切片表达式不包括后边界值。

这为我们提供了一个与 G[2,2] 相邻的所有元素的切片，包括 G[2,2] 本身。因此，要获取邻居计数，只需将切片求和，然后减去 G[2,2] 本身的值即可。

```
neighbor_count = np.sum(G[1:4, 1:4]) - G[2, 2]
```

结果为 2。对于"生命游戏"，这表明中间的细胞是"稳定的"：在下一代中，它既不会经历出生事件也不会经历死亡事件。

12.10 布尔数组：用作 numpy 数组的掩码

我们之前已经展示过将布尔数组用作掩码。12.7 节中使用了以下表达式：

```
A>0
```

假设 A 是一个 **numpy** 数组，该表达式的意思是，对于 A 中的每个元素，如果其大于 0，则生成 **True**，如果其不大于 0，则生成 **False**。生成的数组与 A 具有相同的形状。

下面是一个例子，B 是一个数组：

```
B = np.arange(1,10).reshape(3,3)
```

B 的输出结果如下：

```
[[1 2 3]
 [4 5 6]
 [7 8 9]]
```

现在用条件 B>4 创建一个布尔数组：

```
B1 = B > 4
```

生成的布尔数组 B1 的内容如下：

```
[[False False False]
 [False  True  True]
 [ True  True  True]]
```

B1 与 B 的形状相同，但其每个元素都是 **True** 或 **False**，而不是整数。对 **numpy** 数组进行条件运算的一般规则如下：

> 每当将比较运算符（例如 **==**、**<** 或 **>**）应用于 **numpy** 数组时，结果都是与原数组相同形状的布尔数组。

使用此数组的一种方法是将两个数组相乘，将不满足大于 4 条件的所有元素归零。

```
>>> print(B * (B > 4))

[[0 0 0]
 [0 5 6]
 [7 8 9]]
```

当使用布尔数组时，应注意括号的使用，因为比较运算符的优先级较低。

布尔数组的一种更好用法是将其用作掩码，在这种情况下，会选择掩码中为 **True** 值的元素，并剔除为 **False** 值的元素。

使用布尔数组作为掩码会生成一维数组，无论原数组的形状是什么。

array_name[*bool_array*]　　# 使用 bool_array 作为掩码

例如，我们可以使用掩码获取大于 7 的所有元素。结果是包含 8 和 9 的一维数组。

```
>>> print(B[B > 7])
[8 9]
```

下面是一个更复杂的用法：获取所有除以 3 的余数为 1 的元素。B 中满足条件的三个元素为 1、4 和 7。

```
>>> print(B[B % 3 == 1])
[1 4 7]
```

当使用 **and** 和 **or** 关键字时，会出现一些问题（即使这些操作支持使用布尔值）。一个好的解决方案是将位运算符（**&**、**|**）应用于布尔掩码。**&** 符号执行按位与，而 **|** 符号执行按位或。

也可以使用乘法（*****）和加法（**+**）得到与位运算相同的结果。

例如，要创建一个布尔数组，检验 B 的每个元素是否"大于 2 且小于 7"，则可以使用以下表达式：

```
            B2 = (B > 2) & (B < 7)              #  " 与 " 运算符
```

我们来分解上面的表达式：

▶ B 是整数的二维数组。

▶ B>2 是与 B 形状相同的布尔数组。

▶ B<7 是另一个布尔数组，与 B 形状相同。

▶ 表达式（B> 2）&（B <7）使用按位与（&）运算符在两个布尔数组之间实现"与"操作。

▶ 将结果布尔数组赋值给变量 B2。该数组中包含 True 和 False 值，该数组是通过对两个数组进行布尔运算产生的。

然后，可以将掩码应用于 B 本身以获得一维结果数组，其中的每个元素都大于 2 且小于 7。

```
>>> print(B[B2])
[3 4 5 6]
```

在下一个示例中，通过按位或运算创建布尔数组。然后，将所得的布尔数组用作 B 的掩码，最终选择 B 中等于 1 或大于 6 的所有元素。

```
>>> print(B[ (B == 1) | (B > 6)])     #  " 或 " 运算符
[1 7 8 9]
```

12.11 numpy 和埃拉托色尼算法

我们回到埃拉托色尼算法的例子，并比较标准 Python 实现与 numpy 实现的性能。

该算法的目标是产生所有不超过 N 的质数，其中 N 是提前指定的任何数字。以下是算法的伪代码。

创建一个索引从 0 ～ N 的一维布尔数组。

将除了前两个元素外的所有元素设为 True，前两个元素设为 False。

For I running from 2 to N:

If array[I] is True,

For J running from I*I to N, by steps of I:

Set array[J] to False

上述伪代码的执行结果是一个布尔数组。将对应 **True** 元素的每个大于 2 的索引添加到结果中。

下面是将这种算法实现为 Python 函数的一种方法：

```python
def sieve(n):
    b_list = [True] * (n + 1)
    for i in range(2, n+1):
        if b_list[i]:
            for j in range(i*i, n+1, i):
                b_list[j] = False
    primes = [i for i in range(2, n+1) if b_list[i]]
    return primes
```

用 **numpy** 可以做得更好吗？是的。可以利用切片和布尔掩码来提高性能。为了与算法的风格保持一致，我们使用索引从 2 ~ N-1 的布尔数组。

```python
import numpy as np

def np_sieve(n):
    # 创建数组 B，将所有元素设置为 True.
    B = np.ones(n + 1, dtype=np.bool)
    B[0:2] = False
    for i in range(2, n + 1):
        if B[i]:
            B[i*i: n+1: i] = False
    return np.arange(n + 1)[B]
```

那么该算法的 **numpy** 实现好在哪里呢？该函数仍然必须遍历数组，以查找值为 **True** 的每个元素。这代表索引号是质数，因为它没有被从布尔数组中剔除。

该实现的内循环由切片操作代替，该操作将切片中的每个元素设置为 **False**。假设有很多元素，我们可以通过批处理（而不是循环）来更有效地执行所有这些操作。

```python
B[i*i: n+1: i] = False
```

此处使用的另一种高级技巧是用布尔掩码生成最终结果。在掩码操作之后，该数组仅包含 0 ~ n 范围内的质数。

```python
return np.arange(n + 1)[B]
```

现在我们想了解此操作的性能。使用 **time** 包可以进行代码执行时间的测试。以下代码中添加了报告执行时间的代码。添加的代码以粗体显示。**return** 语句省略了，因为我们仅对速度感兴趣，不需要输出多达 100 万个的质数。

```python
import numpy as np
import time

def np_sieve(n):
    t1 = time.time() * 1000
    B = np.ones(n + 1, dtype=np.bool)
    B[0:2] = False
    for i in range(2, n + 1):
        if B[i]:
            B[i*i: n+1: i] = False
    P = np.arange(n + 1)[B]
    t2 = time.time() * 1000
    print('np_sieve took', t2-t1, 'milliseconds.')
```

你可以为非 **numpy** 版本添加相似的代码进行测试。

基准测试表明，对于较小的数字，**numpy** 版本花费的时间更多。但是对于较大的 *N* 值，尤其是大于 1000 的 *N*，np_sieve 开始产生性能优势。一旦 *N* 大于 10000，**numpy** 版本花费 Python 版本一半的时间。这可能不是一个惊人的结果，但是速度提高了 100％，也还不错。

这个测试公平吗？是的。虽然可以通过使用更多列表和更多列表表达式来实现非 **numpy** 版本的算法。但是我们会发现这些尝试实际上会使该函数运行得更慢。因此，对于较大的 *N*，**numpy** 版本仍然是较快的。

12.12 获取 numpy 数组的统计信息（标准差）

numpy 擅长于获取大型数据集的统计信息。尽管可以使用标准的 Python 列表计算此类信息，但是使用 **numpy** 数组速度要快许多倍。

表 12.6 列出了 **numpy** 数组的统计分析函数。每个函数都可以通过对 **ndarray** 类调用相应的方法来完成工作，可以使用函数或方法完成相同的任务。

这些函数有一些重要的参数，我们将在后面讨论。

表 12.6　numpy 数组的统计分析函数

函数	返回值
min(A)	返回数据集中最小的元素。如果指定 *axis* 参数，将沿每个维度返回最小的元素。*axis* 参数适用于此处列出的每个函数

续表

函数	返回值
max(A)	返回最大的元素
mean(A)	算术平均值，即元素的总和除以元素个数。当应用于单维时（将在下一节介绍）它沿行或列求取平均数
median(A)	中位数，即数组中大于和小于它的元素数量相等
size(A)	元素的数量
std(A)	标准差，一种经典的偏差度量方法
sum(A)	数据集中所有元素的总和，或指定子集中所有元素的总和

我们先来看一下如何将这些函数应用于一维数组。在下一节中介绍如何应用于高维数组。

通过下面的例子你可以看到统计函数的执行速度很快。首先，生成一个要操作的数组。可以使用 **numpy.random** 包中的 **rand** 函数来生成随机数组，该函数需要一个数组作为输入并生成该形状的数组。数组的每个元素都是 0.0 ~ 1.0 之间的随机浮点数。

```
import numpy as np
import numpy.random as ran
A = ran.rand(10)
```

输出结果为一个包含随机浮点值的数组。

```
[0.49353738 0.88551261 0.69064065 0.93626092
 0.17818198 0.16637079 0.55144244 0.16262533
 0.36946706 0.61859074]
```

numpy 包可以高效处理很大的数据集，例如下面的大型数组。但请注意，除非你希望 Python 长时间执行，否则请不要输出这个数组！

```
A = ran.rand(100000)
```

该语句创建了一个包含 100 000 个元素的数组，每个元素都是一个随机浮点值。该操作花费了不到 1s 的时间。更加惊人的是 **numpy** 统计函数处理该数组的速度。以下 IDLE 代码演示了如何快速获取此大型数据集的统计信息。

```
>>> import numpy as np
>>> import numpy.random as ran
>>> A = ran.random(100000)
>>> np.mean(A)
0.49940282901121
```

```
>>> np.sum(A)
49940.282901121005
>>> np.median(A)
0.5005147698475437
>>> np.std(A)
0.2889516828729947
```

如果你尝试运行上面的代码，会体验到极短的响应时间。

大多数统计信息的含义很清楚。本例中的数组符合 0.0 ~ 1.0 的均匀分布，因此可以预期平均值接近 0.5，真实值约为 0.4994。数组的和为均值的 100 000 倍，即约为 49 940。中位数与平均值并不相同，尽管它通常接近均值，其真实值略高于 0.50。

统计学家使用标准差（在本例中略低于 0.29）对均匀分布做出如下预测：大约 60% 的值落在平均值的一个标准差（正负）之内。

numpy 可以帮我们做这些计算，但是我们也应该了解标准差的计算原理及含义。假设 A 和 A2 代表数组，而 i 指元素：

A2 = (i − mean(A)) ^ 2, for all i in A.

std(A) = sqrt(mean(A2))

上面的表达式含义如下：

▶ 找出数组 A 中元素的平均值。

▶ 将 A 中的每个元素减去平均值，创建新的偏差数组。

▶ 在这个偏差数组中，对每个成员求平方，得到结果数组 A2。

▶ 找到 A2 中所有元素的平均值，取结果的平方根，得到数组 A 的标准差。

尽管 **numpy** 提供了标准差计算功能，但我们也应该了解如何实现该计算。首先，可以很容易获得 A2：将数组 A 减去 A（一个标量）的平均值就可以得到偏差数组。然后对该数组取平方。

*A2 = (A − mean(A)) ** 2*

获得了新数组后，只需要计算它的均值的平方根即可。

result = (mean(A2)) ** 0.5

在 Python 中，需要使用 **np** 限定符来调用 **mean** 函数：

```
>>> A2 = (A - np.mean(A)) ** 2
```

```
>>> result = (np.mean(A2)) ** 0.5
>>> result
0.2889516828729947
>>> np.std(A)
0.2889516828729947
```

两种方法（调用 **np.std** 函数和自行计算）计算的结果是完全相同的，这很好地证明了 **numpy** 例程遵循相同的计算方法。

使用一个较大的数组（例如，包含一百万个随机数的数组），我们来比较一下 std 函数和 Python 方法的差别。我们会发现它们的速度相差一百倍以上！

下面是完整的测试代码：

```python
import numpy as np
import time
import numpy.random as ran

def get_std1(ls):
    t1 = time.time()
        m = sum(ls)/len(ls)
        ls2 = [(i - m) ** 2 for i in ls]
        sd = (sum(ls2)/len(ls2)) ** .5
        t2 = time.time()
        print('Python took', t2-t1)

def get_std2(A):
    t1 = time.time()
    A2 = (A - np.mean(A)) ** 2
    result = (np.mean(A2)) ** .5
    t2 = time.time()
    print('Numpy  took', t2-t1)

def get_std3(A):
    t1 = time.time()
    result = np.std(A)
    t2 = time.time()
    print('np.std took', t2-t1)

A = ran.rand(1000000)
get_std1(A)
```

```
get_std2(A)
get_std3(A)
```

运行以上代码可获得以下结果，结果以 s 为单位。不要忘记这是计算一百万个元素的标准差所花费的时间。

```
Python took 0.6885709762573242
Numpy   took 0.0189220905303955
np.std took 0.0059509277343750
```

可以看到不同实现之间的巨大性能差异，使用 Python 列表和 **numpy** 数组，最后通过 **numpy** 函数直接获取标准差。使用 Python 列表与使用 **np.std** 函数（**numpy** 标准差函数）的速度相差了 100 倍以上。

12.13 从 numpy 数组中获取行和列

12.12 节介绍了如何获取一维浮点数组的统计信息。但是所有这些函数都接受其他参数。你可以在联机文档中或在 IDLE 中通过 help 命令查询这些参数。

除数组本身，最重要的参数是 *axis*，该参数用于指定高维数组（即，维度大于 1）。

我们从一个随机整数数组开始。要生成这样的数组，可以使用 **numpy.random** 包的 **randint** 函数，见下例：

```
import numpy as np
import numpy.random as ran
A = ran.randint(1, 20, (3, 4))
print(A)
```

下面是一个输出样例，你的结果可能和这里的不同：

```
[[ 4 13 11  8]
 [ 7 14 16  1]
 [ 4  1  5  9]]
```

numpy.random 包中有一个 **randint** 函数，可以像使用 **random** 包一样使用该包。这是使用名称限定符的一个重要原因。这里使用 **numpy** 的 **random** 包，其需要使用 *begin* 和 *end* 参数，此外还需使用用于指定数组形状的元组。

需要注意，**ran.randint** 生成的数字的范围在 *begin* 和 *end* 之间，包括 *begin* 但不包括 *end*。因此，此示例产生的数字最大为 19。

最后，*shape* 参数（在 *begin* 和 *end* 参数之后）是（3，4），其指定生成一个 3×4 的数组。

再一次提醒，你生成的结果可能和下面的结果不同：

```
[[ 4 13 11  8]
 [ 7 14 16  1]
 [ 4  1  5  9]]
```

正如我们在上一节中了解到的，可以使用 numpy 统计函数将这个数组作为一个整体进行分析。例如，如果将 **np.mean** 函数直接应用于数组，则它会获取所有 20 个元素的平均值。

```
>>> np.mean(A)
7.75
```

同样，可以对数据求和或求标准差。

```
>>> np.sum(A)
93
>>> np.std(A)      # 标准差
4.780603169754489
```

我们也可以沿着一个轴（行或列）收集统计信息。此时可以将 **numpy** 数组视为表格来操作，计算其中每一行或每一列的统计信息。但是，我们很容易将行和列弄混淆。你可以依据表 12.7 的说明来做。

表 12.7 使用 axis 参数

设置	说明
axis = 0	创建一行以收集每一列的数据。生成的一维数组的大小为列数
axis = 1	创建一列，为每一行收集数据。生成的一维数组的大小是行数

对于更高维的数组，axis 的值可以更大，甚至可以是元组。

可以将 *axis* 参数与笛卡儿坐标联系起来。如我们看数组 A：

```
[[ 4 13 11  8]
 [ 7 14 16  1]
 [ 4  1  5  9]]
```

将 *axis* 参数设置为 0 指的是获取数组的第一维，即行（假定数组是行优先）。因此，沿 axis=0 求和就是沿 X 轴求和。该函数依次对每一列求和，从编号最小的列开始，然后向右移动。结果是：

```
[15 28 32 18]
```

将参数 axis 设置为 1 表示第二维，也就是列。因此，沿 *axis=1* 求和就是沿 Y 轴求和。在这种情况下，从编号最小的行开始求和，然后向下移动。结果是：

```
[36 38 19]
```

当沿 X 轴求和时，**numpy** 收集其他维度上的数据。因此，尽管 axis=0 表示行，但对列进行求和。图 12.3 说明了这是如何工作的。

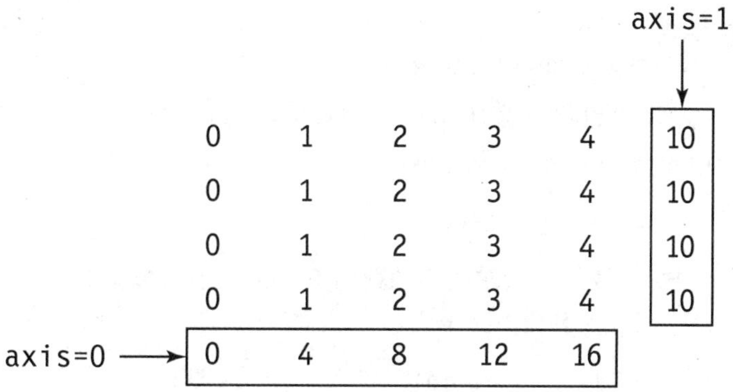

图 12.3 axis=0 和 axis=1 的工作方式

我们再举一个例子。从这个例子很容易看到效果。首先创建一个数组，其中每个元素的值等于其列的序号。

```
B = np.fromfunction(lambda r,c: c, (4, 5),
    dtype=np.int32)
```

该数组的输出结果如下：

```
[[0 1 2 3 4]
 [0 1 2 3 4]
 [0 1 2 3 4]
 [0 1 2 3 4]]
```

沿 axis=0 求和（计算每列的总和），结果应该都是 4 的倍数。沿 axis=1 求和（计算每行的总和），结果应该都是 10。

经过计算，结果确实是这样：

```
>>> np.sum(B, axis = 0)      # 行，对每一列求和
array([ 0, 4, 8, 12, 16])
>>> np.sum(B, axis = 1)      # 列，对每一行求和
array([10, 10, 10, 10])
```

这令人困惑，因为 axis=0 应该指行，但实际上却对除行（在本例中是列）

之外的所有维度求和。而 `axis=1` 实际上是对除列之外（在本例中为行）的所有维度求和。

我们可以使用这些数据生成电子表格吗？例如汇总所有行，然后将结果作为附加列添加到原数组。

首先创建起始数组 B 并求它的行的和。

```
B = np.fromfunction(lambda r,c:c, (4, 5), dtype=np.int32)
```

```
B_rows = np.sum(B, axis = 1)
```

我们可不可以将一维 B_rows 数组连接到二维数组 B 上呢？答案是可以的，只需使用 **numpy** 的 **'c'** 运算即可：

```
B1 = np.c_[B, B_rows]
```

数组 B1 与我们开始时使用的数组 B 相似，但是数组 B1 有一列，该列由每一行的总和组成。其输出结果为：

```
[[ 0  1  2  3  4 10]
 [ 0  1  2  3  4 10]
 [ 0  1  2  3  4 10]
 [ 0  1  2  3  4 10]]
```

这是"电子表格"的一部分，最后一列表示行的总和。再添加几行代码，我们可以生成一个更完整的电子表格，其最后一行包含各列的总和。

为此，我们需要获得数组 B1 所有列的总和。设置 `axis=0` 计算出包含每列总和的行。

```
B_cols = np.sum(B1, axis = 0)
```

然后，将该行粘贴在数组 B1 最后一行下方。

```
B2 = np.r_[B1, [B_cols]]
```

数组 B2 的输出结果如下：

```
[[ 0  1  2  3  4 10]
 [ 0  1  2  3  4 10]
 [ 0  1  2  3  4 10]
 [ 0  1  2  3  4 10]
 [ 0  4  8 12 16 40]]
```

最终我们将普通数组转换为电子表格显示，其中还包括沿底部和右侧的列总和及行总和。

可以将整个过程放入一个能操作任何二维数组的函数中：

```
def spreadsheet(A):
    AC = np.sum(A, axis = 1)
    A2 = np.c_[A, AC]
    AR = np.sum(A2, axis = 0)
    return np.r_[A2, [AR] ]
```

假设有如下数组：

```
>>> arr = np.arange(15).reshape(3, 5)
>>> print(arr)
[[ 0  1  2  3  4]
 [ 5  6  7  8  9]
 [10 11 12 13 14]]
```

使用 **spraedsheet** 函数输出的结果如下：

```
>>> print(spreadsheet(arr))
[[  0   1   2   3   4  10]
 [  5   6   7   8   9  35]
 [ 10  11  12  13  14  60]
 [ 15  18  21  24  27 105]]
```

可以更改 **spreadsheet** 函数，输出统计信息，例如平均值、中位数、标准差
（**std**）等。

总结

　　numpy 程序包支持对大型数据集进行操作和统计分析，其功能远远超出标准
Python 数组的功能。本章尽管篇幅很长，但只介绍了 **numpy** 的一小部分功能。

　　一种简单的性能测试是累加大量数字。在将 1 ~ 1000 000 的所有数字相加
的测试中，**numpy** 版本程序比普通版本要快 10 倍。如果只对比数据操作，不考
虑数组创建部分，性能的差异更大。

　　numpy 包提供了多种创建标准 **numpy** 数组（称为 ndarray 或"N 维数组"）
的方法。它的突出优点是可以轻松创建多维数组。

　　numpy 类型内置统计分析支持，如计算和、均值、中位数和标准差。可以对行、
列和切片执行这些操作。

numpy 的 ndarray 类型的强大功能很大程度上依赖于切片（一维或高维），它可以对数组进行切片，然后对切片执行复杂的批处理操作（即一次执行许多计算）。切片功能可以平滑地扩展到任意维度的数组。

在第 13 章中，我们将探讨基于 numpy 标准类型（ndarray）实现的更高级的功能，尤其是建立数学方程的功能。

习题

1 内置 array 包有什么优势？

2 array 包有哪些限制？

3 说明 array 包和 numpy 包之间的主要区别。

4 描述 empty、ones 和 zeros 函数之间的差异。

5 在用于创建新数组的 fromfunction 函数中，*callable* 参数的作用是什么？

6 通过加法运算将 numpy 数组与单值操作数（标量，例如 int 或浮点值）相结合时会发生什么？

7 在数组标量运算中可以使用赋值运算符（例如 += 或 *=）吗？运算符的作用是什么？

8 固定长度的字符串可以包含在 numpy 数组中吗？将更长的字符串分配给这样的数组会发生什么？

9 通过加法(+)或乘法(*)之类的运算符对两个 numpy 数组进行运算时会发生什么？两个 numpy 数组之间必须满足什么要求？

10 如何使用布尔数组作为另一个数组的掩码？

11 使用标准 Python 及其软件包来计算大量数据的标准差的三种不同方法是什么？根据执行速度对它们进行排名。

12 利用布尔掩码生成的数组的维数是多少？

推荐项目

1 修改 12.4 节中的基准测试,使它能分别测量数据集的创建和加和时间,对比 Python 列表创建与 **numpy** 数组创建的速度,以及两者的加和速度。

2 使用 **numpy.random** 包生成一个包含 1000×1000 个随机浮点数的数组。测量创建此数组的时间,以及计算数组平均值和标准差的时间。

3 生成一个 0 ~ 99(含 0 和 99)的随机整数数组。然后,使用布尔数组取出满足以下三个条件中任何一个的所有整数:$N == 1$,N 是 3 的倍数,或者 $N > 75$。输出结果。

4 生成一个全为 1 的 10×10 数组。然后将中间的 8×8 部分清零,仅将数组的外部区域元素设置为 1(包括四个角和边缘)。输出结果。(提示:方法不止一种,但是使用切片的方法性能很好。)

5 对 $5 \times 5 \times 5$ 多维数据集执行类似项目 4 中的操作,将所有可见部分的元素设置为 1,而将内部 $3 \times 3 \times 3$ 多维数组元素置 0。然后输出构成此立方体的五个平面。

# numpy 的高级应用

到目前为止，我们对 numpy 世界的了解才刚刚开始。最令人兴奋的是，可以使用 numpy 在 numpy 数据类型和函数的基础上绘制图表。首先需要下载并导入 matplotlib 软件包以及 numpy 包。

在绘制图表时可以设置很多东西，如颜色、范围等，绘图的入门很简单。在介绍完绘图功能之后，还会介绍 numpy 软件包的其他高级应用：

▶ 金融应用

▶ 线性代数：点乘和向量乘法（外积）

▶ 操作各种类型的定长数据

▶ 读取和写入海量数据

13.1 基于 numpy 的高级数学运算

在开始绘制曲线之前，我们需要了解标准 numpy ndarray 类型支持的数学运算。

表 13.1 中列出了最常用的函数。这些函数在绘制图形时非常有用。大多数函数接受一个数组作为参数并返回相同形状的数组。

表 13.1 高级 numpy 数学运算函数

操作	说明
numpy.cos(A)	如第 11 章所述，返回数组 A 中每个元素的余弦值。此函数的输入为弧度而不是角度，下面其他三角函数也是如此
numpy.sin(A)	返回 A 中每个元素的正弦值。与 cos 函数一样，结果以数组形式返回，数组形状与输入相同
numpy.tan(A)	返回每个元素的正切值

续表

操作	说明
*numpy.*exp(*A*)	返回以自然数 e 为底的 A 中每个元素的幂
*numpy.*power(*X, Y*)	使用 X 中的每个元素和 Y 中对应元素进行幂运算。这两个数组必须具有相同的形状，或者其中至少有一个是标量
*numpy.*radians(*A|x*)	将角度转换为弧度。这两个数组必须具有相同的形状，或者其中至少有一个是标量
*numpy.*abs(*A*)	返回数组 A 中每个元素的绝对值
*numpy.*log(*A*)	返回 A 中每个元素的自然对数
*numpy.*log10(*A*)	返回 A 中每个元素以 10 为底的对数
*numpy.*log2(*A*)	返回 A 中每个元素以 2 为底的对数
*numpy.*sqrt(*A*)	取 A 中每个元素的平方根
*numpy.*arccos(*A*)	反余弦函数
*numpy.*arcsin(*A*)	反正弦函数
*numpy.*arctan(*A*)	反正切函数
*numpy.*hcos(*A*)	双曲余弦
*numpy.*hsin(*A*)	双曲正弦
*numpy.*htan(*A*)	双曲正切
numpy.append(A, B)	将数组 B 的内容加到数组 A 的末尾来创建一个新数组
*numpy.*pi	获取圆周率 pi 的值
*numpy.*e	获取自然数 e 的值

上面这些函数还有其他参数。常用的参数有 *out*，它用于指定输出数组变量。这个数组必须和源数组形状相同。下面是一个例子：

```
import numpy as np
A = np.linspace(0, np.pi, 10)
B = np.empty(10)
np.sin(A, out=B)
```

最后一行将结果放入数组 B。下面的代码具有相同的效果，只是在每次调用时都会创建一个新数组。在某些情况下，使用现有数组存储结果更高效。

```
import numpy as np
A = np.linspace(0, np.pi, 10)
B = np.sin(A)
```

要查看每个函数可用的所有参数，可以使用 **np.info** 命令。

关键语法

```
numpy.info(numpy.function_name)
```

在 IDLE 中可使用下面的命令获取特定 **numpy** 函数的信息：

```
import numpy as np
np.info(np.sin)
np.info(np.cos)
np.info(np.power)
```

此处列出的大多数函数都支持单个 **numpy** 数组，但有些函数例外。**numpy** 的 **power** 函数至少使用两个参数：X 和 Y，其中至少有一个是标量，但如果 X 和 Y 都是数组，则它们必须具有相同的形状。该函数的作用是求 X（每个元素）的 Y 次幂。

以下语句对数组 A 中的每个元素求 2 次幂（即每个元素的平方）。

```
>>> import numpy as np
>>> A = np.arange(6)
>>> print(A)
[0 1 2 3 4 5]
>>> print(np.power(A, 2))
[ 0  1  4  9 16 25]
```

其他函数通常与 **linspace** 函数结合使用，**linspace** 函数在绘图中使用较多，在 13.3 节对此会有更详细的介绍。

以下语句结合使用了 **linspace** 函数、**sin** 函数以及常数 **pi**，得到 10 个值，这些值反映了正弦函数的变化。

```
>>> A = np.linspace(0, np.pi, 10)
>>> B = np.sin(A, dtype='float16')
>>> print(B)
[0.000e+00 3.420e-01 6.431e-01 8.657e-01 9.849e-01
 9.849e-01 8.662e-01 6.431e-01 3.416e-01 9.675e-04]
```

在本例中，为了使数字易于输出使用了 **float16** 数据类型。使用第 5 章中的某些格式化方法可以使输出的可读性更好。

```
>>> B = np.sin(A)
>>> print(' '.join(format(x, '5.3f') for x in B))
0.000 0.342 0.643 0.866 0.985 0.985 0.866 0.643 0.342 0.000
```

此数据样本展示了正弦函数的行为。0 的正弦值为 0，但是随着输入接近 **pi/2**，正弦值接近 1.0。然后随着输入朝向 **pi** 增加，正弦值再次接近 0。

13.2 下载 matplotlib 包

我们可以使用 **numpy** 软件包和 `matplotlib` 软件包在 Python 中绘制图形，`matplotlib` 软件包必须下载和导入。

下载软件包的第一步是启动命令程序（Windows）或 Terminal（Macintosh）。

如第 12 章所述，下载 Python 时一般都附带下载了 **pip** 或 **pip3**。可以使用 **pip** 程序安装程序包。假设你已连接到 Internet，则使用以下命令可以下载并安装 **matplotlib**。

```
pip install matplotlib
```

如果你在命令行中使用 **pip** 无效，请尝试使用 **pip3**（这是在 Macintosh 系统上安装 Python3 时的名称）。

```
pip3 install matplotlib
```

注释 ▶ 如果 **pip** 和 **pip3** 命令都不工作，请检查 **matplotlib** 的拼写。查看 **pip** 支持的命令及用法，请使用下面命令：

```
pip help
```

◀ Note

13.3 使用 numpy 和 matplotlib 绘图

下面我们开始绘图，首先导入 **matplotlib** 包：

```
import numpy as np
import matplotlib.pyplot as plt
```

不是一定要将 **matplotlib.pyplot** 重命名为 **plt**，但是 **plt** 作为别名已经被广泛使用。由于全名 **matplotlib.pyplot** 很长，大多数程序员按惯例使用 **plt** 别名。

用于绘图的两个主要函数是 **plt.plot** 和 **plt.show**。以下是使用它们的简化语法，后续会有更详细的介绍。

```
plt.plot( [X,] Y [,format_str] )
plt.show()
```

方括号中是可选参数。

调用 **plot** 通常涉及两个一维数组参数：X 和 Y。如果省略 X，则假定 X 为数组 [0, 1, 2, ⋯, N-1]，其中 N 是 Y 的长度。通常情况下应该同时提供 X 和 Y 参数。

plot 函数会从 *X* 和 *Y*(*X* 和 *Y* 的长度相同) 中对应的位置取成对的点（x,y ），然后将它们绘制在图形上。

下面是一个例子，它使用了 **np.linspace** 和 **np.sin** 函数。

```
import numpy as np
import matplotlib.pyplot as plt

A = np.linspace(0, 2 * np.pi)
plt.plot(A, np.sin(A))
plt.show()
```

如果你下载了 **numpy** 和 **matplotlib** 包，并且执行上面的代码，则计算机应显示出图 13.1 所示的图形。在关闭窗口之前，该图形一直可见。

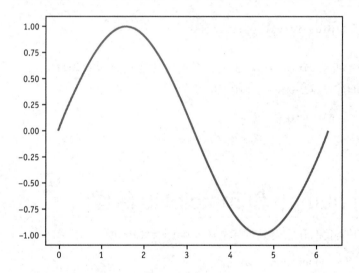

图 13.1 正弦曲线

这是一段简单的代码，我们来分析一下它的各个部分。第一件事是导入所需的软件包：

```
import numpy as np
import matplotlib.pyplot as plt
```

接下来调用 **linspace** 函数。此函数会生成 *N* 个均匀间隔的值（包括两个端点 ），*N* 的默认值为 50。

```
A = np.linspace(0, 2 * np.pi)
```

数组 A 以 0 开头，以 **2*pi** 结尾，这两个值之间有 48 个均匀间隔的其他值。

在调用 **plot** 函数时指定了两个数组：数组 A 包含沿 X 轴的 50 个值；数组 B 包含 A 中每个元素对应的正弦值。

```
plt.plot(A, np.sin(A))
```

plot 函数将 A 中的每个元素和 B 中对应的元素进行匹配，获得 50 个（x，y）对。最后，**show** 函数将结果图形显示在屏幕上。

我们可以通过将 **np.sin** 函数替换为 **np.cos** 函数来绘制余弦函数的曲线。

```
import numpy as np
import matplotlib.pyplot as plt


A = np.linspace(0, 2 * np.pi)
plt.plot(A, np.cos(A))
plt.show()
```

在此版本中，将 A 中的每个值与其余弦值进行匹配以创建（x，y）对。输出图形如图 13.2 所示。

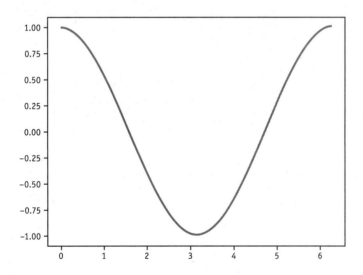

图 13.2 余弦曲线

不仅可以绘制三角函数图形。由于 **numpy** 数组的灵活性（尤其是可以将它作为一个整体进行处理），使得 **matplotlib** 的绘图功能既简单又通用。

如果要绘制倒数函数的图形（即 1/*N*），该怎么办呢？我们可以从在一定范围内创建一个 X 数组开始。这就是为什么 **np.linspace** 函数非常有用的原因。它从指定的范围创建一组均匀分布的值。这些值通常会沿 *X* 轴单调增加。

以 0 值开始会产生一个问题，1/N 会导致 0 作为除数。我们把区间设为 0.1 ~ 10。在 N 采用默认值的情况下，会生成 50 个值。

```
A = np.linspace(0.1, 10)
```

现在，使用 A 和 1/A 来生成（x, y）对，这样可以很容易地绘制图形并显示。A 中的每个值都与其倒数匹配。

```
plt.plot(A, 1/A)
plt.show()
```

图 13.3 所示是输出的倒数曲线。

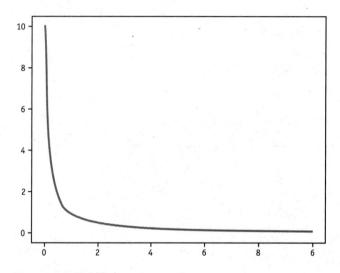

图 13.3　倒数曲线

绘图函数将 A 和 1/A 匹配产生绘制的点（x,y），其绘制的第一个点是：

```
(0.1,10.0)
```

第二个点以相同的方式产生，将 A 中的第二个值与其倒数相匹配。以下是一些可以绘制的点。

```
(0.1, 10.0), (0.2, 5.0), (0.3, 3.3)...
```

下面的示例绘制几个点并将它们连接起来。我们指定 5 个这样的点：

```
(0, 1)
(1, 2)
(2, 4)
(3, 5)
(4, 3)
```

可以使用下面命令绘制：

```
plt.plot([0, 1, 2, 3, 4], [1, 2, 4, 5, 3])
```

如果省略 X 参数，则其默认值为 $[0, 1, 2, \cdots, N\!-\!1]$，其中 N 是 Y 数组的长度。因此，这个例子可以写成：

```
plt.plot([1, 2, 4, 5, 3])
```

无论哪种实现，调用 **show** 函数都会绘制如图 13.4 所示的图形。

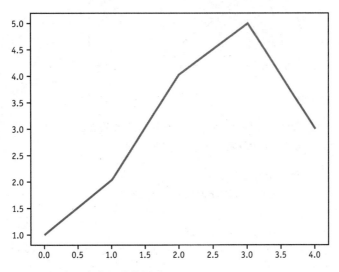

图 13.4   由 5 个点组成的图形

请注意，X 不是必须使用升序值。可以使用任何点来创建任意线。下面是一个例子：

```
plt.plot([3, 4, 1, 5, 2, 3], [4, 1, 3, 3, 1, 4])
```

生成的用于绘制图形的点为：

```
(3, 4), (4, 1), (1, 3), (5, 3), (2, 1), (3, 4
```

这些点形成一个五角星图形，如图 13.5 所示。首先绘制所有的点，然后在一个点和下一个点之间绘制线段。

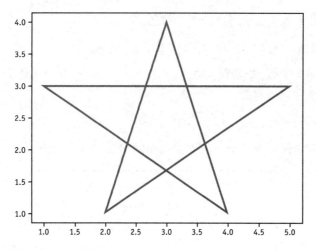

图 13.5　五角星

　　本节中的最后一个例子展示了绘制复杂图形的方法。能够直接在 **numpy** 数组上进行操作使得绘制复杂的多项式图形很容易。

```
import numpy as np
import matplotlib.pyplot as plt

A = np.linspace(-15, 20)
plt.plot(A, A ** 3 - (15 * A ** 2) + 25)
plt.show()
```

以上这些语句绘制了一条多项式曲线，如图 13.6 所示。

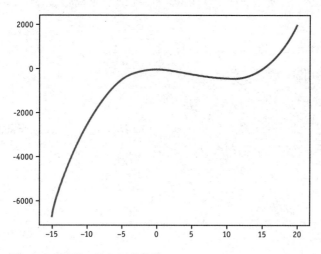

图 13.6　绘制一条多项式曲线

13.4 绘制多条线

如果想要绘制更复杂的图形，例如同时包含正弦函数和余弦函数的图形，该怎么做呢？你可以在显示结果之前调用两次 **plot** 函数。

```
import numpy as np
import matplotlib.pyplot as plt

A = np.linspace(0, 2 * np.pi)
plt.plot(A, np.sin(A))
plt.plot(A, np.cos(A))
plt.show()
```

或者，可以在单个 plot 语句中使用 4 个参数将两个 **plot** 语句合为一个。

```
plt.plot(A, np.sin(A), A, np.cos(A)
```

无论使用哪种方法，Python 的输出都会如图 13.7 所示。

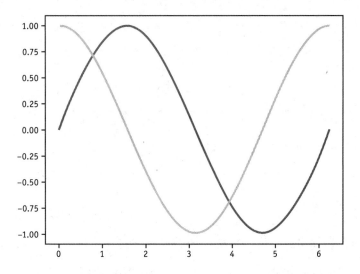

图 13.7　同时绘制正弦和余弦曲线

matplotlib 软件包会自动将两条曲线绘制成不同的颜色。而且绘图软件还提供了通过格式参数来区分曲线的方法，下面我们来看如何做。

下面是 **plot** 函数更完整的语法。

plt.plot(*X1*, *Y1*, [*fmt1*,] *X2*, *Y2*, [*fmt2*,] ...)

可以看到，此语法允许使用任意数量的 X，Y 参数对。函数会从每对 X，Y

中创建一组（x，y）点。还可以在 X，Y 后面添加可选的格式参数。

　　fmt 参数用来设置线的颜色和样式，这对于区分线条很有帮助。例如，以下语句使余弦曲线由小圆圈组成。

```
plt.plot(A, np.sin(A), A, np.cos(A), 'o')
plt.show()
```

　　这里没有使用格式说明符设置正弦曲线，因此其使用默认样式。这样一来图形很好区分，如图 13.8 所示。在默认情况下，为两条线指定不同的颜色。

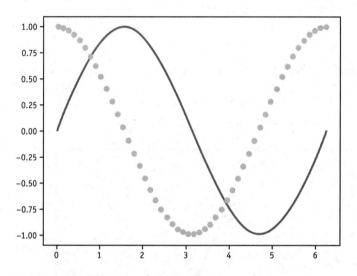

图 13.8　可区分的正弦、余弦曲线图

　　我们还可以通过指定正弦曲线的样式来进一步提高对比度。^ 格式符号指定由小的三角形组成曲线。

　　由此我们引入另一个绘图函数 **title**。这个简单的函数用于在调用 **show** 函数之前为图形指定标题。**xlabel** 和 **ylabel** 函数用于指定轴的标签。

```
plt.plot(A, np.sin(A), '^', A, np.cos(A), 'o')
plt.title('Sine and Cosine')
plt.xlabel('X Axis')
plt.ylabel('Y Axis')
plt.show()
```

　　上面代码的输出如图 13.9 所示，图形带有标题和轴标签。

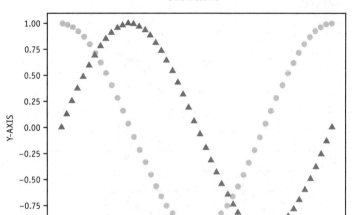

图 13.9　正弦、余弦曲线和轴标签

　　可以查看 **plt.plot** 函数的帮助文档了解所有格式字符的用法。可以将这些字符组合成字符串，例如 **'og'** 表示"在此行上使用绿色小圆圈"。

　　表 13.2 列出了用于指定颜色的字符。表 13.3 列出了用于指定样式的字符。

表 13.2　plot 格式化字符串中的颜色字符

字符	颜色
b	蓝色
g	绿色
r	红色
c	青色
m	紫红色
y	黄色
k	黑色
w	白色

　　表 13.3 列出了用于指定样式的字符。

表 13.3　plot 格式化字符串中的样式字符

字符	形状
.	点
,	像素

续表

字符	形状
o	圆圈
v	下箭头
^	上箭头
<	左箭头
>	右箭头
s	方形
p	五边形
*	星形
h, H	大 / 小六边形
+	加号
d, D	瘦 / 胖菱形

可以指定颜色和形状的任意组合。以下是一个例子：

```
'b^'    # 使用蓝色三角形
```

注释 ▶ 区分曲线的另一种方法是使用标签及图例，以显示曲线的特定颜色 / 样式
信息。在第 15 章中介绍了这种方法。

◀ Note

13.5 绘制复利曲线

思考以下问题：有一种信托基金，该基金有两种计划供你选择。计划 A 每
年会获利两美元。但是除非你兑现，否则无法动用这笔钱。兑现时你会得到所
有的钱，基金终止。

在计划 B 中，基金从一美元开始，然后每年增加 10%，其他条件相同。

这看起来很容易选择。基金 A 每年增加两美元，而另一种基金至少在开始
时仅增加 10 美分。显然，计划 A 更好，不是吗？

但是计划 A 以恒定的速度增长，而计划 B 则以复合速度增长。每个优秀的
数学家以及会计师都应了解以下内容。

*　　指数增长（例如复利）无论多么缓慢，最终都会超过线性增长（无论多么快）。

这是一个令人惊讶的事实，以 .001% 的复合增长率增长，最终获利却会超

过一年一百万的稳定收入的获利！这是真的，只是复合基金要超过定额基金需要花费很长的时间。

这种变化很容易用图形表示出来。首先创建一个表示时间轴上值的 numpy 数组 A，设置 60 年的时间区间。

```
A = np.linspace(0, 60, 60)
```

然后绘制每年增加 2 美元的线性增长函数与每年增长 10% 的复合增长函数的关系图（从数学上讲，这等于对数字 1.1 求 N 次幂，其中 N 是年数）。

```
2 * A       # 每年增长两美元的公式
1.1 ** A    # 每年增长 10% 的公式
```

为了方便对比，我们使用格式字符串指定第一条曲线由小圆圈组成（"o"）。

```
plt.plot(A, 2 * A, 'o', A, 1.1 ** A)
```

除了上面使用一个 plot 语句绘制两条曲线的方式，也可以使用两个单独的语句实现相同的目的，代码如下：

```
plt.plot(A,  2 * A,  'o')      # 每年增加两美元
plt.plot(A,  1.1 ** A)         # 每年增长 10%
```

接下来，我们添加一些有用的标签并显示图形。

```
plt.title('Compounded Interest v. Linear')
plt.xlabel('Years')
plt.ylabel('Value of Funds')
plt.show()
```

图 13.10 显示了结果。在前 30 年中，线性基金（每年增加 2 美元）超过了复合基金。但是，在 30 ~ 50 年，计划 B 的增长加速变得明显。计划 B 最终会在 50 年之前达到并超过计划 A。

所以如果你有 50 年的等待时间，则计划 B 是更好的选择。如果你可以等待更长的时间，则计划 B 大大优于计划 A。复合增长会比固定增长更早达到数千甚至数百万美元。

注释 ▶ 沿 X 轴的标签从 0 年开始，一直到 60 年。13.12 节介绍了如何重新标记这些年份，例如，从 2020 年开始到 2080 年，你无须更改任何基础数据或计算就可以修改。

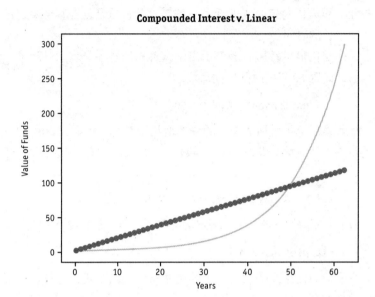

图 13.10　指数增长曲线和线性增长曲线

13.6　使用 matplotlib 创建直方图

直方图提供了一种查看数据的方法。直方图不是为了显示各个数据点并将它们连接起来，而是显示结果落入子区间的频率。

数据被收集到桶或箱中，每个桶代表一个范围。在第 11 章中我们编写过实现桶的代码，但是现在 **numpy** 和 **matlibplot** 程序包可以自动完成此工作。

我们从一个简单的例子开始。假设有一个列表，其中包含软件开发团队中每个人的智商。现在你想查看哪些分数是最常见的。

```
IQ_list = [91, 110, 105, 107, 135, 127,  92, 111, 105,
    106, 130, 145, 145, 128, 109, 108,  98, 129, 100,
    108, 114, 119,  99, 137, 142, 145, 112, 113 ]
```

将此 Python 列表转换为 numpy 数组很容易。但我们首先要确保导入了必要的程序包。

```
import numpy as np
import matplotlib.pyplot as plt
```

```
IQ_A = np.array(IQ_list)
```

将数据绘制成直方图的步骤很简单，只需要一个参数。可使用 **hist** 函数生成直方图。最后必须调用 **show** 函数才能将结果实际显示在屏幕上。

```
plt.hist(IQ_A)
plt.show()
```

非常容易！ **hist** 函数还有一些其他参数，不过是可选参数。

顺便说一下，需要调用 **show** 函数的主要原因之一是，可以在将图形显示到屏幕之前以各种方式对图形进行操作。下面的例子创建了直方图，然后指定标题，最后显示它。

```
plt.hist(IQ_A)
plt.title('IQ Distribution of Development Team.')
plt.show()
```

图形如图 13.11 所示。

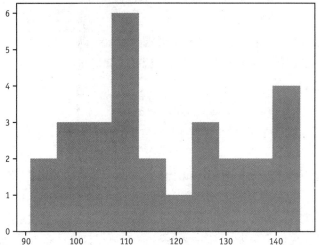

图 13.11　智商分布的直方图

该图显示了大量信息。它表明，智商的分布频率一直上升直到达到 110，然后下降，最后在 140 左右又有一个凸起。

以下是更完整的语法：

```
plt.hist(A [, bins=10][, keyword_args] )
```

第一个参数 A 引用一个 **numpy** 数组，并且它是唯一的必需参数。

bins 参数确定子范围或桶的数量。默认值为 10，这代表每个范围的大小是总区间大小除以 10。可以指定 10 之外的值。

```
plt.hist(A, bins=50)    # 将结果分散到 50 个桶中
```

此函数接受的其他关键字参数包括 **color**，它接受一个表 13.2 中的单字符字符串；**align**，支持的参数值包括 'left'、'right' 或 'mid'；**cumulative**，接受一个布尔值，控制是否要绘制累积结果的图形。要获取更多信息，请使用 **help** 命令。

```
>>> help(plt.hist)
```

直方图的另一个用途是绘制正态分布曲线。我们在第 11 章中介绍了一种绘制方法，但是本章的方法可以给出更好的结果。

首先使用 **numpy.random** 包生成正态分布的 200 000 个数据点。该分布的平均值为 0.0，标准差为 1.0。但是通过相加和相乘，我们可以将它们转换为平均值为 100 且标准差为 10 的数组。

```
A = np.random.standard_normal(200000)
A = A * 10 + 100
```

在绘制这些结果的图形时，*bins* 参数可以使用默认值 10，但是如果将它们绘制在更小的区间，结果将更加平滑。因此，我们将 *bins* 指定为 80，并将颜色设置为绿色。

```
plt.hist(A, bins=80, color='g')
plt.title('Normal Distribution in 80 Bins')
plt.show()
```

结果是一个正态分布图形，如图 13.12 所示。如果你看到的图形是绿色的（当它显示在计算机屏幕上时），那么它看起来有点像圣诞树。

能否将这些数据显示为一条完全平滑的线而不是一系列的条形图呢？答案是可以。**numpy** 提供了一个 **histogram** 函数，它可以计算一系列子范围（桶）的频数。下面是该函数的主要语法，它包含两个最重要的参数。

```
plt.histogram(A [, bins=10][, keyword_args] )
```

该函数的作用是产生一个新的数组。该数组包含直方图的数据。这个新数组中的每个元素都对应于一个区间的频数。在默认情况下，区间（桶）数为 10。因此，对于结果数组：

▶ 第一个元素是第一个桶（第一个子范围）中包含的数组 A 中的值的数量。

▶ 第二个元素是第二个桶（第二个子范围）中包含的数组 A 中的值的数量。

▶ 依此类推。

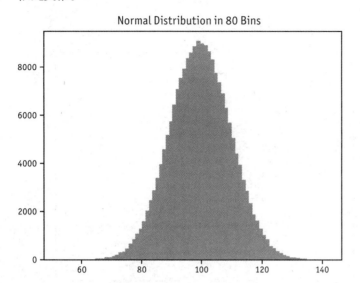

图 13.12 正态分布的直方图

函数的返回值实际上是一个元组。该元组的第一个元素是我们要绘制的频数信息，第二个元素指定桶的确切边缘。因此，要获取所需的数据，可使用以下语句：

```
plt.histogram(A, bins)[0]
```

现在，我们可以生成一条平滑的正态分布曲线。首先生成大量的随机数，并将它们放入 50 个桶中。（你可以选择其他数量的桶，但是使用 50 ~ 100 一般会产生良好的效果。）最后，绘制那些桶的频数。本示例使用了 200 万个随机数，但是应该仍然几乎没有明显的延迟，这非常地惊人。

```
import numpy as np
import matplotlib.pyplot as plt

A = np.random.standard_normal(2000000)
A = A * 10 + 100
B = np.histogram(A, 50)[0]
plt.plot(B)
plt.show()
```

该代码没有为 X 轴的数组指定任何参数。**plot** 函数使用默认方式处理，使用 0、1、2、...，$N–1$ 作为 X 的坐标，其中 N 是数组 B(包含 **histogram** 函数的结果) 的长度。

图 13.13 显示了上例生成的图形。

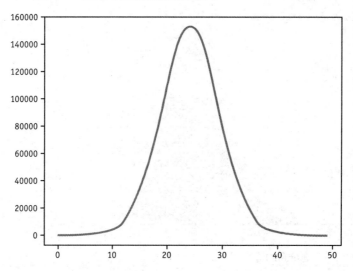

图 13.13　平滑的正态分布曲线

所得图形是一条平滑的曲线。但是，X 轴可能不是你想要的。X 轴上的数字表示的是桶的编号。

直方图的数据范围是从生成的最小的随机数到最大的随机数。然后将该范围分为 50 个桶。Y 轴显示每个桶中的命中频数。

但是与其在 X 轴放置 *bin* 编号，还不如显示分布的区间。最简单的方法是使用 X-axis 值，它们代表每个桶的中点。下面例子通过使用 **np.histogram** 函数返回的第二个数组来完成这个工作。该数组包含桶的边缘，即每个容器表示的子范围的最小值。

这听起来可能很复杂，但是只需添加几行代码即可。在这种情况下，X 轴代表桶的边缘，然后将 X 修改为包含这些桶的中点。通过这种方式，程序以桶中的值（以 100 为中心）而不是桶号进行绘制。

```
import numpy as np
import matplotlib.pyplot as plt


A = np.random.standard_normal(2000000)
A = A * 10 + 100
B, X = np.histogram(A, 50)
```

```
X = (X[1:]+X[:-1])/2    # 使用桶的中点值而不是边缘值
plt.plot(X, B)          # 联合使用频数和桶的值来绘制曲线
plt.show()
```

　　X 值通过获取每个子范围的中值得到，即取下边缘和上边缘并取它们的平均值。表达式 X[1:] 跳过了第一个元素。表达式 X[:-1] 排除了最后一个元素以使长度相等。

　　　　X =（X[1:] + X[-1]）/2 # 使用 bin 中心而不是边缘

　　如果观看修改后的直方图（见图 13.14），你会看到它是以 100 为中心绘制的，标准差为 10。标准差为 10 意味着曲线面积的大约 95% 应该在两个标准差（80 ~ 120）之间，并且超过 99% 的面积应在三个标准差（70 ~ 130）之内。

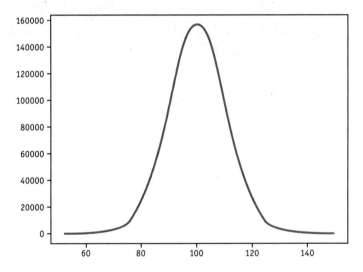

图 13.14　以 100 为中心的正态分布曲线

　　histogram 函数还有其他用途。例如可以使用它代替第 11 章中的某些代码，演示大数定律。第 11 章中的示例使用一系列桶收集数据。histogram 函数的功能与该节中的代码的功能相同，但速度却快许多倍。

性能提示　　　　由本章和第 12 章的例子，你会发现许多 numpy 函数的功能和第 11 章中的 random 和 math 包类似。但是 numpy 版本的速度要快许多倍，特别是当数据集很大的时候（例如，当前例子包含 2 000 000 个随机数）。

　　因此如果可以选择，最好使用 numpy（包括其 random 子包）进行大型数据集运算。

Performance Tip

其他一些参数有时也是有用的。你可以在 IDEL 中使用下面命令获得更多帮助。

```
>>> np.info(np.histogram)
```

13.7   圆和长宽比

有时，需要调整 X 和 Y 的相对大小，绘制几何形状时尤其如此。在本节中，我们展示如何绘制圆。通常我们不希望它看起来像椭圆形，因此在显示图形之前，我们需要使 X 和 Y 的比例相等。

绘制圆形的方法不止一种。在本节中，我们使用 **trig** 函数来绘制。想象一个小虫子在圆的边缘运动，在坐标（1,0）处从 0 度开始运动，如图 13.15 所示。该虫子持续运动直到完成整个圆为止。

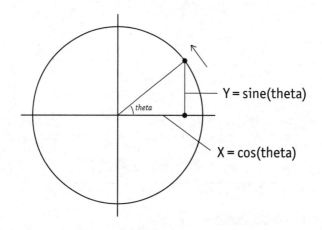

图 13.15　虫子在圆的 42 度位置

圆上的每个点都对应一个角度，我们称为 theta。例如，圆上的距起点逆时针 90 度的点对应的角度为 90 度，等于 pi/2 弧度。图 13.15 显示虫子已行进约 42 度（大致等于 0.733 弧度）。

在圆的每个点上，虫子位置的 X 坐标为：

```
cosine(theta)
```

虫子位置的 Y 坐标为：

```
sine(theta)
```

通过跟踪虫子的旅程，我们获得了整个圆上的一组点。此旅程中的每个点都对应以下（x，y）坐标：

```
(cosine(theta), sine(theta))
```

因此，要绘制一个完整的圆，我们需要得到一组与该假想行程中各个角度相对应的点，范围为 0 ~ 2*pi（等于 360 度），然后绘制（x，y）坐标对。我们生成 1000 个数据点，以绘制平滑的曲线。

```
import numpy as np
import matplotlib.pyplot as plt

theta = np.linspace(0, 2 * np.pi, 1000)
plt.plot(np.cos(theta), np.sin(theta))
plt.show()
```

运行这些语句后，应该绘制一个圆，但是结果看起来更像一个椭圆。解决方法是指定一个 **plt.axis** 值，使 X 和 Y 单位在屏幕上的比例相同。

```
plt.axis('equal')
```

我们将此语句插入完整的程序中。

```
import numpy as np
import matplotlib.pyplot as plt

theta = np.linspace(0, 2 * np.pi, 1000)
plt.plot(np.cos(theta), np.sin(theta))
plt.axis('equal')
plt.show()
```

现在，屏幕上显示了一个完美的圆，如图 13.16 所示。

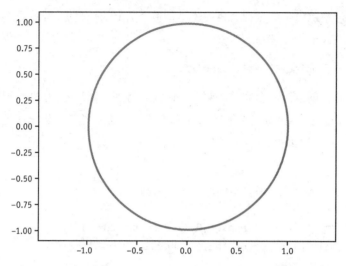

图 13.16　完美的圆

13.8　绘制饼图

numpy 和 **matplotlib** 软件包的功能很多，甚至可以绘制饼图。这是说明数据相对大小的有效方法。

以下是 **plt.pie** 函数的语法。与其他绘图函数一样，**pie** 也包括其他参数，这里仅列出最重要的参数。

plt.pie(_array_data_，_labels_ **= None**，_colors_ **= None)**

第一个参数 _array_data_ 是一个集合，包含每个类别的相对尺寸。_labels_ 参数是字符串的集合，这些字符串与第一个参数中相应的组对应。_colors_ 参数是一组字符串，使用表 13.2 中的值来指定颜色。上面三个集合的长度必须相同。

下面是一个例子，你会发现这是一个简单的函数。现在假设你拥有你们开发团队下班后的活动数据，并且想要绘制图表。表 13.4 列出了此示例使用的数据。

表 13.4　开发部每周活动

活动	每周平均时间	颜色
Poker	3.7	黑色（'k'）
Chess	2.5	绿色（'g'）

活动	每周平均时间	颜色
Comic Books	3.7	红色('r')
Exercise	3.7	青色('c')

将每一列数据放入单独的列表中，每个列表正好有 4 个成员。

```
A_data   = [3.7, 2.5, 1.9, 0.5]
A_labels = ['Poker', 'Chess', 'Comic Books', 'Exercise']
A_colors = ['k', 'g', 'r', 'c']
```

下面，我们将这些数据绘制成饼图，添加标题并显示。可以使用 **plt.axis**（**'equal'**）语句来固定饼图的长宽比，就像我们在绘制圆形时所做的；否则，饼图可能显示为椭圆形而不是圆形。

```
import numpy as np
import matplotlib.pyplot as plt

plt.pie(A_data, labels=A_labels, colors=A_colors)
plt.title('Relative Hobbies of Dev. Team')
plt.axis('equal')
plt.show()
```

图 13.17 显示了绘制的饼图。

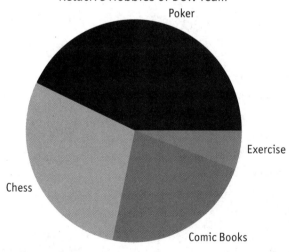

图 13.17　饼图

13.9 使用 numpy 进行线性代数运算

在结束 numpy 包的学习之前，我们再来看看如何进行线性代数计算（主要涉及向量和矩阵的运算），这对数学家或工程师来说是非常有用的计算。

不需要使用单独的 vector 或 matrix 类型，甚至不需要下载或导入新的子软件包，只需使用适当的函数即可。

13.9.1 点积

如前两章所示，可以将数组与标量相乘，也可以将数组与数组相乘。在第二种情况下，要求两个数组必须具有相同的形状。可以将这种关系总结如下：

(A, B) * (A, B) => (A, B)

可以将形状为 A、B 的数组乘以另一个形状为 A、B 的数组，并获得具有相同形状的第三个数组。使用 numpy 包时，可以使用点积函数 dot 计算点积，但计算规则稍微复杂一些。

numpy.**dot**(*A*, *B*, *out*=None)

A 和 *B* 是要进行点积运算的两个数组；*out* 参数（如果已指定）是用于存储结果的具有正确形状的数组，"正确形状"取决于 *A* 和 *B* 的形状。

两个一维数组的点积很简单。数组的长度必须相同。点积计算是将 A 中的每个元素与 B 中的对应元素相乘，然后对这些乘积求和，得出一个标量值。

D. P. = A[0]*B[0] + A[1]*B[1] + ... + A[N-1] * B[N-1]

下面是一个例子：

```
>>> import numpy as np
>>> A = np.ones(5)
>>> B = np.arange(5)
>>> print(A, B)
[1. 1. 1. 1. 1.] [0 1 2 3 4]
>>> np.dot(A, A)
5.0
>>> np.dot(A, B)
10.0
>>> np.dot(B, B)
30
```

可以看到，B 与 B 的点积等于 30，因为它等于成员的平方和：

```
D. P. = 0*0 + 1*1 + 2*2 + 3*3 + 4*4
      = 0 + 1 + 4 + 9 + 16
      = 30
```

我们可以做出下面的总结：

```
D. P.(A, A) = sum(A * A)
```

二维数组之间的点积比较复杂。与数组之间的普通乘法一样，两个数组的形状必须兼容，只需要其中一个维度相等即可。

下面是二维数组之间点积的通用模式：

```
(A, B) * (B, C) => (A, C)
```

思考下面的 2×3 数组和 3×2 数组，它们之间的点积是 2×2 数组。

```
A = np.arange(6).reshape(2,3)
B = np.arange(6).reshape(3,2)
C = np.dot(A, B)
print(A, B, sep='\n\n')
print('\nDot product:\n', C)

[[0 1 2]
 [3 4 5]]

[[0 1]
 [2 3]
 [4 5]]

点积为：
[[10 13]
 [28 40]]
```

下面是计算过程：

▶ 将 A 第一行中的每个元素乘以 B 第一列中的每个对应元素。得到和（10）。这是 C[0,0] 的值。

▶ 将 A 的第一行中的每个元素乘以 B 的第二列中的每个对应元素。得到和（13）。这是 C[0,1] 的值。

◗ 将 A 第二行中的每个元素与 B 第一列中的每个对应元素相乘。得到和（28）。这是 C[1,0] 的值。

◗ 将 A 第二行中的每个元素乘以 B 第二列中的每个对应元素。得到和（40）。这是 C[1,1] 的值。

也可以计算一维数组与二维数组的点积。结果的形状可以根据下面的公式得到：

```
(1, X) * (X, Y) => (1, Y)
```

例如，可以计算 [10，15，30] 和以下数组（称为 B）的点积：

```
[[0 1]
 [2 3]
 [4 5]]
```

下面计算一维数组和二维数组 B 之间的点积。点积结果的形状为（1，2）：

```
>>> print(np.dot([10, 15, 30], B))
[150, 205]
```

我们能否找出直观、真实的例子来说明点积的实用性？点积在某些数学和物理学计算中很常见，例如三维几何。但是它也有简单的应用。假设你经营一家宠物店，出售三种异国情调的鸟类。价格如表 13.5 所示。

表 13.5　宠物店里鸟的价格

鹦鹉	金刚鹦鹉	孔雀
$10	$15	$30

假设你已经记录了两个月的销售数据，如表 13.6 所示。

表 13.6　月度销售数据

鸟	10 月销量	11 月销量
鹦鹉	0	1
金刚鹦鹉	2	3
孔雀	4	5

现在要做的是获得这两个月的鸟类总销量。尽管这个计算并不难，但使用 **dot** 函数计算点积可使操作变得更容易。

图 13.18 显示了如何获得结果中的第一个元素：150，将每个价格数字乘以第一个月的相应销售数字。

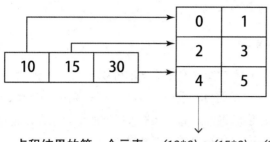

点积结果的第一个元素 = *(10*0) + (15*2) + (30*4)*
= 0 + 30 + 120
= 150

图 13.18 如何计算点积，第一部分

按照此过程，我们得到结果 0+30+120，为 150。

可以使用相同的方法获得另一个数字 205（请参见图 13.19）。将每个价格乘以第二个月的相应销售数字，然后求和。按照该步骤，可以得到 10+45+150，为 205。

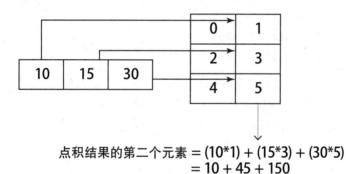

点积结果的第二个元素 = (10*1) + (15*3) + (30*5)
= 10 + 45 + 150
= 205

图 13.19 如何计算点积，第二部分

点积的完整结果如下：

```
[150, 205]
```

在该示例中，点积给出了两个月（10 月和 11 月）中所有鸟的总销售额。

13.9.2 外积函数

还有一种数组相乘的方法，那就是使用 **outer** 函数来计算外积。通常两个一维数组相乘，生成一个二维数组。如果将此函数应用于高维数组，则这些数组都首先被展平为一维数组。

$$numpy.outer(A, B, out=None)$$

该函数的作用是计算数组 A 和数组 B 的外积并返回一个数组。out 参数（如果有）指定用于放置结果的目标数组，它必须已经存在并且形状合适。

要获得外积，需依次将 A 的每个元素乘以 B 的每个元素，然后生成一个二维数组。结果数组的形状可以通过下面公式获得：

$$(A) * (B) => (A, B)$$

简而言之，如果 A 和 B 的外积为 C，则 C[x, y] 的值为 A[x] 乘以 B[y]。

下面是一个简单的例子：

```
>>> import numpy as np
>>> A = np.array([0, 1, 2])
>>> B = np.array([100, 200, 300, 400])
>>> print(np.outer(A, B))
 [[  0   0   0   0]
  [100 200 300 400]
  [200 400 600 800]]
```

在此示例中，将 A 的第一个元素与 B 的每个元素相乘以生成结果的第一行。因为 0 乘以任意值都是 0，所以该行中每个数字均为 0。将 A 的第二个元素（即 1）与 B 的每个元素相乘生成第二行，以此类推。

外积的一个用途就是创建乘法表，这是我们在第 11 章中讨论过的一个技术。**numpy** 软件包支持一种更简单的解决方案，而且速度更快。

```
>>> A = np.arange(1,10)
>>> print(np.outer(A, A))
```

这段代码很简单，它的输出如下：

```
[[ 1  2  3  4  5  6  7  8  9]
 [ 2  4  6  8 10 12 14 16 18]
 [ 3  6  9 12 15 18 21 24 27]
 [ 4  8 12 16 20 24 28 32 36]
 [ 5 10 15 20 25 30 35 40 45]
 [ 6 12 18 24 30 36 42 48 54]
 [ 7 14 21 28 35 42 49 56 63]
```

```
   [ 8 16 24 32 40 48 56 64 72]
   [ 9 18 27 36 45 54 63 72 81]]
```

与第 11 章中讨论的一样，我们可以使用一些字符串操作来美化结果，不输出方括号。

```
s = str(np.outer(A, A))
s = s.replace('[', '')
s = s.replace(']', '')
print(' ' + s)
```

可以将这四个语句组合成两个更紧凑的语句。

```
s = str(np.outer(A, A))
print(' ' + s.replace('[', '').replace(']', ''))
```

最后输出如下：

```
1  2  3  4  5  6  7  8  9
2  4  6  8 10 12 14 16 18
3  6  9 12 15 18 21 24 27
4  8 12 16 20 24 28 32 36
5 10 15 20 25 30 35 40 45
6 12 18 24 30 36 42 48 54
7 14 21 28 35 42 49 56 63
8 16 24 32 40 48 56 64 72
9 18 27 36 45 54 63 72 81
```

13.9.3 其他线性代数函数

除了点积和外积，**numpy** 包还提供了其他线性代数函数。这些函数都不需要使用单独的 matrix 类型。它们可以使用标准的 **numpy** 数组类型 **ndarray**。

与线性代数有关的函数很多，需要一本书来介绍。相关说明请参阅官方在线文档。

表 13.7 总结了 **numpy** 包支持的一些常见的线性函数。

表 13.7　numpy 包支持的常见线性代数函数

语法	说明
np.**dot**(*A*, *B* [,*out*])	计算 A 和 B 的点积
np.**vdot**(*A*, *B*)	计算向量点积

语法	说明
np.**outer**(*A*, *B*[,*out*])	计算 A 和 B 的外积, 方法是将 A 中的每个元素乘以 B 中的每个元素。如果 A、B 为多维数组则首先将它们展平为一维输入
np.**inner**(*A*, *B* [,*out*])	计算 A 和 B 的内积
np.**tensordot**(*A*, *B* [,*out*])	计算 A 和 B 的张量点积
np.**kron**(*A*, *B*)	计算 A 和 B 的 Kronecker 积
np.**linalg.det**(*A*)	计算 A 的线性代数行列式

13.10 三维绘图

三维绘图是一个高级主题, 要完整介绍该主题可能需要一本很厚的书! 但是, 通过研究球体表面的绘图方法, 可以了解如何利用已经学习的 **numpy** 函数创建三维曲面。

以下示例要求导入几个软件包, 其中还包括 **mpl_toolkits** 软件包。不过如果你已经下载了其他软件包, 则该软件包应该已经被下载了, 因此只需导入即可。

```python
from mpl_toolkits.mplot3d import Axes3D
import matplotlib.pyplot as plt
import numpy as np

fig = plt.figure()
ax = fig.add_subplot(111, projection='3d')

# 获取数据
ua = np.linspace(0, 2 * np.pi, 100)
va = np.linspace(0, np.pi, 100)
X = 10 * np.outer(np.cos(ua), np.sin(va))
Y = 10 * np.outer(np.sin(ua), np.sin(va))
Z = 10 * np.outer(np.ones(np.size(ua)), np.cos(va))

# 绘制表面
ax.plot_surface(X, Y, Z, color='w')
plt.show()
```

这里的大多数计算都涉及计算 0 ~ 2*np.pi 的正弦和余弦值, 然后计算外积，获得由三个阵列 X、Y 和 Z 表示的一组三维点，并基于此绘制球体的表面图。结果图如图 13.20 所示。

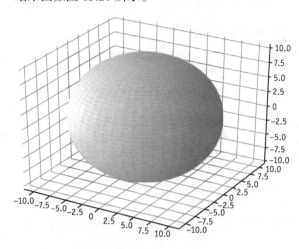

图 13.20　球体的三维投影

13.11　numpy 软件包在金融领域的应用

numpy 软件包在金融领域也大有用武之地。例如，给定有关利率和付款时间表的数据，可以使用 **pmt** 函数确定房屋或汽车的每月还款数。

*numpy.**pmt**(rate, nper, pv [,fv] [,when])*

rate 参数为以浮点数（不是百分比）表示的利率。由于这是每个付款周期的利率，因此需要将它除以 12 才能得到每月利率。

nper 参数是付款周期的总数。如果要按月而不是按年付款，则需要将年数乘以 12。

pv 参数是当前值，即借入的钱数。

可选参数包括 *fv*，即预期的未来价值（假设这笔钱最终需要归还）。另一个可选参数是 *when*，可以取值 1 或 0，分别指在付款周期的开始或结束时付款。

假设有下面数据：

- 利率为 6.5%。除以 12 可得到每月利率。

- 贷款期限为 20 年。乘以 12 可得出付款的期数。

▶ 借款金额为 $ 250 000。

有了这些数据，我们可以轻松地使用 **numpy.pmt** 函数来确定每月还款额。

```
>>> import numpy as np
>>> np.pmt(0.065 / 12, 20 * 12, 250000)
-1863.93283878775
```

四舍五入后每月还款额为 $1863.93。将此金额表示为负数是因为它表示净现金流。

我们可以编写一个使用户能够输入利率、年限和金额以确定每月还款额的函数，如下所示。

```
import numpy as np
def monthly_payment():
    ''' 获取输入后，使用 np.pmt 函数计算每月还款额 '''

    # 计算月利率
    s = 'Enter rate as a yearly percentage fig.: '
    rate = (float(input(s)) / 100) / 12

    # 计算付款期数
    nyears = int(input('Enter number of years: '))
    nper = nyears * 12

    # 获取贷款额
    pv = float(input('Enter amount of loan: '))

    # 输出结果
    payment= -1 * np.pmt(rate, nper, pv)
    print('The monthly payment is: $%.2f' % payment)
```

下面是一个示例会话：

```
>>> monthly_payment()
Enter rate as a yearly percentage fig.: 5.0
Enter number of years: 30
Enter amount of loan: 155000
The monthly payment is: $832.07
```

假设期限为 30 年的 155 000 美元的贷款的年利率为 5%，则每月还款额为 832.07 美元。

numpy 函数还可以计算每月还款的哪一部分用于偿还本金，哪一部分用于偿还利息。这两个金额总计等于每月还款额。计算函数如下所示：

*numpy.***ppmt**(*rate, per, nper, pv* [, *fv*] [, *when*])

*numpy.***ipmt**(*rate, per, nper, pv* [, *fv*] [, *when*])

这里有一个额外的参数 *per*，它指定当前处于哪个还款周期，其值为 0 ~ *nper-1*。*nper* 参数仍指的还款期数。

我们可以使用 **ppmt** 函数和总还款额，绘制一个图表，显示随着时间推移每月总还款额中有多少百分比用于归还本金。

```
import numpy as np
import matplotlib.pyplot as plt


# 设置基础参数
rate = 0.05 / 12      # 年利率为 5%
nper = 30 * 12        # 贷款时间为 30 年
pv = 155000           # 贷款总额为 $155 000


# 计算还款额
Total = -1 * np.pmt(rate, nper, pv)


# 绘制每月归还本金占总还款额的比例曲线
A = np.linspace(0, nper)
B = -1 * np.ppmt(rate, A, nper, pv) / Total
plt.plot(A, B)


# 为数轴添加标签并显示
plt.xlabel('Months')
plt.ylabel('Percentage Applied to Principal')
plt.show()
```

结果如图 13.21 所示。在贷款开始阶段，本金只占一小部分，其余的都是利息。但是随着贷款到期，归还本金的比例逐渐接近 100%。

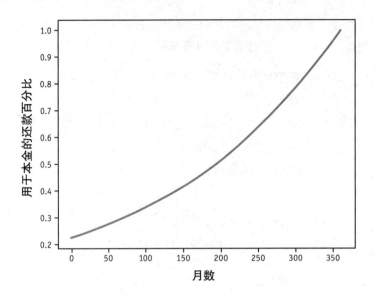

图 13.21 用于本金的还款比例

13.12 使用 xticks 和 yticks 函数调整数轴

13.11 节中的图 13.21 是 **numpy** 在金融领域的首次尝试，但是该图还有一些不足。

首先，*Y*轴只有 0.2 ~ 1.0 的刻度。如果在 0 ~ 1 的范围内，则该图就更具有说明性。如果用百分比标记的轴刻度（0% ~ 100%）可读性会更好。

其次，*X*轴的刻度对应月份，但如果标记成年份会更加直观。年份最好从 2020 年开始，然后持续到 2050 年。我们假设贷款从 2020 年开始。

xticks 和 **yticks** 函数解决了这些问题。这两个函数包含两个参数。第一个参数指定要标记的一系列数据点。第二个参数指定在每个点要使用的标签值（如果标签数多于刻度数，则多余的标签将被忽略）。

对于 *Y*轴，我们希望每 0.2 个单位写上一个刻度，但刻度从 0.0 开始而不是 0.2，然后将它们标记为百分比数字。请记住，**arange** 函数的输入为开始、结束时间和步长。

```
plt.yticks(np.arange(0.0, 1.1, 0.2),
           ('0', '20%', '40%','60%', '80%', '100%'))
```

对于 *X*轴，我们希望每 60 个月（5 年）标记一次，而不是默认的 50 个月。

在这里，**arange** 函数的输入为开始、结束时间和步长，分别是 0、361 和 60。

```
plt.xticks(np.arange(0, 361, 60),
           ('2020', '2025', '2030', '2035', '2040',
            '2045', '2050') )
```

注释 ▶ np.arange 函数生成的值不包括结束端点（endpoint）。这就是为什么这些示例使用端点 1.1 和 361 而不是 1.0 和 360 的原因。

◀ Note

现在我们将这两个函数（**plt.yticks** 和 **plt.xtticks**）添加到 13.11 节中的程序代码中。并将 X 轴标签更改为"Years"。

```
plt.xlabel('Years')
```

如图 13.22 所示，生成了一个漂亮的图形。

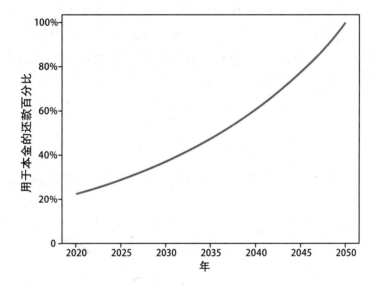

图 13.22 使用 xticks 和 yticks 函数调整后的还款曲线

这是一个有趣的曲线，起初缓慢增长，但随后加速上涨。

13.13 numpy 混合数据记录

就像在 Python 列表中一样，可以将各种数据类型存储在 **numpy** 数组中，甚至可以存储文本字符串。但是 **numpy** 数组只能将字符串存储为固定长度。

当处理字符串数组时，**numpy** 会根据最长的字符串设置固定长度（如果没有手动指定）。下面是一个例子：

```
>>> Words = np.array(('To', 'be', 'orNotToBe'))
>>> Words
array(['To', 'be', 'orNotToBe'], dtype='<U9')
```

该示例显示，Words 被初始化为具有三个成员的数组，每个成员的类型为 U9。因此，每个元素都可以容纳长度不超过 9 的 Python 字符串。

如果你尝试分配更长的字符串给数组元素，则该字符串将被截断为9个字符。

```
>>> Words[0] = 'My uncle is Caesar.'
>>> Words[0]
'My uncle '
```

可以为字符串数组指定更长的长度，例如 20。

```
>>> Words = np.array(('To', 'be', 'orNotToBe'), dtype = 'U20')
```

在此示例中，在默认情况下，'orNotToBe' 的长度决定最大字符串的长度，但由于指定了数据类型为 U20，则长度由数据类型确定。现在可以为元素分配更长的字符串（不超过 20），而不会被截断。

```
>>> Words[0] = 'My uncle is Caesar.'
>>> Words[0]
'My uncle is Caesar.'
```

请注意，U*n* 表示一个 Unicode 字符串，它支持标准的 Python 字符串。S*n* 表示单字节字符串。

在处理大量信息时，通常需要存储数字和字符串的混合记录。要满足此需求，可以创建结构化数组来存储多种数据类型。**dtype** 字段允许通过使用名称标识字段来创建此类结构。

```
dtype = [(name1, format1), (name2, format2) ...)]
```

每个 name 和 format 说明符都是一个 Python 字符串，下面是一个例子：

```
>>> X = np.array([(12, 33, 'Red'),
                  (0, 1, 'Blue'),
                  (27, 103, 'Yellow'),
                  (-1, -2, 'Blue') ],
      dtype = [('a', 'i4'), ('b', 'i4'), ('color', 'U10')])
>>> print(X)
```

```
[(12,  33, 'Red') ( 0,   1, 'Blue') (27, 103, 'Yellow')
 (-1,  -2, 'Blue')]
```

注意 *dtype* 参数如何描述字段类型：

```
dtype = [('a', 'i4'), ('b', 'i4'), ('color', 'U10')]
```

现在我们如何访问和操作此数组中的数据呢？获取部分数据的一种方法是对其进行两次索引。例如，以下语句访问第一个元素内的第一个字段。

```
>>> X[0][0]
12
```

可以获取一个命名字段的所有数据（在本例中字段名为 'a'、'b' 和 'color'）。以下是获取第一个字段 'a' 的所有整数的方法：

```
>>> print(X['a'])
[12  0  27  -1]
```

在下面的语句中，变量 A 指向一个 numpy 数组，其中包含从名为 'a' 的字段收集的所有整数。在将这些数据收集到一维数组中之后，我们就能够进行求和、求均值和求标准差等运算了。

```
>>> A = X['a']
>>> np.sum(A)
38
>>> len(A)
4
>>> np.mean(A)
9.5
>>> np.std(A)
11.324751652906125
```

我们可以对字段 'b' 执行同样的操作，B 是通过从 X 中的每个元素获取第二个整数字段而形成的数组。

```
>>> B = X['b']
>>> print(B)
[ 33  1  103  -2]
```

最后，我们可以收集 'color' 字段中的所有值来得到一个字符串列表：

```
>>> C = X['color']
>>> print(C)
```

```
['Red' 'Blue' 'Yellow' 'Blue']
```

这些字段中的任何一个都可以作为一个组进行更改。例如，要将整个 `'b'` 字段归零，可以使用以下语句，该语句将更改数组 X 中的内容。

```
>>> X['b'] = 0
```

13.14　读取和写入 numpy 数据文件

获取数据的主要方法之一是从二进制或文本文件中读取数据。本节将说明如何将文本文件直接读取到 numpy 数组中。

为简单起见，假设要读取的数据存储在一系列记录中，每行一条，并且字段之间用逗号隔开，这是存储数据的常用方法。我们读取包含 10 条记录的文件，当然也可以处理成千上万条这样的记录。

假设文件名称为 `team_data.txt`，其中包含你的开发团队的记录：

▶ IQ, 整数

▶ 身高, 浮点数

▶ 年龄, 整数

▶ 上一个绩效等级 (0.0 ~ 4.0)，以浮点数表示

▶ 大学, Unicode 字符串

文件内容如下所示。这种文件通常称为逗号分隔值（CSV）文件。

```
101,  70.5,  21,  2.3, Harvard
110,  69.5,  22,  3.1, MIT
130,  76.0,  21,  3.5, Cal Tech
120,  72.5,  29,  3.7, Yale
120,  73.2,  33,  2.9, Harvard
105,  68.0,  35,  3.0, U. of Wash.
107,  74.0,  44,  2.7, Tacoma Comm. College
140,  67.0,  30,  3.1, Oregon State
100,  72.5,  31,  2.0, UCLA
```

通常数据集可能长达数千条记录，但是为了方便说明，这里只使用 10 条记录。

我们需要做的第一件事是创建一个元组列表来存储每个记录结构。每列的名称也包括在内，以便后期使用。

```
dt=[('IQ', 'i2'), ('Height', 'f4'), ('Age', 'i2'),
        ('Rating', 'f4'), ('College', 'U30')]
```

这些字段中的每一个字段都可以使用不同的类型。例如，如果需要使用大于2字节的整数，则可以使用4字节的整数（'i4'）；如果想存储更精确的浮点数，则可以使用 'f8'。但是使用此类字段的代价是数组将占用很大的内存空间。

我们继续使用上面的设置。以下语法显示了如何将文本文件读取到 **numpy** 数组中。**loadtxt** 函数还有其他参数，其中有一些参数用来跳到指定的行或列，具体可以参考在线文档的说明。

array = **np.loadtxt**(*fname*, *dtype*=**<class 'float'>**, *delimiter*)

此函数很容易使用，不需要提前打开文件，函数会自动以文本模式打开文件并读取数据。如果无法打开文件，则会引发 **IOError** 异常。

fname 参数是一个字符串，为要打开的文件的名称。它可以是完整的路径名。*dtype* 参数是一个描述数据格式的数组，例如之前创建的 **dt** 列表。*delimiter* 参数指定分隔符，在本例中，指定了逗号。

以下语句加载本节开头所说的文本文件。

```
team_a = np.loadtxt('team_data.txt', dt, delimiter=',')
```

执行此语句后，变量 **team_a** 包含以下内容。

```
array([(101, 70.5, 21, 2.3, ' Harvard'),
        (110, 69.5, 22, 3.1, ' MIT'),
        (130, 76. , 21, 3.5, ' Cal Tech'),
        (120, 72.5, 29, 3.7, ' Yale'),
        (120, 73.2, 33, 2.9, ' Harvard'),
        (105, 68. , 35, 3. , ' U. of Wash.'),
        (107, 74. , 44, 2.7, ' Tacoma Comm. College'),
        (140, 67. , 30, 3.1, ' Oregon State'),
        (100, 72.5, 31, 2. , ' UCLA')],
        dtype=[('IQ', 'i2'),('Height', 'f4'),
                ('Age', 'i2'),('Rating', 'f4'),
                ('College', 'U30')])
```

此数组至少有一个问题，字符串都有前导空格。这是因为分隔符是一个逗号。有几种方法可以解决此问题。最简单的方法是将分隔符设为逗号和空格（', '）的组合。

13

```
team_a = np.loadtxt('team_data.txt', dt, delimiter=', ')
```

如上一节所述，我们可以逐列操作或分析数据。

```
iq_a  = team_a['IQ']
ht_a  = team_a['Height']
age_a = team_a['Age']
rat_a = team_a['Rating']
```

下面是 `iq_a` 数组的输出结果，其中包含从每一行的 IQ 字段中获取的元素：

```
[101 110 130 120 120 105 107 140 100]
```

可以使用 **numpy** 统计函数来分析此数据。

```
print('Mean IQ of the dev. team is %.2f.' %
  np.mean(iq_a))
print('Std. dev. of team\'s IQ is %.2f.' % np.std(iq_a))
```

执行这些语句，会输出以下内容：

```
Mean IQ of the dev. team is 114.78.
Std. dev. of team's IQ is 12.95.
```

计算皮尔逊相关系数就涉及对多列的操作。该系数用于衡量两个等长数组的相关性。正相关性表示 B 会随着 A 的增加而增加。完美的相关性（1.0）意味着完美的线性关系，即其中一个数增加 10% 时另一个数也增加 10%。

相反，–1.0 是完美的负相关，即一个数随着另一个数的增加而减少。

开发团队的身高和智商之间有什么关系？你可以通过以下计算来看一下：

```
>>> np.corrcoef(iq_a, ht_a)[0, 1]
-0.023465749537744517
```

这一结果表明开发团队的智商与身高之间存在负相关关系，但相关性很小。如果智商是最重要的，那么矮个子是有优势的，但是优势很小。相关性接近于 0.0，表明两组数据（IQ 和身高）仅存在轻微的相关性。

请注意，**np.corrcoef** 函数的返回值实际上是一个 2×2 的数组。要将其转换为单个数字，可使用索引 [0,1] 或 [1,0]。

可以选择先处理数组再写回。假设你要更改绩效评级系统，如将范围从 0.0 ~ 5.0 变为 0.0 ~ 10.0。则可以通过将整个列乘以 2 来实现。

```
team_a['Rating'] *= 2
```

还可以随时使用 **np.append** 函数为数组附加新的数据行。下面是一个例子：

```
new_a = np.array((100, 70, 18, 5.5, 'C.C.C.'), dtype=dt)
team_a = np.append(team_a, new_a)
```

最后，可以使用带有多个参数的 **savetxt** 函数将数组写回到文本文件中。

> np.savetxt(*fname*, *array*, fmt='%.18e', *newline*='\n',
>   *header*='', *footer*='')

假设 *fname* 文件存在，则函数可以自动打开该文件。格式化字符串 *fmt* 不是一个 *dtype* 数组，而是一个在第 5 章介绍过的，使用百分号指定格式的字符串。下面是一个例子：

```
fmt_str = '%i, %.1f, %i, %.1f, %s'
np.savetxt('team_data.txt', team_a, fmt=fmt_str)
```

总结

numpy 软件包的应用领域非常广。最后两章专门讨论了它的应用场景。

本章介绍了绘制二维图形的过程。基本思想是使用 **matplotlib** 包的 **plot** 函数并传递两个长度相等的数字数组来绘制。绘图程序将第一个数组中的每个元素与第二个数组中的相应元素进行组合，然后从这些组合中获得坐标对（x，y）序列。再将这些坐标绘制为点，然后平滑地连接这些点以绘制曲线。

但这仅仅是一个开始。使用其他函数，可以创建饼图、直方图和其他图形。尽管三维平面的数学运算比较复杂，但绘图的基本原理是一样的。

本章还展示了 **numpy** 软件包如何支持财务预测和线性代数运算。最后，本章介绍了如何将固定长度记录存储在 **numpy** 数组中以及如何读取和写入文本文件。

第 15 章将介绍如何从 Web 上获取财务信息，并使用这些信息绘制图形。

习题

1 可以使用哪些方法增加同一个图形中不同曲线之间的对比度？

2 阅读完本章后，你能否说出复利与较大的固定利率相比有什么优势？

3 直方图是什么？说出一种用 **numpy** 软件包生成这种图的方法。

4 如何调整 X 和 Y 轴之间的长宽比?

5 总结两个数组之间多种乘法的差异。三种数组乘法包括:点积、外积和两个 numpy 数组的标准乘法。

6 在贷款购买房屋之前,可以使用哪个 numpy 函数计算每月的还款额?

7 numpy 数组可以存储字符串数据吗? 如果可以,请至少说出一个它的限制。

推荐项目

1 绘制以下函数的曲线:

$$Y = X^2$$
$$Y = X^3$$
$$Y = log_2 X$$

2 像 13.7 节中所示那样绘制一个完美的圆,但是不要使用极坐标方法,而是使用笛卡儿坐标方法。该方法将 X 值直接映射到一个或两个 Y 值。具体来说,可以利用公式

$$X^2 + Y^2 = R^2$$

因此,要绘制单位圆,请使用以下方法求解 Y:

$$X^2 + Y^2 = 1$$

但是,使用这种方法只会产生一个半圆(为什么?)。可以根据需要绘制两条曲线,从而绘制一个完整的圆。

3 绘制一张 10 年期抵押贷款的前 20 个周期的图表。绘制两条曲线,一条显示多少还款用于支付本金,另一条显示多少用于支付利息。

 # 多模块和 RPN 示例

14.1 Python 中的模块概述

如果你编过 Python 程序，就会知道，经常需要将代码放置在多个源文件（即模块）中。在单个项目中使用多个模块有许多优点。例如，即使多个开发人员属于同一个项目，他们也可以同时开发不同的模块。想象一下在不进行模块化开发的情况下创建像 Microsoft Windows 一样复杂的项目，这几乎是不可能的。

在大多数情况下，Python 模块很容易使用，但是也可能会带来麻烦。但是不用担心。本章将带你绕过这些陷阱。

本章完成了在本书第 3、6、7 和 8 章中介绍过的逆波兰表示法的示例。该应用程序可以解释支持循环和决策的 RPN 语言。

14.1 Python 中的模块概述

在 Python 中，模块就像其他东西一样是对象，每个模块都有自己的属性。这一点非常重要。

每个 Python 脚本都至少有一个模块。即使你在 IDLE 中工作，也是如此。在这种情况下，模块名为 **__main__**，这可以通过输出内置标识符 **__name__** 进行验证。

```
>>> print(__name__)
__main__
```

本章假设你正在使用至少一个 Python 源文件，它将作为主模块。该文件在运行时将被重命名为 **__main__**，而不是文件的实际名称。

可以使用 **import** 语句导入任意数量的其他源文件，并将它们加入项目中。通过运行主模块来启动程序。打开主模块（在 IDLE 中）后，打开 Run 菜单，然后选择 Run Module 命令来执行程序。

441

导入模块要遵循一些规则,这样可以最大程度地减少问题的发生。

▶ 使用 **import** 语句导入另一个源文件,与导入软件包一样,但是不需要使用 **.py** 扩展名。

▶ 可以导入函数以及模块级变量(非函数局部变量)。应该通过它们的限定名称来引用导入的变量。例如,如果 e 是在模块 my_math.py 中定义的,则在主模块中以 my_math.e 引用它。

▶ 请注意以下例外情况:如果永远不会更改变量的值,则可以直接引用它。例如,pi 是一个常数,可以在另一个模块中直接使用 pi 来引用。

▶ 避免交叉导入。例如,如果 mo_da.py 导入了mod_b.py,则 mod_b.py 不应导入 mod_a.py。此外,也应避免任何循环导入。例如,如果 A 导入了 B 而 B 导入了C,那么C 不应导入 A。

规则 4 有例外情况。有时你可能会看到循环导入的情况,但是应尽量避免循环导入。

14.2　一个简单的双模块的示例

我们从一个包含两个模块的程序开始,其中主模块位于 run_me.py 中。

该文件可以是一个 IDLE 脚本。**import** 语句允许该模块调用另一个文件中定义的函数。

```
# 文件 run_me.py ------------------------------

import printstuff                  # 导入 printstuff.py

printstuff.print_this('thing')     # 调用导入的函数
```

该程序导入文件 printstuff.py,但在代码中将模块称为 printstuff(省略 .py 扩展名)。下面是 printstuff.py 的内容,该文件应与 run_me.py 一起放在你的工作目录中。

```
# 文件 printstuff.py --------------------------

def print_this(str1):
    print('Print this %s.' % str1)
```

现在直接运行 run_me.py 文件。如果其他模块位于同一目录中，则无须任何其他操作程序就可以顺利执行。

import 语句的作用是运行 printstuff.py 中的代码，其中包含一个函数定义。**def** 语句的作用是创建一个可调用的函数。

> **注释** ▶　请记住，在 **import** 语句中，总是省略 .py 文件扩展名。名称的其余部分必须符合文件名的命名规则。

◀ Note

因为函数 print_this 是使用简单的 **import** 语法从另一个模块中导入的，所以必须使用模块名限定符 printstuff 来引用该函数。

```
printstuff.print_this('thing')
```

现在，我们回顾一下到目前为止的所有步骤。

▶ 在 IDLE 中，从 File 菜单中选择 New File 命令。IDLE 会打开一个可编辑的纯文本窗口。输入以下内容：

```
# 文件 run_me.py  --------------------------
import printstuff              # 导入 printstuff.py
printstuff.print_this('thing')  # 调用函数
```

▶ 将文件保存为 run_me.py。

▶ 新建另外一个文件，输入下面内容：

```
# 文件 printstuff.py ------------------------

def print_this(str1):
    print('Print this %s.' % str1)
```

▶ 将文件保存为 printstuff.py。

▶ 打开 Windows 菜单，然后选择 run_me.py 命令。（这会将焦点切换回第一个文件。）

▶ 从 RUN 菜单中选择 Run Module 命令来运行此文件。

程序的输出如下：

```
Print this thing.
```

导入的文件可能包含模块级代码，模块级代码不属于函数定义，这些代码会在文件被导入时直接运行。因此，可以使用以下方式编写此程序：

14

```
# 文件 run_me.py -----------------------------------
import printstuff    # 导入 printstuff.py 并执行其中的代码

#--------------------------------------------------
# 文件 printstuff.py

print('Print this thing.')
```

在此版本的程序中，printstuff.py 包含模块级代码（会自动执行）。该程序的运行结果是输出以下内容：

```
Print this thing.
```

这种做法（从主模块以外的地方运行模块级代码）不是标准做法，但 Python 支持这么做。通常应该避免使用模块级代码。

导入的模块可以做的另一件事是提供模块级变量，这样会创建命名变量。

```
# 文件 run_me.py ----------------------------

import printstuff    # 导入 printstuff.py

# 下一条语句中使用了导入的变量
print('%s and %s' % (printstuff.x, printstuff.y))

# 文件 printstuff.py -------------------------
x, y = 100, 200
```

现在，运行文件 run_me.py，会显示以下内容：

```
100 and 200
```

变量 x 和 y 是从另一个名为 printstuff 的模块中导入的，因此在主模块中可以以 printstuff.x 和 printstuff.y 来使用相应变量。

就像函数一样，模块也存在全局访问与本地访问的问题。假设有以下代码：

```
# 文件 run_me.py ------------------------------

from foo_vars import z, print_z_val
import foo_vars

z = 100
print_z_val()

# 文件 foo_vars.py ---------------------------
```

```
z = 0
def print_z_val():
    print('Value of z is', z)
```

运行此程序，发现 z 的输出值仍为 0，好像在主模块（run_me.py）中对 z 的更改被忽略了。事实上，语句 z=100 创建了主模块本地的 z 变量。将 run_me.py 中的 z = 100 更改为下面的形式后，问题便得到了解决。

```
foo_vars.z = 100
```

该语句使 run_me.py 使用 foo_vars.py 中定义的 z。因此，将 100 赋值给 z 改变的是 foo_vars.z。

下面是另一个完整的示例，其中涉及两个源文件：一个主程序模块和另一个模块 poly.py。

```
# File do_areas.py --------------------------------
import poly            # Import the file poly.py

def main():
    r = float(input('Enter radius:'))
    print('Area of circle is', poly.get_circle_area(r))
    x = float(input('Enter side:'))
    print('Area of square is', poly.get_square_area(x))

main()

# File poly.py ----------------------------------

def get_circle_area(radius):
    pi = 3.141593
    return 3.141592 * radius * radius

def get_square_area(side):
    return side * side

def get_triangle_area(height, width):
    return height * width * 0.5
```

主模块是 do_areas.py。文件 poly.py 位于同一目录中。启动 do_areas.py

之后，程序要做的第一件事是导入文件 poly.py：

```
import poly            # 导入文件 poly.py
```

当 Python 读取并执行此语句时，它将挂起主模块（do_areas.py）的执行并执行文件 poly.py。Python 会自动将 .py 扩展名添加到模块名 poly 后。

导入带有扩展名的文件名会导致错误，因为 Python 会将 poly.py 解释为多层包。

执行 poly.py 中的代码，可创建三个可调用的函数。import 语句还使三个函数名称对主模块可见（仅在使用 poly 前缀时可见），如下所示：

```
poly.get_circle_area(radius)
poly.get_square_area(side)
poly.get_triangle_area(height, width)
```

14.3　import 语句的多种形式

在导入自己编写的模块时，import 语句遵循本书前面所说的规则。import 语句的一种简单用法是，让源文件引用在另一个模块中定义的模块级符号，引用时需要使用模块名称限定。

import *module_name*

如果在模块中创建了函数，则可以调用这些函数，但前提是要使用模块名作为限定符：

module_name.function_name(args)

这也适用于变量。

module_name.var

但是，如果使用 **from** 语法列出特定的符号名称，则可以直接使用这些符号（无需限定符）。

from *module_name* **import** *sym1, sym2, sym3...*

例如，在上一节的示例中，使用 **from/import** 语法，则可以直接使用 get_circle_area 和 get_square_area 函数名称。具体代码如下：

```
# File do_areas.py ---------------------------------

from poly import get_circle_area, get_square_area
```

```
def main():
    r = float(input('Enter radius:'))
    print('Area of circle is', get_circle_area(r))

    x = float(input('Enter side:'))
    print('Area of square is', get_square_area(x))

main()

# File poly.py ----------------------------------

def get_circle_area(radius):
    pi = 3.141593
    return 3.141592 * radius * radius

def get_square_area(side):
    return side * side

def get_triangle_area(height, width):
    return height * width * 0.5
```

上面导入函数的方式使得导入的函数可以被不加限定地引用，即不使用点号（.）语法。此外，如果这是唯一的导入声明，则不能使用限定符来引用这些函数。

```
from poly import get_circle_area, get_square_area
```

此语句不支持对 `get_triangle_area` 的访问，因为在这里没有导入该函数。

还可以导入模块中的所有符号，但要符合下一节中介绍的限制。此语法使用星号（*）表示"导入命名模块中的所有符号"。

```
from poly import *
```

该语句的作用是运行源文件 `poly.py`，并且其所有模块级别的符号对于当前源文件都是可以直接引用的。（假定源文件 `poly.py` 在当前目录中。）

注释▶ 第一次在项目中导入源文件时，Python 会执行该文件中的代码。执行 **def** 语句会使 Python 在运行时创建一个函数。与 C 或 C++ 不同，Python 在"编译"阶段不创建函数。函数的创建是动态的，并且可以在程序运行期间的任何时刻进行。

这就是为什么 Python 必须运行模块中代码（或者叫模块级代码）的原因。

理想情况下模块级代码包括变量赋值或函数定义。以这种方式执行模块后，无论再导入多少次此模块，都不会再次执行它。

◀ Note

当然，可以多次调用创建好的函数。但是 **def** 语句的初始化操作（创建可调用函数）不会被多次调用，注意这两者的区别。

14.4　使用 __all__ 符号

14.3 节提到，可以使用星号（*）将所需模块的模块级代码导入程序的名称空间。例如，假设你有以下应用程序。

```
# 文件 run_me.py ------------------------------

from module2 import *

pr_nice('x', x)
pr_nice('y', y)

# 文件 module2.py ----------------------------
x = 1000
y = 500
z = 5

def pr_nice(s, n):
    print('The value of %s is %i.' % (s, n))
    print('And z is %i.' % z)
```

执行程序，输出如下：

```
The value of x is 1000.
And z is 5!
The value of y is 500.
And z is 5!
```

如本例所示，**import *** 语法使该模块可以访问 module2.py 中定义的所有模块级符号。

但是，是否确实需要在 run_me.py 中看到 module2.py 中的所有符号？在本例中并不需要。模块级变量 z 在 pr_nice 的函数定义中使用，但不需要对主模块可见。

当使用星号（＊）导入模块时，Python 允许在模块中添加 **__all__** 符号来控制访问权限。其工作方式如下：

▶ 如果模块没有为符号**__all__**赋值，则模块的导入者将导入所有模块级（即全局）符号。

▶ 如果该模块为**__all__**赋了值则该模块的导入者仅可访问**__all__**中列出的符号。

为 **__all__** 赋值的语法如下：

```
__all__ = [sym_str1, sym_str2, sym_str3...]
```

该语句中的所有符号名称都以字符串形式列出，请参见下面的示例。

考虑前面的示例。变量 x、y、z 和函数 pr_nice 都对导入模块 run_me.py 可见。但是 z 不需要对模块外可见，因为 z 在模块外没有被使用过。因此，该模块可以修改如下：

```
# 文件 module2.py ----------------------------

__all__ = ['x', 'y', 'pr_nice']

x = 1000
y = 500
z = 10

def pr_nice(s, n):
    print('The value of %s is %i.' % (s, n))
    print('And z is %i.' % z)
```

新添加的语句以粗体显示。你会发现，添加此行并重新运行 run_me.py，结果将保持不变。

既然这段新代码不会改变结果，那为什么要添加它呢？这是因为当使用 ＊ 导入模块时，它有助于限制模块中符号的扩散。一些大型包具有数千个模块级的符号。使用 **__all__** 可以防止符号名称的滥用，否则可能会引发名称冲突。

如果导入者未使用 **import** ＊语法导入，则 **__all__** 符号无效。

再来看一下 **__all__** 列表，其中不包含 z：

```
__all__ = ['x', 'y', 'pr_nice']
```

在这种情况下，变量 z 仍然可以由主模块以其他方式引用。见下例：

```
# 文件 run_me.py ---------------------

from module2 import *    # 导入 x, y, pr_nice
from module2 import z    # 导入 z

print('z is %i, for heaven's sake!' % z)
```

执行代码，输出如下：

```
z is 10, for heaven's sake!
```

该示例可以正常运行，因为 z 是在单独的语句中被单独导入的。

14.5 公有变量和模块私有变量

我们之前提出过一个问题：Python 可以创建模块级别的私有符号吗？

注释 ▶ 本节描述的方法（使带有下画线（_）前缀的名称更难以导入）与名称修饰（name mangling）是相互独立的。名称修饰在从类外访问类的私有属性（带有双下画线前缀）时发挥作用。有关名称修饰的更多信息，请参见 9.6 节。

◀Note

其他计算机语言往往具有私有化符号名称的方法。但在 Python 中并未强调该功能，这是因为 Python 的理念是使创建和运行程序变得容易。不过以下画线开头的名称在 Python 中具有特殊的意义。

    _name

使用 **import** * 语法导入模块时不会导入模块中以下画线开头的名称。

```
from mod_a import *
```

例如，如果运行 runme.py，则以下程序会报错，因为程序假定 _a 和 __b 可以访问，但其实不能。

```
# 文件 run_me.py ---------------------------

from mod_a import *       # 导入会失败

print(_a)
print(__b)
```

```
# 文件 mod_a.py ------------------------------

_a, __b = 10, 100
```

对 _a 和 __b 的引用均会失败，因为此单下画线规则也适用于双下画线。更改导入的方式可使程序成功运行，如下例所示：

```
# 文件 run_me.py ------------------------------

from mod_a import _a, __b      # 这次正常工作

print(_a)
print(__b)

# 文件 a_mod.py ------------------------------

_a, __b = 10, 100
```

两个示例的区别在于，第二个示例使用 import 关键字专门导入 _a 和 __b，而不是依赖于星号（*）语法。

14.6 主模块和 __main__ 函数

之前我们提到过模块是对象，并且它们具有与其他对象一样的属性。下面是一个简单的程序，它创建了一些属性并显示这些属性。请特别注意输出的模块名称。

```
# File run_me.py ------------------------------
import mod_a

x = 1
y = 2

print('My name is %s.\n' %s __name__)

print(dir())
```

程序的输出为：

```
My name is __main__.

['__annotations__', '__builtins__', '__doc__',
'__file__', '__loader__', '__name__', '__package__',
'__spec__', 'mod_a', 'x', 'y']
```

程序为什么说它的名字是 **__main__**？

这是因为在任何 Python 程序中（无论是单模块还是多模块的程序），主模块的名称都将从其文件名更改为特殊名称 **__main__**。

该程序导入名为 mod_a 的模块。假设 mod_a 只有一条语句：

```
# 文件 mod_a.py -----------------------------------

print('My name is %s.\n' % __name__)
```

导入并运行此模块后，输出以下内容：

```
My name is mod_a.
```

该模块的名称并未更改，mod_a 是从文件名（不带 **.py** 扩展名）获得的名称。除非成为主模块（即要运行的第一个模块），否则模块名称不会更改。

这些规则有重要的作用。首先，当一个模块尝试导入主模块时，它可能会在主模块中为每个符号创建两个副本，因为同时存在 **__main__** 和 **mod_a**。

名称 **__main__** 是有用的。有时你可能需要测试模块中的所有函数，即使该模块通常不作为主模块。在这种情况下，可以将其作为主模块独立运行来执行测试。因此以下代码在 Python 中很常见。仅当文件作为主模块执行时，下面的模块级语句才会执行。

```
# 文件 start_me_up.py ----------------------------

def call_me_first():
    print('Hi, there, Python!')

if __name__=='__main__':
    call_me_first()
```

在 IDLE 中，可以通过 Run 菜单中的 Run Module 命令将模块作为主模块运行。

上面的例子的关键点在于：如果一个模块要独立运行（通常是为了测试该模块的功能是否正常），则它需要具有调用该功能的模块级代码。这就是测试

__name__ 是否等于 __main__ 的原因。

换句话说，__main__ 是一个非常有用的测试工具。它使你可以独立测试不同的模块。当整个程序运行时，模块将不再独立运行，而是按照主程序的调用来运行。

14.7 陷阱：相互导入问题

是否可以有两个互相导入的模块，每个模块都引用另一个模块中定义的符号呢？答案是可以，但是请小心，因为这样做可能会出现问题。

首先，导入主模块存在问题，该模块是运行程序的起点。如上一节所述，当模块成为主模块时，其名称被更改为 __main__。但是，如果再通过文件名导入该模块，则会创建该模块的两个副本！

我们能否创建两个相互导入的模块（mod_a 和 mod_b）呢？请看图 14.1 所示的结构。

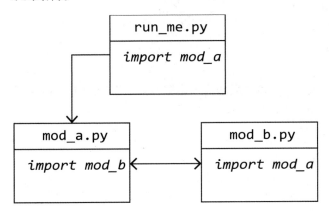

图 14.1　潜在的架构

这种方法看起来不错，而且有时是可行的。但是如果两个模块相互依赖，就可能会导致运行失败。下面是一个这样的例子：

```
# 文件 run_me.py ------------------------------------
import mod_a
mod_a.funcA(5)

# 文件 mod_a.py ------------------------------------
import mod_b
```

```
def funcA(n):
    if n > 0:
        mod_b.funcB(n - 1)

# 文件 mod_b.py -------------------------------
import mod_a

def funcB(n):
    print(n)
    mod_a.funcA(n)
```

该程序可以工作。主模块做的全部工作就是导入两个模块（mod_a 和 mod_b），然后运行其中一个函数。尽管函数是相互依赖的（彼此调用），但存在适当的退出条件，因此程序可以正常运行，并产生以下结果：

```
4
3
2
1
0
```

很好，只是这样的代码很容易出错。假设你向 mod_a.py 中添加了下面语句（新添加的语句以粗体显示）：

```
# File mod_a.py -----------------------------------
import mod_b

mod_b.funcB(3)

def funcA(n):
    if n > 0:
        mod_b.funcB(n - 1)
```

如果将更改保存到 mod_a.py 并重新执行 run_me.py，则该程序会失败。错误信息为："has no attribute funcA."。

发生了什么呢？在导入 mod_a.py 时，它要做的第一件事就是导入 mod_b。然后调用 mod_b 中的一个函数，即 funcB。但是，当调用 funcB 时，mod_a 尚未完成运行，funcA 尚未被创建为可调用对象。

因此，funcB 被成功调用，但是它试图在 funcA 存在之前调用它。所以报告了上述错误消息。

　　避免此类问题的一种方法是，在定义项目中的每个函数之前，避免调用任何函数，这是我们在第 1 章中提出的解决前向引用问题的方法。更为安全的方法是仅单向导入。

　　那么，如何设计一个全部为单向导入的项目，同时又确保需要调用函数或访问变量的每个模块都能获得权限呢？一种解决方案是将项目所需的所有公共对象尽量放入靠层次结构底层的模块中（参见图 14.2）。这与许多 C 或 C++ 程序员设计项目的方式相反，但这就是"Python 方式"。

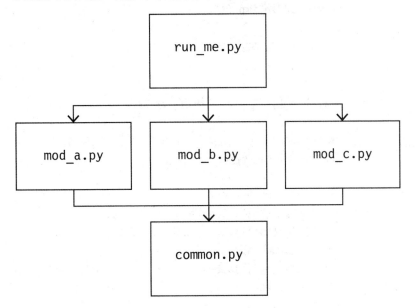

图 14.2　单向模块导入的设计

　　14.8 节中演示了另一种解决方案，就是在函数调用时传递对象的引用，而不是直接导入。

14.8　RPN 示例：分解为两个模块

　　下面我们继续研究在第 8 章中介绍的逆波兰表示法（RPN）语言解释器。该程序可以读取和执行存储在文本中的 RPN 脚本文件。它还允许用户使用赋值运算符（=）创建变量。

　　这里我们将程序分为两个模块。首先，将文件处理功能移至单独的模块。文件 I/O 函数 `open_rpn_file` 的功能包括从用户处获取文件名，打开文件，将文件中的所有文本行读取到字符串列表中，然后返回此列表。

在下一节中，我们将向该模块添加更多文件 I/O 代码。现在，我们只将 open_rpn_file 放入名为 rpn_io.py 的 Python 源文件中。

下面是在第 8 章中创建的程序，但现在我们将它重新组织为两个文件。

```python
# 文件 rpn.py -----------------------------------

import re
import operator
from rpn_io import *

# 创建一个符号表，变量值将存储在此处
sym_tab = { }

stack = []          # 用来储存数据的栈

# Scanner：添加新的表达式来识别变量名称（存储在符号表中）
# 赋值操作（将变量值存入符号表中）

scanner = re.Scanner([
    (r"[ \t\n]", lambda s, t: None),
    (r"-?(\d*)?\.\d+", lambda s, t:
        stack.append(float(t))),
    (r"-?\d+", lambda s, t: stack.append(int(t))),
    (r"[a-zA-Z_][a-zA-Z_0-9]*", lambda s, t:
        stack.append(t)),
    (r"[+]", lambda s, t: bin_op(operator.add)),
    (r"[-]", lambda s, t: bin_op(operator.sub)),
    (r"[*]", lambda s, t: bin_op(operator.mul)),
    (r"[/]", lambda s, t: bin_op(operator.truediv)),
    (r"[\^]", lambda s, t: bin_op(operator.pow)),
    (r"[=]", lambda s, t: assign_op()),
])

def assign_op():
    ''' 赋值运算符函数：从 stack 中获取名称和值，并写入 sym_tab
    '''
    op2, op1 = stack.pop(), stack.pop()
    if type(op2) == str:     # 值可能是另一个变量！
```

```
            op2 = sym_tab[op2]
        sym_tab[op1] = op2


def bin_op(action):
    ''' 二进制运算执行器: 如果操作数是变量名, 则先从 syn_tab 中获取值,
然后再执行
    '''
    op2, op1 = stack.pop(), stack.pop()
    if type(op1) == str:
        op1 = sym_tab[op1]
    if type(op2) == str:
        op2 = sym_tab[op2]
    stack.append(action(op1, op2))


def main():
    a_list = open_rpn_file()
    if not a_list:
        print('Bye!')
        return

    for a_line in a_list:
        a_line = a_line.strip()
        if a_line:
            tokens, unknown = scanner.scan(a_line)
            if unknown:
                print('Unrecognized input:', unknown)
    print(str(stack[-1]))


main()

# 文件 rpn_io.py
#----------------------------------------


def open_rpn_file():
    ''' 打开源文件函数。打开一个文件, 将行读入列表, 然后将其返回
    '''
    while True:
```

14

```
    try:
        fname = input('Enter RPN source: ')
        if not fname:
            return None
        f = open(fname, 'r')
        break
    except:
        print('File not found. Re-enter.')
a_list = f.readlines()
return a_list
```

该程序的功能与第 8 章中的相同,从文件中读取 RPN 脚本,并使用符号表 sym_tab 存储使用赋值语句创建的变量。

该程序应该能够读取包含以下 RPN 脚本的文本文件,将其作为程序运行并输出结果。

```
a_var 3 =
b_var 5 =
a_var b_var * 1 +
```

如果将上面脚本输入文本文件(称为 rpn_junk.txt),然后运行 RPN 解释器并在出现提示时输入 rpn_junk.txt,则应该得到正确的结果 16。

注释▶ 如果你在 IDLE 中创建 RPN 源文件,则 IDLE 会为文件添加 .py 扩展名。

◀ Note

请注意添加到主模块的 import 语句:

```
from rpn_io import *
```

由于 rpn_io 模块仅包含一个函数,因此引起名称冲突的可能性很小。但是仍然可以有选择地导入函数。

```
from rpn_io import open_rpn_file
```

14.9 RPN 示例:添加更多 I/O 指令

下一步是向 RPN 脚本语言添加高级的输入和输出指令,以便用户可以输入初始值并输出结果。

我们使用如表 14.1 所述的设计,该设计包含了 4 个指令。

表 14.1　RPN 语言的 I/O 指令

指令	说明
INPUT *var_name*	从用户那里获取一个值, 将其转换为数字, 作为 var_name 存储在符号表中
PRINTS *quoted_string*	输出指定字符串
PRINTLN [*quoted_string*]	输出指定字符串 (如果存在) 并在结尾处追加一个换行符
PRINTVAR *var_name*	从符号表中查找变量值并输出

为了说明模块的用法 (也使整体设计更好), 我们将这 4 个指令的代码放入 rp_nio 文件中。这带来了一个问题, 有两个指令 (INPUT 和 PRINTVAR) 需要访问在主模块中创建的符号表 (sym_tab), 如何让 rpn_io 模块共享该表呢? 我们在 14.6 节中讲过, 两个模块相互导入是有风险的, 因为这会创建相互依赖的关系, 进而导致程序失败。

最简单且安全的解决方案是传递 sym_tab (符号表) 的引用。

如何传递符号表的引用呢? 事实上 Python 在传递参数时总是传递引用, 这是一个很重要的特性。因为函数获取符号表的完整拷贝会减慢程序的运行速度, 同时也使函数失去更改原始表中数据的能力。

因为字典具有可变性, 因此可以在运行时对其进行更改。可以使用一个函数来更改字典的某些部分。例如, 当将 sym_tab 作为引用传递给函数时, 以下语句可以将变量和它的值添加到表中。

```
sym_tab[var_name] = val
```

下面是修改后的 main 函数, 它在文件 rpn.py 中, 新添加的行以粗体显示:

```
def main():
    a_list = open_rpn_file()
    if not a_list:
        print('Bye!')
        return

    for a_line in a_list:
        a_line = a_line.strip()
        if a_line.startswith('PRINTS'):
            do_prints(a_line[7:])
        elif a_line.startswith('PRINTLN'):
            do_println(a_line[8:])
        elif a_line.startswith('PRINTVAR'):
```

```
            do_printvar(a_line[9:], sym_tab)
        elif a_line.startswith('INPUT'):
            do_input(a_line[6:], sym_tab)
        elif a_line:
            tokens, unknown = scanner.scan(a_line)
            if unknown:
                print('Unrecognized input:', unknown)
```

新加代码的主要功能是从读入的 RPN 代码行中寻找伪指令名称（PRINTS、PRINTLN、PRINTVAR 或 INPUT）。字符串类的 **startswith** 方法提供了一种有效的方法来检查这些指令。当找到一条指令时，程序会调用适当的函数来处理它，并将 RPN 代码行的其余部分作为参数传入。

其中两个函数（PRINTVAR 和 INPUT）也接受一个对符号表的引用作为参数。

下面是要添加到文件 rpn_io.py 中的函数。这些函数执行 main 函数所找到的 4 个指令。

```
    def do_prints(s):
        ''' 执行 PRINTS 指令，输出一个字符串
        '''
        a_str = get_str(s)
        print(a_str, end='')


    def do_println(s):
        ''' 执行 PRINTLN 指令：输出可选的字符串参数（如果指定），然后是
换行符
        '''
        if s:
            do_prints(s)
        print()


    def get_str(s):
        ''' do_prints 的辅助函数
        '''
        a = s.find( "'")
        b = s.rfind( "'")
        if a == -1 or b == -1:
            return ''
        return s[a+1:b]
```

```
def do_printvar(s, sym_tab):
    ''' 执行 PRINTVAR 指令；查找字符串 s 中包含的变量名称，然后在符号
    表中查找此名称，并输出对应值
    '''
    wrd = s.split()[0]
    print(sym_tab[wrd], end=' ')

def do_input(s, sym_tab):
    ''' 执行 INPUT 指令；获取用户输入的值，然后在符号表中加入此值，
    以字符串 s 作为变量名称
    '''
    wrd = input()
    sym_tab[s] = float(wrd)
```

此程序中使用的函数具有指导意义，因为它们使用了参数 sym_tab。最后
两个函数（do_printvar 和 do_input）获得了对符号表的引用（作为它们的第
二个参数）。

sym_tab 不是在主模块中创建的符号表的副本，而是原始表。因为字典类（例
如符号表）是可变的，所以 do_input 函数能够修改表本身的内容。

有了对这 4 个指令的支持，RPN 解释器现在可以执行接近于真实程序的脚本。
例如，以下脚本提示输入直角三角形的直角边，然后计算斜边并输出结果。

```
PRINTS 'Enter side 1: '
INPUT side1
PRINTS 'Enter side 2: '
INPUT side2
total side1 side1 * side2 side2 * + = hyp total 0.5 ^ =
PRINTS 'Hypotenuse equals '
PRINTVAR hyp
```

假设输入上面的 RPN 脚本，并将其保存在名为 rpn_hyp.txt 的文件中。则
运行主模块 rpn.py 并执行该脚本的会话如下：

```
Enter RPN source: rpn_hyp.txt
Enter side 1: 30
Enter side 2: 40
Hypotenuse equals 50.0
```

第一行 "Enter RPN source:" 由 Python 程序输出。第二行、第三行和第四行
由 RPN 脚本输出，或者更准确地说，它们是在执行 RPN 脚本时输出的。

14.10 RPN 示例的进一步修改

我们还可以进一步来优化 RPN 解释器。目前解释器存在的一个大问题是错误报告不够好。假设 RPN 脚本编写者编写了下面脚本：

```
PRINTS 'Enter side 1: '
INPUT side 1
```

在第二行中，他在输入 side1 时输入了一个额外的空格。执行当前的 rpn.txt 脚本，符号名 side 被输入符号表中，而 1 被忽略，所以当脚本尝试在符号表中查找 side1 时就无法找到它。

使用更复杂的错误处理机制，解释器可能会指出第二行（如果从 0 开始计数则是第一行）中的问题：不能为 INPUT 指令提供两个参数。

至少 Python 程序能捕获出现的异常，然后输出一个礼貌的消息，并附上出错行的行号。为了达到此目的，我们需要跟踪行号。

此解决方案的优点在于，一旦添加了行号跟踪功能就很容易添加一个控制结构（如 14.10.2 节所述）。这就大大扩展了 RPN 脚本语言的功能。

14.10.1 添加行号跟踪功能

为 RPN 解释器添加行号跟踪功能，我们需要声明一个新变量 pc。该变量必须是模块 rpn.py 的模块级变量。由于它是一个全局变量，因此在使用它的任何函数中都需要将其声明为全局的。

注释▶ 仔细检查下面代码中的 **global** 语句。如果遗漏此语句，则可能会导致一些令人讨厌的错误。

◀ Note

我们需要做的第一件事是，在导入必要的软件包以及 rpn_io.py 之后将程序计数器 pc 添加到主模块开头的全局变量列表中。代码如下：

```
sym_tab = { }      # 变量符号表
stack = []         # 存储值的栈
pc = -1            # 程序计数器
```

第三行是新添加的内容，在此处以粗体显示。

另外，需要在主函数中添加几行（以粗体显示）。

```
def main():
    global pc
```

```
        a_list = open_rpn_file()
        if not a_list:
            print('Bye!')
            return
        pc = -1
        while True:
            pc += 1
            if pc >= len(a_list):
                break
            a_line = a_list[pc]
            try:
                a_line = a_line.strip()
                if a_line.startswith('PRINTS'):
                    do_prints(a_line[7:])
                elif a_line.startswith('PRINTLN'):
                    do_println(a_line[8:])
                elif a_line.startswith('PRINTVAR'):
                    do_printvar(a_line[9:], sym_tab)
                elif a_line.startswith('INPUT'):
                    do_input(a_line[6:], sym_tab)
                elif a_line:
                    tokens, unknown = scanner.scan(a_line)
                    if unknown:
                        print('Unrecognized input:', unknown)
                        break
            except KeyError as e:
                print('Unrecognized symbol', e.args[0],
                        'found in line', pc)
                print(a_list[pc])
                break
```

我们逐一解释这些新代码的作用。首先是 **global** 变量的声明。没有它，Python 会假定在函数中使用的 pc 是对局部变量的引用。为什么呢？因为在 Python 中赋值时会创建变量（Python 中没有变量声明）。因此，Python 必须猜测正在创建哪种变量，默认情况下创建的变量是局部变量。

global 关键字告诉 Python 不要将 pc 解释为局部变量。Python 将寻找全局变量（模块级）pc 并使用它。

接下来，将 pc 的值设置为 -1。该程序的作用是，在读取每一行时将 pc 加 1，我们希望在读取第一行后将其设为 0。

```
pc = -1
```

接下来的几行代码按行递增 pc。如果该值超出了字符串列表的范围，则程序退出，这意味着工作完成了！

```
while True:
    pc += 1
    if pc >= len(a_list):
        break
```

最后，在主函数的末尾添加代码以捕获 **KeyError** 异常，并在引发此异常时报告有用的错误消息，然后程序终止。

```
except KeyError as e:
    print('Unrecognized symbol', e.args[0],
            'found in line', pc)
    print(a_list[pc])
    break
```

进行这些更改后，变量名的写入错误将触发更智能的错误报告。例如，如果从未正确创建变量 side1（假设用户之前输入了 side11 或 side 1），则解释器会输出一条有用的消息，内容如下：

```
Unrecognized symbol side1 found in line 4
total side1 side1 * side2 side2 * + =
```

该消息告诉你 side1 或 side2 的创建存在问题。

14.10.2　添加非零跳转功能

现在，RPN 解释器已具有一个可以工作的程序计数器（pc），有了它，将控制结构添加到 RPN 语言中就变得很容易：如果不为零，则跳转。通过添加这一条语句，可以赋予 RPN 程序循环和判断的能力，从而大大提高该语言的可用性。

我们可以将"如果不为零"的跳转功能设计为指令，但需要使其符合 RPN 表达式的语言特性。

conditional_expr　*line_num*　?

如果 *conditional_expr* 为零以外的任何值，则将程序计数器 pc 设置为 *line_num* 的值。否则，什么都不做。

可能这么简单吗？是的！唯一的麻烦是，我们需要允许 *conditional_expr* 和 *line_num* 为变量。

到目前为止脚本还没有行标签，所以这不是一个完美的解决方案。（行标签的实现留作本章最后的一个练习。）RPN 解释器不得不使用从零开始的索引对行进行计数，以决定跳转到的位置。

下面是一个带有跳转功能的 RPN 脚本的示例。

```
PRINTS 'Enter number of fibos to print: '
INPUT n
f1 0 =
f2 1 =
temp f2 =
f2 f1 f2 + =
f1 temp =
PRINTVAR f2
n n 1 - =
n 4 ?
```

你知道这段代码的作用吗？稍后我们介绍。

请看最后一行（n 4 ?）。要了解它的作用，请记住，我们的程序计数器是被设计为从零开始的。事实上计数器不是必须从零开始，但从零开始简化了程序设计。由于程序计数器从零开始，因此最后一行（假设 n 不为零）会导致程序跳回到第五行（temp f2 =）。这形成了一个循环，直到 n 为零为止。

如前面所说，不为零跳转运算符"**?**"很容易实现。只需在 Scanner 代码中添加一行，然后添加一个简短的函数即可。下面是经过修改的 Scanner 代码，新代码以粗体显示。

```
scanner = re.Scanner([
    (r"[ \t\n]", lambda s, t: None),
    (r"-?(\d*)?\.\d+", lambda s, t: stack.append(float(t))),
    (r"-?\d+", lambda s, t: stack.append(int(t))),
    (r"[a-zA-Z_][a-zA-Z_0-9]*", lambda s, t:
        stack.append(t)),
    (r"[+]", lambda s, t: bin_op(operator.add)),
    (r"[-]", lambda s, t: bin_op(operator.sub)),
    (r"[*]", lambda s, t: bin_op(operator.mul)),
    (r"[/]", lambda s, t: bin_op(operator.truediv)),
    (r"[\^]", lambda s, t: bin_op(operator.pow)),
```

```
(r"[=]", lambda s, t: assign_op()),
(r"[?]", lambda s, t: jnz_op())
])
```

新函数 jnz_op 将两个项目弹出堆栈, 在符号表中查找它们的值（如果需要），然后执行操作，这很简单。

```
def jnz_op():
    global pc
    op2, op1 = stack.pop(), stack.pop()
    if type(op1) == str:
        op1 = sym_tab[op1]
    if type(op2) == str:
        op2 = sym_tab[op2]
    if op1:
        pc = int(op2) - 1
```

注意全局声明的重要性。为了防止将 pc 解释为局部变量，必须使用 **global** 语句。

```
global pc
```

该函数的核心是以下两行，如果 op1 非零（true），则更改程序计数器。

```
if op1:
    pc = int(op2) - 1
```

下面来看一个示例。我们将本节开头显示的脚本（mystery.txt）输入 RPN 解释器。

```
Enter RPN source: mystery.txt
Enter how many fibos to print: 10
1 2 3 5 8 13 21 34 55 89
```

该程序清晰地输出了前 10 个斐波那契数（除第 1 个外）。我们已经成功解释了一个可以根据用户输入执行多次的 RPN 脚本。

14.10.3　大于（>）和获取随机数（!）

下面我们为 RPN 解释器添加另外两个功能，这些功能有助于创建游戏程序。

通过添加大于运算符（＞）和获取随机数运算符（！），我们可以使用 RPN 脚本编写猜数字游戏。

大于运算符与大多数 RPN 运算符一样，它将两个操作数从堆栈中弹出，然后将结果压入堆栈顶部。

op1　op2　>

比较两个操作数，如果 *op1* 大于 *op2*，则将值 1 压入堆栈，否则，将压入值 0。

事实证明，实现此功能所需的工作量仅为一行代码！不必创建额外的函数来执行大于操作，因为这可以由 **operator.gt**（从 **operator** 包导入的函数）处理。

```
scanner = re.Scanner([
    (r"[ \t\n]", lambda s, t: None),
    (r"-?(\d*)?\.\d+", lambda s, t: stack.append(float(t))),
    (r"-?\d+", lambda s, t: stack.append(int(t))),
    (r"[a-zA-Z_][a-zA-Z_0-9]*", lambda s, t:
        stack.append(t)),
    (r"[+]", lambda s, t: bin_op(operator.add)),
    (r"[-]", lambda s, t: bin_op(operator.sub)),
    (r"[*]", lambda s, t: bin_op(operator.mul)),
    (r"[/]", lambda s, t: bin_op(operator.truediv)),
    (r"[>]", lambda s, t: bin_op(operator.gt)),
    (r"[\^]", lambda s, t: bin_op(operator.pow)),
    (r"[=]", lambda s, t: assign_op()),
    (r"[?]", lambda s, t: jnz_op())
])
```

你可能会发现，添加新运算符（只要它们是标准算术运算符或比较运算符）非常简单，我们应该将它们全部添加进来。

如果依靠单个标点符号来表示不同的操作，很快就会用完键盘上所有的符号。使用字符串"LE"（代表小于或等于）可以解决此问题。但是如果使用该方法，则需要重新考虑扫描程序分析令牌的方式。

有了大于运算符，Fibonacci 脚本就更加可靠。请看下面修改后的脚本。

```
PRINTS 'Enter number of fibos to print: '
INPUT n
f1 0 =
f2 1 =
temp f2 =
```

```
f2 f1 f2 + =
f1 temp =
PRINTVAR f2
n n 1 - =
n 0 > 4 ?
```

最后一行的含义是：如果 n 大于 0，则跳至（从零开始的）第 4 行。这可以提高脚本的可靠性，如果用户输入负数，RPN 程序不会陷入无限循环。

最后，我们添加一个操作，以获取指定范围内的随机整数。

　　op1　op2　！

该 RPN 表达式的作用是调用 **random.randint** 函数，将 *op1* 和 *op2* 作为范围的开始和结束位置。然后，将产生的随机整数压入堆栈。

添加对此表达式的支持也很容易。但是，这涉及导入另一个软件包。如果我们可以直接引用它则能简化代码的编写。因此，我们以下面方式导入它：

```
from random import randint
```

只需要添加一行代码即可添加对随机数的支持。下面是经过修改的 Scanner，其中新添加的行以粗体显示。

```
scanner = re.Scanner([
    (r"[ \t\n]", lambda s, t: None),
    (r"-?(\d*)?\.\d+", lambda s, t: stack.append(float(t))),
    (r"-?\d+", lambda s, t: stack.append(int(t))),
    (r"[a-zA-Z_][a-zA-Z_0-9]*", lambda s, t:
        stack.append(t)),
    (r"[+]", lambda s, t: bin_op(operator.add)),
    (r"[-]", lambda s, t: bin_op(operator.sub)),
    (r"[*]", lambda s, t: bin_op(operator.mul)),
    (r"[/]", lambda s, t: bin_op(operator.truediv)),
    (r"[>]", lambda s, t: bin_op(operator.gt)),
    (r"[!]", lambda s, t: bin_op(randint)),
    (r"[\^]", lambda s, t: bin_op(operator.pow)),
    (r"[=]", lambda s, t: assign_op()),
    (r"[?]", lambda s, t: jnz_op())
])
```

在向 RPN 解释器添加了所有这些功能之后，我们就可以编写一些有趣的脚本了。下面是 RPN 版本的猜数字游戏。

下面脚本有一个明显的问题：没有行标签！为了清楚地展示，我们在脚本中以粗体显示行号（跳转目标），并在行号前加一个 0，这不会影响程序的执行：

```
n 1 50 ! =
PRINTS 'Enter your guess: '
INPUT ans
ans n > 07 ?
n ans > 09 ?
PRINTS 'Congrats! You got it! '
1 011 ?
PRINTS 'Too high! Try again. '
1 01 ?
PRINTS 'Too low! Try again. '
1 01 ?
PRINTS 'Play again? (1 = yes, 0 = no): '
INPUT ans
ans 00 ?
```

该脚本仍然很难读，加入虚拟行号有助于理解它。这些行号是虚构的，目前无法将它们实际放入脚本文件中！但是你可能需要在编程时将它们写在一张纸上。

```
00: n 1 50 ! =
01: PRINTS 'Enter your guess: '
02: INPUT ans
03: ans n > 07 ?
04: n ans > 09 ?
05: PRINTS 'Congrats! You got it! '
06: 1 011 ?
07: PRINTS 'Too high! Try again. '
08: 1 01 ?
09: PRINTS 'Too low! Try again. '
10: 1 01 ?
11: PRINTS 'Play again? (1 = yes, 0 = no): '
12: INPUT ans
13: ans 00 ?
```

上面的代码使用了一个小技巧，即为非零跳转操作提供一个恒定的非零值，这等效于无条件跳转。所以下面的语句（与第 08 行和第 10 行的语句相同）可以无条件地跳到第二行（编号 01）：

```
1 01 ?
```

现在，我们可以按照脚本的流程进行操作，并测试其功能。下面是一个例子，假设脚本存储在文件 rpn_game.txt 中。

```
Enter RPN source: rpn_game.txt
Enter your guess: 25
Too low! Try again. Enter your guess: 33
Too low! Try again. Enter your guess: 42
Too high! Try again. Enter your guess: 39
Too low! Try again. Enter your guess: 41
Congrats! You got it! Play again? (1 = yes, 0 = no): 0
```

14.11 RPN 案例总结

我们还可以更进一步来改进 RPN 应用程序，但在本章中所做的开发可以作为一个良好的起点。目前 RPN 解释器具有变量以及控制结构，甚至具有生成随机数的能力。

在结束该主题之前，我们来回顾一下程序的结构。主模块 rpn.py 会导入多个软件包，并导入一个模块 rpn_io.py。

其中有一个循环引用，即主模块创建了另一个模块需要访问的符号表。这可以通过让某些函数使用参数传递对符号表的引用来实现。利用参数传递，这些函数获得了对符号表的引用，进而对符号表进行操作（参见图 14.3）。

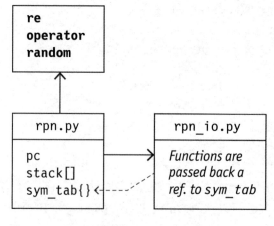

图 14.3 RPN 示例结构

下面是主模块 rpn.py 的最终代码。模块的大部分工作由 Scanner 对象完成。我们在第 7 章中解释了 Scanner 类的用法。

```python
# 文件 rpn.py -------------------------------------

import re
import operator
from random import randint
from rpn_io import *


sym_tab = { }    # 变量符号表
stack = []       # 栈
pc = -1          # 程序计数器

# Scanner: 添加新的表达式来识别变量名称（存储在符号表中）和
# 赋值操作（将变量值存入符号表中）

scanner = re.Scanner([
    (r"[ \t\n]", lambda s, t: None),
    (r"-?(\d*)?\.\d+", lambda s, t: stack.append(float(t))),
    (r"-?\d+", lambda s, t: stack.append(int(t))),
    (r"[a-zA-Z_][a-zA-Z_0-9]*", lambda s, t:
        stack.append(t)),
    (r"[+]", lambda s, t: bin_op(operator.add)),
    (r"[-]", lambda s, t: bin_op(operator.sub)),
    (r"[*]", lambda s, t: bin_op(operator.mul)),
    (r"[/]", lambda s, t: bin_op(operator.truediv)),
    (r"[>]", lambda s, t: bin_op(operator.gt)),
    (r"[!]", lambda s, t: bin_op(randint)),
    (r"[\^]", lambda s, t: bin_op(operator.pow)),
    (r"[=]", lambda s, t: assign_op()),
    (r"[?]", lambda s, t: jnz_op())
])


def jnz_op():
    ''' 非零跳转操作
    检查第一个操作数，如果不是零则将程序计数器设为 op2 - 1
    '''
```

14

```
        global pc
        op2, op1 = stack.pop(), stack.pop()
        if type(op1) == str:
            op1 = sym_tab[op1]
        if type(op2) == str:
            op2 = sym_tab[op2]
        if op1:
            pc = int(op2) - 1      # 将操作数转换成整型

    def assign_op():
        ''' 赋值操作函数
        从栈中弹出一个名称和一个值，放入符号表中
        '''
        op2, op1 = stack.pop(), stack.pop()
        if type(op2) == str:       # 操作数可能是一个变量
            op2 = sym_tab[op2]
        sym_tab[op1] = op2

    def bin_op(action):
        ''' 二元操作函数
        如果操作数是变量则先从符号表中找出对应值，然后执行操作
        '''
        op2, op1 = stack.pop(), stack.pop()
        if type(op1) == str:
            op1 = sym_tab[op1]
        if type(op2) == str:
            op2 = sym_tab[op2]
        stack.append(action(op1, op2))

    def main():
        ''' 主函数
        这是程序的主流程。打开文件并将操作放入列表后，依次处理列表中的字
        符串
        '''
        global pc
        dir('__main__')
        a_list = open_rpn_file()
```

```
        if not a_list:
            print('Bye!')
            return
        pc = -1
        while True:
            pc += 1
            if pc >= len(a_list):
                break
            a_line = a_list[pc]
            try:
                a_line = a_line.strip()
                if a_line.startswith('PRINTS'):
                    do_prints(a_line[7:])
                elif a_line.startswith('PRINTLN'):
                    do_println(a_line[8:])
                elif a_line.startswith('PRINTVAR'):
                    do_printvar(a_line[9:], sym_tab)
                elif a_line.startswith('INPUT'):
                    do_input(a_line[6:], sym_tab)
                elif a_line:
                    tokens, unknown = scanner.scan(a_line)
                    if unknown:
                        print('Unrecognized input:', unknown)
                        break
            except KeyError as e:
                print('Unrecognized symbol', e.args[0],
                        'found in line', pc)
                print(a_list[pc])
                break

main()
```

运行此源文件时，它会启动主函数，该函数控制程序的整体流程。首先，它调用位于文件 rpn_io.py 中的 open_rpn_file 函数。

由于文件 rpn_io.py 不大且功能相对较少，因此这里使用 **import** *语法导入，这样可直接使用 rpn_io.py 中的所有符号名。

```
# 文件 rpn_io.py -----------------------------------------
def open_rpn_file():
```

```
            ''' 打开源文件函数
            打开一个文件并将行读入列表，然后将其返回
            '''
            while True:
                try:
                    fname = input('Enter RPN source: ')
                    if not fname:
                        return None
                    f = open(fname, 'r')
                    break
                except:
                    print('File not found. Re-enter.')
            a_list = f.readlines()
            return a_list

    def do_prints(s):
        ''' 输出字符串函数
        输出参数 s，不添加换行符
        '''
        a_str = get_str(s)
        print(a_str, end='')

    def do_println(s=''):
        ''' 输出行函数
        输出一个字符串（若存在），添加一个换行符
        '''
        if s:
            do_prints(s)
        print()

    def get_str(s):
        ''' 获取字符串帮助函数
        获取第一个引号到最后一个引号之间的文本。如果不存在，则返回一个空
    字符串
        '''
        a = s.find( "'")
        b = s.rfind( "'")
```

```
        if a == -1 or b == -1:
            return ''
        return s[a+1:b]

    def do_printvar(s, sym_tab):
        ''' 输出变量函数
        从 sym_tab 中查找命名变量, 然后输出该变量值
        '''
        wrd = s.split()[0]
        print(sym_tab[wrd], end=' ')

    def do_input(s, sym_tab):
        ''' 获取输入函数
        从用户处获取输入并将其置在命名变量中, 再写入传入的对符号表
    (sym_tab) 的引用中
        '''
        wrd = input()
        if '.' in wrd:
            sym_tab[s] = float(wrd)
        else:
            sym_tab[s] = int(wrd)
```

总结

本章我们探索了在 Python 中使用 **import** 语句的各种方式。使用 **import** 语句可以创建包含任意数量源文件的多模块项目。

在 Python 中使用多个模块的方式与其他语言不同。在 Python 中单向导入更安全, 单向导入意味着如果 A 导入 B, 则 B 就不应导入 A。你可以使 A 和 B 互相导入, 但前提是你很清楚自己在做什么并且确定不会产生相互依赖的问题。

在从另一个模块导入模块级变量时应格外小心。最好使用限定名称来引用它们, 如 mod_a.x 和 mod_a.y。否则, 在创建该变量的模块之外对此变量进行的任何赋值都将创建一个新的局部变量。

最后, 本章完成了在本书中持续开发的 RPN 解释器的代码。本章添加了问号 (?) 来实现非零跳转操作, 大于号 (>) 实现比较操作和感叹号 (!) 实现随机数生成操作。这些操作的添加大大扩展了 RPN 脚本的应用场景。

但是对 RPN 解释器的完善还远没有结束。你可能还想添加许多其他重要功

能，例如行标签和更好的错误检查。这些留作本章的练习。

习题

1 使用多个 `import` 语句多次导入同一个模块是否合法？这样做的目的是什么？你能想到这样做的一个有用场景吗？

2 模块有哪些属性？（至少说出一个。）

3 进行循环导入（例如，两个模块互相导入）会建立依赖关系，这可能会使程序存在潜在的错误。如何设计程序以避免相互导入？

4 在 Python 中 `__all__` 的作用是什么？

5 在什么情况下会使用 `__name__` 属性或字符串 `'__main__'`？

6 在开发 RPN 解释器（逐行解释 RPN 脚本）时，添加程序计数器的目的是什么？

7 在设计一种简单的编程语言（例如 RPN）时，该语言完整（从理论上讲它可以执行任何计算机任务）的最小操作集合是什么？

推荐项目

1 目前有些数据在两个模块 `rpn.py` 和 `rpn_io.py` 之间共享。你能够修改应用程序，将公共数据放置在第三个模块 `common.py` 中吗？

2 知道了 RPN 解释器的编写方式，为其添加操作就很容易了，尤其是当它们与 operator 包中定义的操作相对应时。作为一个小项目，为 RPN 解释器添加以下功能：小于检验和相等检验。这其中最大的挑战可能是找到足够的标点符号来代表所有不同的运算符。但是，如果更改 Scanner 中使用的正则表达式，则可以使用两个字符的运算符，例如 == 来表示相等检验。

3 RPN 脚本编写者希望能够在脚本中添加注释。你可以使用以下规则来实现此功能：对于 RPN 脚本的每一行，忽略所有从井号（#）开始一直到该行结尾的文本。

4 大于检验（>）是布尔运算，产生 True 或 False（1 或 0）值。在只使用小于（<）、AND 和 OR 运算符的情况下，RPN 脚本的编写者能否实现大于检验？事实上乘

法（＊）可以很好地代替 AND 运算。加号（＋）可以代替 OR 吗？在大多数情况下是可以的，但是加号运算的结果有时是 2 而不是 1。你能否创建一个逻辑非运算符，该运算符在输入 0 时返回 1，输入任何正数时返回 0。这里我真正想问的问题是，你能想到几种与逻辑或（OR）效果相同的算术运算组合？

5 RPN 脚本语言仍然缺少对行标签的支持。添加该功能并不是很难，但也不简单。以"label："开头的任何行都应解释为带有标记的代码行。为了实现此功能，应该在执行脚本前遍历一遍脚本。建立一个"代码表"（不包括空行），然后创建另一个符号表来存储标签及标签的值，标签的值是代码表的索引。例如，0 表示第一行。

6 可以进一步改善此应用程序中的错误检查，例如运算符过多。你是否可以为程序添加报告这种语法错误的错误检查？（提示：在这种情况下，堆栈的状态是什么？）

15 从互联网获取财务数据

最后的内容通常是最好的。让人兴奋的是，使用 Python 可以下载财务数据并绘制图表，有多种方式可以完成这个任务。

本章汇总了前几章中介绍的许多功能，并将它们应用在一个案例中。在本章中，我们会看到如何从 Internet 获取数据，例如，获取我们感兴趣的股票数据，并使用这些数据生成漂亮的图表，从而研究我们喜欢的股票的走势。这个过程将十分有趣。

15.1 本章计划

本章的股市程序由三个模块组成，如表 15.1 所示。这些文件以及其他本书中涉及的文件（包括 RPN 解释器）都可从 brianoverland.com/books 下载。

表 15.1 本章涉及的模块

模块	说明
stock_demo	该模块输出菜单并提示用户选择命令以及股票
stock_load	从网络上下载数据
stock_plot	使用下载的数据进行绘图。本章为此模块开发了 4 个版本，最终版本为 stock_plot_v4

15.2 pandas 程序包介绍

像 **numpy** 包一样，**pandas** 包也提供了一种复杂的存储格式。**pandas** 包还带有一个内置的数据读取器，该读取器可以从 Internet 读取信息。

在运行本章中的代码之前，需要安装 **pandas** 和 **pandas_datareader** 包。在命令窗口（Windows）或 Terminal 应用程序（Mac）中键入以下命令即可安装（每个命令可能需要执行几秒钟的时间）。

```
pip install pandas
pip install pandas_datareader
```

如果你使用的是 Macintosh，且 **pip** 无法正常工作，可以尝试使用 **pip3**：

```
pip3 install pandas
pip3 install pandas_datareader
```

这里假设你已经安装了 **numpy** 和 **matplotlib** 软件包，如第 12 章和第 13 章中所述。如果没有的话，请立即使用以下命令下载它们。

```
pip install numpy
pip install matplotlib
```

或者，在 Macintosh 环境中，使用以下命令：

```
pip3 install numpy
pip3 install matplotlib
```

请注意 **matplotlib** 的拼写，它以 "mat" 开头而不是 "math"。

pandas 程序包会创建一个 Dataframe，它类似于一个用于存储大量信息的基本表或数据库。Dataframe 具有自己的二进制格式。因此，必须先将它们转换为 **numpy** 格式，然后才能进行绘图。下面是执行此操作的语句：

```
column = np.array(column, dtype='float')
```

首先我们来学习使用 **pandas** 的数据读取器（前面安装的 **pandas_datareader**）。可以使用该数据读取器下载数据。

15.3 stock_load：一个简单的数据读取器

我们使用一个基于 **pandas** 的应用程序来获取有用的信息。可以输入以下程序到文本编辑器中，并将其另存为 stock_load.py。注释对于程序运行来说不是必需的。

```
''' 文件 stock_load.py ----------------------------

给定股票代码，执行加载股票的工作
```

依赖文件：无

```
'''
# 用 pip 安装 pandas_datareader
import pandas_datareader.data as web

def load_stock(ticker_str):
    ''' 读取股票函数
    给定字符串 ticker_str，将指定股票的信息（例如 "MSFT"）加载到
Pandas Dataframe（df）中并返回
    '''
    df = web.DataReader(ticker_str, 'yahoo')
    df = df.reset_index()
    return df

# 获取一支股票的 Dataframe 并输出
if __name__ == '__main__':
    stock_df = load_stock('MSFT')  # 'msft' 也可以。
    print(stock_df)
    print(stock_df.columns)
```

如果执行此程序（可以从 brianoverland.com/books 下载），它会下载 Microsoft 公司股票（MSFT）过去 10 年的信息。

下载的信息非常多，无法在狭小的空间中完全显示，因此，**pandas** 仅显示部分信息，并使用省略号(...)说明还有其他信息无法显示。以下是一些示例输出：

```
   Date        High       ...   Volume       Adj Close
0  2010-01-04  31.100000  ...   38409100.0   24.720928
1  2010-01-05  31.100000  ...   49749600.0   24.728914
2  2010-01-06  31.080000  ...   58182400.0   24.577150
3  2010-01-07  30.700001  ...   50559700.0   24.321552
4  2010-01-08  30.879999  ...   51197400.0   24.489288
5  2010-01-11  30.760000  ...   68754700.0   24.177786
```

程序实际输出的信息比上面显示的要多。此处仅给出输出的前几行。

在输出 Microsoft 公司 10 年的股票信息之后，程序还输出了 Dataframe 的列信息。

```
Index(['Date', 'High', 'Low', 'Open', 'Close', 'Volume', 'Adj
Close'], dtype='object')
```

我们分析一下此应用程序。首先导入 **pandas_datareader** 包，并为其起了一个别名，以便使用短名称 **web** 引用它。

```
import pandas_datareader.data as web
```

该模块的大部分工作由函数 load_stock 完成，该函数的实现如下：

```
def load_stock(ticker_str):
    ''' 读取股票函数
    给定字符串 ticker_str，将指定股票的信息（例如 "MSFT"）加载到
Pandas Dataframe（df）中并返回
    '''
    df = web.DataReader(ticker_str, 'yahoo')
    df = df.reset_index()
    return df
```

如果你阅读过第 14 章，应该记得属性 **__name__** 有一个特殊的用法：它能判断当前应用程序模块是否为主模块，如果是主模块则继续执行后面的命令，代码如下。

```
# 获取 Dataframe 并输出
if __name__ == '__main__':
    stock_df = load_stock('MSFT')  # 'msft' 也可以
    print(stock_df)
    print(stock_df.columns)
```

调用 load_stock 函数，并传入 Microsoft 公司股票名称（MSFT）。此函数的主要工作由第三行代码完成。

```
df = web.DataReader(ticker_str, 'yahoo')
```

本程序使用 yahoo 服务器。因为该服务器在可预见的将来仍持续可用，但也可以在 Internet 上搜索其他财经数据服务器。

下一步是调用 **reset_index** 方法。此方法更新列的索引信息，这一步是必须的，没有这一步，本章中的代码都无法工作。

最后，将 Dataframe 返回到模块级代码。代码既输出了 Dataframe 本身，也输出 Dataframe 中各列的摘要。我们稍后详细介绍。

15.4　创建简单的股价图表

下一步是绘制数据图表。本节绘制一个最简单的图表，不放置图例、标题或其他信息。

```
''' 文件 stock_plot_v1.py -------------------------
绘制两支股票的收盘价，依赖文件为 stock_load.py
'''
import numpy as np
import matplotlib.pyplot as plt
from stock_load import load_stock


def do_plot(stock_df):
    ''' 绘图函数，需要使用从网络获取的股票数据 stock_df。
    '''
    column = stock_df.Close                # 获取价格信息
    column = np.array(column, dtype='float')
    plt.plot(stock_df.Date, column)        # 绘图
    plt.show()                             # 显示图表


# 两个测试用例
if __name__ == '__main__':
    stock_df = load_stock('MSFT')
    do_plot(stock_df)
    stock_df = load_stock('AAPL')
    do_plot(stock_df)
```

该模块依赖前面的 stock_load 模块。它首先通过 load_stock 函数获取源数据，从源数据中获取所需的数据并将其转换为 **numpy** 格式，最后绘制图形。

程序首先需要导入正确的程序包和模块。软件包 **numpy** 和 **matplotlib** 还是按第 12 和 13 章中介绍的方式导入，此外还需要从上一节开发的 load_stock 模块导入 stock_load 函数。

```
import numpy as np
import matplotlib.pyplot as plt
from stock_load import load_stock
```

从 Internet 读取 Dataframe 后，由 do_plot 函数来完成随后的大部分工作。需要为此函数传入一个称为 stock_df 的 pandas Dataframe。

```
def do_plot(stock_df):
    '''绘图函数，需要使用从 Internet 获取的股票数据 stock_df。
    '''
    column = stock_df.Close              # 获取价格信息
    column = np.array(column, dtype='float')
    plt.plot(stock_df.Date, column)      # 绘图
    plt.show()                           # 显示图表
```

函数从数据中抽取出股票价格（此处我们使用了收盘价），该价格是 Dataframe 中的一列。

```
column = stock_df.Close              # 获取价格信息
```

然后价格被转换为 **numpy** 数组。该操作只将数据格式变为 **numpy** 数组，数据内容不变。要使用 **matplotlib** 绘制图形必须进行类型转换。

```
column = np.array(column, dtype='float')
```

最后，使用价格信息与"日期"列中的信息作图。

```
plt.plot(stock_df.Date, column)      # 绘图
```

该应用程序会显示两个图形：一个是 Microsoft 公司的股价走势图，另一个是 Apple 公司的股价走势图。图 15.1 显示了 Microsoft 公司的股价走势图。

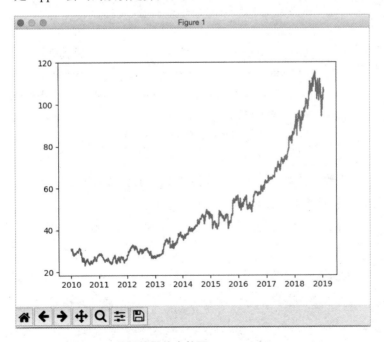

图 15.1　Microsoft 公司的股价走势图

15.5 添加标题和图例

向图形添加标题和图例并不困难。在第 13 章中已经介绍了向图形中添加标题的方法。要显示图形的标题，只需在调用 **plt.show** 函数之前调用 **title** 函数即可。

plt.title(*title_str*)

参数 *title_str* 包含的文本将显示在图表的顶部。

显示图例包含两部分操作：

▶ 首先，当调用 **plt.plot** 方法绘制图形时，传递一个名为 **label** 的命名参数。使用此参数传递要输出的文本。

▶ 在调用 **plt.show** 函数之前，调用 **plt.legend**（无参数）函数。

下面我们通过更改 do_plot 函数来演示如何添加图例。下面是修改后的 do_plot 函数，以粗体显示新添加的行和更改过的行。

```
def do_plot(stock_df):
    ''' 绘图函数。
    需要从网络获取的股票数据 stock_df,
    '''
    column = stock_df.Close              # 抽取价格
    column = np.array(column, dtype='float')
    plt.plot(stock_df.Date, column,label = 'closing price')
    plt.legend()
    plt.title('MSFT Stock Price')
    plt.show()                            # 显示图
```

此更改是针对 Microsoft 公司股票的，我们暂时不绘制 Apple 公司股价图。在 15.7 节中将展示如何同时绘制两支股票价格图。

进行了上面的更改后，重新运行该应用程序，则会显示新的图形，如图 15.2 所示。

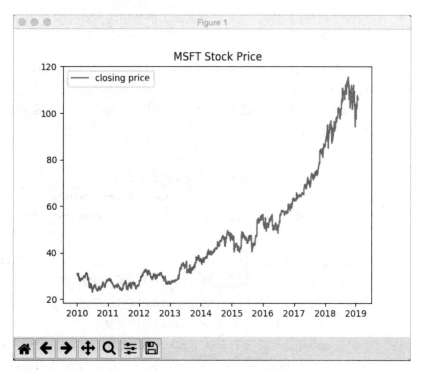

图 15.2　Microsoft 公司股价图，包含标题和图例

15.6　编写 makeplot 函数（重构）

在开发本章的应用程序时，我们发现某些语句出现了重复。

要成为一名专业的程序员，需要想办法减少此类代码：将程序中重复的部分放入一个通用函数中，然后根据需求多次调用该函数。本章的大部分代码都可以放在一个称为 `makeplot` 的通用函数中，该函数足够灵活，能以多种方式使用。

这种修改并优化代码的过程称为代码重构。

在本节中，我们将重构一个 `makeplot` 函数。调用该函数的代码（本节后面会详细介绍）不会自己完成绘制工作，而是用以下参数调用 `makeplot` 函数：

- `stock_df`，由 `load_stock` 函数生成的元数据

- `field`，要绘制图形的列（或属性）名称

▶ my_str，图例的名称，该名称描述图表中特定线所对应的含义，比如图 15.3 中的 "MSFT"

本节以及后面几节展示 do-plot 函数如何调用 makeplot 函数并传递所需的信息。

下面是 makeplot 函数的定义。该函数不会调用 plt.show 函数或设置标题。但它做了除此之外的所有事情。

```
def makeplot(stock_df, field, my_str):
    column = getattr(stock_df, field)
    column = np.array(column, dtype='float')
    plt.plot(stock_df.Date, column, label=my_str)
    plt.legend()
```

我们分析一下以上代码。定义中的第一条语句使用内置的 **getattr** 函数从数据框中选择指定的列。属性（例如 Close）需要由调用方以字符串传入。

定义中的第二条语句将存储在 **pandas** 数据框中的信息转换为 **numpy** 格式。第三条语句使用 my_str 作为图例进行图形的绘制。

但是 makeplot 函数不会调用 **plt.show** 函数，因为该函数应该在所有绘制工作完成之后被调用。

定义了 makeplot 函数后，代码将变得很短。例如，在 makeplot 函数可用的情况下，可以将上一节中的 do_plot 函数修改为：

```
def do_plot(stock_df, name_str):
    makeplot(stock_df, 'Close', 'closing price')
    plt.title(name_str + ' Stock Price')
    plt.show()
```

调用 makeplot 函数之后，还需要放置一个标题（可以做成一个灵活的动作），然后调用 **plt.show** 函数。makeplot 函数的第二个参数选择要访问的列，第三个参数（'closing price'）是要放置在图例中的字符串。

15.7 绘制两支股票的价格走势图

看到图 15.2 时，你可能会说："Apple 公司的股票价格走势如何？我想看这个！"

我们可以把 Apple 公司的股价图放上去。实际上，我们可以在一幅图中显示两支股票的价格走势图，并使用图例说明哪条线指的是哪家公司。

但这需要对模块的结构进行重大修改。必须更改多个函数才能创建一个处理两支股票的函数。我们从模块级代码开始，该代码现在传递两支股票的数据。

```python
# 如果模块是主函数则运行测试用例
if __name__ == '__main__':
    stock1_df = load_stock('MSFT')
    stock2_df = load_stock('AAPL')
    do_duo_plot(stock1_df, stock2_df)
```

我们对每支股票分别调用 load_stock 函数，这样就不需要更改第一个模块 stock_load.py 了。然后将这两支股票数据都交给 do_duo_plot 函数，以便绘制这两支股票的价格走势图。

```python
def do_duo_plot(stock1_df, stock2_df):
    ''' 修改后的绘图函数
    获取两支股票的数据并绘制图形
    '''
    makeplot(stock1_df, 'Close', 'MSFT')
    makeplot(stock2_df, 'Close', 'AAPL')

    plt.title('MSFT vs. AAPL')
    plt.show()
```

这个函数很短，该函数对 makeplot 函数（上一节中编写的函数）进行了两次调用，进行重复绘制。回顾一下，下面是 makeplot 函数的定义：

```python
def makeplot(stock_df, field, my_str):
    column = getattr(stock_df, field)
    column = np.array(column, dtype='float')
    plt.plot(stock_df.Date, column, label=my_str)
    plt.legend()
```

请注意内置的 **getattr** 函数的使用方法，它能通过列名字符串访问要显示的列。我们曾在 9.12 节中介绍过此函数。这里使用它主要是为了简化代码。

图 15.3 显示了 do_duo_plot 函数绘制的结果。

目前代码还有一个缺陷，那就是"MSFT"和"AAPL"都是硬编码的。当你要跟踪 Microsoft 和 Apple 这两家公司的股票时没问题。但如果你想看其他公司股票，例如"IBM"和"Disney"（迪士尼），怎么办呢？

好的代码设计是创建灵活的函数，避免硬编码。这样就不必为了适应新的数据而对函数进行太多修改。

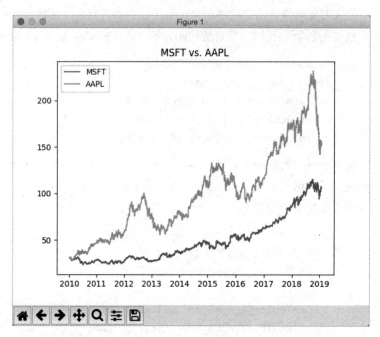

图 15.3 绘制两支股票价格走势图：MSFT 和 AAPL

因此，我们修改了最新版本的 stock_plot 模块（第二版）的代码，以便 do_duo_plot 函数能根据传递给它的股票数据来输出适当的标签和标题。

```
''' 文件 stock_plot_v2.py --------------------------------
绘制两支股票的图形
依赖 stock_load.py
'''

import numpy as np
import matplotlib.pyplot as plt
from stock_load import load_stock

def do_duo_plot(stock1_df, stock2_df, name1, name2):
    ''' 绘制两支股票的图形
    参数是数据框和对应的股票代码
    '''
    makeplot(stock1_df, 'Close', name1)
    makeplot(stock2_df, 'Close', name2)
    plt.title(name1 + ' vs. ' + name2)
    plt.show()
```

```
# Make a plot: 做重复的工作
def makeplot(stock_df, field, my_str):
    column = getattr(stock_df, field)
    column = np.array(column, dtype='float')
    plt.plot(stock_df.Date, column, label=my_str)
    plt.legend()

# 如果该模块为主模块则执行下面测试
if __name__ == '__main__':
    stock1_df = load_stock('MSFT')
    stock2_df = load_stock('AAPL')
    do_duo_plot(stock1_df, stock2_df, 'MSFT', 'AAPL')
```

现在，只做较少的改动就可以绘制其他股票的图形。例如，下面代码绘制了 IBM 与 Disney 公司股票的图形。

```
stock1_df = load_stock('IBM')
stock2_df = load_stock('DIS')
do_duo_plot(stock1_df, stock2_df, 'IBM', 'Disney')
```

结果如图 15.4 所示。

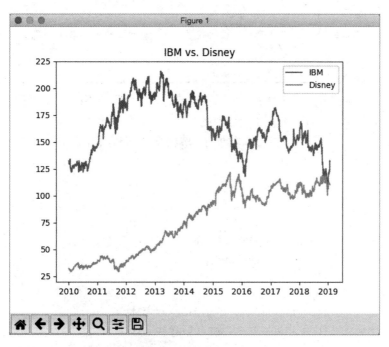

图 15.4　IBM 和 Disney 公司的股价对比图

用这种方法绘制股票图时需要注意以下几点：如果不是彩色印刷或彩色显示器，可能很难区分两条线。你可以尝试让两条线使用不同的样式，如第 13 章所述。正如证券经纪人所说，过去的表现并不能说明未来的走势。

15.8　绘制其他图形

我们来回顾一下股市数据提供的信息。15.3 节输出了这些数据的索引。

```
Index(['Date', 'High', 'Low', 'Open', 'Close', 'Volume', 'Adj
Close'], dtype='object')
```

可以看到，数据框中包含了 7 列，如表 15.2 所示。

表 15.2　数据框中的各列

列名	说明
Date	与给定行（其中包含一天的股票数据）相对应的日期
High	当天记录的最高价格
Low	当天记录的最低价格
Open	当天股票的开盘价
Close	当天股票的收盘价
Volume	当天交易的股票数量。对于像 Microsoft 这样的主流公司，这一数字可能达到数千万
Adj Close	调整后的收盘价

掌握了这些信息后，可以尝试将"日期"列与不同列的数据组合，然后再进行绘制。例如，绘制给定股票的每日高点和每日低点。

以下代码（第三版）绘制了股票的高 / 低价组合曲线图。与往常一样，新行和修改的行以粗体显示。

```
''' 文件 stock_plot_v3.py
---------------------------------

绘制股票的每日高点和低点
依赖模块 stock_load.py
'''
import numpy as np
import matplotlib.pyplot as plt
from stock_load import load_stock

def do_highlow_plot(stock_df, name_str):
```

```
    ''' 绘制股票的每日高点和低点
    使用一只股票的 high_price 和 low_price 列，这些列包含在数据框
stock_df 中
    '''
    makeplot(stock_df, 'High', 'daily highs')
    makeplot(stock_df, 'Low', 'daily lows')
    plt.title('High/Low Prices for ' + name_str)
    plt.show()

# Make a plot: 做重复的事情
def makeplot(stock_df, field, my_str):
    column = getattr(stock_df, field)
    column = np.array(column, dtype='float')
    plt.plot(stock_df.Date, column, label=my_str)
    plt.legend()

# 如果该模块为主模块则执行下面测试
if __name__ == '__main__':
    stock_df = load_stock('MSFT')
    do_highlow_plot(stock_df, 'MSFT')
```

图 15.5 显示了结果图，其同时包括当天最高和最低股价。

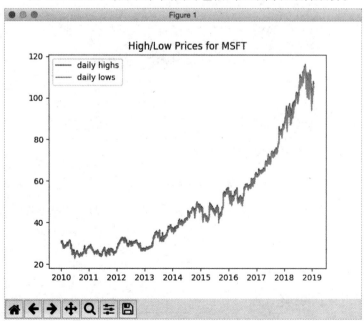

图 15.5　绘制 Microsoft 公司股票的高点和低点图

我们还能用数据做什么？另一个有用的信息是股票每天的交易量。下面是另一个绘图函数，以粗体显示新行。

```
def do_volume_plot(stock_df, name_str):
    ''' 绘制数据框（stock_df）中的股票的日交易量
    '''
    makeplot(stock_df, 'Volume', 'volume')
    plt.title('Volume for ' + name_str)
    plt.show()
```

运行此函数并传入 MSFT 的数据框，生成的图如图 15.6 所示。

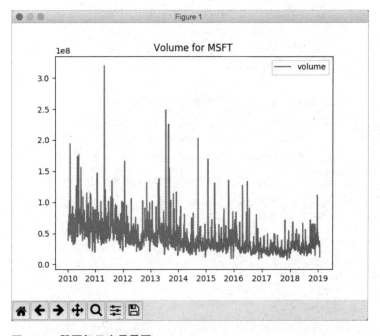

图 15.6　股票每日交易量图

纵轴上的数字代表的不是百万级，而是千万级。因为这些数字太大而无法显示（完全显示占用大量屏幕空间），所以在图形的顶部显示数字 1e8。因此，纵轴上的数字以千万（8 位数）计。

15.9　限制时间范围

到目前为止，我们尚未控制图形涵盖的时间段。如果你想看过去三个月而不是十年的股票数据怎么办?

从星期一至星期五每天都是活跃的交易日,但节假日除外。因此,每个日历年大约有 240 个交易日,而不是 365 个。按照同样的逻辑,一个月大约是 20 个交易日,而三个月大约是 60 个交易日。

切片可以用来限制数据框的时间范围。回忆第 3 章中学过的内容,获得字符串、列表或数组最后 *N* 个元素的表达式是:

[-*N*:]

我们也可以将此操作应用于 **pandas** 数据框。结果是获取最新的 *N* 行数据,而忽略其他所有数据。因此,要想限制为获取过去三个月(60 天)的数据,可使用以下语句:

```
stock_df = stock_df[-60:].reset_index()
```

这里同时调用了 **reset_index** 函数,因为需要保持数据的准确性。

在上一个示例中插入此语句后,将获得给定股票最后三个日历月(60 天)的交易量数据。

```
def do_volume_plot(stock_df, name_str):
    ''' 绘制传入数据框(stock_df)的股票的日交易量。仅显示最近 60 天
的数据
    '''
    stock_df = stock_df[-60:].reset_index()
    makeplot(stock_df, 'Volume', 'volume')
    plt.title('Volume for ' + name_str)
    plt.show()
```

运行该应用程序,你只会看到三个月的数据(见图 15.7)。

此图的问题在于它的 *X* 轴标签是年月日形式,而不是年月形式,结果日期信息挤在一起。

有一个简单的解决方案。使用鼠标抓住图形的一侧,然后将其拉宽。这样可以清楚地看到日期,如图 15.8 所示。

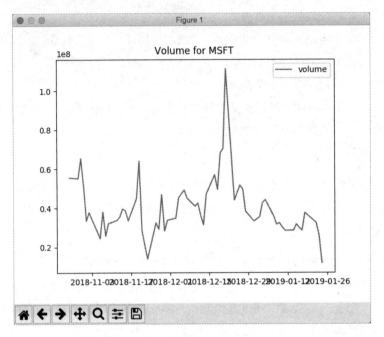

图 15.7　绘制股票三个月的交易量图

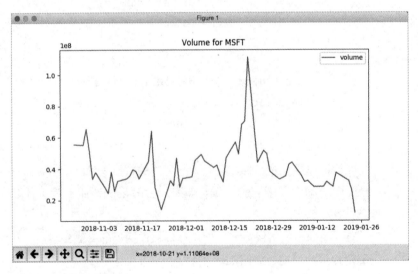

图 15.8　拉宽的图形

有了这张图，可以做很多的事情。在这段时间内，有一天的股票交易量最高。通过图可以看到最高交易量发生在 12 月下旬，并且当天交易的股票数量超过 1.1 亿股，交易额超过 110 亿美元。

15.10　拆分图表：对交易量进行子图绘制

当你将价格与交易量结合起来分析时会发现很多有趣的事情。如果股价急剧地上升或下降而交易量很少，那么价格变化可能是个意外，这可能表示当前活跃的交易者很少。

大幅的价格变化伴随着高交易量更常见。这意味着价格变化是由许多买家、卖家的行为决定的，他们决定购入或卖出股票。

因此，我们想看到的是一个分割图，图中价格和成交量彼此相邻。绘图软件包提供了一种简便的方法，使用该方法可实现这个需求。首先需要学习一个新的函数。

```
plt.subplot(nrows, ncols, cur_row)
```

该语句表示，直到下一次调用 **plt.subplot** 函数之前，绘图命令仅适用于当前指示的子图。nrows 和 ncols 参数指定网格（用于存放子图）的"行"和"列"的数量；cur_row 参数指定要处理的"行"。本例只有两个网格成员和一个列。

下面是绘制双子图的 Python 代码总体方案：

```
plt.subplot(2, 1, 1)        # 操作第一行

# 绘制第一行的子图

plt.subplot(2, 1, 2)        # 操作第二行

# 绘制第二行的子图

plt.show()
```

绘制子图并不难，只需要将已经知道的内容插入此方案即可。代码如下：

```
def do_split_plot(stock_df, name_str):
    ''' 绘图函数，包括子图绘制
    使用从网络读取的股票数据 stock_df。
    '''
    plt.subplot(2, 1, 1)                # 绘制上面一半图形
    makeplot(stock_df, 'Close', 'price')
    plt.title(name_str + ' Price/Volume')
    plt.subplot(2, 1, 2)                # 绘制下面一半图形
    makeplot(stock_df, 'Volume', 'volume')
    plt.show()
```

这段代码绘制的图形只有上半部分有一个标题，下半部分的标题与上半部分的 X 轴挤在一起。除此之外，此示例中的代码都是我们熟悉的。图 15.9 使用 Google 公司股票数据。

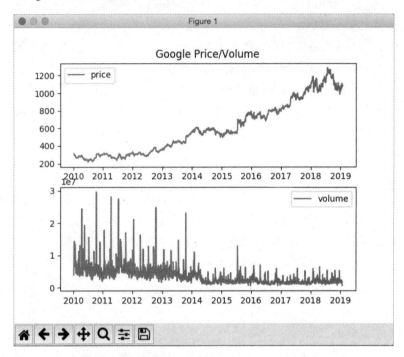

图 15.9　Google 公司股票的价格和交易量图

15.11　添加移动平均线

为股票市场报告添加移动平均线是非常有用的。下面是 180 天（6 个月）移动平均线的解释。

▶ 从至少包含 180 个前置数据点的日期开始。可以根据需要从更早的日期开始，这样可以使用尽可能多的前置数据。

▶ 当前日期之前 180 个交易日的平均收盘价就是移动平均线的第一个点。

▶ 在第二天重复步骤 1 和步骤 2。现在获得的价格是前 180 个价格的平均值。

▶ 继续重复这些步骤，生成平均价格的折线图，该线中的每个数据点均为前 180 天的价格的平均值。

遵循这些步骤你会得到一条似乎与实际价格走势一致的线，但（很可能）与实际价格走势不完全匹配。它总是与过去的历史有一定关系，这两条线之间的关系令人着迷。

一方面，当当前价格突破移动平均线向上时，股票就有望上涨。相反，当当前价格跌至移动平均线以下时，通常就意味着大幅下跌的开始。

注释▶　注意：这里不推荐任何特定的投资策略。但是，许多股票分析师和经济学家确实会关注移动平均线。

◀Note

绘制移动平均线是计算机擅长的工作。实际上对于 Python 来说，使用导入的软件包绘制移动平均线是很容易的。**pandas** 的 **rolling** 函数可以为任何给定的行（按时间顺序排列的行）提供一组 n 个先前的行数据。然后，只需要计算平均值就可以得到我们想要的移动平均线。

要绘制移动平均线，可使用下面的函数。

```
data_set = selected_column.rolling(n, min_periods=m).mean()
```

selected_column 是 Open、CLose 或我们使用的任何列。值 n 表示计算多少天的平均值。*min_period*（可以省略）指出在任何给定日期需要多少个先前的数据点才能计算移动平均值。

该语句工作的原理是，**rolling** 函数访问每天之前的 n 行数据。计算这些数据的平均值即可得到我们需要的移动平均值。本质上，**rolling** 函数访问 180 行数据以生成一个二维矩阵。然后 **mean** 方法将这些行折叠为一列，其中的值为每个字段的平均值。

举例来说，下面是一个计算 180 天移动平均值的函数调用：

```
moving_avg = column.rolling(180, min_periods=1).mean()
```

为了使其余代码易于编写，我们首先修改 makeplot 函数，使其包含一个可选参数以绘制移动平均线。注意 **rolling** 函数只能对 **pandas** 列而不是 **numpy** 列使用。

```
# Make a plot: 执行重复性工作
def makeplot(stock_df, field, my_str, avg=0):
    column = getattr(stock_df, field)
    if avg:           # 当 avg 不为 0 时
        column = column.rolling(avg, min_periods=1).mean()
```

```
column = np.array(column, dtype='float')
plt.plot(stock_df.Date, column, label=my_str)
plt.legend()
```

这里为 makeplot 函数增加了一个可选参数 avg，它的默认值为 0。

现在，我们绘制股票 180 天（大约相当于 6 个月）的移动平均线。与往常一样，新行和更改的行以粗体显示。

```
def do_movingavg_plot(stock_df, name_str):
    ''' 画移动平均线的函数
    绘制价格曲线和区间为 180 天的移动平均线
    '''
    makeplot(stock_df,'Close', 'closing price')
    makeplot(stock_df,'Close', '180 day average', 180)
    plt.title(name_str + ' Stock Price')
    plt.show()
```

图 15.10 显示了结果图，该图形包含价格曲线以及 180 天移动平均线。

我们可以调整上面例子。例如以下语句将 180 天改为 360 天，从而使平均时间段延长了一倍，因此对于任何一天，均会将其前 360 天的价格进行平均以生成移动平均线。

```
makeplot(stock_df,'Close', '360 day average', 360)
```

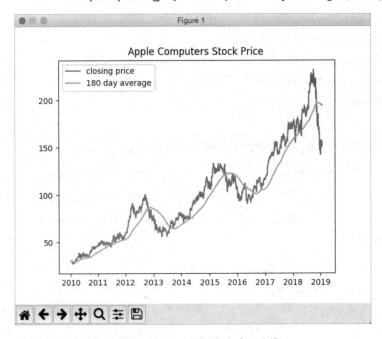

图 15.10　股票价格曲线和 180 天周期的移动平均线

15.12　让用户选择

　　要提高应用程序的可用性，需要为用户提供选择的机会，让他们决定要绘制哪些数据线。这是因为对于任何给定的日期可以绘制出成千上万种图形。

　　最重要的是要显示哪支股票的图形。这很容易，提示用户输入股票代码即可，例如 IBM、DIS、MSFT 或 GOOGL。

　　然后，应用程序可以显示一个过去十年收盘价的图形，或者显示用户从菜单中选择的图形。用户也可以输入"退出"命令。

　　初始应用程序可以提供以下菜单：

```
0. Quit
1. Print simple closing-price graph.
2. Print highs and lows.
3. Print price/volume subplots.
4. Print price with 180-day moving average.
```

　　为了支持这些操作，stock_plot 模块需要包含多个函数，每个函数执行不同的操作。我们需要从前面几节中复制部分代码。

　　下面是 stock_plot 模块的最终版本。

```python
# 文件 stock_plot_v4.py -----------------------------

import numpy as np
import matplotlib.pyplot as plt
from stock_load import load_stock

def do_simple_plot(stock_df, name_str):
    ''' 绘图函数
    绘制收盘价图形
    '''
    makeplot(stock_df,'Close', 'closing price')
    plt.title(name_str + ' Stock Price')
    plt.show()

def do_highlow_plot(stock_df, name_str):
    ''' 绘制最高 / 最低价图形函数
    绘制股票的最高价和最低价图形
    '''
    makeplot(stock_df, 'High', 'daily highs')
```

```python
    makeplot(stock_df, 'Low', 'daily lows')
    plt.title('High/Low Graph for ' + name_str)
    plt.show()


def do_volume_subplot(stock_df, name_str):
    ''' 绘制交易量子图函数
    绘制收盘价和交易量子图
    '''
    plt.subplot(2, 1, 1)                # 绘制上半部分
    makeplot(stock_df, 'Close', 'price')
    plt.title(name_str + ' Price/Volume')
    plt.subplot(2, 1, 2)                # 绘制下半部分
    makeplot(stock_df, 'Volume', 'volume')
    plt.show()



def do_movingavg_plot(stock_df, name_str):
    ''' 绘制移动平均线函数
    绘制价格图形和 180 天的移动平均线
    '''
    makeplot(stock_df,'Close', 'closing price')
    makeplot(stock_df,'Close', '180 day average', 180)
    plt.title(name_str + ' Stock Price')
    plt.show()


# 做重复性计算
def makeplot(stock_df, field, my_str, avg=0):
    column = getattr(stock_df, field)
    if avg:                    # 当 avg 不为 0 时绘制
        column = column.rolling(avg, min_periods=1).mean()
    column = np.array(column, dtype='float')
    plt.plot(stock_df.Date, column, label=my_str)
    plt.legend()


if __name__ == '__main__':
    name_str = 'GOOGL'
    stock_df = load_stock(name_str)
    do_movingavg_plot(stock_df, name_str)
```

```
do_simple_plot(stock_df, name_str)
do_volume_subplot(stock_df, name_str)
do_highlow_plot(stock_df, name_str)
```

现在只需再编写一个模块，提示用户选择，然后调用相应的函数即可。该模块提示用户输入股票代码，然后（如果找到了该股票）让用户选择菜单中的功能。

我们本来可以从一个不捕获异常（运行时错误）的版本开始，但是由于有许多可能出错的地方（错误的网络连接，键入了无效的股票代码），所以添加了错误检查功能。错误检查对于许多类型的应用程序来说都很有用，本程序中，它也是必不可少的。

以下应用程序处理错误的方法是提示用户重新输入（直到输入正确或输入空字符串），并且用户输入空字符串时应用程序会正常终止。与第 8 章一样，将异常处理和 **while** 循环结合使用，从而实现在出错时提示用户重新输入。直到函数返回，循环才会退出。异常处理的副作用是程序会跳转到 **except** 语句，然后再次从循环的顶部开始执行。

```
# 文件 stock_demo.py ------------------------------

from stock_plot_v4 import *

menu_str = ('Menu choices:\n' +
 '0. Exit\n' +
 '1. Simple Plot of Prices\n' +
 '2. Plot of Daily High/Low Prices\n' +
 '3. Plot of Price with Volume Subplot\n' +
 '4. Price plus Moving Average\n')

prompt_msg = 'Enter stock symbol (ENTER to exit): '
def main():
    while True:
        # 提示用户输入直到用户输入了有效股票代码
        # 或者输入空值
        try:
            s = input(prompt_msg)
            s = s.strip()
            if not s:               # 当字符串为空时退出
                return
            stock_df = load_stock(s)
```

```
            n = int(input(menu_str + 'Input choice: '))

            if n < 0 or n > 4:
                n = 0
            if n == 0:
                return

            fn = [do_simple_plot, do_highlow_plot,
                do_volume_subplot, do_movingavg_plot][n-1]
            fn(stock_df, s)

        except:
            print('Couldn\'t find stock. Re-try.')

    main()
```

这里使用了一个小技巧，即使用开括号来连接行，从而创建多行字符串 **menu_str**。

另一个技巧是对函数（可调用）列表进行索引，然后调用适当的命令。使用其他方法也可以达到相同的效果，比如使用一系列 **if/elif** 语句，但这里使用的方法简洁且高效。

该模块一个有趣的地方是，即使未在该模块或其直接导入的模块 stock_plot_v4.py 中定义 load_stock 函数，它仍然可以调用 load_stock 函数。这是因为模块 stock_plot_v4 会导入模块 stock_load.py。因此，模块 stock_demo 间接导入了模块 stock_load。

该程序仍有许多可以改进之处，我们将其作为本章末尾的推荐项目。

总结

我们终于到了本书最后的部分。在第 1 章中，我们展示了一些输出语句。而且我们还使用 Python 来输出复杂的序列，例如斐波那契数列。在后面几章，我们学习了 Python 对象，如列表、矩阵和数据框（Dataframe）。

从 Internet 获取信息，将其加载到数据框和数组中，并最终绘制成图形，这是很了不起的事情。图形化编程是最困难的编程任务之一，但是由于 Python 中有相关的软件包，问题被简化到仅仅几行代码。在第 13 章中我们甚至涉及了三维图形的绘制。

如果你问："Python 有什么用？"，这个问题的答案是："只要有人为它编写了相关软件包，那么 Python 可以做任何事情！"

在大多数程序中，最常见的事情是获取用户输入，然后将输入分解为单词、短语和数字。Python 对此有很好的支持，而正则表达式程序包对此提供了更进一步的支持。

Python 内置的列表、字符串、字典和集合（set）的功能非常强大，我们最大的挑战仅仅是学习如何使用这些内置功能。你可能过了很长时间才会意识到集合是自排序的，或者可以在不编写循环的情况下计算列表的总和。学习这些 Python 技巧可能需要一段时间，我们写本书的初衷就是帮助你尽快精通这门语言。

在使用 Python 的过程中偶尔也会遇到一些问题，我们在本书中尝试解决了大多数问题。因此，当你最终面对 Python 时，你会发现它不是草丛中的一条蛇，而是一个新的朋友和伴侣。

习题

1 numpy 数组和 pandas 数据框之间有什么区别吗？如果有，如何在两者之间进行转换？

2 当用户输入股票代码时，什么地方可能出错，应该如何应对？

3 列举一些用于绘制股票图形的绘图方法。

4 对于股票图形，为什么显示图例很重要？

5 如何限制 pandas 数据框的范围，使其覆盖不到一年的时间段？

6 什么是 180 天移动平均线？

7 本章的最后一个示例是否使用了"间接"导入？如果是，这是如何实现的？

推荐项目

1 我们的股票演示程序的一个有用功能是让用户能够指定移动平均线的周期。该周期被设置为 180 个工作日（相当于 6 个月），但是程序应提供调整该周期的

　　　方法。你可以将默认值设置为 180 天。但是用户应该能够对周期进行调整。

2　我们还希望程序能记住用户选择的股票直到其主动更改为止。如果用户在开头输入一个空白字符串，则可能其希望退出该程序。但是随后，在输入股票代码时其输入空白行可能是想让程序继续使用已选择的股票。

3　另一个理想的功能是让用户能够输入任意数量的股票代码（假设它们都是有效的），然后程序绘制所有输入股票的图形。（提示：要实现此功能，你可以创建股票代码的列表，并将其传递到一个或多个 **for** 循环中，该循环将获取每支股票的数据，然后将所有数据传递到绘制图形的函数中。最后在绘制结束后显示图形。）

Python 运算符优先级表

在 Python 3.0 中，表达式中的运算符按照表 A.1 中所示的顺序执行。

表 A.1　Python 运算符的优先级

运算符	描述
func(args)	函数调用
collection[begin : end : step]	切片
collection[index]	索引
object.attribute	属性或成员访问
*num ** num*	求幂
~int	按位非
+num, -num	正 / 负号
*, /, %, //	乘法, 除法, 余数除法, 整数除法, 这些都是二元运算符。乘法也适用于列表或字符串: list * n
+, -	二元运算符加法和减法；加法也适用于字符串或列表的连接: str + str
int << n, int >> n	按位左移和右移
int & int	按位与
int ^ int	按位异或
int | int	按位或
in, not in, is, is not, <, <=, >, >=, !=, ==	比较运算符; 结果为布尔值 (True/False)
not *val*[a]	逻辑非
val and *val*[a]	逻辑与
val or *val*[a]	逻辑或

a. *val* 可以是任何类型的值。Python 在执行条件语句（**if** 或 **while** 语句）前会使用 bool() 函数对 val 的值进行转换。参阅以下说明。

其他说明：

1　如果运算符的优先级相同，则从左到右进行运算。

2　括号会改变原有的优先级。

3　特殊符号=（不要与==混淆，后者用于测试是否相等）是赋值语句语法的一部分，而不是运算符。

4　使用组合赋值运算符（+=、*=、/=等）时，先计算右侧的整个表达式，然后执行赋值，与优先级无关。例如，如果 x 的初始值为 12，则语句 x/=3+9 会将 x 设置为 1，而语句 x=x/3+9 会将 x 设置为 13。

5　赋值运算符包括 +=、-=、*=、/=、//=、**=、<<=、>>=、& =、^=、|=。其中，x op = y 等效于 x = x op y。但请注意第 4 条的内容。

6　如第 4 章提到的，布尔运算符使用短路逻辑。如果第一个操作数为 true，则运算符 **and** 返回第二个操作数。如果第一个操作数为 false，则运算符 **or** 返回第二个操作数。否则，直接返回第一个操作数而不会计算第二个操作数。

7　Python 使用布尔型转换函数 **bool()** 来确定一个值是 true 还是 false。对于数字值来说，0 为"false"。对于集合来说，空字符串或空集合为"false"。对于大多数类型，**None** 为"false"，除 None 之外的值都为"true"。（比较表达式，如 n>1，会直接返回 **True** 或 **False**。）结合上面两条规则，你应该能够理解为什么 Python 会有如下响应：

```
>>>print(None and 100)
None
>>>print(None or 100)
100
>>>print(not(''))
True
```

8　将 &、-、^ 和 | 与 set 对象一起使用时具有特殊作用，分别是求集合交集、差集、对称差（只出现在一个集合中的元素）和并集。

Python 中的内置函数

在本附录中，语法中的方括号不表示字面上的意思，而是表示可选项。

此附录中多次出现可迭代类型。一个可迭代对象可以是集合，例如字符串、列表或元组，或者其他实现了 **__iter__** 方法的任何对象。生成器和范围（**range** 函数的返回值）也是可迭代的。

一些函数（例如 **min** 和 **max**）要求一个序列或一组参数都是可排序的。要使数据是可排序的，必须保证小于运算符(<)对序列中的每两个元素都是有意义的。表 B.1 中列出了 Python 中最常用的内置函数。

表 B.1 最常用的内置函数

要完成的任务	可调用的函数
在 ASCII 码和字符格式之间转换	ch, ord
转换为二进制（binary）、八进制（oct）、十六进制（hex）字符串显示	调用同名函数
转换为 bool、bytes、complex、float、int、str、set 或 list 数据类型	调用同名函数
除法，求模和余数	divmod
格式化要输出的对象	format
生成一个整数序列	range
获取绝对值	abs
获取用户输入字符串	input
获取集合长度	len
获取对象类型	type, isinstance
求两个或多个值中的最大值	max
求两个或多个值中的最小值	min
合并两个或多个序列	map, zip
打开磁盘上的文件以进行读取或写入	open

507

要完成的任务	可调用的函数
输出或显示一系列值	print
对集合排序或反向排序	sorted, reversed
对小数进行舍入	round
对集合的元素求和	sum

abs(*x*)

返回数字参数 *x* 的绝对值。函数返回结果为非负数；因此，若参数 *x* 为负数，则返回 *x* 乘以 –1 的值。对于复数参数，函数将实部和虚部的向量长度作为非负数返回（也等于复数与它的共轭复数的乘积的平方根），函数使用勾股定理求出该值。例如：

```
>>> c = 3+4j
>>> abs(c)
5.0
```

实际上，以上示例（即在复数上使用 **abs** 绝对值函数）是一种使用勾股定理的简便方法!

all(*iterable*)

如果 *iterable* 参数生成的所有元素均为"true"，则返回 **True**，即对每个元素应用 **bool** 转换后，它们都变为 **True**。通常情况下，认为非零值和非空集合都为"true"。例如：

```
>>> all([1, 2, 4])
True
>>> all([1, 2, 0])
False
```

any(*iterable*)

如果 *iterable* 至少有一个元素为"true"，则返回 **True**。非零值和非空集合都被作为"true"处理。例如：

```
>>> any([0, 2, 0])
True
>>> any([0, 0, 0])
False
```

ascii(*obj*)

产生对象 *obj* 的纯 ASCII 表示，并将其作为字符串返回。如果在输出字符串中遇到非 ASCII 字符，则将它们转换为转义字符。

bin(*n*)

二进制基数转换。返回整数 *n* 的二进制字符串，使用 **0b** 前缀。非整数输入将引发 **TypeError** 异常。例如：

```
>>> bin(7)
'0b111'
```

bool(*obj*)

布尔转换。这是一个重要的转换函数，因为 **if** 和 **while** 语句以及 **filter** 函数会经常隐式调用它。

此函数根据 *obj* 的值返回 **True** 或 **False**。每个类都可以通过实现 **__bool__** 方法来决定该函数的执行方式，如果没有实现该方法，则默认返回 **True**。Python 中的类遵循以下一般准则。如果对象包含以下任意项，则会被转换为 **True**：

▶ 非零数值。对于复数来说，除 **0+0j** 之外的任何值都满足此条。

▶ 非空集合，包括非空的列表和字符串。

通常被转换为 **False** 的对象包括：

▶ 任何等于零的数值

▶ 长度为零的集合或序列、长度为零的字符串

▶ 特殊值 **None**

例如：

```
>>> class Blah():
    pass
>>> b = Blah()
>>> b.egg = 0
>>> bool(b)
True
>>> bool(b.egg)
False
```

在这个例子中，对象 b 被自动转换为 **True**，因为没有为类 Blah 定义 **__bool__** 方法，但 b.egg 等于 0，因此转换结果为 **False**。

bytes(*source*, *encoding*)

字节字符串转换。将字符串转换为字节字符串，字节字符串中每个元素的值都在 0 ~ 255 之间（含 0 和 255），并存储在单字节中。在 Python 3.0 中，Python 字符串通常使用 Unicode 或 UTF-8 编码表示，因此常规字符串的每个字符可能占用一个以上的字节。因此如果希望字符串的每个字符占用 1 字节，则需要将其转换为字节字符串。

例如：

```
>>> bs = bytes('Hi there!', encoding='utf-8')
>>> bs
b'Hi there!'
```

callable(*obj*)

如果对象 *obj* 可以作为函数调用，则返回 **True**。符合以下条件之一的对象会返回 **True**：*obj* 是在函数定义中指定的函数名称，或者是实现 **__call__** 方法的类的实例。

chr(*n*)

返回 Unicode 值为 *n* 的单字符字符串。这是 **ord** 函数的逆函数。在 Python 3.0 中，函数参数应小于 0x10FFFF，大于 0x10FFFF 的 *n* 值会引发 **ValueError** 异常。

例如：

```
>>> chr(97)
'a'
```

compile(*cmd_str*, *filename*, *mode_str*, *flags*=0, *dont_inherit*=False, *optimize*=–1)

compile 函数接受一个包含表达式、语句或代码块的字符串作为参数，具体内容取决于 *mode_str*。其返回一个可以用 **eval** 或 **exec** 函数调用的代码对象。*mode_str* 的可选值包括 **'exec'**、**'single'** 或 **'eval'**，分别表示编译模块、单个语句和表达式。

编译函数允许任意 Python 代码作为参数传入函数并会执行它，通过 **exec** 授予外部访问权限会产生重大的安全漏洞。除非有充分的理由，否则请避免使用这个函数。下面是一个简单的示例：

```
>>> command_str = '''
pi = 3.141592
print('pi/2 = ', pi/2)
'''
>>> cmd = compile(command_str, 'my_mod', 'exec')
>>> exec(cmd)
pi/2 = 1.570796
```

更多信息，请搜索在线帮助。请记住，很少有人使用此功能。如果你执行用户输入的任意代码，就等于把程序和系统的控制权限完全交给了用户。

complex(*real*=0, *imag*=0)

复数转换。参数 *real* 和 *imag* 都是可选的，并且它们的默认值均为 0。为其提供数字输入，该函数会有如下响应：

▶ 将 *imag* 参数乘以 1j，即虚数 i。

▶ 将其与 *real* 参数相加。

▶ 如果需要，可通过加或减 0j 来确保结果为一个复数（这通常发生在前两个操作后）。

上述这些简单的规则阐述了转换函数所做的工作。例如，函数默认返回一个零值复数：

```
>>> complex()
0j
```

还可以仅提供实数部分参数 *real*，创建一个虚部为 0j 的虚数，0j 指出该值为复数而不是实数。

```
>>> complex(5.5)
(5.5+0j)
```

此转换函数最常见的使用方法是为每个参数指定一个实数或整数。

```
>>> complex(3, -2.1)
(3-2.1j)
```

也可以仅指定第一个参数为复数，这样函数将按原样返回这个复数。

```
>>> complex(10-3.5j)
(10-3.5j)
```

还有一种情况是为两个参数都指定一个复数！这种情况仍然适用前面的规则。在这个示例中，*imag* 参数为 5j。函数照常将其乘以 1j，结果为 5j * 1j = -5。然后将该值与 *real* 参数 1 相加，得到结果 –4。

```
>>> complex(1, 5j)
(-4+0j)
```

complex(*complex_str*)

复数转换函数也可以接受形式为 'a+bj' 的字符串参数，但字符串中必须没有空格，且不需要使用第二个参数。字符串 a+bj 两边可以有括号。例如：

```
>>> complex('10.2+5j')
(10.2+5j)
>>> complex('(10.2+5j)')
(10.2+5j)
```

函数接受有效的复数字符串，即使该复数仅具有实部或虚部。当输入的复数没有虚部时，返回的结果也会用 0j 补全。例如：

```
>>> complex('2')
(2+0j)
>>> complex('3j')
3j
```

此函数的另一个用法是，只有在参数 *complex_str* 中才可以使用 j 来代替 1j。通常，为了与名为 j 的变量区分开必须将数字与 j 组合在一起使用。

```
>>> complex('1+j')
(1+1j)
```

注释 ▶ 可能会产生 -0j 而不是通常的 +0j 的复数值。例如，complex(2, 0) 返回 (2+0j)，而 complex(1, -1j) 返回 (2-0j)。这两个复数值可以用 == 进行比较，结果为 True，但用 is 进行比较时，结果为 False。这是由包含符号位的浮点表示引起的。0.0 和 -0.0 是两个不同的对象，即使它们在数学上相等。

◀Note

可参阅上一条关于 **complex** 的介绍了解其他的信息。

delattr(*obj*, *name_str*)

删除属性函数。从对象 *obj* 中删除一个属性，其中 *name_str* 是一个表示属性名称的字符串。例如：

```
my_dog.breed = 'St Bernard'
...
a_str = 'breed'
delattr(my_dog, a_str)
```

执行此语句后，对象 my_dog 不再具有 'breed' 属性。

如果 obj 中没有要删除的属性，则会引发 **AttrbuteError** 异常。另请参见 **hasattr** 和 **setattr** 函数。

dir([obj])

目录函数。返回可选参数 *obj* 的属性列表。如果 *obj* 是一个类，则返回该类的所有属性。如果 *obj* 不是一个类，则获取对象的类并显示该类的所有属性。

如果省略参数，则 **dir** 返回当前上下文（当前函数或模块）的属性列表。例如：

```
dir()     # 获取模块的属性
```

或者，从函数定义中获取属性：

```
def demo():
    i = 1
    j = 2
    print(dir())
```

调用 demo 函数将输出以下内容：

```
['i', 'j']
```

看起来很简单的 print(dir(i)) 函数会输出一个很长的列表，因为 i 是整数，而整数类（int）的属性列表很长。这与调用下面代码的结果是一样的。

```
print(dir(int))
```

divmod(*a*, *b*)

将 *a* 除以 *b* 并返回一个元组，其中包含 a/b 的商（向下舍入到最接近的整数），和 a% b 的结果（即除法的余数）。此函数通常与整数一起使用。例如：

```
quot, rem = divmod(203, 10)   # 结果是 20，余数是 3
```

参数 *a* 和 *b* 都可以是浮点数，但是在这种情况下，返回的两个数都是浮点数。其中，商没有小数部分，余数有。例如：

```
>>> divmod(10.6, 0.5)
(21.0, 0.09999999999999964)
```

生成的元组应为（21.0，0.1），但由于浮点值的舍入机制，实际结果有一点小的误差。你可以使用 **round** 函数来更正它。

enumerate(*iterable*, *start*=0)

枚举函数。以一个可迭代对象作为输入并返回一系列元组，每个元组都具有以下形式：

number, item

这里，*number* 是一个从 *start*（默认为 0）开始、步长为 1 的序列中的整数；*item* 是迭代器对象产生的项。

例如，如果要输出字符串列表中的每个字符串和它们的顺序编号，则可以使用以下循环：

```
beat_list = ['John', 'Paul', 'George', 'Ringo']
for n, item in enumerate(beat_list, 1):
    print('%s. %s' % (n, item))
```

将输出：

1. John
2. Paul
3. George
4. Ringo

顺便说一下，**enumerate** 函数产生的值是一个"enumerate"对象，其可以在 **for** 语句中使用，并且也可以像对其他可迭代对象一样，根据需要将其转换为列表或元组。在本例中，枚举对象按以下顺序生成从 1 开始的元组：

(1, item0), (2, item1), (3, item2)...

如果要输出此可迭代对象，则需要将其转换为列表，或者使用 **for** 循环逐个元素地输出，就像示例中所做的那样。

eval(*expr_str* [, *globals* [, *locals*]])

执行 *expr_str* 中包含的 Python 表达式。尽管这是编写紧凑代码的一种方式，但是如果你执行用户输入的任意代码，则可能存在风险，除非该应用程序仅供你自己使用。

以下示例对 Python 表达式求值并返回结果。

```
>>> a = 100
>>> eval('3 * a + 55')
355
```

字符串中必须包含一个表达式，而不是一个语句。因此，这里不能使用赋值语句。但是，表达式中可以包含函数调用，而函数调用又可以执行语句。

减少风险的一种方法是禁止访问符号变量。*globals* 参数在默认情况下也提供对本地变量的访问。将此参数设置为空字典可防止访问符号变量。（但是内置函数始终可以被访问。）

```
>>> eval('3 * 100 + 55', {}) # 可以运行
355
>>> eval('3 * a + 55', {})    # 报错：'a' 没有定义
```

保护代码安全的另一种方法是创建一个字典，其中包含可以访问的符号。然后将该字典作为 *globals* 参数传入函数：

```
>>> from math import *
>>> a = 25
>>> dict_1 = {'tan': tan, 'radians': radians, 'a': a }
>>> eval('1000 * tan(radians(a))', dict_1)
176.326980708465
```

这个语句的作用是通过创建字典限制 **eval** 仅可访问两个函数（**tan** 和 **radians**）和一个变量（**a**）。

使用 *locals* 参数的时候不多，但是可以使用它来限制对本地符号的访问。在这种情况下，通常不允许访问函数。

```
eval('a * a + 100', {}, locals())
```

注释 ▶ 尽管可以使用参数来保证 **eval** 函数的安全性，但如果你的应用程序从用户那里获取任意代码并执行，还是无法完全保证安全。黑客可以通过多种方式利用此类代码来搞垮系统。因此请小心使用。

exec(*object* [, *global* [,*locals*]])

参见 compile 和 eval 函数。只有高级的程序员才会使用 **compile** 和 **exec** 函数。由于它可能会产生很大的安全风险，通常应避免使用这些函数。

此函数对于多数人来说功能过于强大。使用它需要自行承担风险。

filter(*function, iterable*)

生成过滤后的值序列。将可迭代对象 *iterable* 中的每个元素依次传递给参数 *function*。参数 *function* 接受这个值作为函数参数并返回 **True** 或 **False**。

对于 *iterable* 中的元素，如果 function 返回 True，则将该元素包含在 filter 生成的序列中。否则，删除该元素。 在下面示例中，函数返回结果中仅包含负数。其他值被过滤掉了。

```
def is_neg(x):
    return x < 0

my_list = [10, -1, 20, -3, -2.5, 30]
print(list(filter(is_neg, my_list)))
```

filter 产生的结果是一个可迭代对象。可以将其转换为列表并输出该列表。上述示例的最后一行将输出以下内容：

```
[-1, -3, -2.5]
```

参数 *function* 可以为 **None**。在这种情况下，**filter** 函数的返回结果中包含的元素是布尔转换结果为 **True** 的元素。（通常，任何非零值或非空集合的布尔值都为 true。）

float([*x*])

浮点数转换。如果指定了可选参数 *x*，则返回将 *x* 转换为的浮点数。可以被成功转换为浮点数的类型包括数字类型（如整数）和包含浮点数有效表示形式的字符串。

字符串可以包含如 '4.105'、'-23E01' 和 '10.5e-5' 等的数值表示形式。正、负无穷大也可以表示为 'Infinity'、'-Infinity'、'inf' 和 '-inf'。

```
n = 1
yyy = float(n)            # 将 1.0 赋值给 yyy
amt = float('-23E01')     # 将 -23E01 赋值给 amt
```

如果不指定参数，则返回值为 0.0。请注意，这里的方括号表示参数 *x* 是可选的。

```
amt = float()          # 将 0.0 赋值给 amt
```

format(*obj*, [*format_spec*])

格式化字符串函数，使用第 5 章中所述的语法对字符串进行格式化。如果指定了可选参数 *format_spec*，则将该参数作为格式化规范。如果没有指定 *format_spec*，则该对象将被转换为其标准 **__str__** 表示形式。无论哪种情况，函数都会返回一个字符串。

例如：

```
>>> format(1000000, ',')
'1,000,000'
```

字符串类（**str**）的 **__format__** 方法为每个输出字段调用一次 **format** 函数，输出结果是调用对象的 **__format__** 方法（如果已定义）的结果，或者（默认情况下）调用其 **__str__** 方法的结果。

frozenset([iterable])

返回一个 **frozenset** 对象，它是 **set** 类的不可变版本。请注意，下面的示例中的括号表明该输入参数是一个元组。

```
>>> frozenset((1, 2, 2, 3, 3, 4, 1))
frozenset({1, 2, 3, 4})
```

如果省略了 *iterable* 参数，则返回空的 **frozenset**。

getattr(*obj*, *name_str* [,*default*])

获取属性函数。返回对象 *obj* 的属性值，此值可以是任何类型。参数 *name_str* 是属性名称字符串。如果属性不存在，则返回默认值。但是如果属性不存在并且没有设置默认值，则会引发 **AttributeError** 异常。

下面的示例假定存在一个 Dog 类。

```
>>> d = Dog()
>>> d.breed = 'Bulldog'
>>> attr_name = 'breed'
```

```
>>> getattr(d, attr_name)
'Bulldog'
```

另请参见 **delattr_hasattr** 和 **setattr** 函数。

globals()

返回一个字典，其中包含当前正在执行的模块的全局变量的名称和值。

hasattr(*obj*, *name_str*)

如果对象 *obj* 具有名为 *name_str* 的属性，则返回 True。下面的示例假定 *my_dog* 是 Dog 类的一个实例：

```
>>> my_dog.breed = 'Husky'
>>> nm = 'breed'
>>> hasattr(my_dog, nm)
True
```

hash(*obj*)

返回指定对象 *obj* 的哈希值。此哈希值可以在数据字典中使用：只要对象 *obj* 提供哈希值，这个对象就可以被用作字典的键。不支持此函数的对象所属的类不可"哈希化"（hashable），也不能被用作字典的键。

该函数是通过调用对象类的 **__hash__** 方法来实现的。更多信息，请参见第 9 章。

除了测试，很少会直接调用 **hash** 函数或 **__hash__** 方法。要记住的一点是，如果你编写一个类并希望将类的实例用作字典中的键，那么请确保在这个类中实现了 **__hash__** 方法。

help([*obj*])

输出指定对象类的帮助文档。通常在 IDLE 中使用。如果未指定任何对象，则显示 Python 帮助系统的介绍页面。

hex(*n*)

十六进制转换。返回整数 *n* 的十六进制形式的字符串，包括前缀 **0x**。输入除整数外的其他内容会引发 **TypeError** 异常。

例如：

```
>>> hex(23)
'0x17'
```

id(*obj*)

返回对象 *obj* 的唯一标识。如果两个变量（obj1 和 obj2）具有相同的标识，则表达式 **obj1 is obj2** 将返回 **True**，这意味着它们引用内存中的同一个对象。（注意勿与相等性测试 == 混淆，== 的限制性较少。）

input([*prompt_str*])

输入函数。用户输入零个或多个字符并按 Enter 键后，返回用户输入的字符串。如果指定了参数 *prompt_str*，则会输出一个字符串来提示用户，例如 "Enter name here:"。提示字符串后不会自动显示多余的空格，如果需要请自行添加到字符串中。例如：

```
my_name = input('Enter your name, please: ')
my_age = int(input('Enter your age, please: '))
```

int(*x*, *base*=10)

整数转换函数。函数接受一个数值或一个包含有效整数的字符串作为参数，然后返回整数值（integer）。如果指定了参数 *base*，则 *base* 为参数 *x* 的基数。默认情况下，参数 *base* 的值为 10，表示使用十进制基数，*base* 也可以为其他的基数，例如 2（二进制）、8（八进制）或 16（十六进制）。例如：

```
>>> int('1000', 16)
4096
```

函数的第一个参数 *x*，可以是其他数字类型的对象，例如浮点数。转换函数会截断它的小数部分。例如：

```
>>> int(3.99), int(-3.99)
(3, -3)
```

要使用不同的舍入方法舍入到最接近的整数（或任何有效数字），请参见 **round** 函数。

int()

无参数的 **int** 转换函数，返回整数值 0。

另请参见 **int** 的上一个条目。

isinstance(*obj*, *class*)

如果对象 *obj* 是指定类 *class* 或其派生类的实例，则返回 **True**。推荐使用本函数代替 **type** 函数。函数第二个参数也可以是元组类型的值，在这种情况下如果对象 *obj* 是元组中任何类的实例，则此函数返回 **True**。

issubclass(*class1*, *class2*)

如果 *class1* 是 *class2* 的子类，或者两者是同一个类，则返回 **True**。如果 *class1* 不是一个类，则会引发 **TypeError** 异常。与 **isinstance** 函数一样，其第二个参数也可以是元组类型的值。

例如：

```
>>> class Floopy(int):
    pass

>>> f = Floopy()
>>> issubclass(Floopy, int)
True
>>> issubclass(int, Floopy)
False
>>> issubclass(int, int)
True
>>> issubclass(f, int)  # 类型错误：f 不是一个类
```

iter(*obj*)

迭代函数。函数接受一个可迭代对象 *obj* 作为参数，可迭代对象指的是一个能返回迭代器的对象，标准的集合、序列、生成器都是可迭代对象。

调用函数时，如果接受的参数 *obj* 不是可迭代对象，则会引发 **TypeError** 异常。如果 *obj* 是可迭代的，则函数返回一个迭代器对象。可使用 next 函数调用该对象来实现逐元素遍历序列中的值。

下面举一些例子帮助你理解。首先，如果 *obj* 不是可迭代对象，则不能合法

地调用 iter(obj) 函数。例如：

```
>>> gen = iter(5)        # 报出 TypeError 错误
```

但如果 *obj* 是一个列表，则该函数调用是合法的，即使 *obj* 是一个仅包含一个元素的简短列表，如下例所示。

```
>>> gen = iter([5])
```

当然，更常见的用法是在包含至少两个成员的长列表上使用 **iter** 函数。然后，返回对象（被称为迭代器或生成器）中的元素可以用 **next** 函数依次访问。例如：

```
>>> gen = iter([1, 2, 3])
>>> next(gen)
1
>>> next(gen)
2
>>> next(gen)
3
>>> next(gen)            # 引发 StopIteration 异常
```

iter 函数的作用是调用可迭代对象类（例如集合或生成器）的 __iter__ 方法，而 next 函数的作用是调用迭代器对象的 __next__ 方法。需要注意这是两个步骤。

▶ 在可迭代对象上调用 **iter** 函数返回迭代器对象（例如上例中的 **gen**）。有时 **iter** 函数会被隐式调用，**for** 循环自动执行这个操作。

▶ 在迭代器对象上调用 **next** 函数，可以获取迭代器产生的下一个值。**for** 循环也会自动执行这个操作。

len(*sequence*)

返回参数序列中存储的元素个数，参数 *sequence* 通常是一个集合，也可以是 **range** 函数生成的序列。若参数是一个字符串，则返回字符串中的字符个数。

```
>>> len('Hello')
5
```

len 函数通常通过调用对象所属类的 __len__ 方法来实现。

值得注意的是，尽管 **range** 函数生成的序列支持 **len** 函数，但不能保证其他生成器生成的序列也可以在 **len** 中使用。

list([*iterable*])

列表转换函数。接受一个可迭代对象作为参数，返回一个列表。如果使用的是生成器对象，则生成器的值必须是有限的。

如果参数 *iterable* 是一个字符串，则函数返回一个单字符字符串的列表。

```
>>> print(list('cat'))
['c', 'a', 't']
```

语法中的方括号表示参数 *iterable* 是可选参数。如果未指定 *iterable*，则此函数返回一个空列表 []。

```
>>> new_list = list()     # 将 new_list 初始化为空列表
>>> new_list
[]
```

locals()

返回一个包含本地符号表中的值信息的字典。该字典不应被直接更改。例如：

```
>>> def foobar():
        a = 2
        b = 3
        c = 1
        print(locals())

>>> foobar()
{'a':2, 'b':3, 'c':1}
```

map(*function*, *iterable1* [, *iterable2*···])

接受一系列可迭代对象参数，返回另一个可迭代对象，返回的可迭代对象可在 **for** 语句中使用，或者通过调用列表转换函数将其转换为列表。

参数 *function* 是一个可调用的函数，这里的 *function* 必须接受与后面 *iterable1* [, *iterable2*···] 可迭代对象数量相同的参数。

每次调用 *function* 时，其将依次接受每个可迭代对象中的一个元素作为参数；然后将 *function* 函数运行的结果放入由 **map** 函数生成的结果序列中。任何一个可迭代对象参数中的元素被用尽后，函数停止运行。

例如：

```
>>> def multy(a, b, c):
    return a * b * c

>>> m = map(multy, [1, 20], [1, 20], [1, 50])
>>> print(list(m))
[1, 20000]
```

在上面的示例中，输出结果为 [1, 20000]，因为 1 * 1 * 1 产生 1，而 20 * 20 * 50 产生 20000。

map 函数最少可使用一个 *iterable* 参数。但是，在这种情况下列表推导式通常是更好的解决方案。

max(*arg1* [, *arg2*]···)

返回一系列参数中（一个或多个参数）的最大值。请参见下面关于 max 的条目，以获取更多有关 max 函数的信息。

```
>>> max(1, 3.0, -100, 5.25)
5.25
```

max(*iterable*)

返回有限迭代器（可以是集合、序列或生成器对象）中的最大元素。在 Python 3.0 中，要求 *iterable* 中的所有元素必须相对于其他元素是可排序的，否则将引发 TypeError 异常。

当两个元素之间支持小于运算符（<）时，可以将它们排序。这意味着 __lt__ 魔术方法必须支持所有的元素组合。

请注意，除复数外，所有内置数字类型都可以两两排序。

例如：

```
>>> from fractions import Fraction
>>> a_list = [1, Fraction('5/2'), 2.1]
>>> max(a_list)
Fraction(5, 2)
```

另请参见上面关于 max 函数的介绍。

min(*arg1* [, *arg2*]···)

返回一系列参数中（一个或多个参数）的最小值。请参见下面关于 **min** 的条目。

```
>>> min(1, 3.0, -100, 5.25)
-100
```

min(*iterable*)

返回有限迭代器（可以是集合、序列或生成器对象）中的最小元素。在 Python 3.0 中，要求 **iterable** 中的所有元素必须相对于其他元素是可排序的，否则将引发 **TypeError** 异常。

如果两个元素之间支持小于运算符（**<**），则可以将它们排序。这意味着 **__lt__** 魔术方法必须支持所有的元素组合。

请注意，除复数外，所有内置数字类型都可以两两排序。

例如：

```
>>> from fractions import Fraction
>>> a_list = [1, Fraction('5/2'), 2.1]
>>> min(a_list)
1
```

另请参见上一条关于 **min** 函数的介绍。

oct(*n*)

返回整数 *n* 的八进制表示形式的字符串，包括八进制前缀（**0o**）。除整数外的其他输入都会导致 Python 引发 **TypeError** 异常。

例如：

```
>>> oct(9)
'0o11'
```

open(*file_name_str*, *mode*='rt')

尝试打开名为 **file_name_str** 的文件，文件名参数可以包含文件的完整路径，也可以是相对于当前目录的相对路径。如果打开文件成功，则返回文件对象。如果打开不成功，则会引发异常，例如 **FileNotFoundError** 异常。

参数 *mode* 是一个长度为两个字符或三个字符的字符串。其中一个字符可以

是 'ᵗ' 或 'b'，表示以文本形式或二进制形式访问文件。默认值为 'ᵗ'。

另外一个或两个字符决定文件的访问模式是读、写还是读／写。默认值为读取模式 'r'。表 B.2 显示了可以与 'ᵗ' 或 'b' 组合在一起使用的读／写模式参数。

表 B.2　文件读／写模式

文件读／写模式	描述
r	文件读取模式。该文件必须已经存在
w	文件写入模式。该文件将被完全替换
a	追加模式。将文件指针设置为指向文件末尾，则现有内容不会被擦除
w+	文件读／写模式。打开文件并将文件截断为零字节，即全部擦除重新写入
r+	文件读／写模式。打开文件但不执行任何截断
x	新建文件并进行写入操作。如果文件已经存在，则会引发异常

下面是一个简单的示例，以二进制写入模式（'wb'）打开文件：

```
f = open('mydata.dat', 'wb')
```

该函数还有许多其他可选参数，这些参数在特殊情况下使用，本附录中未涵盖。包括 *buffering*，默认值为 –1；以及 *encoding*、*errors* 和 *newline*，它们的默认值均为 **None**。

注释 ▶ 打开文件后，可以通过调用 **file** 类的 **close** 方法来关闭文件，**file** 类还包括许多其他 I/O 方法。也可以使用 **with** 关键字自动关闭文件，如附录 E 中所述。

◀ Note

ord(*char_str*)

序数值函数。返回表示参数 *char_str* 中字符的 ASCII 或 Unicode 字符编码的数字。参数 *char_str* 是仅包含一个字符的字符串。如果 *char_str* 不是字符串，或者包含多个字符，则会引发 **TypeError** 异常。

ord 函数是 **chr** 函数的反函数。

```
>>> chr(ord('a'))
'a'
```

pow(*x*, *y* [, *z*])

幂函数。返回表达式 x ** y 表示的值，即返回 x^y（x 的 y 次方）。如果指

定了参数 z，则函数返回 x ** y % z（将幂运算结果除以 z，然后返回余数）
表示的值。例如：

```
>>> pow(2, 4)
16
>>> pow(2, 4, 10)
6
>>> pow(1.1, 100)
13780.61233982238
```

该示例的意思是，一美元按照每年 10% 的复利增长，100 年后将超过 $13000。
（所有美好的事物都属于那些愿意等待的人！）

print(*objects*, *sep*=' ', *end*='\n', *file*=sys.stdout)

通用输出函数。获取 *objects* 每个对象的字符串表示形式并输出它们。默认
情况下，**print** 函数在 *objects* 对象之间输出一个空格；也可以使用 *sep* 参数指
定其他分隔符，例如一个空字符串，这样输出的元素间没有分隔符。

另一个参数是 *end*，默认为换行符。这个参数指定在函数输出的字符串的末
尾自动添加的字符。该参数通常被设置为空字符串，这样函数调用者可以更好
地控制输出结尾的字符。

该函数的默认输出目标是标准输出（即 **sys.stdout**）。

下面是一个使用分号加空格作为自定义分隔符的示例。

```
s1 = 'eenie'
s2 = 'meenie'
s3 = 'Moe'
print(s1, s2, s3, sep='; ')
```

其输出为：

```
eenie; meenie; Moe
```

print 函数通过调用每个要输出的对象的 __str__ 函数来获取输出内容。

range(*n*)

返回一个从 0 开始，直到 *n*（不包含）的整数序列。因此，range(*n*) 产生 0，
1，2，……，*n*-1 的序列。可以在 **for** 语句中直接使用此序列。但是如果你希望

这个序列具有完全的列表功能（以便可以输出或索引元素），则需要对其进行列表转换。

```
>>> list(range(5))
[0, 1, 2, 3, 4]
```

表达式 `range(len(collection))` 返回对应于集合的所有有效非负索引的一个整数序列。

请记住，**range** 生成 0 ~ *n* 的整数序列，但值 *n* 本身不包含在生成的序列中。

range(*start*, *stop* [, *step*])

返回一个整数序列，与上一条类似。其中，*start* 参数指定序列的开始值；*stop* 参数指定序列的结束值。函数生成 *start* 到 *end* 但不包括 *end* 值的整数序列。如果指定 *step* 参数，则生成序列中后一个元素比前一个元素大 *step*。

如果 *step* 参数为负数，则生成的序列中元素依次减小。函数生成从 *start* 到 *end* 但不包括 *end* 的递减整数序列，例如：

```
>>> list(range(1, 7, 2))
[1, 3, 5]
>>> list(range(5, 1, -1))
[5, 4, 3, 2]
```

更多有关该函数的信息，请参阅上一条关于 **range** 函数的介绍。

repr(*obj*)

生成一个 *obj* 对象的字符串表示形式，类似于 **str** 字符串转换函数。但是，**str** 返回 *obj* 的标准字符串表示形式，而 **repr** 返回 *obj* 在代码中的规范表示形式。因此，**str** 函数照原样输出字符串（不带引号），而 **repr** 函数则输出带引号的字符串，因为那是字符串在 Python 代码中的显示形式。

例如：

```
>>> my_str = "Hi, I'm Brian!"
>>> print(repr(my_str))
"Hi, I'm Brian!"
```

以上示例中的最后两行代码等效于下面的代码，因为在 IDLE 中使用 **repr** 函数来显示对象的值，而不是将对象传递给 **print** 函数进行显示。

```
>>> my_str
```
"Hi, I'm Brian!"

repr 函数通过调用对象所属类的 __repr__ 方法实现显示。

reversed(*iterable*)

生成一个源数据的反向生成器，它反向遍历 *iterable* 参数中的元素。该函数最常在 **for** 循环中使用。也可以使用列表转换函数将其转换为列表。

例如：

```
>>> print(list(reversed([1, 2, 3])))
[3, 2, 1]
```

从技术上讲，可以生成字符串的反向生成器并显示有意义的结果。但是要实现以上功能有点难，并且需要使用列表和 **join** 函数。否则会发生下面情况：

```
>>> str(reversed('Wow, Bob, wow!'))
'<reversed object at 0x11124bc88>'
```

这里的问题在于，在字符串上使用 **reversed** 函数会生成一个生成器对象，而不是字符串。可以使用其他的方法来完成该任务，其中最简单的方法是直接在字符串上使用切片。如下例所示：

```
>>> 'Wow, Bob, wow!'[::-1]
'!wow ,boB ,woW'
```

round(x [,*ndigits*])

返回数值 x 舍入后的值，参数 *ndigits* 指示要在数字中哪个位置进行舍入。具体地说，*ndigits* 是一个整数，其指示舍入时小数点右边保留多少位小数。*ndigits* 为负数表示舍入的位置在小数点的左侧。

ndigits 值为 0 会将 x 舍入到最接近的整数值。*ndigits* 值为 1 会将 x 舍入到最接近的十分之一值，而 *ndigits* 值为 –1 会将 x 舍入到最接近的 10 的倍数值。

如果未指定 *ndigits* 的值，则 round 函数将 x 舍入到最接近的整数，并将结果以整数而非浮点数返回。（语法中的方括号表示此参数是可选的。）

例如：

```
>>> round(12.555, 1)
12.6
>>> round(12.555, 2)
```

```
12.56
>>> round(12.555, 0)
13.0
>>> round(12.555)
13
>>> round(12.555, -1)
10.0
```

默认情况下，舍入机制会根据结果中最低有效数字右边的数字值向上或向下舍入。如果数字大于等于 5，则向上舍入；如果数字小于等于 4，则向下舍入。此规则对正数和负数都适用，"向上舍入"会产生一个离 0 更远的值。例如：

```
>>> round(-55.55)
-56
```

set([*iterable*])

集合（set）转换函数。如果省略 *iterable* 参数，则结果为空集合（set）。这是在 Python 中表示空集合(set)的标准方式，因为 {} 表示空字典而不是空集合。

```
empty_set = set()
```

如果 *iterable* 参数不为空，则结果集合中包含可迭代对象中的所有元素，但其中的重复项将被删除，并且元素的顺序变得不重要。例如：

```
>>> my_list = [11, 11, 3, 5, 3, 3, 3]
>>> my_set = set(my_list)
>>> my_set
{3, 11, 5}
```

setattr(*obj*, *name_str*, *value*)

属性设置函数。尽管大多数对象的属性都是直接设置的，这个函数使你可以在运行时设置一个属性，而不是硬编码到程序中。用这样的方式，可以在程序运行时确定属性的名称。属性名称可以由用户提供，也可以由程序从数据库中获取。

可以通过以下方式设置 Dog 对象的属性 breed：

```
d = Dog()
d.breed = 'Dane'
```

但是，如果 Dog 的属性值在程序运行前是未知的，则可以使用下面的语句完成属性的设置。在下例中，将 d 的 breed 属性设置为 'Dane'。

```
attr_str = 'breed'
...
setattr(d, attr_str, 'Dane')  # 设置 d.breed = 'Dane'
```

sorted(*iterable* [, *key*] [, *reverse*])

产生一个列表，列表中包含排好序的可迭代对象 *iterable* 中的元素。参数 *iterable* 中的所有元素必须是相同的数据类型或兼容的数据类型，任意两个元素之间可以使用小于（<）运算符来确定大小和顺序。如果不满足上述条件，则会引发 TypeError 异常。

下面是一个简单的示例：

```
>>> sorted([5, 0, 10, 7])
[0, 5, 7, 10]
```

sorted 函数产生一个列表，而 reversed 函数产生一个可迭代对象。参数 *key* 是一个返回排序值的函数。如果 *reverse* 为 True，则表示按从高到低的顺序排序。使用的每个参数必须是关键字参数。

str(*obj*='')

返回对象 *obj* 的字符串表示形式。如果未指定 *obj*，则函数返回一个空字符串。

通过调用 *obj* 对象所属类的 __str__ 方法来实现转换。如果该类未定义 __str__ 方法，则默认调用它的 __repr__ 方法。在很多情况下，这两种方法得到的结果相同。两者的区别在于 __repr__ 方法返回的是对象在代码中的表示形式，例如，字符串对象两边会有引号。

除了用于输出，此字符串转换函数还有其他的用途。例如，如果要统计数字中包含 0 的个数，则可以使用此函数。

```
>>> n = 10100140
>>> s = str(n)
>>> s.count('0')
4
```

str(*obj*=b' ' [, *encoding*='utf-8'])

此版本的 **str** 函数将一字节字符串（**bytes** 字符串，由单字节组成）转换为一个标准的 Python 字符串，Python 标准字符串可以使用两个或更多字节来存储单个字符。例如：

```
bs = b'Hello!'    # 保证恰好占用 6 字节
s = str(bs, encoding='utf-8')
print(s)          # 输出普通字符串，每个字符可能占用多个字节
```

另请参阅上一条中对 str 函数的介绍。

sum(*iterable* [, *start*])

返回可迭代对象 *iterable* 中各元素的总和。所有元素必须是数字。它们所属类必须支持彼此之间和整数类型对象的 **__add__** 方法。本函数不会进行字符串连接操作。

将这个函数应用于数字列表、元组和集合非常方便。例如，下面是一个简单的函数，可以用来获取数字集合内各元素的平均值：

```
def get_avg(a_list):
    return sum(a_list)/len(a_list)
```

下面是代码执行示例：

```
>>> get_avg([1, 2, 3, 4, 10])
4.0
```

sum 函数可以在其他类型的可迭代对象上使用，例如生成器，只要它产生有限的序列即可。例如：

```
>>> def gen_count(n):
    i = 1
    while i <= n:
        yield i
        i += 1

>>> sum(gen_count(100))
5050
```

sum(gen_count(100)) 的作用是返回 1 ~ 100 的所有数字的和。

super(*type*)

返回指定类型的超类（父类）。从类继承且希望调用父类的特定方法（例如 `__init__`）时可使用该函数。

tuple([*iterable*])

元组转换。返回可迭代对象 *iterable* 内元素的不可变序列，要求 *iterable* 中的元素数是有限的。方括号表示 *iterable* 是可选参数，如果省略，则返回的空元组。

type(*obj*)

返回 *obj* 的类型，可以在程序运行时使用 **==** 或 **is** 关键字将其与其他类型进行比较。例如：

```
>>> i = 5
>>> type(i) is int
True
>>> type(i) == int
True
```

在 Python 中，**type** 函数通常用于确定参数类型。它使你能够以不同的方式响应不同类型的参数。但是，通常建议使用 **isinstance** 函数代替 **type** 函数，因为 **isinstance** 函数在运行时不仅判断对象是否是类的实例，还会判断它是否是类的子类。

zip(*iterables)

从一系列参数中返回一个元组序列。返回结果中的元组为（**i1**，**i2**，**i3**，…，**iN**），其中 **iN** 是第 *N* 个可迭代对象产生的值。元素最少的一个参数被耗尽后，函数停止生成元组。

我们举一个例子。下面的示例演示如何利用 **zip** 函数创建一个由两个列表的和组成的新列表：将 *a* 中的每个元素与 *b* 中的相应元素相加。

```
a = [1, 2, 3]
b = [10, 20, 30]
c = [i[0] + i[1] for i in zip(a, b)]
```

输出的结果如下：

```
[11, 22, 33]
```

如果将表达式 zip(a, b) 的结果转换为列表并输出，则会生成一个元组列表，如下所示：

```
>>> a_list = list(zip(a, b))
>>> a_list
[(1, 10), (2, 20), (3, 30)]
```

下面的例子产生相同的结果。不过比较上一个示例的前三行与下面的代码，你会发现下面的代码更加复杂且难以维护。

```
a = [1, 2, 3]
b = [10, 20, 30]
c = []
for i in range(min(len(a), len(b))):
    c.append(a[i] + b[i])
```

集合（Set）方法

本附录列出了 **set** 类型的方法。不包括该类型可以使用的函数，例如 **len**。函数的说明，请参阅附录 B。

表 C.1 中列出了常用的 set 方法。

表 C.1　常用的 set 方法

要完成的任务	可调用的方法
将元素添加到 set	**add**
清除 set 中的所有内容	**clear**
复制另一 set 中的所有内容	**copy**
从 set 中删除元素	**discard, pop, remove**
判断一个 set 是另一个 set 的子集或超集	**issubset, issuperset**
执行差集运算（set 相减）	**difference, symmetric_difference**
执行交集运算	**intersection**
执行并集运算	**union**

注意: 要确定某个元素是否为特定 set 集合的成员，可以使用 **in** 关键字。

set_obj.add(*obj*)

将对象 *obj* 添加到现有集合 *set_obj* 中。如果 *obj* 已经是现有集合的成员，则该方法不产生任何效果。不论是否成功添加元素，**add** 方法均返回 **None**。例如:

```
a_set = {1, 2, 3}
a_set.add(4)          # 将 4 添加到集合 a_set 中
```

现在集合 a_set 的值为 {1, 2, 3, 4}。

set_obj.clear()

清除现有集合中的所有元素。不接受任何参数，返回值为 **None**。

```
a_set.clear()
```

set_obj.copy()

返回集合 set_obj 的一个逐成员拷贝（浅拷贝）的副本。例如：

```
a_set = {1, 2, 3}
b_set = a_set.copy()
```

执行这些语句后，b_set 与 a_set 具有相同的内容，但是它们是两个独立的集合，因此对其中一个集合的更改不会影响另一个集合的内容。

set_obj.difference(*other_set*)

返回一个包含 *set_obj* 中所有不在 *other_set* 中的元素的集合。例如：

```
a_set = {1, 2, 3, 4}
b_set = {3, 4, 5, 6}
c = a_set.difference(b_set)
print(c)                       # 输出 {1, 2}
print(b_set.difference(a_set)) # 输出 {5, 6}
```

也可以使用减号（-）进行差集运算，产生的结果相同，并且代码更紧凑。

```
print(a_set - b_set)           # 输出 {1, 2}
```

set_obj.difference_update(*other_set*)

执行与 **difference** 方法相同的操作，不同的是，该方法返回的结果被放回到 *set_obj* 中，且方法的返回值为 **None**。

使用集合相减赋值运算符（-=）也可以执行相同的操作。

```
a_set -= b_set         # 将集合相减的结果放在 a_set 中
```

set_obj.discard(*obj*)

从 *set_obj* 中删除元素 *obj*。返回值为 **None**。执行与 **remove** 方法相同的操作，但是当 *obj* 不是当前集合的成员时不会引发异常。

```
a_set = {'Moe', 'Larry', 'Curly'}
a_set.discard('Curly')
print(a_set)                    # 输出 {'Moe', 'Larry'}
```

set_obj.intersection(*other_set*)

返回 *set_obj* 和 other_set 的交集，该交集由这两个集合的共同元素组成。
如果两个集合没有共同的元素，则返回空集合。例如：

```
a_set = {1, 2, 3, 4}
b_set = {3, 4, 5, 6}
print(a_set.intersection(b_set))  # 输出 {3, 4}
```

使用集合相交运算符（ & ）也可以执行相同的操作。

```
print(a_set & b_set)                    # 输出 {3, 4}
```

set_obj.intersection_update(*other_set*)

执行与 **intersection** 方法相同的操作，不同的是，该方法返回的结果被放
回到 *set_obj* 中，且方法的返回值为 **None**。

使用结合相交赋值运算符（ **&=** ）也可以执行相同的操作。

```
a_set &= b_set          # 将集合相交的结果放在 a_set 中
```

set_obj.isdisjoint(*other_set*)

根据两个集合 *set_obj* 和 *other_set* 是否完全不相交，返回 **True** 或 **False**，
返回 **True** 说明两个集合没有共同的元素。

set_obj.issubset(*other_set*)

如果集合 *set_obj* 是 *other_set* 的子集，则返回 **True**。如果两个集合相等，
也会返回 **True**。例如：

```
{1, 2}.issubset({1, 2, 3})      # 返回 True
{1, 2}.issubset({1, 2})         # 返回 True
```

set_obj.issuperset(*other_set*)

如果集合 *set_obj* 是 *other_set* 的超集，则返回 **True**。如果两个集合相等

也会返回 **True**。例如：

```
{1, 2}.issuperset({1})        # 返回 True
{1, 2}.issuperset({1, 2})     # 也返回 True
```

set_obj.pop()

从集合中随机弹出一个元素，然后将这个元素删除。例如：

```
a_set = {'Moe', 'Larry', 'Curly'}
stooge = a_set.pop()
print(stooge, a_set)
```

这个示例可能输出以下内容：

```
Moe {'Larry', 'Curly'}
```

set_obj.remove(*obj*)

从集合 *set_obj* 中删除指定的元素 *obj*。它执行与 **discard** 方法相同的操作，不同之处在于，如果 *obj* 不是当前集合的元素，则会引发 **KeyError** 异常。

set_obj.symmetric_difference(*other_set*)

返回两个集合中不重复元素的集合，这些元素或是 *set_obj* 中的元素或是 *other_set* 中的元素，但不同时存在于两个集合中。例如：

```
a_set = {1, 2, 3, 4}
b_set = {3, 4, 5, 6}
print(a_set.symmetric_difference(b_set))
```

这段代码的输出结果为 $\{1, 2, 5, 6\}$.

使用对称差集运算符（^）可以执行相同的操作。

```
print(a_set ^ b_set)        # 输出 {1, 2, 5, 6}
```

set_obj.symmetric_difference_update(*other_set*)

执行与 **symmetric_difference** 方法相同的操作，不同的是，该方法将返回的结果放回到 *set_obj* 中，且方法的返回值为 **None**。

使用对称差集赋值运算符（^=）可以执行相同的操作。

```
a_set ^= b_set        # 将对称差集的结果放在 a_set 中
```

set_obj.union(*other_set*)

返回集合 *set_obj* 和 *other_set* 的并集，该集合包含同时出现在两个集合中的所有元素。例如：

```
a_set = {1, 2, 3, 4}
b_set = {3, 4, 5, 6}
print(a_set.union(b_set))   # 输出 {1, 2, 3, 4, 5, 6}
```

使用并集运算符（|）可以执行相同的操作。

```
print(a_set | b_set)        # 输出 {1, 2, 3, 4, 5, 6}
```

set_obj.union_update(*other_set*)

执行与 **union** 方法相同的操作，不同的是，该方法将返回的结果放回到 *set_obj* 中，且方法的返回值为 **None**。

使用集合并集赋值运算符（|=）也可以执行相同的操作。

```
a_set |= b_set        # 将并集的结果放在 a_set 中
```

并集赋值运算符提供了一种扩展集合的简便方法。例如：

```
a_set = {1, 2, 3}
a_set |= {200, 300}
print(a_set)              # 输出 {1, 2, 3, 200, 300}
```

 # 字典（Dictionary）方法

本附录列出了字典类型的方法。不包括该类型可以使用的函数，例如 `len`。函数的说明，请参阅附录 B。

表 D.1 中列出了常用的字典方法。

表 D.1　常用的字典方法

要完成的任务	可调用的方法
从另一个字典添加键 / 值对到当前字典中	`update`
清除字典中的所有内容	`clear`
复制另一个字典中的所有内容	`copy`
删除一个键和它的关联值	`pop`
通过字典的键获取值；如果键不存在，则返回默认值（例如 `None`）	`get`
获取包含所有值的序列	`values`
获取包含所有键的序列	`keys`
获取所有键 / 值对	`items`
获取指定键对应的值。如果键不存在则插入默认值	`setdefault`

dict_obj.clear()

清除当前字典 *dict_obj* 中的所有元素。不接受任何参数，返回值为 `None`。

```
a_dict.clear()
```

dict_obj.copy()

返回字典 *dict_obj* 的一个逐成员拷贝（浅拷贝）的副本，例如：

```
a_dict = {'pi': 3.14159, 'e': 2.71828 }
b_dict = a_dict.copy()
```

539

执行这些语句后，b_dict 与 a_dict 具有相同的内容，但是它们是两个独立的字典，因此对其中一个字典的更改不会影响另一个字典的内容。

dict_obj.get(key_obj, default_val = None)

返回字典 *dict_obj* 中指定键关联的值。如果找不到该键，方法返回 *default_val*，如果未指定 *default_val*，则返回 **None**。例如：

```
v = my_dict.get('BrianO')
if v:
    print('Value is: ', v)
else:
    print('BrianO not found.')
```

可以使用 **get** 方法创建词频直方图。假设 **wrd_list** 是一个字符串列表，其中每个字符串包含一个单词，则我们可以使用以下方式生成一个列表，并创建一个空字典。

```
s = 'I am what I am and that is all that I am'
wrd_list = s.split()
hist_dict = {}
```

现在，可以使用 **get** 方法来统计各个单词出现的词频。

```
for wrd in wrd_list:
    hist_dict[wrd] = hist_dict.get(wrd, 0) + 1
print(hist_dict)
```

以上这些语句维护字典中单词 / 出现频率形式的键 / 值对。每次找到新单词时，将单词作为键，1 作为值的键 / 值对添加到现有字典中。如果找到的单词是前面出现过的键，则将该键对应的值增加 1。以上代码产生以下输出：

```
{'I': 3, 'am': 3, 'what': 1, 'and': 1, 'that': 2,
'is': 1, 'all': 1, 'am.': 1}
```

dict_obj.items()

返回格式为（键，值）的元组序列，序列包含字典中的所有键 / 值对。例如：

```
grades = {'Moe':1.5, 'Larry':1.0, 'BillG':4.0}
print(grades.items())
```

代码会输出以下结果：

```
dict_items([('Moe', 1.5), ('Larry', 1.0), ('BillG', 4.0)])
```

dict_obj.keys()

返回包含字典中所有键的序列。例如：

```
grades = {'Moe':1.5, 'Larry':1.0, 'BillG':4.0}
print(grades.keys())
```

输出结果为：

```
dict_keys(['Moe', 'Larry', 'BillG'])
```

dict_obj.pop(*key* [, *default_value*])

返回与键 *key* 对应的值，然后从字典中删除这个键 / 值对。如果在字典中未找到这个键，则此方法返回 *default_value*。如果未指定 *default_value* 参数，则会引发 **KeyError** 异常。例如：

```
grades = {'Moe':1.5, 'Larry':1.0, 'BillG':4.0}
print(grades.pop('BillG', None))   # 输出 4.0
print(grades)                      # 输出 grades, BillG 已经被从字典中删除
```

dict_obj.popitem()

返回字典 *dict_obj* 中的任意一个键 / 值对，并将其删除。（这里的任意键 / 值对与严格意义上的"随机对象"并不完全相同，因为不能保证弹出的对象符合真实随机性的统计要求。）键 / 值对以元组形式返回。（译者注：在 Python 3.7 之后的版本中，字典是有序的，**popitem** 方法返回最后插入到字典中的键 / 值对。）例如：

```
grades = {'Moe':1.5, 'Larry':1.0, 'BillG':4.0}
print(grades.popitem())
print(grades)
```

输出结果为：

```
('BillG', 4.0)
{'Moe': 1.5, 'Larry': 1.0}
```

dict_obj.setdefault(*key, default_value*=None)

返回指定键对应的值。如果在 *dict_obj* 中找不到这个键，则此方法会在字典中插入该键并将值设置为 *default_value*；如果未指定 *default_value*，则使用默认值 **None**。无论以上哪种情况，都返回 *key* 对应的值。

例如，以下语句返回与键 'Stephen Hawking' 对应的值（如果字典 **grades** 中存在键 'Stephen Hawking'）；否则，插入一个键/值对并返回值4.0。

```
print(grades.setdefault('Stephen Hawking', 4.0))
```

dict_obj.values()

返回一个包含字典中所有值的序列。要将此序列转为列表，可以使用列表转换函数。例如：

```
grades = {'Moe':1.5, 'Larry':1.0, 'Curly':1.0, 'BillG': 4.0}
print(grades.values())
```

输出结果为：

```
dict_values([1.5, 1.0, 1.0, 4.0])
```

dict_obj.update(*sequence*)

此方法通过将 *sequence* 中所有键/值对添加到字典 *dict_obj* 中来扩展字典对象。*sequence* 参数可以是另一个字典，也可以是包含键/值对的元组序列。

在下面的示例中，字典 **grades1** 最初包含两个键/值对，然后向字典中添加另外 3 个键/值对。

```
grades1 = {'Moe':1.0, 'Curly':1.0}
grades2 = {'BillG': 4.0}
grades3 = [('BrianO', 3.9), ('SillySue', 2.0)]
grades1.update(grades2)
grades1.update(grades3)
print(grades1)
```

输出结果为：

```
{'Moe': 1.0, 'Curly': 1.0, 'BillG': 4.0, 'BrianO': 3.9,
 'SillySue': 2.0}
```

其他语法说明

本附录涵盖了 Python 语言的一些基本语法，但不包括运算符、重要方法和内置函数等已经介绍过内容。本附录涵盖的内容包括：

▶ 变量和赋值语句

▶ Python 中的间距问题

▶ 关键字语句

变量和赋值语句

Python 中没有数据声明，即使是像多维列表这种复杂类型，也没有数据声明。类和函数是在运行时定义的，而列表、集合和字典之类的对象必须要创建（而不是定义）。

变量可以通过赋值语句创建，也可以在 **for** 循环中创建。在函数定义中，使用参数创建具有局部作用域的变量。但是赋值语句仍然是创建变量的基本工具。

最简单的赋值语句形式是：

variable_name = expression

你还可以通过多重赋值同时创建任意数量的变量。

var1 = var2 = var2 = ... varN = expression

下面是一些示例：

```
a = 5.5
b = 5.5 * 100
```

```
x = y = z = 0              # 为 x, y, z 赋相同的值
var1 = var2 = 1000 / 3     # 为 var1, var2 赋相同的值
```

Python 也支持元组赋值。在进行元组赋值时变量的数量和表达式的数量必须相等，或者赋值语句的一边必须是一个元组类型的变量。

```
x, y, z = 10, 20, 1000 / 3
```

在任何情况下，变量都被创建为引用值的名称。更准确地说，变量是全局或局部作用域符号表中的一个条目。对于每个级别的作用域，都用字典维护该作用域内的符号表。来看一下下面的程序。

```
def main():
    a, b = 100, 200
    print(locals())

main()
```

程序运行的结果是输出 **main** 函数局部作用域内符号表的数据字典。

```
{'b': 200, 'a': 100}
```

当在 **main** 函数内的表达式中引用变量 a 或 b 时，都会在局部符号表中查找其相应的值，然后使用它替代变量名。如果在局部符号表内未找到变量名称，Python 会在全局符号表中查找。如果仍未找到，会继续在内置列表中查找。如果在以上任何位置都找不到该变量名称，则会引发 **NameError** 异常。

所以，Python 变量的本质是名称。可以随时为变量重新分配新值（即新的对象），甚至在不同时间给同一个变量分配不同类型的对象也是可以的。但多数时候不建议这样做（为变量赋不同类型的值），除非在使用多态参数和鸭子类型（duck typing）的情况下。（鸭子类型在 *Python Without Fear* 和其他一些书中均有讨论。）

因此，与其他编程语言（例如 C 和 C++）中的变量不同，Python 中的变量不占据内存中的固定位置。变量没有自己的属性，只有它引用的对象的属性。

变量的工作方式类似于对对象的引用。为现有变量赋新的对象会更改其在数据字典中的条目，取消旧的关联。一个反例是在列表上使用赋值运算符（例如 +=），该运算符会就地修改变量引用对象的值。更多信息，请参见 4.2.3 节。

一个有效的变量名以下画线（_）或字母开头。随后的每个字符都必须是字母、下画线或数字。

Python 中的间距问题

间距和缩进在 Python 中非常重要。每当一行代码相对于上一行代码缩进时，代表这行代码在下一层的嵌套中。

程序中的顶行必须向左对齐，从第 1 列开始。

一行代码相对于同一代码块的行的缩进必须是一致的。例如，下面的代码是有效的：

```python
a, b = 1, 100
if a < b:
    print('a is less than b')
    print('a < b')
else:
    print('a not less than b')
```

但是，以下代码是无效的。

```python
a, b = 1, 100
if a < b:
    print('a < b')
  else:                          # 错误！
    print('a not less than b')
```

在上面的例子中，问题出在 **else** 的位置。它与前面对应的 **if** 语句不对齐，只有与 **if** 语句对齐该语句才有效。

你可以像下面这样进行缩进，尽管不建议这样做：

```python
a, b = 1, 100
if a < b:
    print('a < b')
else:
        print('a not less than b')
```

在这个示例中，虽然使用了不一致的缩进，但逻辑关系还是明确的。但是强烈建议在选定了缩进格式（缩进的空格数）后，在整个程序中都要坚持使用这种形式。PEP-8 标准推荐每个级别缩进 4 个空格。

注释 ▶ 使用制表符（tab）时需要注意，Python 认为制表符不等价于任何数量的空格。如果可行，可以通过设置让你的文本编辑器使用空格代替制表符（\t）。

◀ Note

通常，一条语句在遇到物理换行符时终止。但有几个例外。可以使用分号（；）在一个物理行上放置多条语句。分号是语句分隔符，不是语句终止符。

$$a = 1; b = 100; a += b; print(a)$$

也可以将整个 **for** 或 **while** 循环语句放在同一行上，如 4.2.17 节所述。

关键字语句

本附录还描述了 Python 语言支持的语句。具体如表 E.1 所示。这里不包括内置函数，因为在附录 B 中已经做过介绍。

表 E.1　最常用的 Python 语句

要完成的任务	使用的关键字
中断（退出循环）	break
捕获并处理异常	try, except
继续进行下一轮循环	continue
定义类	class
定义函数	def
创建或操作全局变量	global
引入软件包	import
断言，如果违反假设则显示错误消息	assert
for 循环	for
while 循环	while
if/else 结构	if, elif, else
从函数返回值，或者提前退出函数	return
产生一个值（创建一个生成器）	yield

assert 语句

assert 语句是一个很有用的调试工具。它的语法如下：

    assert *expression, error_msg_str*

Python 通过执行表达式 *expression* 做出响应。如果表达式的值为 **True**，则什么都不会发生。如果表达式的值为 **False**，则显示 *error_msg_str* 并终止程序。该语句的目的是捕捉违反假设的情况。例如：

```
def set_list_vals(list_arg):
    assert isinstance(list_arg, list), 'arg must be a list'
    assert len(list_arg) >= 3, 'list argument too short'
    list_arg[0] = 100
    list_arg[1] = 200
    list_arg[2] = 150
```

当不满足断言条件时，Python 显示错误消息 *error_msg_str* 并标识此时程序运行到的模块和行号。

如果你打开了优化模式（从命令行使用 **-O** 选项打开），则 Python 将忽略 **assert** 语句，因为断言语句仅用于程序调试。

break 语句

break 语句的语法非常简单。

```
break
```

break 语句的作用是退出离它最近的 **for** 或 **while** 循环，并将程序控制权转交到循环后的第一条语句。例如：

```
total = 0.0
while True:
    s = input('Enter number: ')
    if not s:                # 输入为空字符串时中断循环
        break
    total += float(s)    # 仅当 s 为非空字符串时执行
print(total)
```

在以上例子中，包含 **break** 语句的条件语句的作用是在用户输入空字符串时退出循环。

在循环外使用 **break** 语句会引起语法错误。

class 语句

class 语句在程序运行时创建一个类的定义。该定义必须是语法正确的，但是在将类实例化为对象之前，Python 不会解析定义中的所有符号。（因此，两个类可以相互引用的条件是：任何一个类的实例化操作都在两个类定义完成之后。）

class 关键字使用以下语法，其中方括号表示参数 *base_classes* 为可选项，*base_classes* 为零个或多个类的列表，如果有多个，它们之间用逗号分隔。

```
class class_name [(base_classes)]:
    statements
```

上述 *statements* 中包括一条或多条语句；通常这些语句是变量赋值语句和函数定义语句。有时会先用 **pass** 语句占位（代表不进行任何操作），等以后再添加语句替换它。

```
class Dog:
    pass
```

在类定义中创建的变量为类变量，在类定义中创建的函数为类的方法。常见的类方法是 **__init__**，与其他方法一样，如果要通过类的实例调用该方法，则必须向参数列表首位传入一个额外的参数 **self**，**self** 指的是类的实例本身。例如：

```
class Point:
    def _ _init_ _(self, x, y):
        self.x = x
        self.y = y
```

一旦定义了一个类，就可以使用它去实例化对象。在对象创建过程中给出的参数将被传递给类的 **__init__** 方法。**__init__** 方法为类的实例提供了一种创建统一的实例变量集的方法。（此方法执行的结果是所有 Point 对象都具有变量 x 和 y。）

```
my_pt = Point(10, 20)   # my_pt.x = 10, my_pt.y = 20
```

类定义中的函数定义可以使用 **@classmethod** 和 **@staticmethod** 进行修饰，它们分别用于创建类方法和静态方法。

类方法可以访问在类中定义的符号变量，其以一个额外的参数 **cls** 开头，**cls** 表示引用类本身。

在类中定义的静态方法，无法访问类或类实例的变量。

例如，以下代码定义了一个类方法 set_xy 和一个静态方法 bar。两个方法都是类 foo 的方法，都通过类名调用。它们也可以通过类 foo 的实例来调用。

```
>>> class foo:
    x = y = 0   # 在类中定义的符号变量

    @classmethod
    def set_xy(cls, n, m):
```

```
        cls.x = n
        cls.y = m

    @staticmethod
    def bar():
        return 100

>>> foo.set_xy(10, 20)
>>> foo.x, foo.y
(10, 20)
>>> foo.bar()
100
```

更多有关类的信息，请参见第 9 章。

continue 语句

continue 语句的语法非常简单。

```
continue
```

continue 语句的作用是使当前程序跳转到 **for** 或 **while** 循环的首行代码，并开始新一轮的循环。如果在 **for** 循环内遇到 **continue** 语句，则循环变量的值会变成循环序列中的下一个值；如果序列中的值已用完，则终止循环。

例如，以下示例输出字符串中除大写字母 'D' 或小写字母 'd' 外的所有字母。

```
for let in 'You moved Dover!':
    if let == 'D' or let == 'd':
        continue
    print(let, end='')
```

这段代码会输出：

```
You move over!
```

在循环外使用 **continue** 语句会引起语法错误。

def 语句

def 语句在程序运行时定义一个函数。该定义在语法上必须正确，但是在函数被调用之前，Python 不需要解析该定义中的所有符号。（函数之间允许相互引用，只要在函数调用前两个函数都定义了即可。）

```
def function_name(args):
    statements
```

在上面的语法中，*args* 是包含零个或多个参数的列表，如果有多个参数，参数之间以逗号分隔：

```
[arg1 [,arg2]...]
```

例如：

```
def hypotenuse(side1, side2):
    total = side1 * side1 + side2 * side2
    return total ** 0.5    # 返回 total 的平方根
```

定义函数后，可以随时执行和调用它，但是无论函数是否有参数，在调用函数时都要在它的后边加上括号。

```
def floopy():
    return 100


print(floopy())         # 调用没有参数的 floopy 函数，输出 100
print(hypotenuse(3, 5))
```

函数具有其他一些特性，我们在第 1 章中进行了讲解。而且，函数可以嵌套使用，这个特性在装饰器中特别有用，如 4.9 节中所述。

del 语句

del 语句从当前上下文中删除一个或多个符号。它的语法如下：

```
del sym1 [, sym2]...
```

del 语句的作用是删除指定的一个或多个符号，但不会破坏它指向的对象，只要该对象还被其他符号引用。例如：

```
a_list = [1, 2, 3]
b_list = a_list    # 为列表创建别名
del a_list         # 从符号表中删除 a_list
print(b_list)      # b_list 指向的列表依然存在
```

elif 从句

elif 从句不是独立的语句，**elif** 从句是 **if** 语句的一部分。查看 **if** 语句了解更多信息。

else 从句

else 从句不是独立的语句，而是 **if**、**for**、**while** 或 try 语句的一部分。

except 从句

except 从句不是独立的语句，**except** 从句与 **try** 语句一起使用。请参阅 **try** 语句获取更多信息。

for 语句

for 语句的语法如下所示。Python 中的 **for** 语句本质上是一个 **for each** 循环。如果你希望 **for** 循环像传统的 FORTRAN 中的 **for** 语句一样，则需要使用 **range** 内置函数。括号表示可选项目。

```
for loop_var in iterable:
    statements
[else:
    statements]              # 如果第一个语句块成功执行且没有中断,
                             # 则执行这条语句
```

在循环中创建变量 *loop_var*，使其引用由 *iterable* 生成的第一个元素（*iterable* 是一个集合或序列）。变量 *loop_var* 一直存在于当前作用域。如果没有提前退出循环，当循环完成时，变量 *loop_var* 引用 *iterable* 的最后一个元素。

for 循环重复执行语句，就像 **while** 循环一样。**for** 语句会在每一次循环开始时，将 *loop_var* 的值设置为迭代器生成的下一个值。当迭代器中的元素耗尽后，循环终止。

下面是一些例子。

```
# 在单独的行中输出甲壳虫乐队的成员

beat_list = ['John', 'Paul', 'George', 'Ringo']
```

```
for guy in beat_list:
    print(guy)

# 定义函数计算 1 * 2 * ... * n 的值

def factorial(n):
    prod = 1
    for n in range(1, n + 1):
        prod *= n
    return(prod)
```

请参见 4.2.9 节中，使用 **for** 与 **else** 子句的示例。

global 语句

global 语句使用以下语法，含有一个或多个变量。

global *var1* [, *var2*]...

global 语句的作用是："声明不能将语句中的变量视为当前函数范围内的局部变量。"但是，**global** 语句不创建全局变量，创建全局变量需要使用单独的语句。

该语句在有些时候是必要的，因为如果不声明的话，在函数中为全局变量赋值的操作将被解释为创建函数内的局部变量。如果没有在函数中为全局变量赋值，就不会出现问题。但是，如果在函数中为一个全局变量赋值，代码会创建一个局部变量。这就是我们所说的"局部变量陷阱"。

```
account = 1000

def clear_account():
    account = 0      # 创建新的变量 account，作为局部变量

clear_account()
print(account)       # 输出 1000，这不是我们希望的!
```

我们希望这个程序创建一个变量，将其重置为 0，然后在代码的最后输出 0。但是结果不是这样，因为赋值语句 *account = 0* 出现在函数内部。当执行函数时，程序将创建一个名为 *account* 的局部变量，而不会建立与全局变量 *account* 的连接。

解决方案是使用**global**语句，该语句可以使函数不将*account*视为局部变量。

同时，它强制 Python 引用 *account* 的全局版本。

```
account = 1000

def clear_account():
    global account     # 不要将 account 创建为局部变量
    account = 0        # 将 account 的值设置为 0

clear_account()
print(account)         # 输出 0，而不再是 1000
```

if 语句

if 语句的语法有一个简单版本和一个完整版本。简单版本的语法是：

if *condition*:
    statements

condition 可以是 Python 对象、表达式，也可以是一系列连锁比较，如下面的例子所示。

```
age = int(input('Enter your age: '))
if 12 < age < 20:
    print('You are a teenager.')
```

所有的 Python 对象在 **if** 关键字后都可以被转换为 **True** 或 **False**。*statements* 是一个或多个 Python 语句。

下面是完整版本的语法。方括号表示可选项目，... 代表在一个 **if** 语句中可以有任意数量的 **elif** 从句。

if *condition*:
    statements
[**elif** *condition*:
    statements]...
[**else**:
    statements]

下面是一个例子。本示例中只有一个 **elif** 从句，但 Python 支持任意多个 **elif** 从句。

```
age = int(input('Enter age: '))
if age < 13:
```

```
    print('Hello, spring chicken!')
elif age < 20:
    print('You are a teenager.')
    print('Do not trust x, if x > 30.')
else:
    print('My, my. ')
    print('We are not getting any younger are we?')
```

import 语句

import 语句暂停当前模块的执行，并执行软件包或模块（如果它们尚未被执行的话）。这是必要的，因为在 Python 中，函数和类的定义是在程序运行时动态执行的。

import 语句的另一个作用是使当前模块可以访问引入模块或软件包中的符号表，具体的规则取决于程序中所使用的 **import** 语句的形式。

```
import module
import module as short_name
from module import sym1 [, sym2]...
from module import *
```

前两种形式使 *module* 中的符号可以被访问，但使用时需要使用软件包名称进行限定，例如 **math.pi** 或 **math.e**。第三种形式使 *module* 中的符号可以被直接访问（不加限定），但仅限 *sym1* [, *sym2*]... 这些列出的符号。第四种形式使 *module* 中的所有符号均可被不加限定地直接访问。

最后一种形式是最方便的，但是如果引入模块中定义了很多符号，则会存在命名冲突的危险。对于具有较大命名空间的大型模块和软件包来说，建议使用其他形式的 **import** 语句。

更多信息，请参见第 14 章。

nonlocal 语句

nonlocal 语句的语法与 **global** 语句的语法相似。

```
nonlocal var1 [, var2]...
```

nonlocal 语句的用途与 **global** 语句的用途相似，但有一个区别：**nonlocal** 语句用于指示变量处于非局部作用域也非全局作用域的封闭作用域。仅当一个函数定义嵌套在另一个函数定义中时，才会发生这种情况。因此，**nonlocal** 语句并不常用。更多信息，请参见 **global** 语句。

pass 语句

pass 语句的语法非常简单。

    pass

pass 语句本质上是无操作语句。它在运行时不执行任何操作，它的主要用途是充当类或函数定义中的占位符，以便以后用其他语句替换。

    class Dog:
        pass   # Dog 类还没有方法

raise 语句

raise 语句使用以下语法，其中方括号表示可选项目。

    raise [*exception_class* [(*args*)]]

raise 语句的作用是使用可选参数引发指定的异常。一旦引发异常，则必须由程序处理该异常，否则程序会突然终止。

异常处理程序可以通过使用 **raise** 语句重新抛出异常。使用不带 *exception_class* 的 **raise** 语句会在不更改异常的情况下抛出该异常，这相当于说："我决定完全不处理此异常"，而是将异常向下传递。这个时候，Python 必须寻找另一个异常处理程序来处理异常。

    raise

更多信息，请参见 **try** 语句。

return 语句

return 语句的语法中有一个可选部分，以方括号表示。

    return [*return_val*]

return 语句的作用是退出当前函数并向函数调用者返回一个值。如果省略了 *return_val*，则返回默认值 **None**。可以通过返回一个元组来同时返回多个值。

    return a, b, c   # 退出函数并返回 3 个值

如果在函数之外使用 **return** 语句，则会产生语法错误。参见 **def** 语句中 **return** 的用法示例。

try 语句

try 语句的语法相当复杂，因此我们将其分为两个主要部分来解释。第一部分，整体语法。方括号表示可选项目。

```
try:
    statements
[except exception_specifier:
    statements]...
[else:
    statements]
[finally:
    statements]
```

第一个代码块中的 *statements* 会随程序被直接执行。但是，如果在执行这些语句的过程中引发异常，包括运行语句本身以及直接或间接调用函数引发的异常，Python 都会使用 **except** 语句来捕获异常并执行异常处理程序。一个 **try** 语句可以有任意数量的异常处理程序。

如果第一个代码块顺利执行完成而没有被异常中断，则会继续执行可选的 **else** 从句中的语句。在所有其他语句执行完之后，程序会无条件执行可选的 **finally** 子句中的语句。

每个 **except** 从句都使用以下语法：

```
except [exception [as e]]:
    statements
```

如果 **except** 从句中省略了 *exception*，则该从句将处理所有异常。如果指定了 *exception*，则 Python 会检查异常的类型是否属于 *exception* 类型或它的派生类。可选的符号 *e* 是一个表示异常对象的参数。Python 按照给定的顺序依次检查每个异常处理程序，以为异常匹配合适的处理程序。

Exception 类是所有错误类的基类，但它不能捕获所有类型的异常，例如 **StopIteration**。

处理异常意味着执行相关代码块中的语句，然后执行 **finally** 子句（如果存在）。如果 **finally** 子句不存在则整个 **try/except** 代码块执行完毕。

```
>>> def div_me(x, y):
    try:
        quot = x / y
    except ZeroDivisionError as e:
        print("Bad division! Text:", e)
```

```
        else:
            print("Quotient is %s." % quot)
        finally:
            print("Execution complete!")

>>> div_me(2, 1)
Quotient is 2.0.
Execution complete!

>>> div_me(2, 0)
Bad division! Text: division by zero
Execution complete!

>> div_me("2", "3")
Execution complete!
Traceback (most recent call last):
File  "<pyshell#21>", line 1, in <module>
    div_me( "2", "3")
File  "<pyshell#19>", line 3, in div_me
    quot = x / y
TypeError: unsupported operand type(s) for /: 'str' and 'str'
```

在以上这些示例中，最后一个示例说明了如果出现未捕获的异常会发生的情况，程序会突然终止并输出堆栈跟踪信息。但是即使在这种情况下，**finally** 子句也会被执行。

下一个示例显示 **try/except** 结构如何使用多个异常处理程序。从理论上讲，可以使用任意数量的 **except** 从句。如果其中一个没有捕获到异常，另一个可以继续捕捉。不常见的异常应该放在前面处理。在下面的示例中，任何未被第一个处理程序捕获的异常都会被第二个处理程序捕获。

请记住，语法中的 **as e** 部分是可选的，但它对于显示异常信息很有帮助。

```
    try:
        f = open('silly.txt', 'r')
        text = f.read()
        print(text)
    except IOError as e:
        print('Problem opening file:', e)
    except Exception as e:
        print('That was a Bozo no-no.')
        print('Error text:',e)
```

while 语句

while 语句是一个只有一种用法的简单循环。Python 中没有 "do-while" 语句。语法中的方括号表示可选项。

```
while condition:
    statements
[else:
    statements]               # 如果第一个语句块成功执行且没有中断，
                              # 则执行这个语句
```

在循环的第一行，对 *condition* 语句进行评估，结果为 "true" 时，执行 *statements* 代码块；执行结束后，将程序控制权交到循环的第一行，并再次对 *condition* 进行评估。直到评估结果为 "false"，程序退出 while 循环。

（若 condition 不是布尔类型的值，那么 condition 的 true/false 值通过对其使用布尔转换函数得到。所有 Python 对象都支持这种转换。Python 对象默认被转换为 "true"。通常情况下，除零值、**None** 和空集合外的对象均可以被转换为 "true"。）

下面的示例将 n 的值从 10 减少到 1，并输出每一个 n。

```
n = 10
while n > 0:
    print(n, end=' ')
    n -= 1                # n 的值减小 1
```

也可以按以下方式编写代码，结果是相同的，但这样做的可靠性稍差一些（因为如果将 n 初始化为负数，程序将无限循环下去）。

```
n = 10
while n:
    print(n, end=' ')
    n -= 1                # n 的值减小 1
```

有关控制循环的方法，请参见 **continue** 语句和 **break** 语句。

with 语句

with 语句使用以下语法，方括号表示可选项。

```
with expression [as var_name]
    statements
```

with 语句的作用是评估 *expression* 并产生一个对象。Python 执行该对象的 **__enter__** 方法。如果对象所属类中未定义 **__enter__** 方法，则 Python 会抛出 **AttributeError** 异常。如果未引发此异常，则执行 *statements* 中的代码。

最后，执行对象的 **__exit__** 方法。如果程序提前结束（例如，由于异常而终止），也会执行 **__exit__** 该方法。

with 语句常用于打开和关闭文件。文件对象的 **__exit__** 方法会在代码块执行结束后自动关闭文件。

```python
with open('stuff.txt', 'r') as f:
    print(f.read())    # 输出文件内容
```

yield 语句

yield 语句的语法与 **return** 语句的语法相似，但效果完全不同。

yield [*yielded_val*]

yielded_val 的默认值为 **None**。在函数外部使用 **yield** 语句会引发语法错误。

yield 语句的作用是将当前函数变成一个生成器工厂。生成器工厂的实际返回值是一个生成器对象，该对象按照生成器工厂定义的方式生成值。

这是公认的 Python 最令人困惑的地方，因为在创建生成器对象之前，不会产生任何值。实际上，这可能是 Python 最违反直觉的特性。

更多信息，请参见 4.10 节。